高等学校遥感信息工程实践与创新系列教材

航空摄影测量内业

段延松　曹辉　王玥　编著

图书在版编目(CIP)数据

航空摄影测量内业/段延松,曹辉,王玥编著.—武汉：武汉大学出版社，2018.9(2021.1 重印)
高等学校遥感信息工程实践与创新系列教材
ISBN 978-7-307-20489-8

Ⅰ.航… Ⅱ.①段… ②曹… ③王… Ⅲ.航空摄影测量—高等学校—教材 Ⅳ.P231

中国版本图书馆 CIP 数据核字(2018)第 193741 号

责任编辑:杨晓露　　责任校对:汪欣怡　　版式设计:汪冰滢

出版发行：**武汉大学出版社**　(430072 武昌 珞珈山)
(电子邮箱：cbs22@whu.edu.cn 网址：www.wdp.com.cn)
印刷:湖北金海印务有限公司
开本:787×1092 1/16　印张:19.75　字数:446 千字　插页:1
版次:2018 年 9 月第 1 版　2021 年 1 月第 2 次印刷
ISBN 978-7-307-20489-8　定价:40.00 元

序

实践教学是理论与专业技能学习的重要环节，是开展理论和技术创新的源泉。实践与创新教学是践行“创造、创新、创业”教育的新理念，是实现“厚基础、宽口径、高素质、创新型”复合人才培养目标的关键。武汉大学遥感科学与技术类专业（遥感信息、摄影测量、地理信息工程、遥感仪器、地理国情监测、空间信息与数字技术）人才培养一贯重视实践与创新教学环节，“以培养学生的创新意识为主，以提高学生的动手能力为本”，构建了反映现代遥感学科特点的“分阶段、多层次、广关联、全方位”的实践与创新教学课程体系，夯实学生的实践技能。

从“卓越工程师计划”到“国家级实验教学示范中心”建设，武汉大学遥感信息工程学院十分重视学生的实验教学和创新训练环节，形成了一整套针对遥感科学与技术类不同专业和专业方向的实践和创新教学体系、教学方法和实验室管理模式，对国内高等院校遥感科学与技术类专业的实验教学起到了引领和示范作用。

在系统梳理武汉大学遥感科学与技术类专业多年实践与创新教学体系和方法的基础上，整合相关学科课间实习、集中实习和大学生创新实践训练资源，出版遥感信息工程实践与创新系列教材，服务于武汉大学遥感科学与技术类专业在校本科生、研究生实践教学和创新训练，并可为其他高校相关专业学生的实践与创新教学以及遥感行业相关单位和机构的人才技能实训提供实践教材资料。

攀登科学的高峰需要我们沉下心去动手实践、科学研究，需要像“工匠”般细致入微地实验，希望由我们组织的一批具有丰富实践与创新教学经验的教师编写的实践与创新教材，能够在培养遥感科学与技术领域拔尖创新人才和专门人才方面发挥积极作用。

2017 年 3 月

前　言

航空摄影测量有着悠久的历史，从获得第一张航空照片，并提出交会摄影测量开始，它经过模拟摄影测量和解析摄影测量阶段，进入现在的数字摄影测量阶段。航空摄影测量是一种测量技术，技术的重点在于实践与应用。而“航空摄影测量内业”是摄影测量这门技术的应用参考，具有一定的综合性和实践性的教学环节，它与“摄影测量学”、“数字摄影测量学”等课程教学有着紧密联系。本书将课堂理论与实践相结合，培养学生分析问题和解决问题的实际动手能力，为即将从事测绘工作的学生奠定扎实的基础。

撰写本教材的目的在于提供基础性的航空摄影测量内业生产操作技能，因此，编者把本教材的重点放在具体的摄影测量处理流程操作方面。同时，作为一本入门教材，尽可能地保证文字叙述通俗易懂，以具体操作的图形界面图实现对作业操作过程的描述，图文并茂地与实践操作环节紧密地结合在一起，故本教材的主要贡献在于实现了基础性、实践性教程之初衷。

本教材是《4D 生产综合实习教程》的改进再版，《4D 生产综合实习教程》自出版以来受到很多摄影测量工程技术人员和高职高专摄影测量相关专业人员的关注和喜爱，也提了很多宝贵建议，特别是来自高职高专院校的老师，他们提议将该书调整为内业生产教材，高职高专的重点是培养优秀的工程师，培养学生的操作技能，目前摄影测量的理论教材比较成熟，但缺乏实践操作教材。这个提议给编者很大鼓舞，增强了编者编写本教材的信心。本教材的题材主要来自编者在武汉大学为本科生讲述数字摄影测量 4D 生产综合实践的讲义，从基础知识入手，概要介绍所涉及的基础理论知识，然后详细介绍在实际生产中的具体操作步骤。全书分 8 章，第 1 章主要介绍摄影测量生产设备；第 2 章主要介绍数据分析与建立测区；第 3 章主要介绍航空影像的定向方法与具体操作，是生产环节中一个重要的基础步骤；第 4 章到第 7 章分别介绍了 DEM、DOM、DLG、DRG 的生产作业方法；第 8 章讲述从原始数据到成果的综合生产过程。

本教材大部分内容由段延松撰写完成，曹辉、王玥参加了部分内容的编写，并对全书进行了审稿和修正。感谢武汉大学遥感信息工程学院摄影测量课程组和实习组所有老师对 4D 生产实习教学的关心，并给出了教学环节的宝贵经验，此外还要特别感谢武汉适普软件有限公司为本教材提供的大力帮助。

由于编者水平有限，加之时间仓促，书中难免存在诸多不足与不妥之处，敬请读者批评指正。

编　者

2017 年 12 月于武汉大学

目　　录

第1章　绪　　论

摄影测量有着较悠久的历史。19世纪中叶，摄影技术一经问世，便应用于测量。它从模拟摄影测量开始，经过解析摄影测量阶段，现在已经进入数字摄影测量阶段。当代的数字摄影测量是传统摄影测量与计算机视觉相结合的产物，它研究的重点是从数字影像中自动提取所摄对象的空间信息。基于数字摄影测量理论建立的数字摄影测量工作站和数字摄影测量系统已经取代了传统摄影测量所使用的模拟测图仪与解析测图仪，并且已经广泛地普及到各高校的教学中。

国际摄影测量与遥感协会ISPRS(International Society of Photogrammetric and Remote Sensing)1988年给摄影测量与遥感的定义是：摄影测量与遥感是从非接触成像和其他传感器系统通过记录、量测、分析与表达等处理，获取地球及其环境和其他物体可靠信息的工艺、科学与技术(Photogrammetric and Remote Sensing is the art, science, and technology of obtaining reliable information from noncontact imaging and other sensor systems about the Earth and its environment, and other physical objects and processes through recording, measuring, analyzing and representation)。其中，摄影测量侧重于提取几何信息，遥感侧重于提取物理信息。也就是说，摄影测量是从非接触成像系统，通过记录、量测、分析与表达等处理，获取地球及其环境和其他物体的几何属性等可靠信息的工艺、科学与技术。

"航空摄影测量内业"是一门具有一定独立性的实践性教学环节，它与"摄影测量学基础"、"数字摄影测量学"等课程教学有着紧密联系。同时，"航空摄影测量内业"是一个综合性很强的实践课，它是对所学摄影测量及相关专业理论知识的综合应用，使学生系统全面地学习并应用已学摄影测量知识，锻炼实践技能。通过《航空摄影测量内业》的学习可将课堂理论与实践相结合，帮助学生深入掌握摄影测量学基本概念和原理，加强摄影测量学的基本技能训练，培养学生分析问题和解决问题的实际动手能力。通过实际使用数字摄影测量工作站，让学生了解数字摄影测量的内定向、相对定向、绝对定向、DEM、DOM、测图生产过程及方法，为以后从事有关摄影测量方面的工作打下坚实基础。

1.1　摄影测量内业的任务

摄影测量学是利用光学摄影机或数码摄影机获得的影像，研究被测目标的信息获取、信息处理和成果表达的一门科学，是研究和确定被摄目标的形状、大小、性质和相互关系的一门技术。

摄影测量学是测绘学的分支学科，它的主要任务是测绘各种比例尺的地形图，建立地形信息数据库、数字地面模型、数字正射影像等空间信息，并进行空间信息的分析及应用，为各种地理信息系统(GIS)和土地信息系统(LIS)提供基础数据。摄影测量学要解决的主要问题是几何定位和影像解译。几何定位就是确定被摄目标的大小、形状和空间关系，几何定位的基本原理源于测量学的前方交会方法，它是根据两个已知观测站点位置和两条观测线方向，交会出构成这两条光线的特定点的三维坐标，如图 1-1 所示。影像解译是确认与影像对应的摄影目标的属性，常规的影像解译方法是根据地物在影像上的构像规律，采用人工目视判读方法识别地物属性。

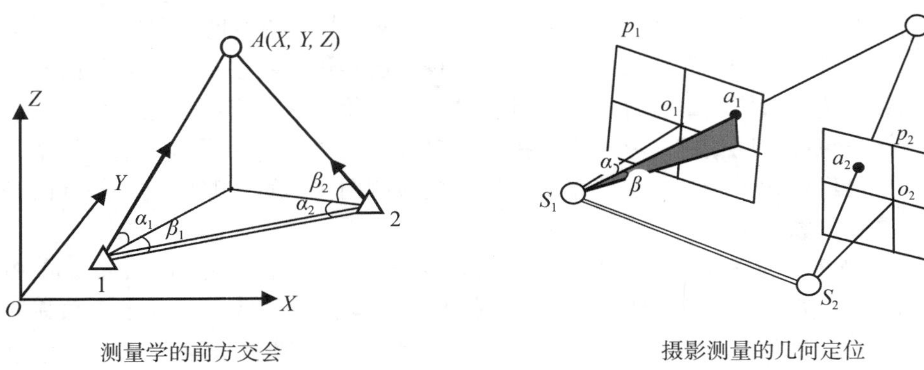

图 1-1　摄影测量几何定位原理

摄影测量的特点是对影像进行量测与解译等处理，无需接触物体本身，因而较少受到周围环境与条件的限制。被摄物体可以是固体、液体或气体；可以是静态或动态的；可以是遥远的、巨大的(宇宙天体与地球)或极近的、微小的(电子显微镜下的细胞)。按照成像距离的不同，摄影测量可分为航天摄影测量、航空摄影测量、近景摄影测量和显微摄影测量等。

影像是客观物体或目标的真实反映，其信息丰富、形态逼真，可以从中提取所研究物体大量的几何信息与物理信息，因此，摄影测量可以广泛应用于各个方面。按照应用对象的不同，摄影测量可分为地形摄影测量与非地形摄影测量。地形摄影测量的主要任务是测绘各种比例尺的地形图及城镇、农业、林业、地质、交通、工程、资源与规划等部门需要的各种专题图，建立地形数据库，为各种地理信息系统提供三维的基础数据。非地形摄影测量用于工业、建筑、考古、医学、生物、体育、变形观测、事故调查、公安侦破与军事侦察等各方面，其对象与任务千差万别，但其主要方法与地形摄影测量一样，即从二维影像重建三维模型，在重建的三维模型上提取所需的各种信息。传统的摄影测量三维模型重建也考虑物体表面纹理的表达，例如地面的正射影像就是地表的真实纹理，但在大多数应用中，较少考虑物体表面纹理的表达。随着社会、经济与科技的发展，三维模型真实纹理的重建，在摄影测量的任务中就变得非常重要了。在一些应用中，需要利用不同的摄影方法完成真实纹理的重建。例如城市的三维建模，可能需要航空摄影与近景摄影相结合才能完成。

航空摄影测量主要通过飞机、飞艇、无人机等在空中对地面进行摄影，可实现大范围的地表信息获取，非常适用于地形测绘。航空摄影测量成图快、效率高，成品形式多样，可生产纸质地形图、数字线划图(Digital Line Graphics, DLG)、数字高程模型(Digital Elevation Model, DEM)、数字正射影像(Digital Orthophoto Map, DOM)和数字栅格地图(Digital Raster Graphics, DRG)等地图产品，其中 DEM、DOM、DLG、DRG 被合称为**摄影测量 4D 产品**，而生产 4D 的过程主要是在室内完成的，因此人们将对获取的影像在室内进行摄影测量处理，生产出 4D 产品的过程称为**内业生产**。

1.2 内业生产所用仪器

摄影测量发展至今，经历了模拟法摄影测量、解析法摄影测量和数字摄影测量三个发展阶段，各个阶段都拥有各自特色的生产仪器和设备。

在模拟法摄影测量时代内业主要仪器是采用光学投影器或机械投影器或光学-机械投影器“模拟”摄影过程，用它们交会被摄物体的空间位置(摄影光束的几何反转)，所以称其为**模拟摄影测量仪器**。在这一时期，摄影测量工作者们都在自豪地欣赏着 20 世纪 30 年代德国摄影测量大师 Gruber 的一句名言，那就是：“摄影测量就是能够避免繁琐计算的一种技术。”在模拟摄影测量的漫长发展阶段中，摄影测量科技的发展可以说基本上是围绕着十分昂贵的模拟立体测图仪进行的。立体测图的基本原理是摄影过程的几何反转，模拟立体测图仪是利用光学机械模拟投影的光线，由“双像”上的“同名像点”进行“空间前方交会”获得目标点的空间位置，建立立体模型，进行立体测图。用以模拟投影光线的光机部件，称为**光机导杆**。根据投影方式的不同，模拟立体测图仪可分为光学投影、光学-机械投影与机械投影三种类型，图 1-2 和图 1-3 是各种不同类型的模拟立体测图仪。

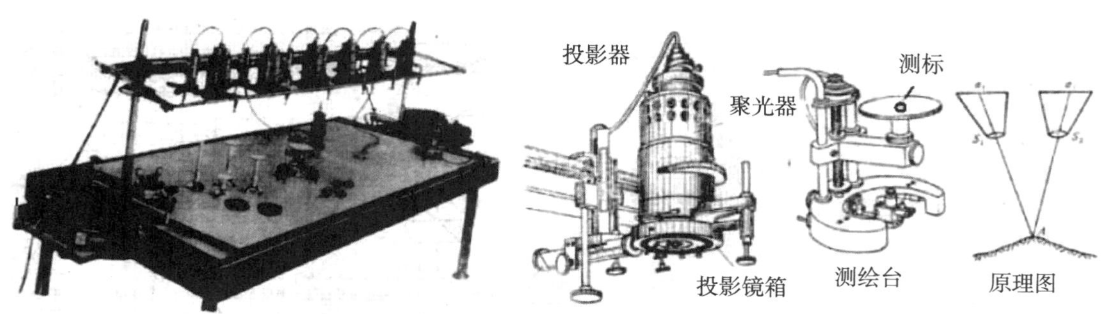

图 1-2 多倍仪(光学投影)

随着模数转换技术、电子计算机与自动控制技术的发展，Helava 于 1957 年提出了摄影测量的一个新概念，就是“用数字投影代替物理投影”。所谓**物理投影**就是上述“光学的、机械的或光学-机械的”模拟投影。**数字投影**就是利用电子计算机实时地进行投影光线(共线方程)的解算，从而交会被摄物体的空间位置。当时，由于电子计算机十分昂贵，且常常受到电子故障的影响，以及实际的摄影测量工作者通常没有受过有关计算机的训练，因而没有引起摄影测量界很大的兴趣。但是，意大利的 OMI 公司确信 Helava 的新概念是摄影测量仪器发展的方向，于是与美国的 Bendix 公司合作，于 1961 年制造出第一台

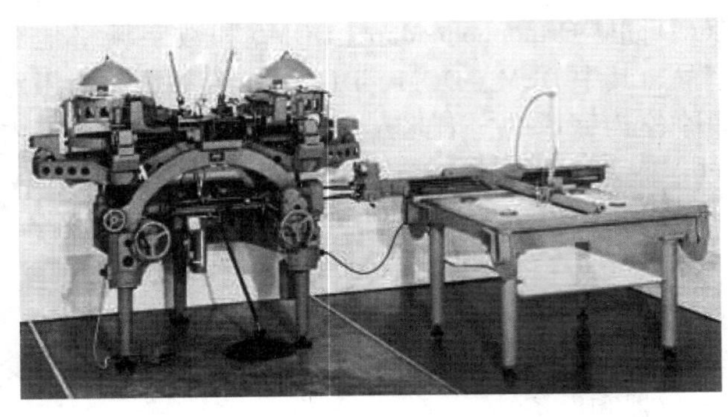

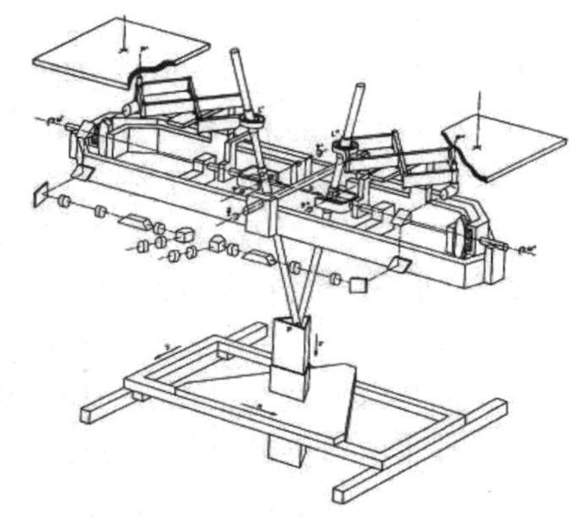

图 1-3　A8 Autograph 立体测图仪(机械投影)

解析测图仪 AP/1。后来又不断改进，生产了一批不同型号的解析测图仪 AP/2，AP/C 与 AS11 系列等。这个时期的解析测图仪多数为军用，AP/C 虽是民用，但也没有获得广泛应用。直到 1976 年在赫尔辛基召开的国际摄影测量协会的大会上，由 7 家厂商展出了 8 种型号的解析测图仪，解析测图仪才逐步成为摄影测量的主要测图仪。到 20 世纪 80 年代，由于大规模集成芯片的发展，接口技术日趋成熟，加之微机的发展，解析测图仪的发展更为迅速。后来，解析测图仪不再是一种专门由国际上一些大的摄影测量仪器公司生产的仪器，有的图像处理公司(如 I^2S、Intergraph 公司等)也生产解析测图仪。摄影测量的这一发展时期有代表性的仪器设备就是“解析立体测图仪”。图 1-4 是解析立体测图仪的原理图，图 1-5、图 1-6、图 1-7 是几种著名的解析立体测图仪。

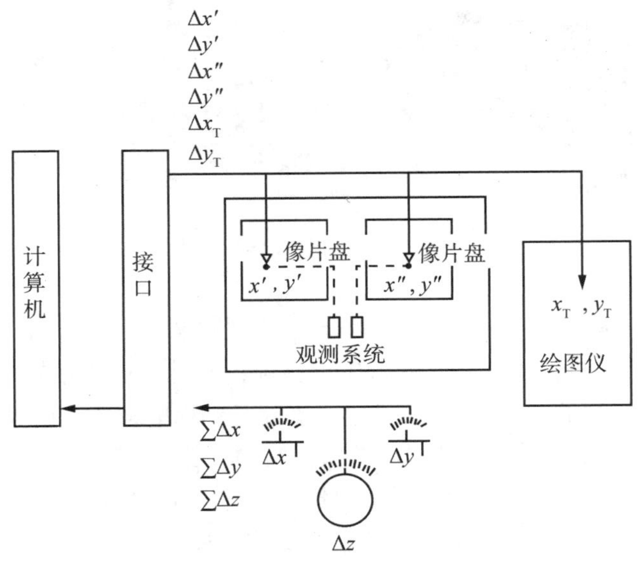

图 1-4　解析立体测图仪原理图

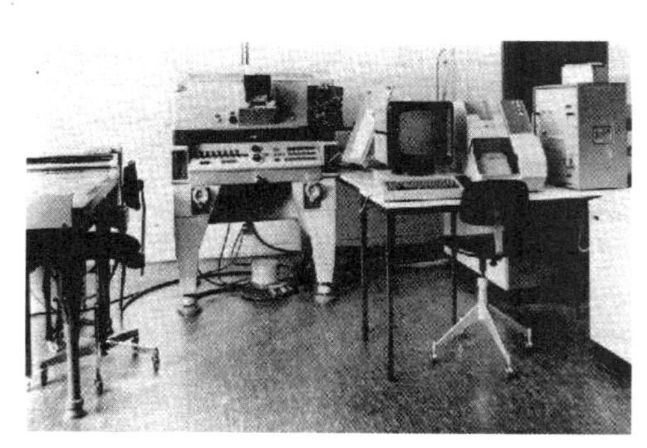

图 1-5 AP/C3 解析立体测图仪

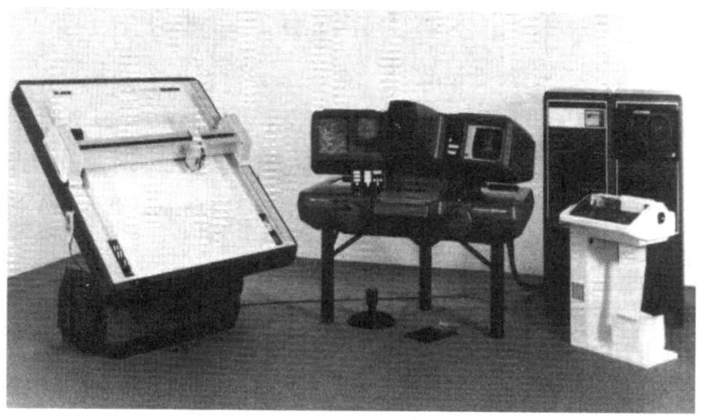

图 1-6 AC1 解析立体测图仪

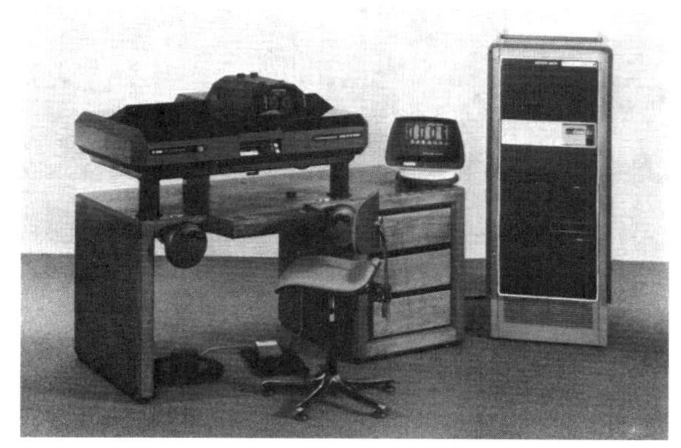

图 1-7 BC1 解析立体测图仪

数字摄影测量的发展起源于摄影测量自动化的实践，即利用影像相关技术，实现真正的自动化测图。摄影测量自动化是摄影测量工作者多年来所追求的理想，最早涉及摄影测量自动化的专利可追溯到 1930 年，但并未付诸实施。直到 1950 年，才由美国工程兵研究发展实验室与 Bausch & Lomb 光学仪器公司合作研制了第一台自动化摄影测量测图仪。当时是将像片上灰度的变化转换成电信号，利用电子技术实现自动化。这种努力经过了许多年的发展历程，先后在光学投影型、机械型或解析型仪器上实施，例如 B8-stereomat、Topomat 等。也有一些专门采用 CRT 扫描的自动摄影测量系统，如 UNAMACE、GPM 系统。与此同时，摄影测量工作者也试图将由影像灰度转换成的电信号再转变成数字信号(即数字影像)，然后，由电子计算机来实现摄影测量的自动化过程。美国于 60 年代初研制成功的 DAMC 系统就是属于这种全数字的自动化测图系统。它采用 Wild 厂生产的 STK-1 精密立体坐标仪进行影像数字化，然后用 1 台 IBM 7094 型电子计算机实现摄影测量自动化。武汉测绘科技大学王之卓教授于 1978 年提出了发展全数字自动化测图系统的设想与方案，并于 1985 年完成了全数字自动化测图系统 WUDAMS(后发展为全数字摄影测量系统 VirtuoZo，图 1-8)，就是采用数字方式实现摄影测量自动化。1988 年京都国际摄影测量与遥感协会第 16 届大会上展出了商用数字摄影测量工作站 DSP-1。尽管 DSP-1 是作为商品推出的，但实际上并没有成功地应用于生产。直到 1992 年 8 月在美国华盛顿第 17 届国际摄影测量与遥感大会上，有多套较为成熟的产品展示，表明了数字摄影测量工作站正在由试验阶段步入摄影测量的生产阶段。1996 年 7 月，在维也纳第 18 届国际摄影测量与遥感大会上，展出了十几套数字摄影测量工作站，表明数字摄影测量工作站已进入了使用阶段。

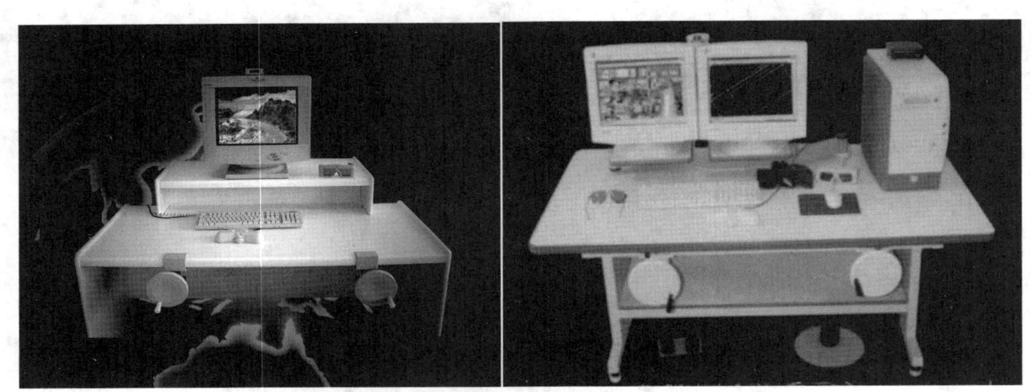

图 1-8　全数字摄影测量系统 VirtuoZo

在这以后，数字摄影测量得到了迅速的发展，数字摄影测量工作站得到了愈来愈广泛的应用，它的品种也越来越多。2001 年，德国 Hanover 大学摄影测量和工程测绘学院的 Heipke 教授为数字摄影测量工作站的现状作了一个很好的回顾与分析，他提到根据系统的功能、自动化的程度与价格，目前国际市场上的 DPW 可分为四类，第一类是自动化功能较强的多用途数字摄影测量工作站，由 Autometric、LH System、Z/I Imaging、Erdas、Inpho 与 Supresoft 等公司提供的产品即属于此类产品。第二类是较少自动化的数字摄影测量工作站，包括 DVP Geometrics、ISM、KLT Associates、R-Wel 及 3D Mapper、Espa Systems、Topol Software/Atlas 与 Racures 等公司提供的产品。第三类是遥感系统，由 ER Mapper、Matra、Mircolmages、PCI Geometrics 与 Research Systems 等公司提供，大部分没有立体观测能力，主要用于产生正射影像。第四类是用于自动矢量数据获取的专用系统，目前还没有成功用于生产的系统。

数字摄影测量工作站的自动化功能可分为：①半自动(semi-automatic)模式，它是在人、机交互状态下进行工作；②自动(automated)模式，它需要作业员事先定义、输入各种参数，以确保其完成操作的质量；③全自动(full-automated)模式，它完全独立于作业员的干预。目前大多数数字摄影测量工作站具有自动模式功能，自动工作模式所需要的质量控制参数的输入，是取决于作业员的经验的，对此不能掉以轻心。因此，在运行数字摄影测量工作站的自动工作模式时，所需要输入参数的多少、对作业员所需经验的多少，应该是衡量数字摄影测量工作站是否强健(robust)的一个重要指标。一个好的自动化系统应该具备的条件是：所需参数少；系统对参数不敏感。以前，不少数字摄影测量工作站实质上是一台用于处理数字影像的解析测图仪，基本上多是人工操作。从发展的角度而言，这一类数字摄影测量工作站不能属于真正意义上的数字摄影测量的范畴。因为数字摄影测量与解析摄影测量之间的本质差别，不仅仅在于是否能处理数字影像，最重要的是应该考察其是否将数字摄影测量与计算机科学中的数字图像处理、模式识别、计算机视觉等密切地结合在一起，将摄影测量的基本操作不断地实现半自动化、自动化，这是数字摄影测量的本质所在。例如影像的定向、空中三角测量、DEM 的采集、正射影像的生成，以及地物测绘的半自动化与自动化，使它们变得愈来愈容易操作。对于一个操作人员而言，这些基本操作似乎是一个“黑匣子”，他们并不一定需要摄影测量专业理论的培训(Ir Chung，1993)，只有这样数字摄影测量才能获得前所未有的广泛应用。

一台完整的数字摄影测量系统通常包括专业硬件设备和摄影测量软件系统，专业硬件设备主要是立体影像显示设备和三维坐标输入(或称拾取)设备，立体显示主要是计算机显卡、显示器和对应的立体眼镜，三维坐标输入设备一般是手轮脚盘或者三维鼠标。

1.2.1 专业硬件设备

1. 立体显示与观测设备

立体显示是摄影测量与虚拟仿真的一个实现基础，在测绘领域具有十分重要的地位。根据人眼视差的特点，让左右眼分别看到不同的图像是立体显示的基本原理。实现方法主要是补色法、光分法和时分法等，对应的设备包括双色眼镜、主动立体显示、被动同步的立体投影设备。由于测图生产的需要，本书只介绍与 4D 生产实习有关的双色眼镜、主动立体观测设备及立体显示设备。

双色眼镜是最常用的一种立体观测设备，如图 1-9 所示。这种模式下，在屏幕上显示的图像将先由驱动程序进行颜色过滤。渲染给左眼的场景会被过滤掉红色光，渲染给右眼的场景将被过滤掉青色光(红色光的补色光，绿光加蓝光)。然后观看者使用一个双色眼镜，这样左眼只能看见左眼的图像，右眼只能看见右眼的图像，物体正确的色彩将由大脑合成。这是成本最低的方案，但一般只适合于观看全身的场景，对于其他真彩显示场景，由于丢失了颜色的信息可能会造成观看者的不适。

图 1-9 双色眼镜

主动立体显示设备最常见的是闪闭式立体眼镜以及对应的信号发射器，如图 1-10 所示。闪闭式立体又称为**时分立体**或**画面交换立体**，这个模式以一定速度轮换地传送左右眼图像，显示端上轮流显示左右两眼的图像，观看者需戴一副液晶眼镜，当左眼图像出现时，左眼的液晶体透光，右眼的液晶体不透光；相反，当右眼图像出现时，只有右眼的液晶体透光，左右两眼只能看见各自所需的图像。

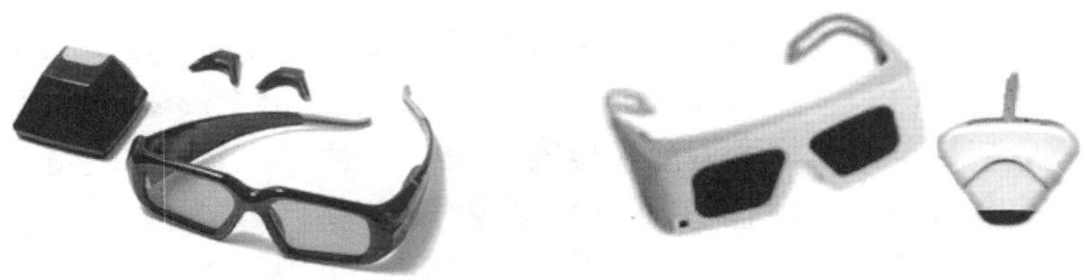

图 1-10　闪闭式眼镜及信号发射器

这种模式需要立体显示卡的配合使用。立体显卡是具有双头输出的显卡，如图 1-11 所示。立体显示卡的驱动程序将同时渲染左右眼的图像，并通过特殊的硬件输出和同步(如采用偏振分光眼镜进行同步投影)左右两张图像。闪闭式立体需要显示卡的驱动程序交替地渲染左右眼的图像，例如第一帧为左眼的图像，那么下一帧就为右眼的图像，再下一帧再渲染左眼的图像，依次交替渲染。然后观测者将使用一副快门眼镜。快门眼镜通过有线或无线的方式与显卡和显示器同步，当显示器上显示左眼图像时，眼镜打开左镜片的快门同时关闭右镜片的快门，当显示器上显示右眼图像时，眼镜打开右镜片的快门同时关闭左镜片的快门。看不见的某只眼的图像将由大脑根据视觉暂存效应保留为刚才画面的影像，只要在此范围内的任何人戴上立体眼镜都能观看到立体影像。这种方法将降低图像的一半亮度，并且要求显示器和眼镜快门的刷新速度都达到一定的频率，否则也会造成观看者的不适。

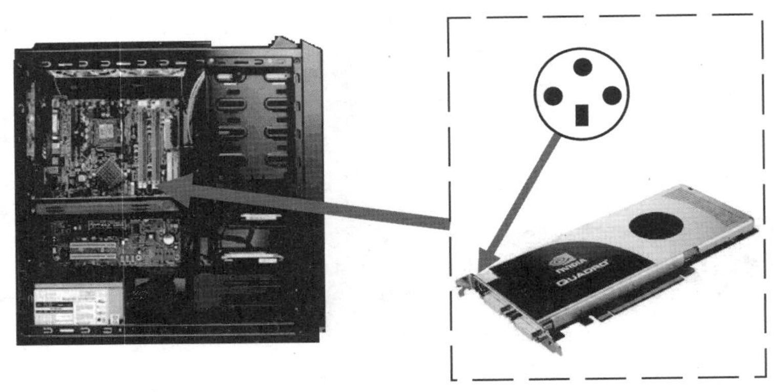

图 1-11　支持立体显示的显卡

2. 手轮脚盘设备

手轮脚盘设备是数字摄影测量系统用于立体测图的主要工具，是在三维测图坐标系实现调整和操作的计算机仿真输入系统。如图 1-12 所示，手轮代表摄影测量坐标系的 X，Y

轴，脚盘代表 Z 轴，A，B 用于功能控制，进行确认或取消的功能操作。

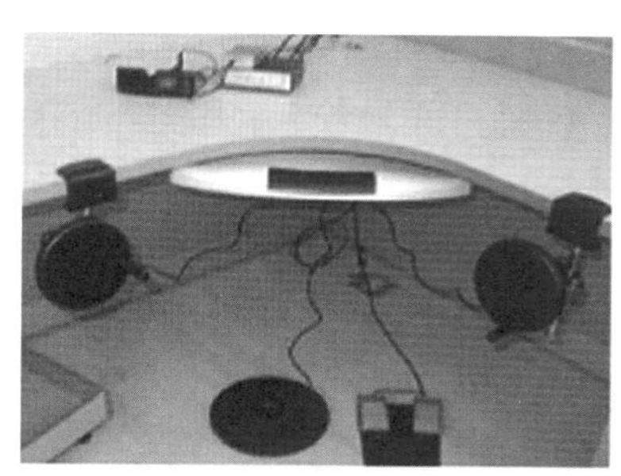

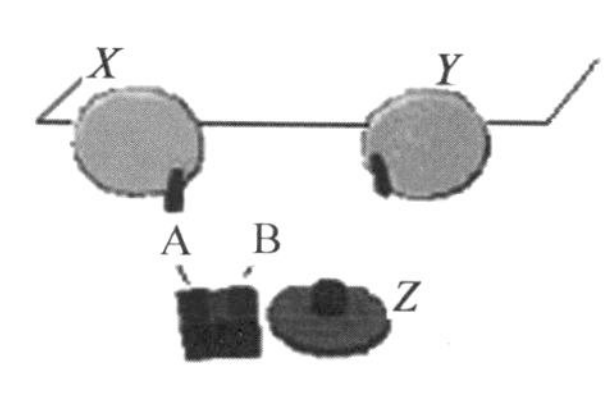

图 1-12　手轮脚盘

3. 三维鼠标

三维鼠标是除手轮脚盘外另一重要的交互设备，用于 6 个自由度 VR 场景的模拟交互，可从不同的角度和方位对三维物体进行观察、浏览、操纵；可与立体眼镜结合使用。作为跟踪定位器，也可单独用于 CAD/CAM、Pro/E、UG。如图 1-13 所示，作为输入设备，此种三维鼠标类似于摇杆加上若干按键的组合，由于厂家给硬件配合了驱动和开发包，因此在视景仿真开发中使用者可以很容易地通过程序，将按键和球体的运动赋予三维场景或物体，实现三维场景的漫游和仿真物体的控制。

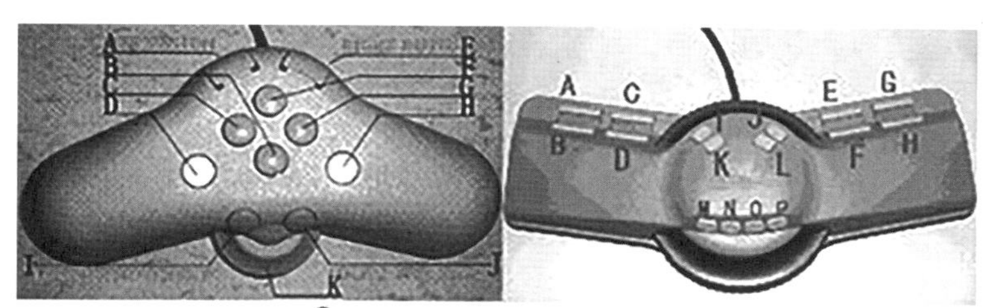

图 1-13　三维鼠标

4. 其他硬件设备

数字摄影测量工作站的其他硬件设备，如作为输入设备的影像数字化仪(扫描仪)，主要用于将胶片或纸质影像数字化；作为输出设备的矢量绘图仪、栅格绘图仪，以及批量出版用的印刷设备等，主要用于数字产品的输出。

1.2.2　数字摄影测量软件

数字摄影测量软件由数字影像处理软件、模式识别软件、解析摄影测量软件及辅助功能软件组成。

数字影像处理软件主要包括：影像旋转、影像滤波、影像增强、特征提取等。

模式识别软件主要包括：特征识别与定位(包括框标的识别与定位)、影像匹配(同名点、线与面的识别）、目标识别等。

解析摄影测量软件主要包括：定向参数计算、空中三角测量解算、核线关系解算、坐标计算与变换、数值内插、数字微分纠正、投影变换等。

辅助功能软件主要包括：数据输入输出、数据格式转换、注记、质量报告、图廓整饰、人机交互等。

目前国际、国内主流的数字摄影测量软件系统有 ImageStation SSK、InPho、LPS、Virtuozo 等。

1. ImageStation SSK 摄影测量系统（Intergraph 公司）

ImageStation SSK（Stereo Soft Kit）是美国 Intergraph 公司推出的数字摄影测量系统，它把解析测图仪、正射投影仪、遥感图像处理系统集成为一体，与 GIS（地理信息系统）以及 DTM（数字地形模型）在工程 CAD 中的应用紧密结合在一起，形成强大的具备航测内业所有工序处理能力的以 Windows 操作系统为基础的数字摄影测量系统，如图 1-14 所示。Intergraph 是目前世界上最大的摄影测量及制图软件的提供商之一，提供完整的摄影测量解决方案，其 ImageStation 系列软件已推出 20 年以上，具有深厚的理论基础。ImageStation SSK 不仅能处理传统的航摄数据和数字航摄相机的数据，还具备强大的卫星数据处理能力，包括 IKONOS、SPOT、IRS、QUICKBIRD、LANDSET 等商业卫星数据的处理能力。同时，它也具备近景摄影测量功能，涵盖摄影测量全领域的完全解决方案。

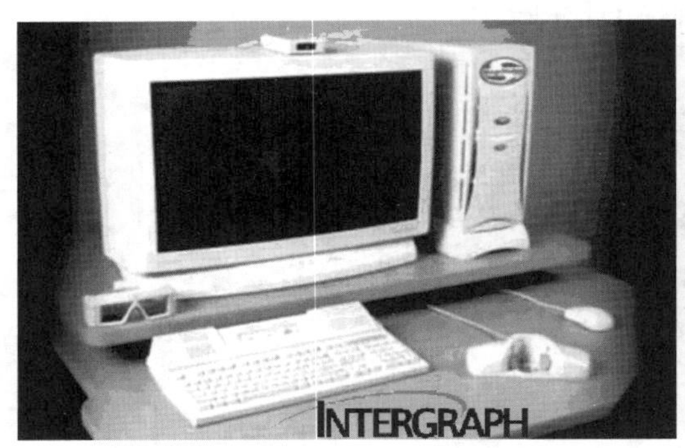

图 1-14　Intergraph 公司的 ImageStation SSK 摄影测量系统

ImageStation SSK 包含项目管理模块（ImageStation Photogrammetric Manager，ISPM）、数字测量模块（ImageStation Digital Mensuration，ISDM）、立体显示模块（ImageStation Stereo Display，ISSD）、数据采集模块（ImageStation Feature Collection，ISFC）、DTM 采集模块（ImageStation DTM Collection，ISDC）、正射纠正模块（ImageStation Base Rectifier，ISBR）、遥感图像处理软件 I/RAS C、自动空三模块（ImageStation Automatic Triangulation，ISAT）、自动 DTM 提取模块（ImageStation Automatic Evaluation，ISAE）、正射影像处理模块（ImageStation Ortho Pro，ISOP）。其各模块简介如下：

项目管理模块（ISPM）：ISPM 提供航测生产流程所需的管理工具。该模块提供工程编辑、数据导入、输出标准数据报告、工程归档等。

数字测量模块(ISDM)：ISDM 生成的影像点坐标可以直接用于 Z/I 或第三方的空三计算软件。灵活的多窗口影像显示环境有助于高效量测多度重叠区的连接点。自动相关和在线完整性检查能提高精度、生产效率和可靠性。影像增强和处理功能极大地帮助操作者进行量测。

立体显示模块(ISSD)：立体显示模块提供在 MICROSTATION 环境中的立体像对的显示和操作，如高精度三维测标跟踪，矢量数据立体叠加显示，立体漫游，影像对比度和亮度的调整等。

DTM 采集模块(ISDC)：DTM 采集模块以交互方式在立体模型上采集数字地形模型数据，如高程点、断裂线及其他地形信息。它也可以用来编辑已有的 DTM 数据。用户通过它可以动态实时地看到三角网或等高线的变化。ISDC 使用特征表来定义地形特征。它也是 ISAE 的输入和接收部分。

正射纠正模块(ISBR)：ISBR 是基于交互式和批处理的正射纠正软件，能处理航空和卫星数据，适合不同规模生产单位的需要。ISBR 产生的正射影像可用于影像地图生产。它的操作界面简单易用，效率极高。

遥感图像处理软件(I/RAS C)：是适用于制图、航测成图、地理信息系统及市政工程的图像处理软件。它能显示和处理二值、灰度和彩色影像。在整个生产流程中 I/RAS C 可随时对影像进行处理及增强。

自动 DTM 提取模块(ISAE)：ISAE 能根据航空或卫星立体影像自动生成高程模型。它利用影像金字塔数据结构和处理算法，并自动进行实时核线重采样。它生成的 DTM 模型可由 ISDC 进行编辑修改，以及用于 ISOP 等软件生成正射影像。

自动空三模块(ISAT)：自动进行连接点生成和空三计算。它在做影像匹配时，利用内置的光束法自动产生多度重叠的连接点。ISAT 允许利用图形选择相片/模型/测区，项目大小不受限制，支持 GPS / 惯导处理(例如 Applanix POSEO)、相机检校、自检校参数自动设置及分析、空三结果的图形分析等。ISAT 能支持从内定向、连接点自动提取到空三计算及分析的全部流程。

正射影像处理模块(ISOP)：是集成正射纠正功能的具备正射影像产品生产的全功能软件，包括正射生产任务计划、正射纠正、匀光处理、真实正射纠正、色调均衡、自动生成拼接线、镶嵌、裁剪和质量评估。它能将不同原始数据的坐标系转换为统一的成图坐标系。它将复杂的正射生产环节集成为一个简单高效的工作流程。

2. InPho 摄影测量系统(Trimble 公司)

InPho 摄影测量系统是由世界著名的测绘学家 Fritz Ackermann 教授于 20 世纪 80 年代在德国斯图加特创立，并于 2007 年加盟 Trimble 导航有限公司，系统如图 1-15 所示。历经 30 年的生产实践、创新发展，InPho 已成为世界领先的数字摄影测量及数字地表/地形建模的系统供应商。InPho 支持各种扫描框幅式相机、数字 CCD 相机、自定义相机、推扫式相机，以及卫星传感器获取的影像数据的处理。其主要功能已覆盖摄影测量生产的各个流程，如定向处理(空中三角测量)、DEM、DOM 等的 4D 产品生产，以及地理信息建库处理等。InPho 以其模块化的产品体系使得它极为方便地整合到其他工作流程中，为全球各种用户提供便捷、高效、精确的软件解决方案及一流的技术支持，其代理经销商和合作伙伴遍布全球。

图 1-15　Trimble 公司的 InPho 摄影测量系统

InPho 系列产品包括系统核心 Applications Master，定向模块 MATCH-AT、inBLOCK，地形地物提取模块 Summit Evolution、MATCH-T DSM，影像正射纠正及镶嵌模块 OrthoMaster、OrthoVista，以及地理建模模块 DTMaster、SCOP++。各模块既可以相互结合进行实践应用，又可以独立实现各自功能，并能够轻松地整合到任何一个第三方工作流程中，其各模块简介如下：

MATCH-AT 是基于先进而独特的影像处理算法为用户提供高精度、高效率、高稳定性的航空三角摄影测量软件。对于各种航空框幅式相机、数字框幅式 CCD 相机、推扫式 ADS 系列相机，甚至无人机承载的数码相机等获取的影像均可实现完全自动化的高效空三处理。对于沙漠、水域等纹理较差的区域都可实现自动、有效的连接点匹配。

inBLOCK 是测区平差及相机校正软件。结合先进的数学建模和平差技术，通过友好的用户界面，极好地实现交互式图形分析。支持多种传感器的灵活平差，包括胶片、数字框幅式相机、GPS 和 IMU，同一测区内支持多相机及特定相机的自校准。

MATCH-T DSM 自动进行地形和地表提取，从航空或卫星影像中提取高精度的数字地形模型(DTM)和数字地表模型(DSM)，为整个目标测区生成无缝模型。自动选择最适影像进行智能多影像匹配，生成的 DSM 可以媲美 LIDAR 点云数据，尤其适于城市建模的应用。

DTMaster 是数字地形模型或数字地表模型的快速而精确的数据编辑软件。拥有极好的平面或立体显示效果，为 DTM 项目的高效检查、编辑、滤波分类等提供最优技术，可以非常容易地处理 5000 万个点，并可以方便地支持和转换各种数字地形/地表数据格式。

OrthoMaster 是 InPho 的一款为数字航片或卫片进行严格正射纠正的专业软件。处理过程高度自动化，既可以处理单景影像，也可以同时处理测区内的所有影像。既支持基于 DTM 进行严格正射纠正，也可以基于平面模型进行纠正。与 OrthoVista 结合后可以生成真正的正射镶嵌图。

OrthoVista 是全球领先的生产镶嵌匀色影像的专业软件。利用先进的影像处理技术，对任意来源的正射影像进行自动调整、合并，从而生成一幅无缝的、颜色平衡的镶嵌图。

全自动的拼接线查找算法可以探测人工建筑物，因而拼接线甚至是在城区依然可以有效地绕开建筑物，并可自动调整拼接线周边羽化区域。可同时处理上万张影像。

SCOP++被设计用以高效管理DTM工程，数据源可以是LiDAR、摄影测量或其他来源的DTM或DSM。SCOP++提供非常卓越的数字地形模型的内插、滤波、管理、应用和显示质量。其所有模块均被设计来处理成千上万个DTM点，方便管理大型DTM项目并提供独特的混合式DTM数据结构。

InPho的数字立体测图部分集成了DAT/EM的Summit Evolution。Summit Evolution是一款界面友好的数字摄影测量立体处理工作站，可以方便地从航空框幅式和推扫式影像以及近距离、卫星、IFSAR、激光雷达亮度图及正射影像中采集3D要素，并可将收集的3维要素直接导入ArcGIS、AutoCAD或MicroStation。

3. LPS摄影测量系统(Leica公司)

LPS(Leica Photogrammetric Suite)是美国Leica公司研发的数字摄影测量系统，具有简单易用的用户界面，强大而完备的数据处理功能，深受全球摄影测量和遥感用户的喜爱，系统如图1-16所示。LPS为广泛的地理影像应用提供了高精度、高效能的数据生产工具，是面向海量数据生产的优秀解决方案。LPS具有对航天航空数字摄影测量传感器(如SPOT5、QuickBird、DMC、Leica RC30、ADS、A3系列等)的全面支持、影像自动匹配、空中三角测量、地面模型的自动提取、亚像素级点定位等功能，在帮助我们提高数据精度的同时，也大大地提高了数据生产的效率。LPS采用模块化的软件设计，支持丰富多样的扩展模块，为用户提供了多种方便实用的功能选择，可根据用户需求灵活配置，具有功能强大、使用方便的优点。

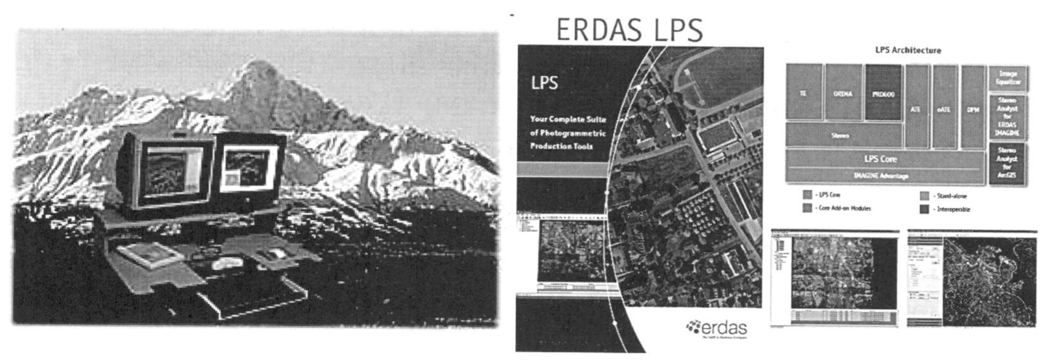

图1-16　Leica公司LPS摄影测量系统

LPS可以满足数字摄影测量人员的全部要求，从原始图像分析到视线分析。这些任务可以使用多种图像格式、地面控制点、定向和GPS数据、矢量数据和处理过的图像完成。LPS系列产品包括核心模块LPS Core、立体观测模块LPS Stereo、数字地面模型自动提取模块LPS ATE、并行分布式数字地面模型自动提取模块LPS eATE、数字地面模型编辑模块LPS Terrain Editor(TE)、空三加密模块LPS ORIMA、数字测图模块LPS PRO600、立体分析模块Stereo Analyst for ERDAS IMAGINE/ArcGIS和影像匀光器模块ImageEqualizer。其各模块简介如下：

核心模块 LPS Core 提供了功能强大且操作简单的数字摄影测量工具，包括强大的定向和正射纠正工具、其他数字摄影测量所必需的工具，以及影像处理方面的功能。LPS Core 包含 ERDAS IMAGINE Advantage 遥感图像处理软件，能够完成包括卫片、航片及无人机图像在内的各种影像处理。

立体观测模块 LPS Stereo 以多种方式对影像进行三维立体观测，能够在立体模式下提取地理空间内容，进行子像元定位，连续漫游和缩放，快速图像显示。显示包括立体、分窗、单片和三维显示等。

数字地面模型自动提取模块 LPS ATE 能够利用尖端技术从两幅或多幅影像自动进行快速、高精度的 DTM 提取。

并行分布式数字地面模型自动提取模块 LPS eATE 采用全新地形提取算法，可做逐点灰度匹配，提取高密度的点云输出地面，利用多线程并行和分布式计算，输出包括 RGB 编码的 LAS 在内的多种数据格式，通过集成点分类获得经严密过滤的裸地形图。

数字地面模型编辑模块 LPS Terrain Editor(TE)是编辑 DTM 全面有力的工具。能迅速更新地图，包括立体模式下点、线、面地形编辑。地形编辑支持多种 DTM 格式，包括 ERDAS Terrain Format、SOCET SET TINs、SOCET SET GRIDs、TerraModel TINs 和 Raster DEMs 等 DTM 格式。

空三加密模块 LPS ORIMA 是区域网空中三角量测与分析的软件模块，能够处理大量的影像坐标、地面控制点和 GPS 坐标。ORIMA 能够实现以生产为核心的框幅式和徕卡 ADS40/80 影像的空中三角测量，支持 GPS/IMU 校正和自检校。

数字测图模块 LPS PRO600 实现交互式特征采集，必须集成在 Bentley 公司的 MicroStation 环境下。为用户提供了灵活，易学的以 CAD 为基础的，用于立体影像大比例尺数字成图的工具，包括标记、符号、颜色、线宽，用户定义的线型和格式等。

立体分析模块 Stereo Analyst for ERDAS IMAGINE/ArcGIS 是 LPS 系统中三维数据采集的另外一个选择。在 ERDAS IMAGINE 或 ArcGIS 平台上进行真正三维特征采集和编辑，也是完全基于 GIS 的摄影测量立体量测产品。

影像匀光器模块 ImageEqualizer 是 LPS 修正和增强影像质量非常有用的工具。可以对航空影像和不均衡的卫星影像进行匀光处理，均衡和完善单幅或多幅影像的色度，除去局部两点(Hot-spots)、晕映和变形，支持交互式或批处理工作方式。

4. VirtuoZo 摄影测量系统(武汉大学，原武汉测绘科技大学)

VirtuoZo 摄影测量系统是根据 ISPRS 名誉会员、中国科学院资深院士、武汉大学(原武汉测绘科技大学)教授王之卓于 1978 年提出的“Fully Digital Automatic Mapping System”方案进行研究，由武汉大学(原武汉测绘科技大学)教授张祖勋院士主持研究开发的成果，属世界同类产品的知名品牌之一。最初的 VirtuoZo SGI 工作站版本于 1994 年 9 月在澳大利亚黄金海岸(Gold Coast)推出，被认为是有许多创新特点的数字摄影测量工作站(Stewart Walker & Gordon Petrie，1996)，1998 年由 Supresoft 推出其微机版本。VirtuoZo 系统基于 Windows 平台利用数字影像或数字化影像完成摄影测量作业，由计算机视觉(其核心是影像匹配与影像识别)代替人眼的立体量测与识别，不再需要传统的光机仪器。从原始资料、中间成果到最后产品等都是以数字形式，克服了传统摄影测量只能生产单一线划图的缺点，可生产出多种数字产品，如数字高程模型、数字正射影像、数字线划图、三维透视景观图等，并提供各种工程设计所需的三维信息、各种信息系统数据库所需的空间信息。系统如图 1-17 所示。

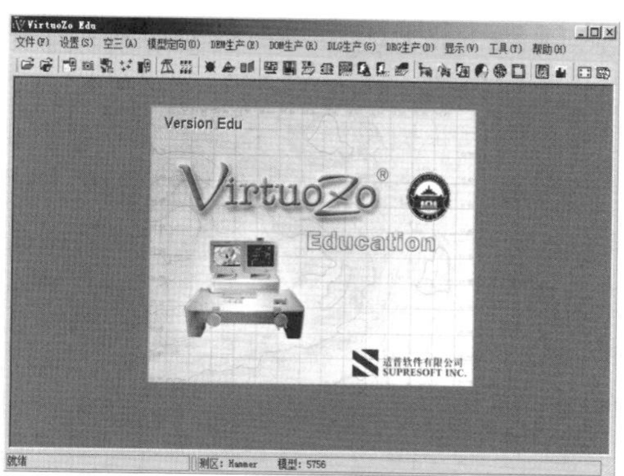

图 1-17　武汉大学的 VirtuoZo 摄影测量系统

VirtuoZo 系统包括基本数据管理模块 V_Basic、全自动内定向模块 V_Inor、单模型相对定向与绝对定向模块 V_ModOri、全自动空中三角测量模块 V_AAT、DEM 自动提取模块 V_DEM、正射影像生产模块 V_Ortho、立体数字测图模块 V_Digitize、卫星影像定向模块 V_RSImage，以及诸多人工交互编辑的工具如 DemEdit、TINEdit、OrthoEdit、OrthoMap 等。其各模块简介如下

基本数据管理模块 V_Basic 实现测区建立、引入影像、设置相机及控制点。

全自动内定向模块 V_Inor 通过全自动框标识别实现影像的内定向。

单模型相对定向与绝对定向模块 V_ModOri 通过全自动匹配实现自动相对定向、计算机辅助下半自动控制点量测，以及绝对定向核线范围指定功能。

全自动空中三角测量模块 V_AAT 通过影像匹配实现连接点自动提取，半自动控制点量测，通过光束法平差完成空中三角测量。

DEM 自动提取模块 V_DEM 通过核线影像密集匹配，实现 DEM 的自动提取。

正射影像生产模块 V_Ortho 包括正射影像生产、拼接线编辑、正射影像修补、匀光匀色等功能。

立体数字测图模块 V_Digitize 集成按测绘规范定义的属性符号库，实现在立体模式下的数字化地图生产。

VirtuoZo 不仅在国内已成为各测绘部门从模拟摄影测量走向数字摄影测量更新换代的主要装备，而且也被世界诸多国家和地区所采用。VirtuoZo 软件的诞生，张祖勋院士功不可没，可以说，整个软件的设计与开发，张院士起带头作用。张院士回忆起将 VirtuoZo 推向世界的过程，他告诉大家，VirtuoZo 的推广和应用，彻底简化了数字摄影测量的仪器设备，改变了摄影测量的“贵族”身份。过去只有极少数院校能进行摄影测量教学，有了

VirtuoZo之后，目前已有约40所院校能进行这项教学，它还促使中国摄影测量生产方式的完全改变，生产规模扩大，产值大幅度提高，促进了摄影测量的跨越式发展。2002年国际摄影测量与遥感学会原主席、东京大学教授村井俊治在日本《测量》杂志撰文《中国的IT行业登陆日本》称：“最先商品化的软件是张祖勋教授开发的利用数字影像匹配进行数字摄影测量的软件，名称叫VirtuoZo，这个软件就是一个数字摄影测量的优秀产品。我想我们已经到了该向中国学习的时候了。”谈及此，张院士的脸上洋溢着无限的骄傲与自豪——不是因为个人的成绩与荣誉，而是为中华民族的扬眉吐气。

除VirtuoZo以外，在中国还有一套较为著名的数字摄影测量工作站JX4，是由王之卓院士的另外一个学生——中国测绘科学研究院的刘先林院士主持开发的。

JX4数字摄影测量工作站(DPS)是结合生产单位的作业经验开发的一套半自动化的微机数字摄影测量工作站，主要用于各种比例尺的数字高程模型DEM、数字正射影像DOM、数字线划图DLG生产，是一套实用性强，人机交互功能好，有很强的产品质量控制的数字摄影测量工作站。可将矢量(包括线形和符号)、DEM和TIN，映射到立体屏幕上，而二维屏幕也可同时进行矢量、DEM、TIN和DOM的叠加、显示和编辑，硬件影像漫游、图形漫游、测标漫游，实现了方便的实时立体编辑命令，同时也实现了自动内定向、相对定向、半自动绝对定向，以及特征点、线的自动匹配。JX4的特点如下：

①双屏幕显示，图形和立体可独立显示于两个不同的显示器上，使得视场增大，立体感强，影像清晰、稳定，便于进行立体判读。

②在接收遥感数据方面具有较强的兼容性，JX-4G数字摄影测量工作站除了进行常规的航空影像处理外，还可接收诸如IKONOS、SPOT5、QuickBird、ADEOS、RADARSAT、尖三等卫星与雷达影像，可通过以上数据获取DEM、DOM、DLG成果。

③由Tin生成正射影像，解决城市1∶1000、1∶2000比例尺正射影像中由于高层建筑和高架桥引起的投影差问题，使大比例尺正射影像完全重合，更加精确地描述诸如道路等。

第2章　数据分析及测区建立

2.1　基础知识

2.1.1　航空摄影

航空摄影是指将航摄仪安置在飞机上，按照一定的技术要求对地面进行摄影的过程。它是摄影测量中最为常见的一种方法，相对于航天摄影与近景摄影，其摄影高度为10000m以下的空中，通常为3000m左右。

航空摄影进行前，需要利用与航摄仪配套的飞行管理软件进行飞行计划的制订。根据飞行地区的经纬度、飞行需要的重叠度、飞行速度等，设计最佳飞行方案，绘制航线图。在飞行中，一般利用GPS进行实时的定位与导航，拍摄过程中，操作人员利用飞行操作软件，对航拍结果进行实时监控与评估。

飞行质量主要包括像片重叠度、像片倾斜角和像片旋角，航线弯曲度和航高，图像覆盖范围和分区覆盖，以及控制航线等内容。

航向重叠度一般应为60%~65%，个别最大不应大于75%，最小不小于56%。沿图幅中心线和沿旁向两相邻图幅公共图廓线敷设航线，要求实现一张像片覆盖1幅图和一张像片覆盖4幅图时，航向重叠度可加大到80%~90%。

旁向重叠度一般应为30%~35%，个别最小不应小于13%，最大不大于56%。按图幅中心线和旁向两相邻图幅公共图廓线敷设航线时，至少要保证图廓线距像片边缘不少于1.5cm。

航摄仪主轴与通过物镜的铅垂线之间的夹角称为**像片倾角**，相邻像片的主点连线与像幅沿航线方向的两框标连线之间的夹角称为**像片旋角**。像片倾角一般不大于2°，个别最大不大于4°。像片旋角可根据航摄比例尺及航高设定一个最大值，一般不超过8°。

航线弯曲度指航线长度与最大弯曲度之比。航线弯曲度会影响像片的旁向重叠度，弯曲度过大还会引起航摄漏洞，航线弯曲度一般不大于3%。

为便于航测成图的接边和避免航摄漏洞，进行航空摄影时要使得到的影像超过图廓线的一部分，所以在航摄时要确保摄区边界、分区和图廓的覆盖度。

当前航空摄影主要使用数字航摄仪。其成像原理和模拟航摄仪一样，只是在记录影像的介质上有所差异。它通过电荷耦合器件(CCD)把接收到的数字影像直接记录在磁盘上。数字航摄仪主要分为两种：一种利用面阵CCD记录影像，一种利用线阵CCD扫描记录影像。

线阵 CCD 扫描仪利用线阵 CCD 记录数据，一维像元数可以很多，总像元数比面阵 CCD 相机少，像元尺寸比较灵活，帧幅率高，特别适合一维动态目标的量测。其主要代表为 ADS40 数码航摄仪，能够同时提供 3 个全色与 4 个多光谱波段的数字影像，其全色波段的前视、下视与后视影像可以构成三对立体像对以供观测。相机上集成的 GPS 与惯性测量装置 IMU 可以为每条扫描线产生比较精确的外方位元素初值。

面阵扫描仪利用面阵 CCD 记录数据，可以获得二维图像信息，测量图像直观。然而其像元总数多，而每行的像元数一般较线阵少，帧幅率受限制。其主要代表为 DMC 与 UCD 相机。

DMC 由 Z/I 公司研制，是一种无人值守的数字航空相机系统。由 8 个独立的 CCD 相机整合为一体，4 个高分辨率全色镜头，4 个多光谱镜头。解决了单个 CCD 成像尺寸过小的问题。全色镜头获得的子影像间存在一定程度的重叠，子影像通过处理和拼接后成为模拟中心投影的虚拟影像。多光谱镜头围绕全色镜头排列，获得竖立影像，多光谱影像与全色影像的覆盖范围相同，但分辨率较低。因此，DMC 是面阵 CCD 成像，但不是严格的中心投影。

UltraCAM-D(UCD)相机具有 8 个独立物镜。通过 13 个面阵 CCD 采集影像数据，同时生成全色影像、彩色 RGB 影像和近红外 NIR 影像。其中全色影像 9 个 CCD 到达同一位置进行曝光，将 9 个 CCD 面阵拼接，可以得到一个完整的中心投影大幅面全色影像。各 CCD 获取的影像数据根据重叠部分影像信息，消除曝光时间误差造成的影响，生成一个完整的中心投影影像。

2.1.2　外业调绘

外业调绘指根据原有该地区的地图航摄影像等资料，对该地区现有地物地貌进行调查确认，查清其实际情况。并根据设计书要求，对地物地貌进行取舍新增、补测，绘制出符合要求规范的地形图。

目前，航摄测量的外业调绘基本采用全野外调绘。在确定调绘面积与选取调绘路线后，利用航摄像片对地形图各要素进行调绘，如对居民地、工矿设施及管道、道路、行政区、水系、植被、地貌等进行绘制。主要需要注意如下几点：

①掌握目视解译特征，做到准确地解译与描绘。

②掌握取舍原则，综合合理地进行取舍。

③掌握地物地貌的属性、数量特征和分布情况，按照图例的说明与规定，正确使用统一的符号、注记进行地物地貌的描绘。

像片上地物的构像有各自的几何特性和物理特性，如形状、大小、色调、纹理、阴影和相互关系，根据这些特性可以识别地物的内容和实质。这些影像的特性是像片判读的依据，被称为**像片的判读标志**。形状、大小是目视判读的主要标志。借助色调可以帮助识别判定物体的颜色、亮度、含水量、太阳的照度、摄影材料的特性。

调绘像片要做好像片准备和调绘面积的划分。

调绘像片要选择影像清晰、与成图比例尺相近的像片，作业时除线性地物外，一般按相片顺序逐片调绘完成。各像片划分的调绘范围要保证调绘面积不出现漏洞和重叠。

调绘前要制定调绘计划和路线，要立体观察确定调绘重点和疑难地物，调绘时要有取舍。要做到少走路而又不遗漏，“远看近判”，远观物体总体轮廓，近观物体的准确位置。

2.2 数据分析

数据分析是摄影测量内业生产前期的重要环节，是否正确理解原始数据对成果的产生以及精度有着重要的影响。在此环节中，需要分析航片的分辨率、摄影比例尺、地面分辨率、影像的航带关系等，同时需要对相机文件、控制点文件、航片索引图等进行分析整理。

原始数字影像即是数字摄影测量所用的原始资料，有数字影像(如卫星影像)和数字化影像(如用模拟的航片经扫描而获得的影像)，影像的数据格式有多种(一般常用的有TIF、JPEG格式等)。为提高处理效率，VirtuoZo系统通常会将数据转换为内部Vz格式。

1. 分析原始影像的数字分辨率、比例尺等

影像分辨率指影像上能区分图像上两个像元的最小距离。**摄影比例尺**指航空摄影机的主距与航高之比，所以当像片水平和地面为水平面的情况下，像片比例尺是一个常数。传统航空摄影时，由于高度相对较高，对镜头而言，相当于对焦无限远，所以航空摄影的成像面均定在焦平面上，即成像平面与投影中心距离为f(焦距)，设航高为H，则**航空摄影的比例尺**为$1/m=f/H$。若$1/m \geqslant 1/10000$，则称为**大比例尺航空摄影**；若$1/25000<1/m<1/10000$，则称为**中比例尺航空摄影**；若$1/m \leqslant 1/25000$，则称为**小比例尺航空摄影**。航空摄影比例尺应依据最终成图比例尺及用途确定。一般来讲，成图比例尺与摄影比例尺相差3~4倍左右为宜。摄影比例尺、成图比例尺、正射影像图地面分辨率的关系如表2-1所示。

表2-1 **摄影比例尺与成图比例尺及地面分辨率**

摄影比例尺分母	成图比例尺分母	正射影像图地面分辨率
35000	10000	1m
20000	5000~10000	0.5~1m
8000	2000	0.2m
3000	1000	0.1m

航摄胶片的分辨力一般为70~100线对/mm，乘以$2\sqrt{2}$倍，折算为能充分表达的像元数p为200~280像元/mm，地面分辨率计算公式为$R=\dfrac{0.001\times m}{p}$，式中$m$为航摄比例尺分母。按1∶25000中等比例尺计算，对应地面分辨率为0.13~0.09m，可见大比例尺航空摄影地面分辨率在厘米级，小比例尺的在分米级。

2. 分析原始影像的航带关系

原始影像的航带关系主要是指飞机拍摄影像时候的位置关系，通常是按S形飞行，因此相邻航带的编号顺序相反。航带关系对内业处理主要在两个方面有影响，其一是相机参数在不同航带之间存在反转现象，因此应该先确定一条航带作为基准，将其设为不反转（或反转），其他航带的框标位置在影像格式转换时选择反转（或不反转）选项；其二是航带间匹配连接点时候，需要读入航带关系以确定哪几张影像是相邻的，需要相互匹配连接点。通常原始影像的航带关系如图 2-1 所示。

图 2-1　航空摄影的航带

3. 分析相机检校参数及其影像方位、框标的位置等

相机检校的目的是求出相机的内方位元素及相机各项畸变参数，这些都已经记录在文档中。影像框标可以分为机械框标与光学框标，框标位于影像的四角。根据影像框标的量测值，可以解算框幅式相机的检校参数，如图 2-2 所示。

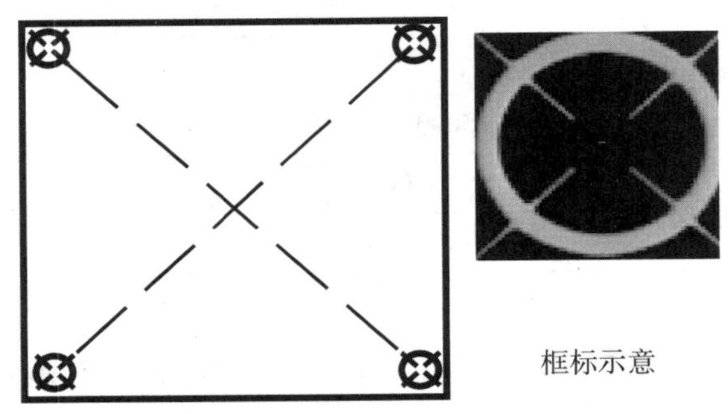

图 2-2　影像框标的含义

4. 分析地面控制点数据及其点位与分布

地面控制点数据及其点位与分布信息记录在文档。控制点的选取应分布均匀，且最好分布在不同高程面上，如图 2-3 所示。特别注意，摄影测量系统中使用的控制点坐标系必须是平面直角坐标系，而且必须是右手坐标系统(即在计算机屏幕上，X 朝右，Y 朝上，Z 朝向平面外)，如果拿到的控制点文件不是右手坐标系而是左手坐标系，只需要交换 X，Y 坐标即可。

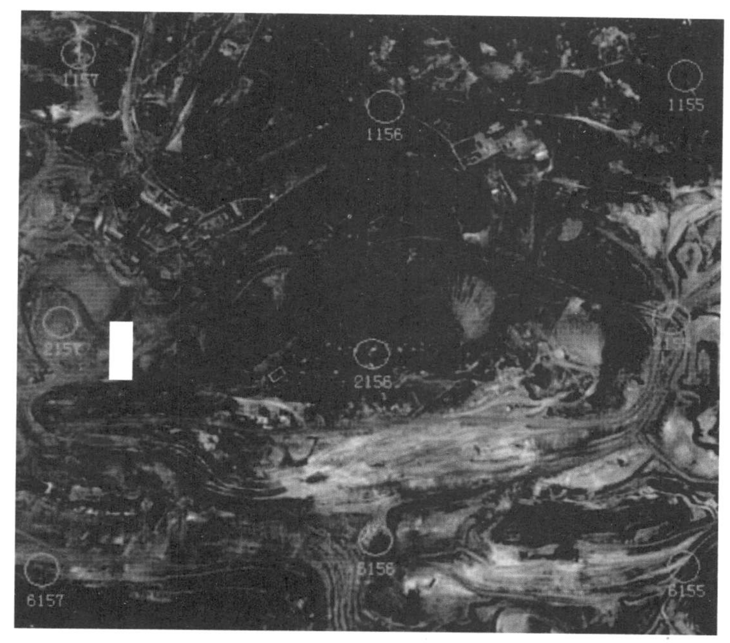

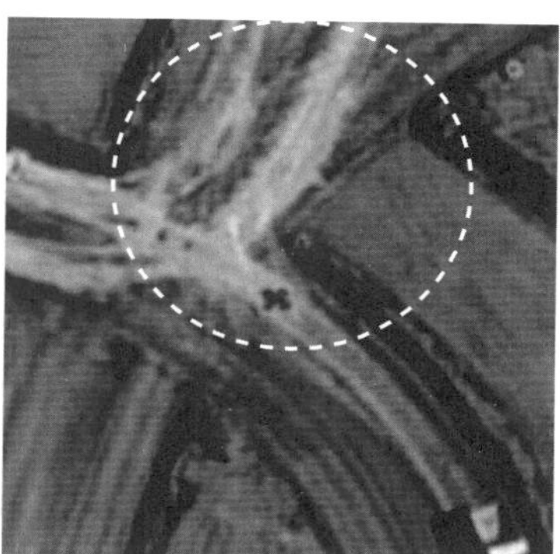

图 2-3　控制点分布图与点位图

地面控制点内容通常包含点号、点坐标 X、点坐标 Y、点坐标 Z，如表 2-2 所示。

表 2-2　　地面控制点内容

点号	X	Y	Z
1155	16311.749	12631.929	770.666
1156	14936.858	12482.769	762.349
1157	13561.393	12644.357	791.479
2155	16246.429	11481.730	811.794

2.3 建立测区

创建测区即为将要进行测量的数据创建一个工程文件。这里的测区指待处理的航空影像所对应的地面范围(或区域)，一个测区一般由多个相邻的模型组成。

建立测区工程的内容主要包括：指定测区数据存储路径，设定测区参数，以及对指定相机参数、控制点数据和影像数据的录入等。测区各参数的设置一定要正确，否则将无法进行后续的处理，建立测区工程的主要流程如图 2-4 所示。

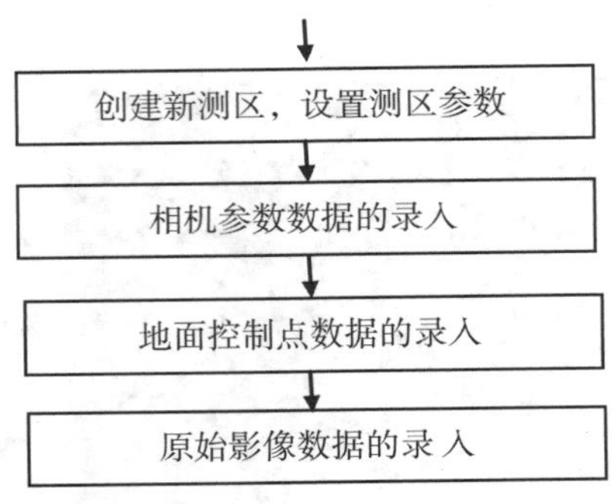

图 2-4　设置测区工程流程图

启动数字摄影测量系统 VirtuoZo。可以通过运行桌面的快捷方式，或者在软件安装的目录中运行软件主程序 VirtuoZo. exe，软件默认的安装路径为 C：\ VirtuoZoEdu \ Bin，运行结果如图 2-5 所示。

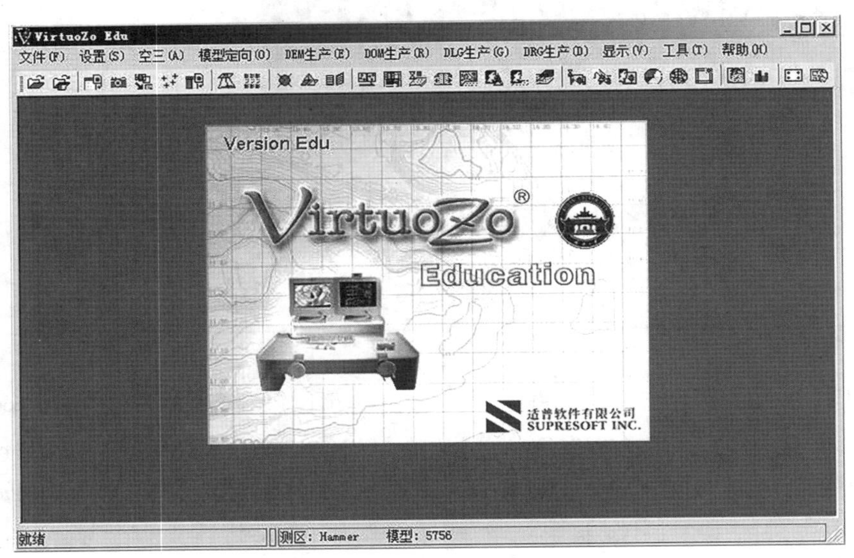

图 2-5　VirtuoZo 启动界面

1. 创建新测区，设置测区参数

选择“文件”菜单下的“新建/打开 测区”，如图 2-6 所示。

若新建测区，则须选择路径并输入新建测区的名称(特别注意新建测区的名称必须与测区所在的目录名称一致)；若打开已建测区，可选择工程文件存放路径以及工程文件，如图 2-7 所示。

图 2-6　新建或打开测区

图 2-7　新建/打开测区

点击“打开”按钮后，选择菜单“设置”→“测区参数”，系统弹出“设置测区”对话框，即输入工程参数界面，新建测区时，会自动弹出该界面，如图 2-8 所示。

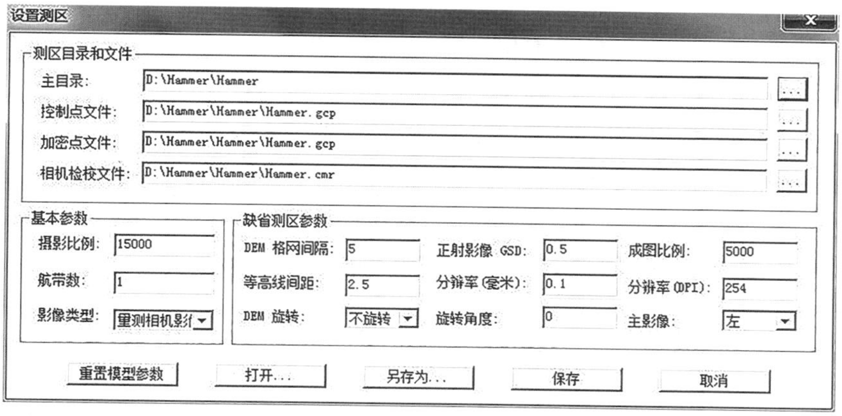

图 2-8　输入工程参数

界面操作说明如下：

主目录：测区所在的目录。此项在测区建立后变灰，用户不能再进行修改。

控制点文件：控制点文件名，系统默认为测区名称 . gcp。可直接输入控制点文件名，或选择文本框右侧的文件查找按钮[...]，选择已建立的当前测区的控制点文件。

加密点文件：模型控制点文件名，系统默认的与控制点文件一致：测区名称 . gcp。模型控制点通常就是空中三角测量平差解算出来的加密点文件。

相机检校文件：输入相机检校文件名，系统默认为测区名称 . cmr。

摄影比例：摄影比例尺分母。

航带数：测区的航带数目。

影像类型：原始的影像类型有 5 种。它们依次是量测相机影像、非量测相机影像、SPOT、IKONOS 影像、QuickBird 影像，如图 2-9 所示。

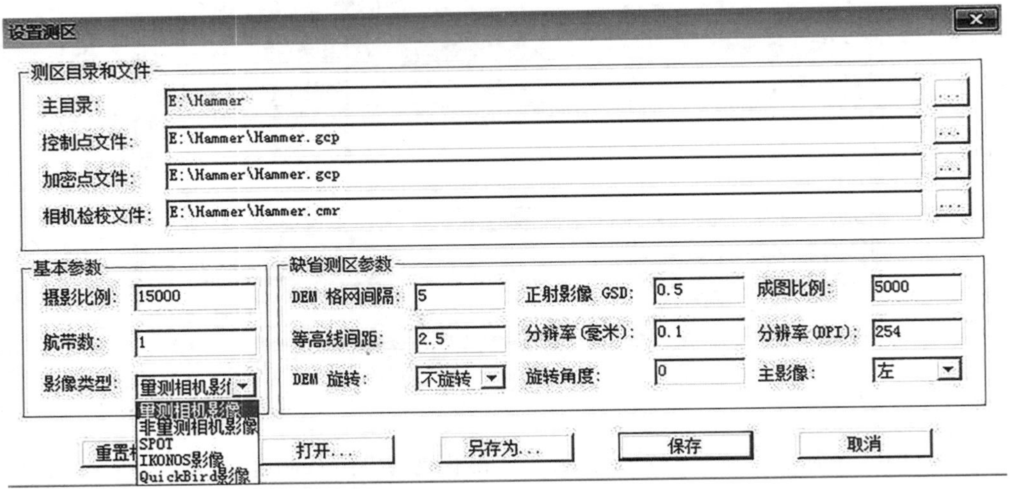

图 2-9　测区参数中的影像类型

①量测相机影像：有框标的量测相机影像，如航摄像片。

②非量测相机影像：无框标的非量测相机影像，如普通相机拍摄的近景影像。

特别说明：本书主要介绍对量测相机影像的处理。

DEM 格网间隔：设置 DEM 格网间隔，间隔的单位与控制点单位相同。

等高线间距：设置等高线间距，其单位与控制点单位相同。

DEM 旋转：设置 DEM 旋转或不旋转。选择“不旋转”选项，表示 DEM 是沿控制点所在的坐标系方向建立；选择“旋转”选项，表示 DEM 采集方向与控制点所在的坐标系存在一定的旋转角度。角度可在旋转角度一栏中输入，也可由系统自动计算。

旋转角度：设置 DEM 所在坐标系旋转的角度，单位为弧度。可直接填入已知的旋转角度。在“DEM 旋转”下拉列表选择框中选择的是“旋转”选项，以及在本栏中输入 0 时，系统会自动计算飞行方向与大地坐标系 X 轴间的夹角，并自动填入此项中。

正射影像 GSD：正射影像的地面分辨率。此项与下一项成图比例对应。若改变其中一个，则另一个将自动作相应变化，可任选一项输入。正射影像 GSD 的单位与控制点单位相同。

成图比例：成图比例尺的分母。此项与上一项正射影像 GSD 对应。若改变其中一个，则另一个将自动作相应变化，可任选一项输入。

分辨率(毫米)，分辨率(DPI)：正射影像的输出分辨率。分别以 mm(毫米)或 DPI (dots per inch 每英寸的点数)为单位，两者意义一致。由于输出的正射影像的数据量除了与成图比例尺和成图范围有关外，还与输出分辨率有关：输出分辨率越高，数字影像的数据量越大。因此，一般根据输出设备性能和成图要求决定该参数。

主影像：选择以原始影像的左片或右片作为主片参与纠正生成正射影像。

“重置模型参数”按钮：根据当前测区参数，修改该测区内所有模型的相应参数。选择此按钮，将弹出确认对话框，如图 2-10 所示。

图 2-10　重置测区模型参数确认界面

“打开”按钮：打开其他测区，输入或修改其参数。

“另存为”按钮：将当前测区的参数存为其他文件。

“保存”按钮：保存当前修改，退出对话框。

“取消”按钮：取消所有操作，退出对话框。

点击“重置模型参数”按钮，系统弹出“重置测区参数”对话框，如图 2-11 所示。

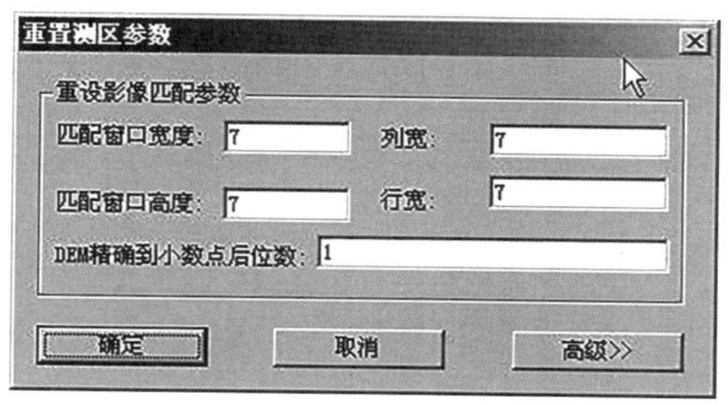

图 2-11　重置测区模型匹配参数

点击其中的“高级”按钮，对话框显示如图 2-12 所示，用户在此设置当前测区下所有模型的等高线参数和正射影像参数的默认设置。

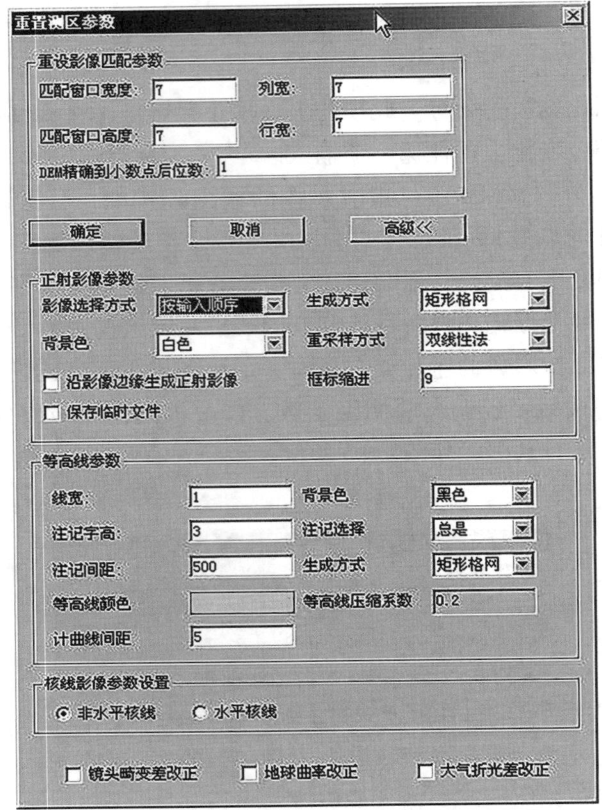

图 2-12　重置测区模型高级参数

2. 相机参数数据的录入

选择菜单“设置”→“相机参数”，屏幕弹出“相机文件列表”对话框，如图 2-13 所示。

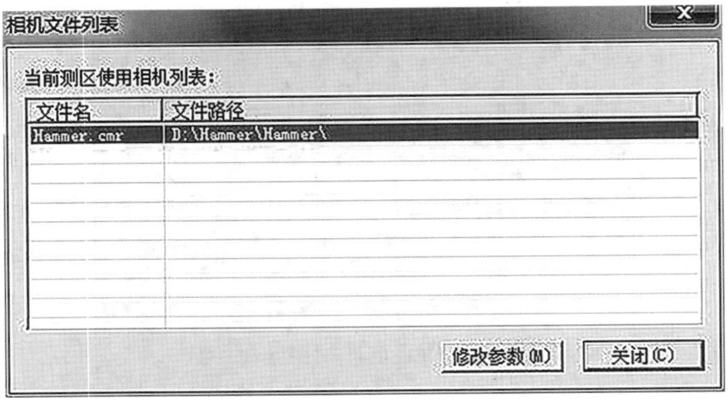

图 2-13　相机文件列表

选中测区所用相机文件名及文件路径，点击“修改参数”按钮，弹出“相机检校参数”对话框，可以对相机参数进行修改，如图 2-14 所示。

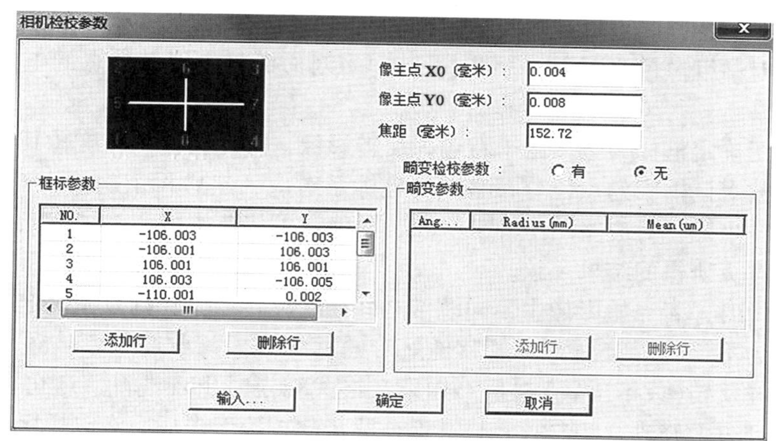

图 2-14 相机参数

界面操作说明如下：

像主点 $X0$(毫米)：像主点的 X 坐标，单位为毫米。

像主点 $Y0$(毫米)：像主点的 Y 坐标，单位为毫米。

焦距(毫米)：航摄相机的主距，单位为毫米。

框标参数：NO. 为框标序号。X、Y 为框标的坐标，单位为毫米。

影像是否反转并不是绝对的，要以参照系为准。系统在影像对应的 spt 参数文件的最后一项中，用“0”标记表示影像不反转，用“1”表示影像反转。

总的原则是，依据给出的相机参数略图，找出与相机检校参数对话框中点位分布略图对应点的坐标，即可正确解算，如图 2-15 所示。

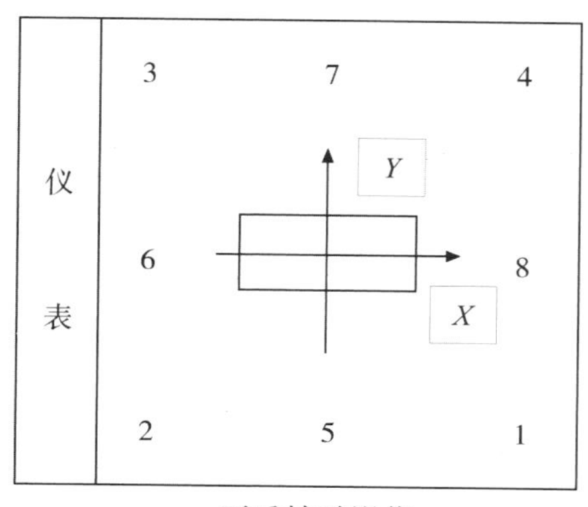

不反转时影像

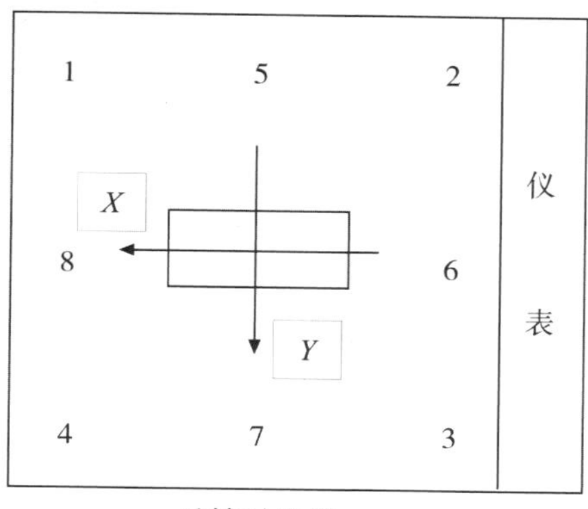

反转时影像

图 2-15 相机反转的含义和作用

左图为影像不反转时框标点的编号及点位分布情况，此影像对应的 spt 参数文件中最后一项为“0”。右图为影像反转时的情况，此影像对应的 spt 文件中最后一项为“1”。

若根据左图确定框标参数，由于左图中的坐标系与相机检校参数对话框中的点位分布略图的坐标系一致，因此可直接依次输入对应点的坐标，即首先输入 2 号点的坐标，对应相机检校参数对话框黑色略图中的 1 号点，3 号点对应 2 号点，其他点的坐标与对应关系可依此类推。

若根据右图确定框标参数，由于右图为反转影像，因此，首先应旋转其坐标系，使之与相机检校参数对话框中的点位分布略图的坐标系对应，然后再依次输入对应点的坐标，即输入 2 号点的坐标，对应略图中的 1 号点，其他点可依此类推。系统据此解算所得的结果与参照左图解算所得的结果一致。

在转换影像时，若原始影像中不同航带之间存在反转现象，则首先确定一条航带作为基准，将其设为不反转(或反转)。若其他航带的框标位置与此航带不一致，则可在影像格式转换时选择反转(或不反转)选项。如果在格式转换时出现混乱，还可在空中三角测量加密的影像列表中修改这些参数。只有保证此步骤正确无误后，在以后操作中方可得到正确的内定向结果。

3. 地面控制点数据的录入

选择菜单“设置”→“地面控制点”，系统要求输入地面控制点数据，如图 2-16 所示。

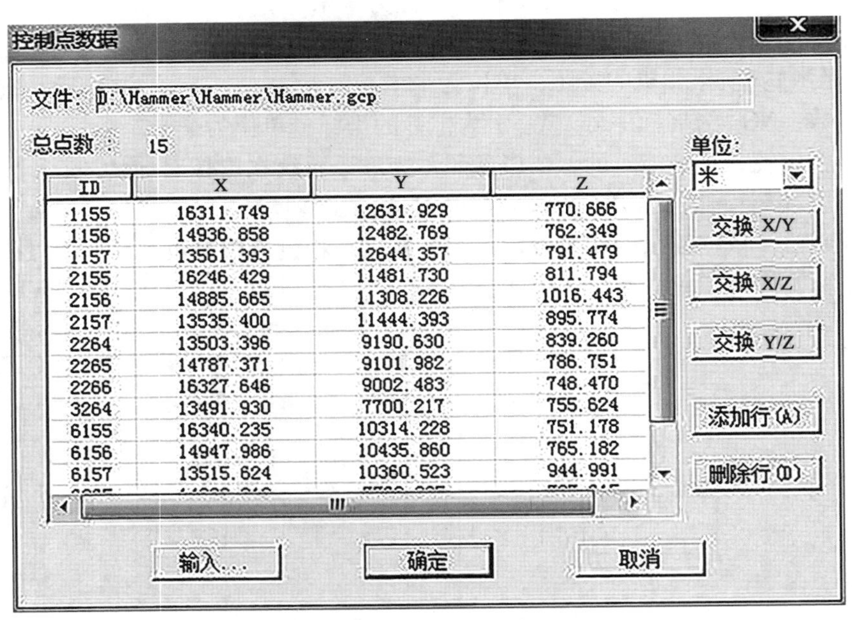

ID	X	Y	Z
1155	16311.749	12631.929	770.666
1156	14936.858	12482.769	762.349
1157	13561.393	12644.357	791.479
2155	16246.429	11481.730	811.794
2156	14885.665	11308.226	1016.443
2157	13535.400	11444.393	895.774
2264	13503.396	9190.630	839.260
2265	14787.371	9101.982	786.751
2266	16327.646	9002.483	748.470
3264	13491.930	7700.217	755.624
6155	16340.235	10314.228	751.178
6156	14947.986	10435.860	765.182
6157	13515.624	10360.523	944.991

图 2-16　设置地面控制点数据

界面操作说明如下：

文件：当前的控制点文件路径。

表格：输入的数据。用鼠标选中某单元，即可直接输入或修改数据。其中 ID 表示控制点的点号，*X*、*Y*、*Z* 分别表示控制点的 *X*、*Y*、*Z* 地面坐标(本系统采用右手系，向东为 *X* 轴，向北为 *Y* 轴)。

单位：当前坐标系的单位，有公制米(m)或英制英尺(feet)两个选项。

"交换 *X/Y*"按钮：交换表格中 *X* 列和 *Y* 列的值。

"交换 *X/Z*"按钮：交换表格中 *X* 列和 *Z* 列的值。

"交换 *Y/Z*"按钮：交换表格中 *Y* 列和 *Z* 列的值。

"添加行"按钮：向表格中增加一行。

"删除行"按钮：从表格中删除当前选中的行。

"输入"按钮：引入已有的控制点数据文件(文件格式：第一行为点数，第二行依次为点号、*X* 坐标、*Y* 坐标、*Z* 坐标)。

"确定"按钮：将改动结果保存到文件中。

"取消"按钮：取消当前所做的改动。

4. 原始影像数据的录入

所采用的原始资料若是由航片经扫描而获得的数字化影像，一般为 JPEG 格式，需要转换为 Vz 格式。在 VirtuoZo 主菜单中，选择"设置"→"引入影像"，屏幕显示"输入影像"对话窗，如图 2-17 所示。

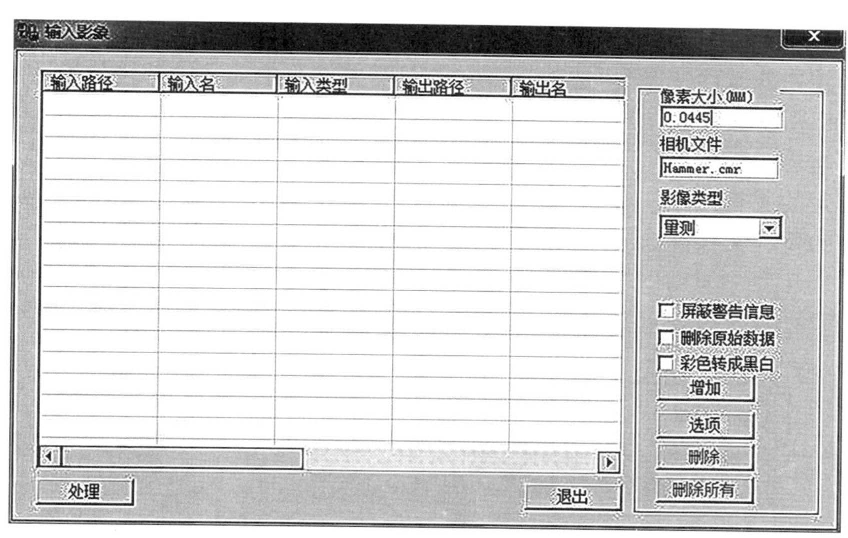

图 2-17 输入影像界面

界面参数输入说明如下：

像素大小：指定影像的像素大小(如对 Hammer 相机，数据输入 0.0445 mm)。

相机文件：系统默认值与测区参数中设定的值相同。

影像类型：选择"量测"。

"增加"按钮：添加待转换的文件，例如在"Hammer \ images"目录中选择"01-155_50mic.jpg"等 6 个文件，添加到当前界面中，如图 2-18 所示，特别提示：本界面支持

Windows 拖放方式，可用鼠标将影像文件直接拖入对话框。

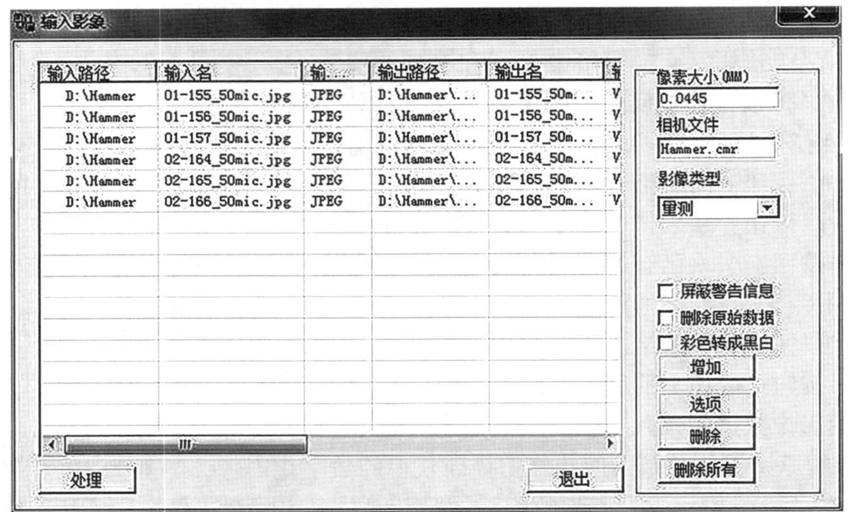

图 2-18　成功添加影像

“选项”按钮：设置影像转换参数。

选中要转换的文件，点击“选项”按钮(若只需要修改单个文件的转换参数，可直接在文件列表中双击该文件)，可进入“转换选项”对话框来修改输出文件的属性。

第一条航带一般为正向飞行，因此相机不需要旋转。若有多个正向飞行航带，则选中正向飞行航带的所有文件，点击“选项”按钮，在“转换选项”对话框中点击“输出路径”按钮，将选中的所有文件都输出到当前文件的输出路径上，如图 2-19 所示。

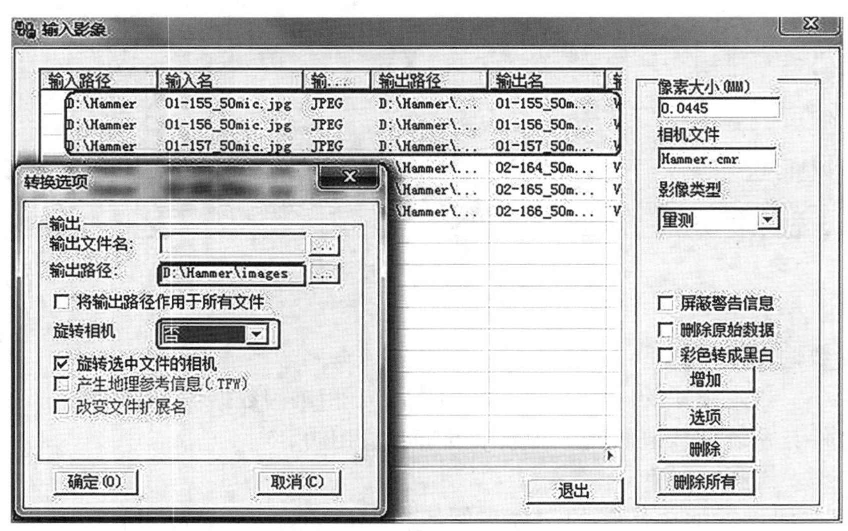

图 2-19　设置输出路径

对反向飞行航带相机需要旋转，选中列表中反向飞行航带的文件，点击“选项”按钮，输出文件的属性修改后如图 2-20 所示。

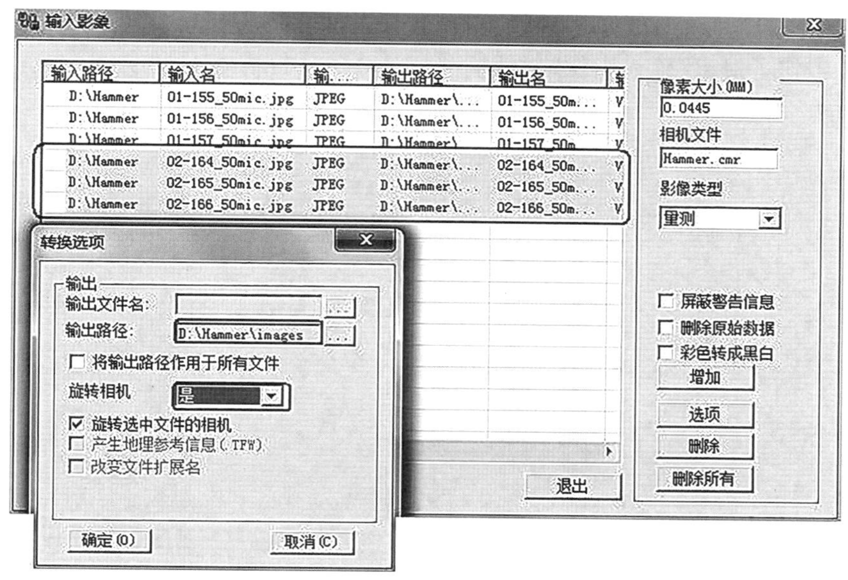

图 2-20　设置相机旋转

最后检查所有文件输出路径一定要在测区的 images 目录中。输入影像转换选项参数完成后如图 2-21 所示。

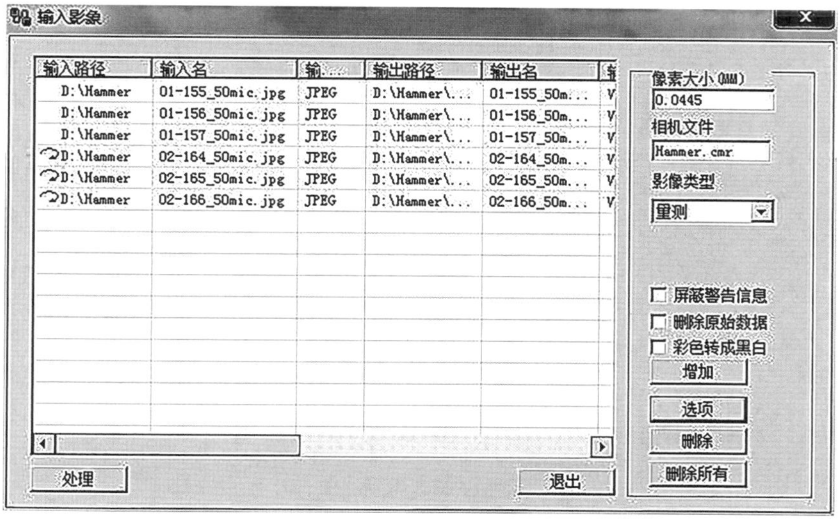

图 2-21　设置了相机旋转标记界面

“处理”按钮：开始影像格式转换。系统将依次转换列表中的所有文件，并自动生成相应的影像参数文件“〈影像名〉. spt”。该文件记录了影像的高、宽、扫描像素大小及相机文件名等信息。选择“设置”菜单项，系统弹出下拉菜单，选择“影像参数”项，可依次查看信息。转换后的“ * . vz”文件存放在测区目录下的 images 目录中。

“退出”按钮：退出“输入影像”对话框。

第3章 航空影像定向

3.1 基础知识

摄影的基本原理来自测量的交会方法。利用经纬仪测量的前方交会原理如图3-1所示，在空间物体前面的两个已知位置(称为**测站**)放置两台经纬仪，用望远镜分别在测站1、2照准同一个点A，这样就可以根据两个已知测站的坐标(X_1，Y_1，Z_1；X_2，Y_2，Z_2)与在两个测站所测得的水平角、垂直角(α_1，β_1；α_2，β_2)，求得点A的坐标(X，Y，Z)。

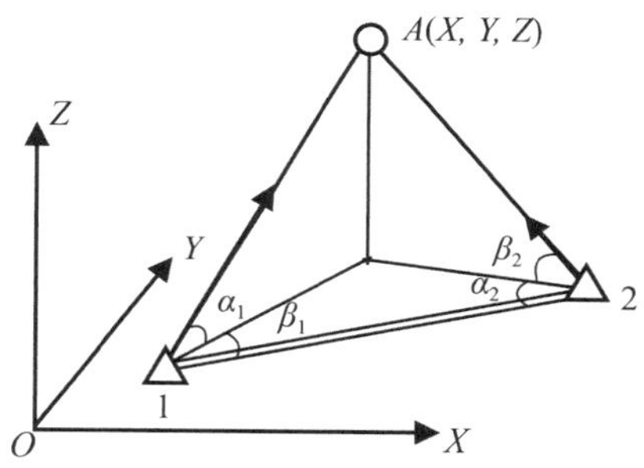

图3-1 经纬仪前方交会原理

摄影影像的前方交会原理如图3-2所示，S_1，S_2分别为左、右摄站，p_1，p_2分别为摄取的左、右影像，a_1，a_2分别为左、右影像上的同名点，通过像点(如a_1)能获得摄影光

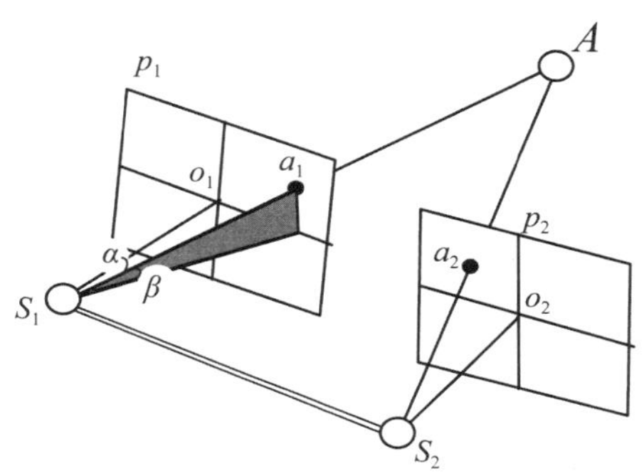

图3-2 摄影测量的交会

线 S_1a_1 的水平角 α、垂直角 β，因此它与经纬仪一样，利用两张影像进行前方交会，如直线 S_1a_1 与 S_2a_2 交会于一个空间点 A，获得其空间坐标(X，Y，Z)。

由于左、右影像是同一个空间物体的投影，因此利用影像上任意一对同名点都能交会得到一个对应空间点。为了利用投影光线进行交会，必须恢复摄影时影像上每一条投影光线(直线)在空间的位置与方向，这就必须引入摄影机的内、外方位元素。

3.1.1　摄影机的内方位元素

从几何上理解摄影机是一个四棱锥体，其顶点就是摄影机物镜的中心 S，其底面就是摄影机的成像平面(影像)，如图 3-3 所示。摄影中心到成像面的距离称摄影机的焦距 f，摄影中心到成像面的垂足 o 称为**像主点**，So 称为**摄影机的主光轴**。像主点离影像中心点的位置 xo，yo 确定了像主点在影像上的位置。f，xo，yo 一起被称为**摄影机的内方位元素**。

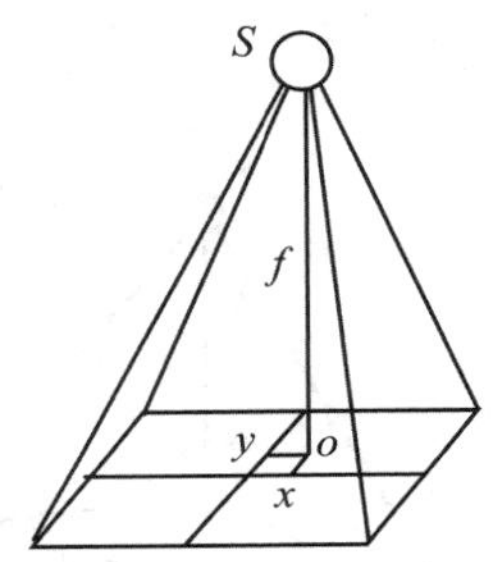

图 3-3　摄影机内方位元素

内方位元素可以通过摄影机检校(计算机视觉中称为**标定**)获得，测量专用的摄影机在出厂前由工厂对摄影机进行过检校，其内方位元素是已知的，故称为**量测摄影机**，否则称为**非量测摄影机**。

作为量测的光学摄影机还有一个很重要的标准，即在被摄的影像上有标记(称为**框标**)，一般有 4 或 8 个。如图 3-4 所示，对角框标中心的连线之交点就表示影像的中心。因此在摄影测量生产的过程中，对准框标是很重要的步骤，它被称为**内定向**。

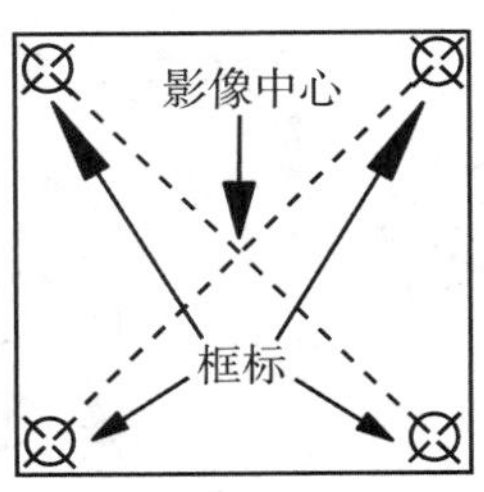

图 3-4　框标

对于数码摄影机，其成像平面上是CCD元件的规则排列，一个CCD元件就是一个成像的单元，称为**像元**(pixel)，如图3-5所示。卫星影像的“地面分辨率”就是一个像元所对应地面的大小，因此地面分辨率越小，影像的分辨率越高。

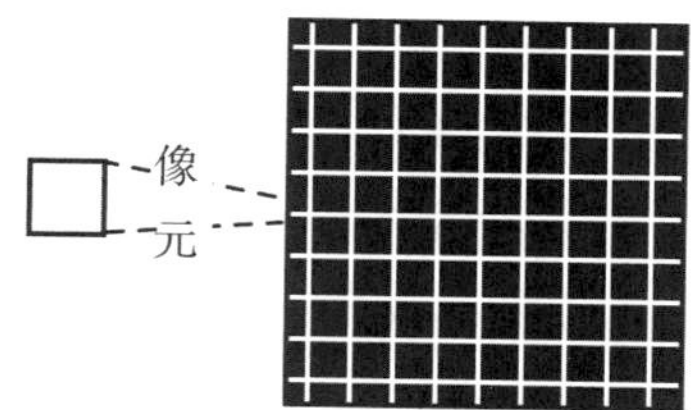

图3-5　数码摄影机

由于在加工、安装过程中，摄影机的物镜存在一定的误差，使得物方平面上直线的成像不是直线，这种误差称为**物镜的畸变差**。用于测量的摄影机，其检校必须考虑同时测定畸变差参数。一般量测摄影机的畸变差较小，非量测摄影机的畸变差较大。

3.1.2　摄影机的外方位元素

摄影机的内方位元素只能确定摄影光线(如图3-6所示的$\overline{Sa}$)在摄影机内部的方位α，β，但是它不能确定投影光线$\overline{Sa}$在物方空间的位置，此时投影光线$\overline{Sa}$并不指向空间点A。欲确定投影光线$\overline{Sa}$在物方空间的位置，就必须确定(恢复)摄取影像时摄影机的“位置”与“姿态”，即摄影时摄影机在物方空间坐标系中的位置X_S，Y_S，Z_S和摄影机的姿态角φ，ω，κ，这6个参数就是摄影机的外方位元素，如图3-7所示。在恢复摄影机的内外方位元素后，投影光线$\overline{Sa}$通过空间点A，即三点共线。

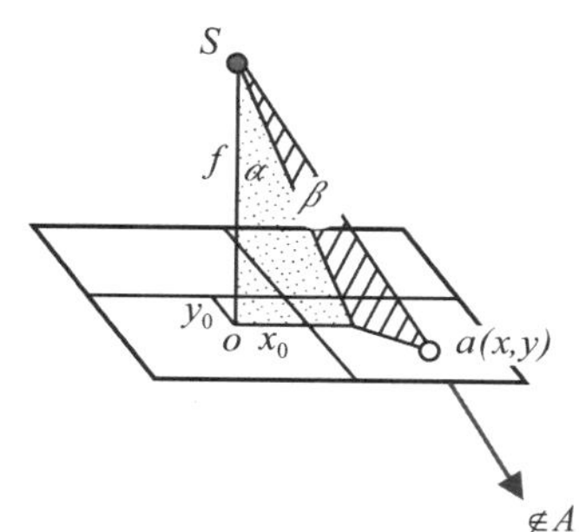

图3-6　内方位元素的作用

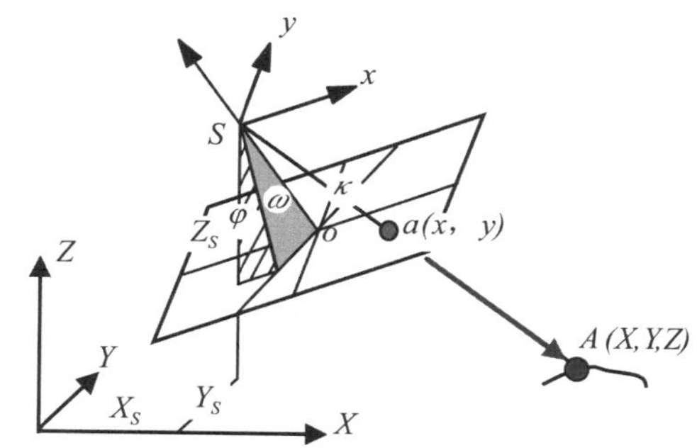

图3-7　摄影机的外方位元素

怎样恢复(获得)外方位元素呢？利用地面上(至少)三个已知点A，B，C的大地坐标(X_A，Y_A，Z_A)，(X_B，Y_B，Z_B)，(X_C，Y_C，Z_C)与其影像上三个对应的影像点a，b，c的影像坐标(x_a，y_a)，(x_b，y_b)，(x_c，y_c)，就能解求影像的外方位元素，这也就是空间后方交会方法，如图 3-8 所示。由于每个点可以列出两个共线方程，三个已知点可以列出 6 个方程，因此可以解得 6 个外方位元素 X_S，Y_S，Z_S，φ，ω，κ。由于测量误差，进行空间后方交会时一般地面已知控制点应该多于 4 个，然后采用最小二乘法平差求解 6 个外方位元素。

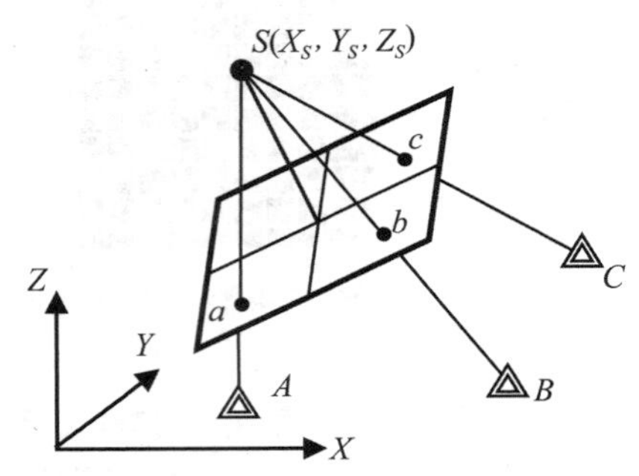

图 3-8　空间后方交会

但是如何对每张影像获得多于 4 个控制点呢？最简单的方法是直接在地面上对每张影像测定 4 个控制点，这称为**全野外布点**，显然这是一个十分费时、费力的方法。还可以用其他方法实现解算影像的外方位元素，例如：①独立模型的相对定向与绝对定向；②空中三角测量与区域网平差；③摄影过程中直接获取。

3.1.3　空中三角测量

对测绘工作而言，摄影测量可分为外业与内业工作两大部分。外业工作包括控制点测量与对地物进行调绘；内业工作包括空中三角测量、正射纠正、测图等流程，其中，空中三角测量是摄影测量内业的一个重要环节，通过空中三角测量可以节省大量的外业控制工作时间。

尽量减少野外测量(如测量控制点)工作，是摄影测量的一个永恒的主题。通过摄影测量原理可知，摄影测量可以通过摄影获得的影像，在室内模型上测点，代替野外测量。但是摄影测量不能离开野外实地的测量工作。例如一张影像需要 4 个控制点进行空间后方交会，恢复一张影像的外方位元素；一个立体像对(两张影像)通过相对定向与绝对定向，也需要 4 个控制点，恢复两张影像的外方位元素。能否整个区域(几十张，甚至几百张影像)也只需要少量的外业实测控制点，确定全部影像的外方位元素？这就是空中三角测量与区域网平差的基本出发点：利用少量的外业实测的控制点确定全部影像的外方位元素，加密测图所需的控制点。

最基本的空中三角测量方法是航带法，该方法主要由相对定向、模型连接、航带自由网的绝对定向与误差改正等部分组成。由联系相对定向原理可知，若左边的影像不动，通过连续相对定向可以确定右影像相对于左影像的相对位置。人们可以利用连续相对定向一直进行下去，将整个航带中的影像都进行连续相对定向，但是由于相对定向只考虑地面模型的建立，并不考虑模型的大小(比例尺)，相邻模型之间的比例尺并不一致，如图 3-9 所示，模型 2 的比例尺小于模型 1，模型 3 的比例尺大于模型 2，如何统一模型比例尺，这就是模型连接的问题。

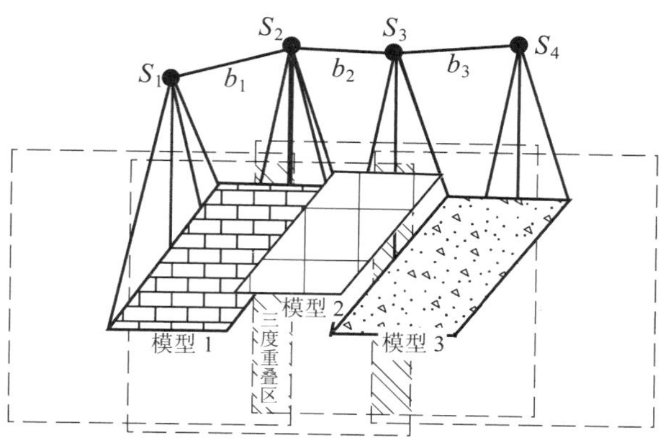

图 3-9　航带连续相对定向

一般航空摄影沿航向的重叠为 60%，从而它确保连续 3 张影像具有 20% 的三度重叠区(图 3-9)，即在该范围内的地面点可同时出现在 3 张影像上，其目的就是为了将由相邻两张影像所构成的立体模型连接成航带模型。模型连接如图 3-10 所示。

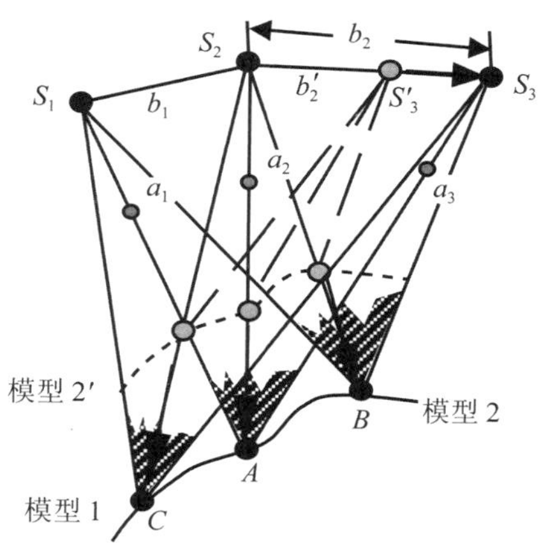

图 3-10　模型连接

利用空中三角测量进行加密控制点，一般不是按一条航带进行，而是按若干条航带构成的区域进行，其解算过程称为**区域网平差**，它的基本过程为：①构成航带的自由网；②利用航带之间的公共点，将多条航带拼接成区域自由网；③区域网平差，常用的区域网平差方法有三种：航带法区域网平差，独立模型法区域网平差，光束法区域网平差。

1. 航带法区域网平差

航带法区域网平差(图 3-11)是以航带为单位，利用航带之间旁向重叠区内的公共点

(其物方空间坐标应该相等)与外业控制点，进行整体求解每条航带的非线性改正参数。

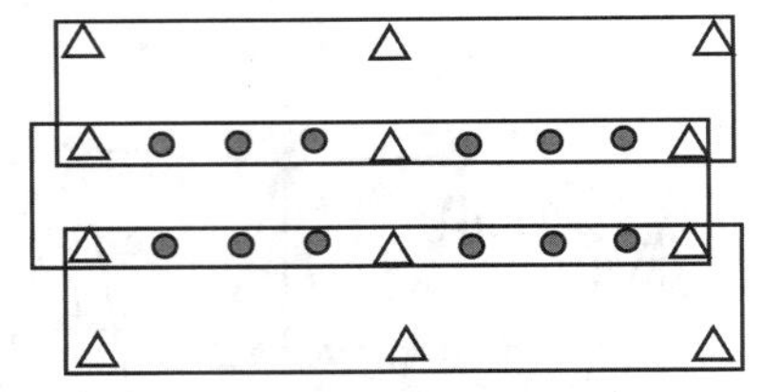

图 3-11　航带法区域网平差

2. 独立模型法区域网平差

独立模型法区域网平差(图 3-12)是以模型为单位，利用每个模型与所有相邻模型重叠区内(航向、旁向)的公共点、外业控制点，进行整体求解每个模型 7 个绝对方位元素。

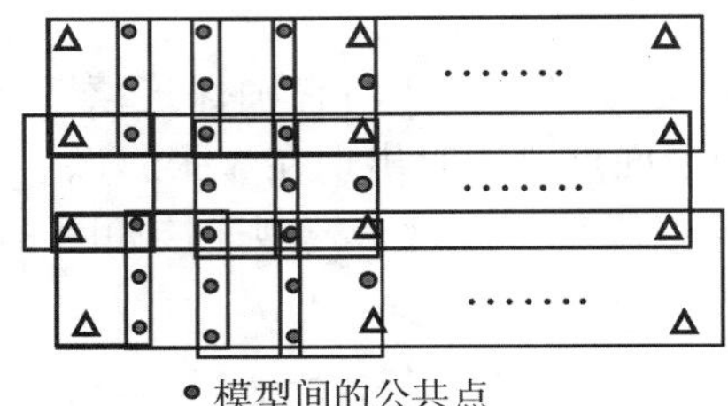

图 3-12　独立模型法区域网平差

3. 光束法区域网平差

光束法区域网平差是以影像为单位，利用每个影像与所有相邻影像重叠区内(航向、旁向)的公共点、外业控制点，进行整体求解每张影像的 6 个外方位元素。每个摄影中心与影像上观测的像点的连线就像一束光线(图 3-13)，光束法区域网平差由此而得名。

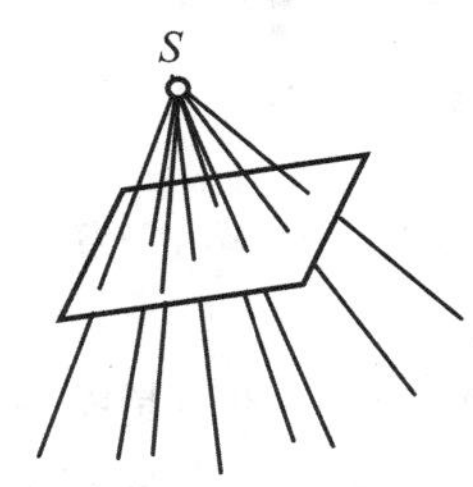

图 3-13　光束法区域网平差单元

光束法区域网平差，其理论最为严密，而且很容易引入各种辅助数据(特别是由 GPS 获得的摄影中心坐标数据等)、引入各种约束条件进行严密平差。随着计算机存储空间的扩大、运算速度的提高，光束法区域网平差已成为最广泛应用的区域网平差方法。

3.1.4 核线影像

核线在摄影测量中是一个重要概念，但是在模拟、解析摄影测量时代从来没有实用意义，而在数字摄影测量中它变得非常重要，在计算机视觉中也得到广泛应用(称为**极线**)。如图 3-14 所示，通过基线 B 的平面(称为**核面**)与影像的交线，称为核线。不同的核面与影像有不同的交线，同一核面与左、右影像的交线为同名核线。在左、右影像上所有的核线分别交于一点，即基线 B 与影像的交点称为**核点**。显然，任意一个地面点 A 一定位于通过该点的核面与影像的交线(同名核线)上，由此得到一个重要的结论：在已知同名核线的条件下，影像匹配(搜索同名点)的问题就由二维(平面)匹配转化为一维(直线)匹配。

按核线排列所获得的影像称为**核线影像**，由于在核线影像上没有上下视差，因此在数字摄影测量系统中，非常有利于密集匹配和立体量测。

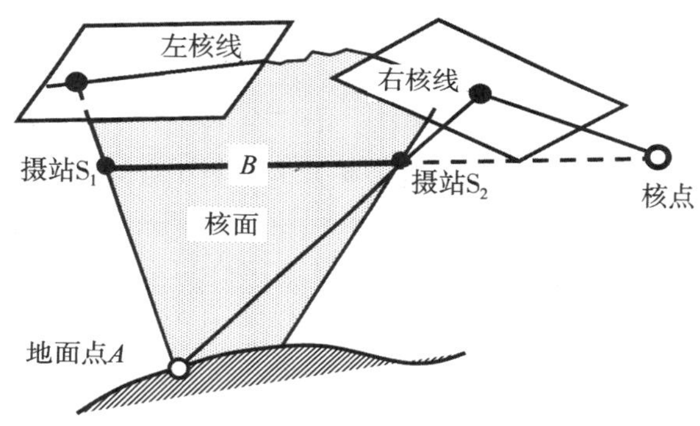

图 3-14 核面、核线与核点

3.2 影像内定向

内定向是数字摄影测量的第一步，数字影像是以“扫描坐标系 OIJ”为准，即像素的位置是由它所在的行号 I 和列号 J 来确定的，它与像片本身的像坐标系 oxy 是不一致的。一般来说，数字化时影像的扫描方向应该大致平行于像片的 x 轴，这对于以后的处理(特别是核线排列)是十分有利的。因此扫描坐标的 I 轴和像坐标系的 x 轴应大致平行，如图 3-15 所示。

内定向的目的就是确定扫描坐标系和像片坐标系之间的关系，以及数字影像可能存在的变形。数字影像的变形主要是在影像数字化过程中产生的，而且主要是仿射变形。因此扫描坐标系和像片坐标系之间的关系可以用下述关系式来表示：

$$x = (m_0 + m_1 I + m_2 J) \cdot \Delta$$

$$y = (n_0 + n_1 I + n_2 J) \cdot \Delta$$

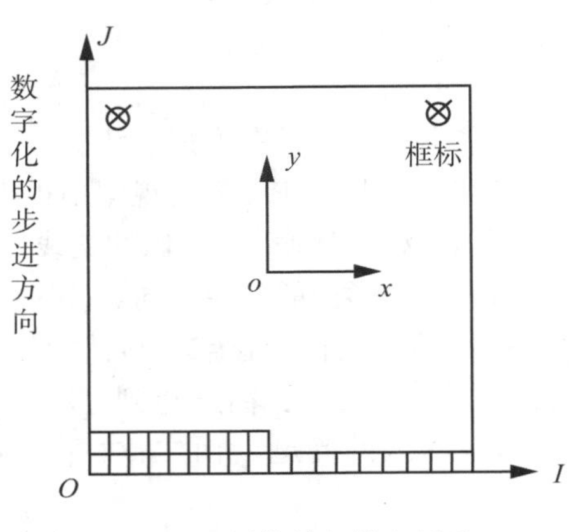

图 3-15　图像的扫描坐标系

其中，Δ 是采样间隔(或称为像素的大小和扫描分辨率，如 25 μm)。因此内定向的本质可以归结为确定上述方程中的 6 个仿射变换系数，为了求解这些参数，必须观测 4(或 8)个框标的扫描坐标和已知框标的像片坐标，进行平差计算。

内定向问题需要借助影像的框标来解决。胶片航摄仪一般都具有 4~8 个框标。位于影像四边中央的为机械框标，位于影像四角的为光学框标，它们一般均对称分布。为了进行内定向，必须量测影像上框标点的影像坐标或扫描坐标。然后根据量测相机的检定结果所提供的框标理论坐标(传统摄影测量中也用框标距理论值)，用解析计算方法进行内定向，从而获得所量测各点的影像坐标，内定向流程如图 3-16 所示。

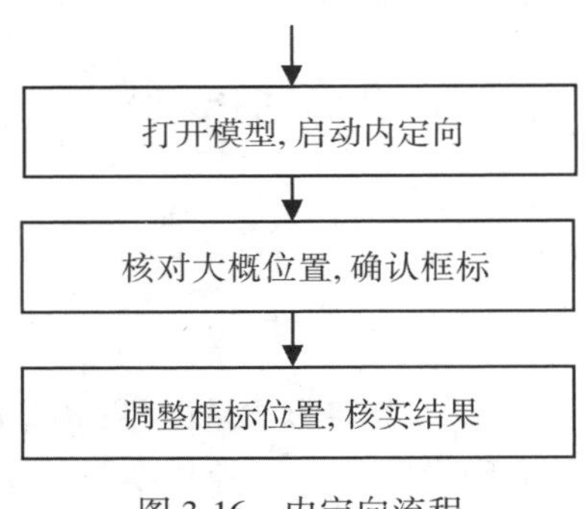

图 3-16　内定向流程

3.2.1　新建/打开模型

在 VirtuoZo 界面上，选择“文件”→“新建/打开 测区”菜单项，系统弹出“新建/打开 测区”对话框，可以选择打开上一章已建立的测区，也可以根据自己的需要建立新的测区。

在 VirtuoZo 界面上，选择“文件”→“新建/打开 模型”菜单项，系统弹出“Open or

Create Model(新建/打开 模型)”对话框。若新建模型，选择路径并输入新建模型的名称；若打开已建模型，选择模型文件存放路径及模型文件，如图 3-17 所示。

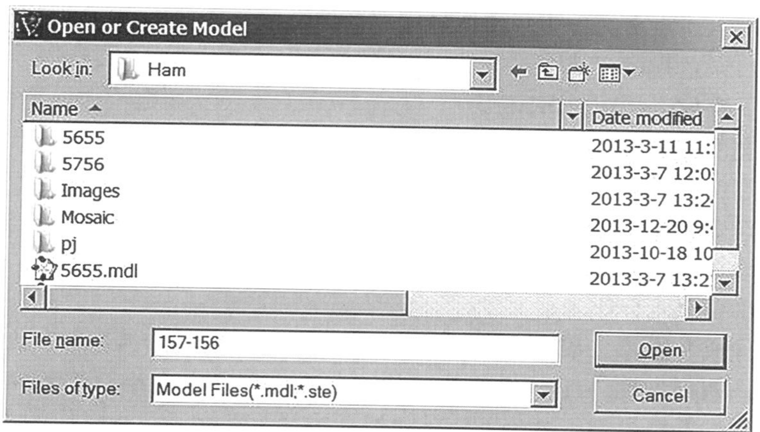

图 3-17　打开或新建一个模型

若新建模型，点击“打开”按钮以后，会弹出“设置模型参数”对话框，如图 3-18 所示，并选择左、右影像的路径。

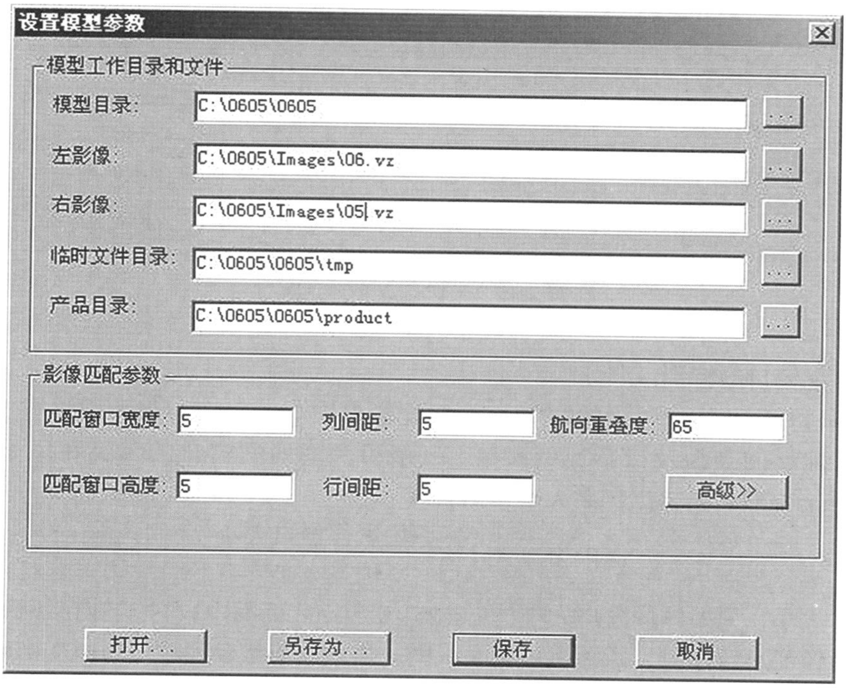

图 3-18　设置模型参数

界面操作说明如下：

模型目录：是模型所在的目录。

左影像：输入或点击文件查找按钮确定左影像文件。

右影像：输入或点击文件查找按钮确定右影像文件。

临时文件目录：指定存放临时文件(如核线影像)的目录。

产品目录：存放产品(如 DEM)。

匹配窗口宽度：设置匹配窗口的宽度，以像素为单位。

匹配窗口高度：设置匹配窗口的高度，以像素为单位。

列间距：设置匹配格网 x 方向的间隔，以像素为单位。

行间距：设置匹配格网 y 方向的间隔，以像素为单位。

航向重叠度：以百分比表示。

选定左影像或右影像，系统将根据影像的像素大小自动确定匹配窗口大小。相关确定依据请参见影像匹配参数。TIFF 格式的影像可能会出现像素大小写错的问题，因此，在建立模型后，最好选择界面上的"设置"→"影像参数"菜单项，对影像的参数进行检查。若发现影像像素大小与实际不符，需改正该参数并保存，如图 3-19 所示。

图 3-19　影像参数查看界面

关于匹配窗口的特别说明如下：

匹配窗口是用于影像匹配的"单元"。匹配窗口大小的确定与很多因素有关，如：像素的大小、地形的类型及摄影比例尺等。一般可考虑匹配窗口的大小在原始影像上为 0.25~0.50mm，然后再根据像素大小，由公式

$$\text{匹配窗口大小}=\frac{\text{原始影像窗口大小}}{\text{像素大小}}$$

计算出窗口大小。原始影像窗口大小(在 0.25~0.50mm 范围内)可按下列原则确定：当地面平坦，影像变形较小时，匹配窗口可大一些；当地面起伏较大时，影像变形较大，匹配窗口应小些。对于中、小比例尺摄影，匹配窗口应小一些；对于大比例尺摄影，匹配窗口则应大一些。匹配窗口的大小为 $m\times n(m=n)$，其中长(m)、宽(n)都应是奇数，最小窗口

为 5×5。原则上匹配窗口的大小是影响匹配结果的一个重要参数。但 VirtuoZo 采用的整体匹配算法使得本系统的匹配模块具有很好的“强壮性”，即它对窗口的大小等参数并不十分敏感。匹配格网的间隔是指匹配窗口中的行、列之间的像素间隔。一般而言，x 方向上的间隔和 y 方向上的间隔均应小于或等于匹配窗口的大小，且小于 DEM 间隔在影像上对应的像素数，其中，

$$\text{DEM 间隔在影像上对应的像素数}=\frac{\dfrac{\text{DEM 的物方间隔}}{\text{影像上比例尺分母}}\times 1000}{\text{素数大小}}$$

匹配格网的间隔过大，数据点太稀，会降低 DEM 的精度；匹配格网的间隔过小，数据点过密，则会增大数据处理的工作量，并增加不必要的存储量。一般按照所需成图比例尺的精度要求确定该数值，或根据地区的复杂程度动态地调整其数值。匹配窗口和匹配格网间隔之间的关系如图 3-20 所示。

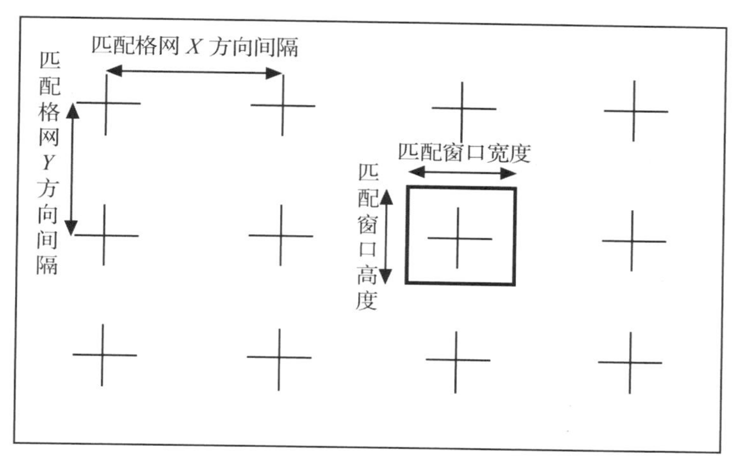

图 3-20　匹配网格间隔与匹配窗口参数的含义

“打开”按钮：打开另外的模型，修改相应的模型参数。

“另存为”按钮：输入模型名，系统自动将当前模型的相应文件复制到新模型下，同时打开新模型作为当前模型。

“保存”按钮：保存修改后的模型参数，退出当前对话框。

“取消”按钮：取消所有操作，退出当前对话框。

3.2.2　建立框标模板

不同型号的相机有着不同的框标模板。一般一个测区使用同一相机摄影，所以只需在测区内选择一个模型建立框标模板并进行内定向，其他模型不再需要重新建立框标模板，即可直接进行内定向处理。若一个测区中存在着使用多个相机的情况，则需要在当前测区目录中建立多个相机参数文件，在做内定向处理时，系统会自动建立多个框标模板。

打开或新建某测区的某一模型后，在 VirtuoZo 界面上选择“模型定向”→“影像内定向”菜单项，系统弹出建立框标模板界面，如图 3-21 所示。

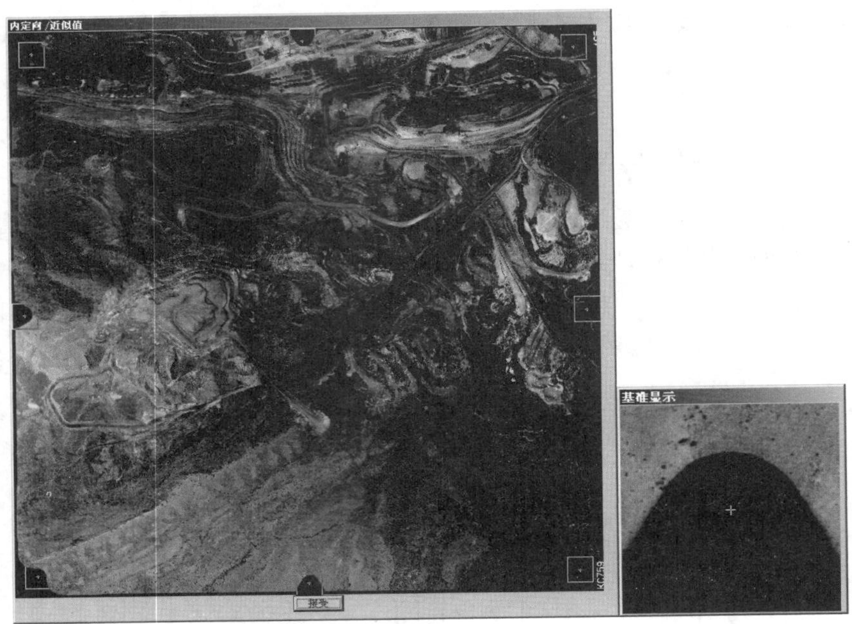

图 3-21　建立框标模板

左边的“内定向/近似值”窗口显示了当前模型的左影像，其四角或四边上的框标被小白框围住。右边的“基准显示”窗口显示了某框标的放大影像。若小白框没有围住框标，则可在框标上选择，小白框将自动围住框标。调整小白框的位置，尽量使框标位于小白框的中心位置。当所有的框标均位于小白框的中心后，选择“接受”按钮，系统自动对框标进行定位。此时，系统弹出如图 3-21 所示的内定向界面，在此界面中对框标定位进行调整，直至所有的框标定位准确，然后，选择“保存退出”按钮，系统将自动生成框标模板文件“\ bin \ MASK. DIR \〈相机名〉_msk”并保存该影像的内定向参数。

3.2.3　左影像(右影像)内定向

首先，系统开始读入影像，同时显示读影像进度条，如图 3-22 所示。

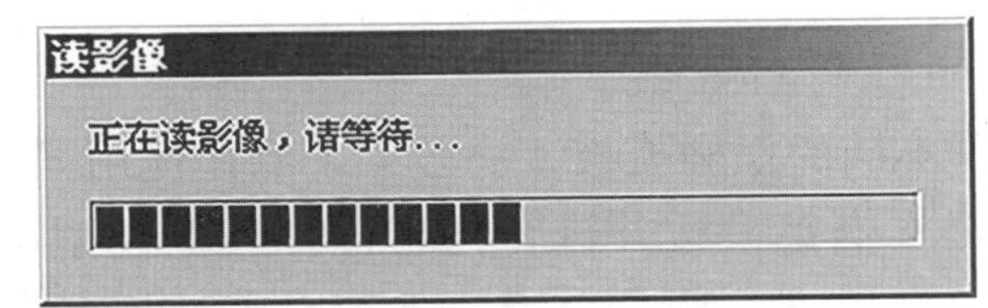

图 3-22　内定向开始

影像读入后，如果没有相机框标模板，系统将弹出建立相机框标模板的界面，如果框标模板已经存在，则将弹出内定向界面，如图 3-23 所示。

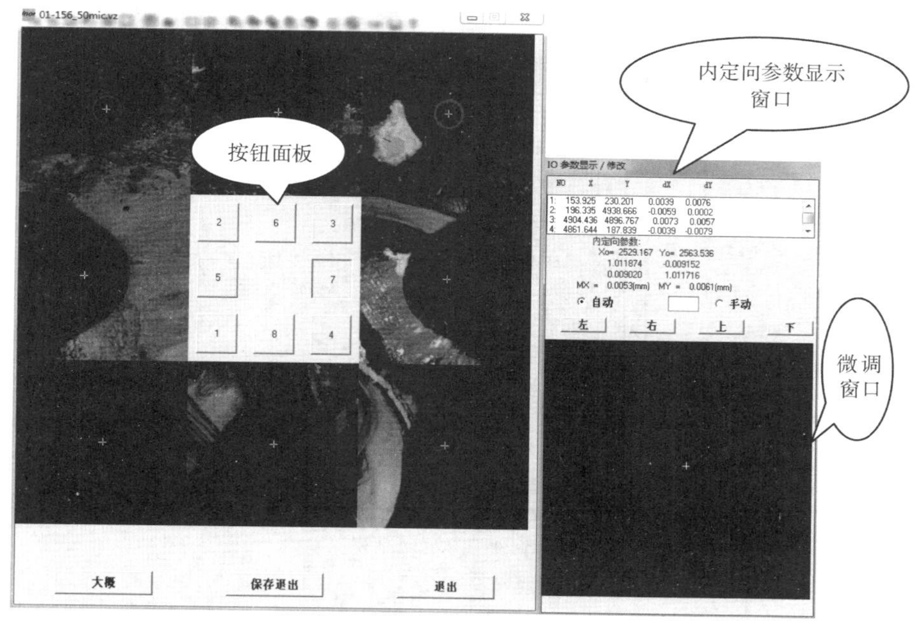

图 3-23　内定向界面

1. 窗口说明

按钮面板：位于左边窗口的中心。每个方块按钮对应一个框标。选择其中任一按钮，在右边微调窗口中将放大显示其对应的框标影像。

框标影像窗口：位于按钮面板的四周，每个小窗口显示一个框标。

"IO 参数显示/修改"窗口：位于屏幕右边，可在此微调框标位置。上半部的参数显示窗用来显示各框标的像素坐标、残差(以毫米为单位)、内定向变换矩阵和中误差。下半部的微调窗口放大显示当前框标的影像。

2. 按钮说明

左、右、上、下：人工微调当前框标的位置，分别向左、右、上、下方向移动。

大概：如果寻找框标失败，即只要有一个框标找不到，则需选择"大概"按钮，重新进入如图 3-21 所示的框标模板界面，重新给定框标的近似位置。

保存退出：满足要求后，选择此按钮保存内定向参数，退出内定向模块。

退出：不存盘直接退出内定向模块。

3. 选项说明

自动：选中该选项，在框标影像窗口的框标中心附近选择，则系统自动将小十字丝对准框标中心，此时参数窗口中的数据将随之改变。若十字丝与框标中心存在偏差，可选择左、右、上、下按钮进行微调。

手动：若自动定位框标失败，则可选中该选项，采用人工调整的方式精确对准框标中心。选择左、右、上、下按钮来微调小十字丝，使之精确对准框标中心。

注意　对于已做过内定向处理的模型，当在 VirtuoZo 界面上选择“模型定向”→“影像内定向”菜单项时，系统会弹出上次的内定向处理结果并询问是否重新进行内定向处理，如图 3-24 所示。

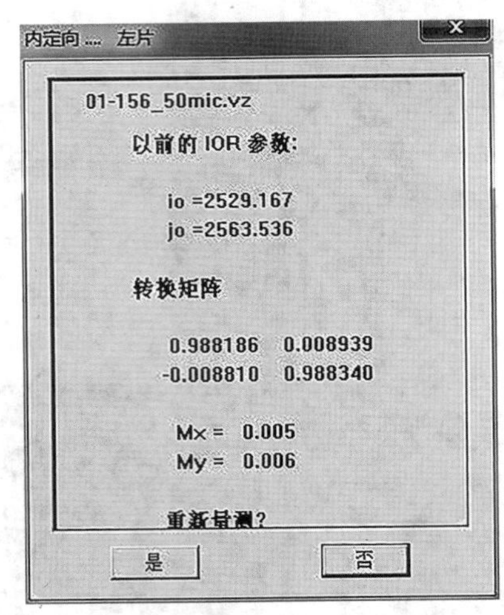

图 3-24　内定向结果

若对此结果满意，则选择“否”按钮退出内定向。如果对结果不满意，则可以选择“是”按钮重新进行内定向处理。

3.3　单模型相对定向

确定一个立体像对两张影像的相对位置称为**相对定向**，它用于建立地面立体模型。相对定向的唯一标准是两张影像上同名点的投影光线对对相交，所有同名点的交点集合构成了地面的几何模型(简称地面模型)，确定两张影像的相对位置的元素称为**相对定向元素**。

在没有恢复两张相邻影像的相对位置之前，同名点的投影光线 S_1a_1，S_2a_2 在空间不相交，投影点 A_1，A_2 与在 Y 方向的距离 Q 称为**上下视差**，如图 3-25 所示，因此是否存在上下视差被视为相对定向的标准。

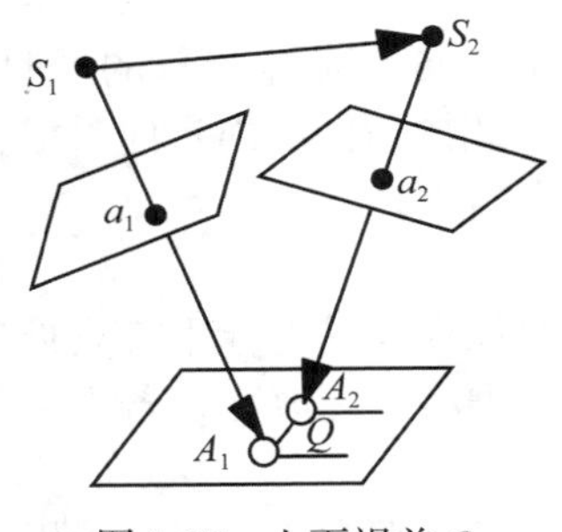

图 3-25　上下视差 Q

相对定向确定两张影像的相对位置，而不顾及它们的绝对位置，如图 3-26(a)的基线是水平的，图 3-26(b)的基线不是水平的，但是它们都正确地恢复了两张影像的相对位置。一般确定两张影像的相对位置有两种方法：①将摄影基线固定水平，称为**独立像对相对定向系统**；②将左影像置平(或将其位置固定不变)，称为**连续像对定向系统**。

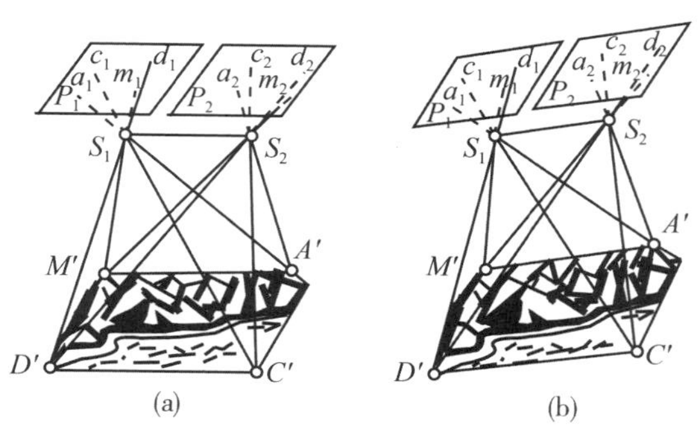

图 3-26 两张影像的相对位置

相对定位元素有 5 个，例如连续像对相对定位元素为：2 个基线分量 b_X，b_Y 与右影像的三个姿态角 φ_2，ω_2，κ_2，因此最少需要量测 5 个点的上下视差。在模拟、解析测图仪上利用如图 3-27 所示 6 个标准点位的上下视差进行相对定向。在数字摄影测量系统中，它用计算机的影像匹配替代人的眼睛识别同名点，极大地提高了观测速度，因此数字摄影测量系统的相对定向所用的点数远远超过 6 个点，相对定向流程如图 3-28 所示。

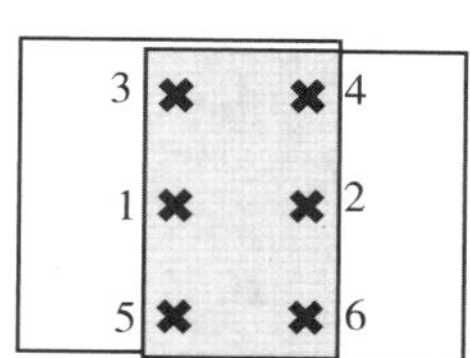

图 3-27 相对定向点位

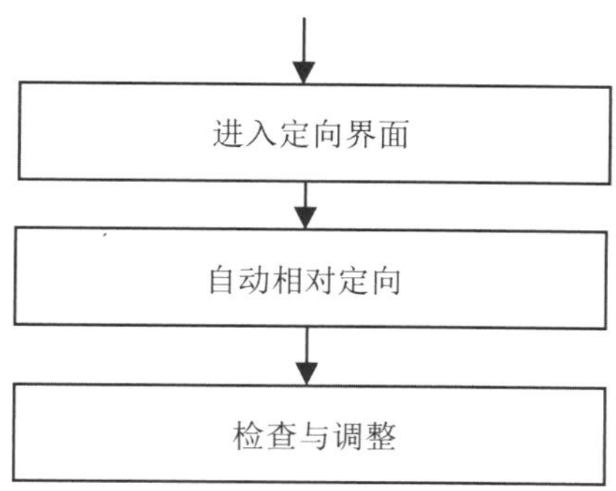

图 3-28 相对定向流程图

3.3.1　启动相对定向

在 VirtuoZo 界面中选择“模型定向”→“相对定向”菜单项，系统读入当前模型的左右影像数据。相对定向界面如图 3-29 所示。

图 3-29　相对定向界面

1. 窗口说明

影像显示窗口：最左边为左影像窗口，显示当前模型的左影像；左影像窗口的右边为右影像窗口，显示当前模型的右影像。

像点量测窗口：半自动像点量测时，系统自动弹出像点量测窗口，分别叠于左、右影像窗口上。像点量测窗口显示当前量测点位置的放大影像，用户可在像点量测窗口中直接选择调整点位。

点位放大显示窗口：位于屏幕的右下方，分别放大显示左、右影像上的当前点点位，用于点位的精确微调。

定向结果窗口：位于主窗口右上方，显示当前模型的相对定向参数，包括各匹配点的点号和上下视差(按视差由小到大的顺序排列)，相对定向点的总数和中误差(单位为毫米)。

2. 按钮说明

删除点：删除当前选中的点。

左影像：选择对左影像上的点位进行微调。

右影像：选择对右影像上的点位进行微调。

向上、向下、向左、向右：人工微调点位。

3. 鼠标右键菜单

在影像显示窗口中选择鼠标右键，系统弹出右键菜单，用户可通过该菜单完成一系列操作(如：相对定向、绝对定向等)，如图 3-30 所示。

全局显示	单击则显示整个模型，菜单项随即切换为“显示复原”
自动相对定向	自动匹配，寻找同名点
开始绝对定向	进行绝对定向计算
自定义核线范围	用鼠标拉框选定生成核线影像的范围
取最大核线范围	由程序自动生成最大可用的作业区
生成核线影像	生成非水平核线影像
选项 ▸	包括两个选项：寻找近似值和自动精确定位
工具 ▸	包含三种工具：跟踪鼠标轨迹、显示定义区域和自动滚动
查找点	查找所输入的同名点
修改点号	修改同名点点号
预测控制点	自动预测其他控制点点位
删除全部点	删除所有的同名点，但不包括控制点
刷新显示	刷新影像的显示
保存	保存绝对定向及相对定向的结果
退出	退出模型定向程序

图 3-30 相对定向右键功能

选择“选项”菜单，弹出以下子菜单项：

寻找近似值：自动寻找同名点的近似位置。选中该菜单项，在量测窗口中会显示该点附近区域的影像。

自动精确定位：自动匹配同名点。

选择“工具”菜单，弹出以下子菜单项：

跟踪鼠标轨迹：鼠标在影像显示窗移动时，在主窗口右边的点位放大显示窗口中放大显示鼠标位置附近的影像。

显示定义区域：用绿线显示所定义的工作区。

自动滚动：自动把影像显示窗口的中心调整到当前点位。

在点位放大显示窗口中选择鼠标右键，系统弹出右键菜单，如图 3-31 所示。

3.3.2 量测同名点

对于非量测相机获取的影像对，由于左右影像重叠区域的投影变形较大，在自动相对定向之前一般需要量测 1 对同名点(点位应选在左、右影像重叠部分左上角位置的附近)。若当前模型的影像质量比较差，则需量测 3~5 对同名点(点位均匀分布)，以保证可靠地

缩放=1	以相同的比例显示像点量测窗中的影像
缩放=2	将像点量测窗口中的影像放大 2 倍显示
缩放=3	将像点量测窗口中的影像放大3 倍显示
缩放=4	将像点量测窗口中的影像放大4 倍显示
缩放=5	将像点量测窗口中的影像放大 5 倍显示
缩放=10	将像点量测窗口中的影像放大 10 倍显示
左右排列	将放大显示窗口以左右排列方式显示
上下排列	将放大显示窗口以上下排列方式显示

图 3-31　缩放功能

完成自动相对定向。对于航空影像，一般不需要这一操作，可直接进行自动相对定向。

量测同名点有两种方式："人工方式"和"半自动方式"。

人工量测时，首先，应确认鼠标右键菜单"选项"菜单项下的子菜单项全部处于未选中状态，然后分别量测同名点的左、右像点坐标。具体步骤如下：

拖动左影像(或右影像)窗口的滚动条，找到所要量测的点，并在其上选择左键，此时系统弹出像点量测窗口，放大显示该点点位及其周边的原始影像。

在像点量测窗口中选择要量测的点的准确点位，则该点的像点坐标即被量测。系统用红色十字丝在影像上显示该点。

在另一影像上重复上述步骤，量测对应的同名点。

利用系统所提供的"寻找近似值"和"自动精确定位"功能，进行点位的查找和选择(这两项功能均为系统缺省提供功能，用户可根据实际情况进行选择)。量测时先由人工量测某个点在左影像(或右影像)上的像点坐标，再由系统自动量测该点在另一影像上的同名点。例如，图 3-32 为在左影像上量测一个点。

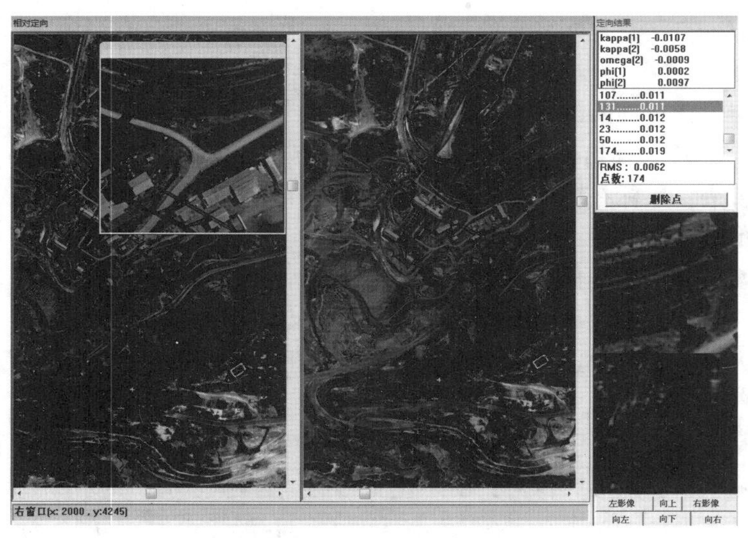

图 3-32　相对定向人工加点

选中“寻找近似值”菜单项，则当人工量测了某个点在左(右)影像上的像点坐标后，系统会自动找到该点在右(左)影像上的同名点的近似位置，并弹出像点量测窗口，再在像点量测窗口中量测该点的同名点。

例如：在图3-32的左影像的像点量测窗口中量测像点后，会自动弹出右影像的像点量测窗口，如图3-33所示，继续在右影像的量测窗口量测同名点后，弹出输入点号对话框，如图3-34所示，即可完成同名像点的量测，如果在图3-32界面中选择了像点，但系统没有弹出图3-33界面，则说明用户操作过程有误，已经导致系统逻辑无法对应，此时若想恢复系统半自动加点，则需要退出相对定向界面，重新进入相对定向界面。

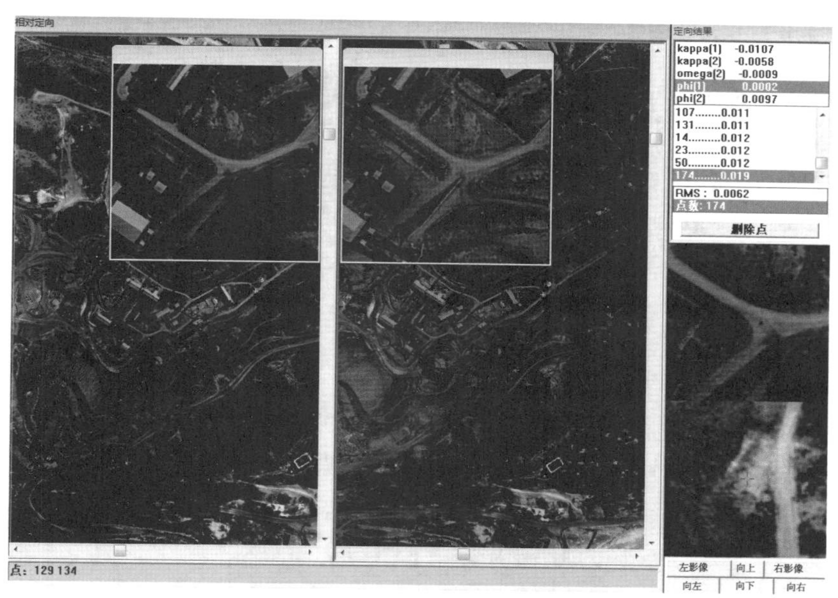

图3-33 相对定向精选点

若选中“自动精确定位”菜单项，则当人工量测了某个点的左(右)影像的像点坐标后，系统会自动找到该点在右(左)影像上的同名点的准确位置，此时就不必再人工找点了。

可根据实际情况灵活选择量测方式：“人工方式”或“半自动方式”。

当点位在左、右影像上都很清晰时，选中“自动精确定位”菜单项。

当点位在左、右影像上不很清晰时，若选中“自动精确定位”菜单项后，系统处理失败，则再选中“寻找近似值”菜单项。

当点位在左、右影像上很不清晰时，若选中“寻找近似值”选项后，系统处理失败，则再以“人工方式”进行量测。

注意 如果在量测时对当前的点位不满意，可以按下Esc键取消量测。

如果当前点在左、右影像上的点位还需精确调整，用户可在像点量测窗口中直接选择调整点位；也可选择加点对话框中的微调按钮箭头，以像素为单位调整当前点点位；或者选择确定按钮退出加点对话框，在定向结果窗口中选中要调整的点，然后使用点位放大显

图 3-34　相对定向输入点号

示窗口中的“向上”、“向下”、“向左”、“向右”微调按钮进行微调。

若添加的同名点在进行相对定向解算时发现其残余视差过大，系统将弹出一个消息框，如图 3-35 所示，此时将会取消人工添加操作，需要重新选点。

图 3-35　点位质量太差取消加点

3.3.3　自动相对定向

在影像窗口中选择鼠标右键，系统弹出右键菜单，如图 3-30 所示。在右键菜单中选择“自动相对定向”菜单项，系统将对当前模型进行自动影像匹配，并进行相对定向解算。相对定向结果显示在定向结果窗口中，所有同名点的点位均以红色十字丝分别显示在左、右影像窗口中，作业人员只需要检查相对定向结果。

3.3.4　检查与调整

定向结果窗口显示了所有同名点的点号和误差。系统按误差大小排列点号，即误差最大的点排在最下面。定向结果窗口的底部显示了相对定向的中误差(RMS)和点的总数。用户可在此窗口中检查当前模型的自动相对定向精度，并选择不符合精度要求的点，对其点位进行调整或直接删除。

1. 选点

有如下三种选点方式：

①在定向结果窗口中选择点。拉动定向结果窗口中的滚动条找到要选的点号，选择该行使之变为深蓝色。此时影像显示窗口中该点的点位十字丝由红色变为淡蓝色，同时，点位放大显示窗口中显示该点影像。

②在影像显示窗口中选择点。在影像显示窗口中找到要选的点，选择鼠标中键(或按下 Shift 键同时选择鼠标左键)。此时该点的点位十字丝由红色变为淡蓝色，定向结果窗口中该点所在行变为深蓝色，同时，点位放大显示窗口中显示该点影像。

③输入点号查询该点。在影像显示窗口中选择鼠标右键，系统弹出右键菜单，如图 3-30 所示，选择“查找点”菜单项，系统弹出“查找点”对话框，如图 3-36 所示。输入要查询的点号，选择“确定”按钮，则影像显示窗口、点位放大显示窗口和定向结果窗口都将定位到所要查询的同名点上。

图 3-36　查找相对定向点

2. 删除点

选中同名点后，选择定向结果窗口下的“删除点”按钮，即可删除该点。

3. 增加点

增加点操作参照 3.3.2 节“量测同名点”。

调整过程中，定向结果窗口中的计算结果会随点位的改变实时变化。应精确调整点位，保证左、右像点确实是同名点。

4. 微调点

选中要微调的点后，在点位放大窗口显示该点的放大图，分别选择界面右下方的“左影像”或“右影像”按钮，然后对应按钮上方的两个点位影像放大窗口中的十字丝，分别点击“向上”、“向下”、“向左”、“向右”按钮，使左、右影像的十字丝中心位于同一影像点上。

3.4　单模型绝对定向

相对定向完成了几何模型的建立，但是它所建立的模型大小不一定与真实模型一样，坐标原点是任意的，模型的坐标系与地面坐标系也不一致。为了使所建立的模型能与地面一致，还需利用控制点对立体模型进行绝对定向。绝对定向是对相对定向所建立的模型进行平移、旋转和缩放，如图 3-37 所示。

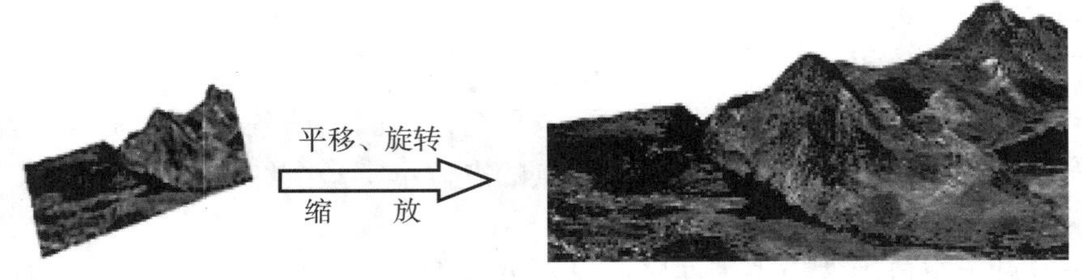

图 3-37　绝对定向的含义

绝对定向元素共有 7 个：X_G，Y_G，Z_G，Φ，Ω，K，λ，其中 X_G，Y_G，Z_G 为模型坐标系的平移；Φ，Ω，K 为模型坐标系的旋转；λ 为模型的比例尺缩放系数。

通过相对定向(5 个元素)建立立体模型，以及立体模型的绝对定向(7 个元素)，恢复的立体模型的绝对方位，使模型与地面坐标系一致，当然也就恢复了两张影像的外方位元素($2\times6=5+7=12$ 个外方位元素)，因此通过相对定向+绝对定向与两张影像各自进行后方交会恢复两张影像的外方位元素，两者是一致的，绝对定向流程如图 3-38 所示。

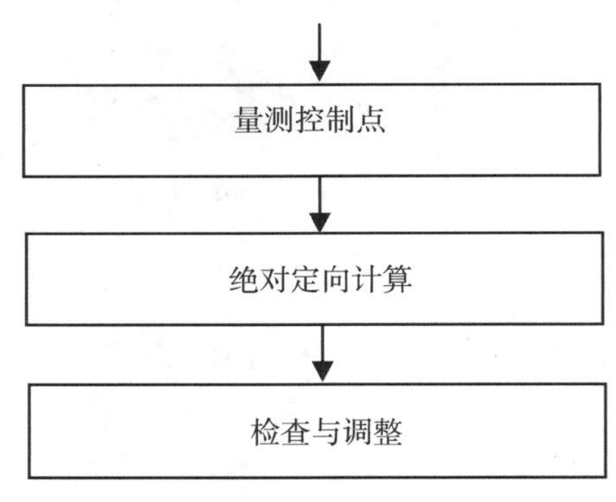

图 3-38　绝对定向流程

3.4.1　启动绝对定向

在 VirtuoZo 主界面上，选择“模型定向”→“绝对定向”菜单项，系统读入当前模型的左右影像数据，绝对定向与相对定向是在同一个界面下进行的，控制点的量测过程与相对定向点量测过程一样，但一定要注意输入的点名必须是控制点点名。

3.4.2　量测控制点

控制点的量测方法与相对定向中同名点的量测方法相同，详情参见 3.3.2 节“量测同名点”，但在影像显示窗中控制点的点位是以黄色十字丝显示的。

VirtuoZo 提供了预测控制点的功能：量测了 3 个控制点后，系统将用小蓝圈标示出当前模型中其他待测控制点的近似位置，如图 3-39 所示。用户只需选择小蓝圈中心，就能定位到控制点周围，然后在放大窗口中选择正确的点位即可。此外预测的控制点的点名已经自动填入对话框内，无需手工输入，而仅仅需要人工确认点名是否正确。

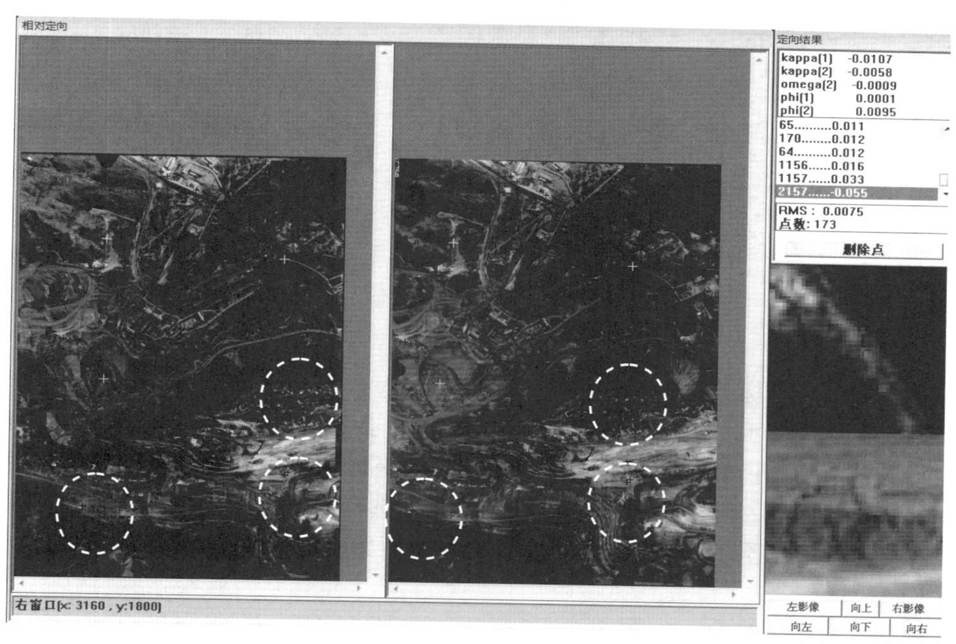

图 3-39　添加控制点及控制点预测

控制点量测完成后，系统生成像点坐标文件“〈模型目录名〉\〈模型名〉. pcf”。

注意　量测后输入的控制点的点号应与控制点参数文件中的点号完全一致，包括大小写字母要完全一致。

3.4.3　绝对定向计算

控制点量测完成后，在影像显示窗中选择鼠标右键，然后在系统弹出的右键菜单中选择“开始绝对定向”菜单项，则系统开始进行绝对定向处理，将弹出“调准控制”对话框(用于调整控制点点位)和“定向结果”窗口(用于显示影像的旋转角、各控制点的残差和中误差)，分别如图 3-40 和图 3-41 所示。

3.4.4　检查与调整

“定向结果”窗口的中间部分显示了每个控制点的点号、平面位置的残差和高程残差，窗口的底部显示控制点的总数及平面(X, Y)、高程(Z)的中误差。若绝对定向结果不满足精度要求，则可对控制点进行检查与调整。

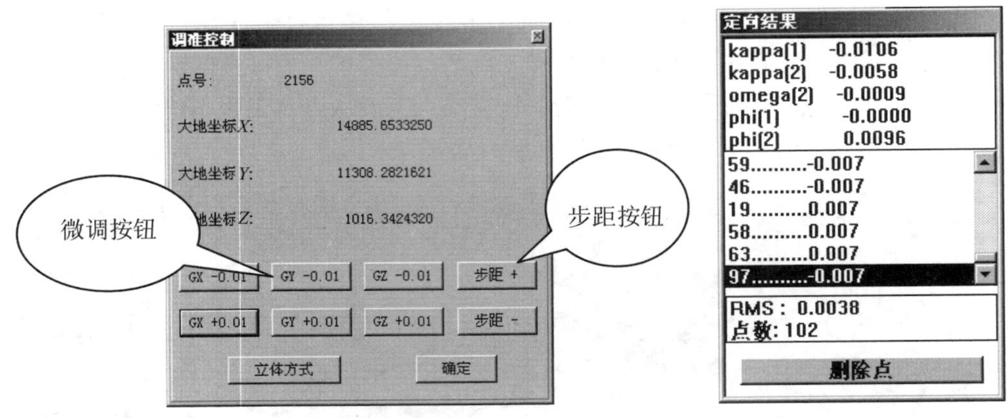

图 3-40　调准控制　　　　图 3-41　定向结果

1. 检查控制点坐标数据

对误差很大的点可按以下方法检查该点坐标数据是否输错：在定向结果窗口中选择该控制点，在“调准控制”对话框中即显示该控制点的坐标信息。查看其坐标数据是否错误，若有误则需退出模型定向界面，在 VirtuoZo 界面上选择“设置”→“地面控制点”菜单项，编辑控制点数据，或者打开控制点文本文件，对照原始控制资料检查修改，然后再重新进行绝对定向计算。

2. 删除或增加控制点

对于点位错误的点，应先将其删除，然后再重新量测。具体步骤参见 3. 3. 2 节“量测同名点”和 3. 3. 4 节“检查与调整”中的删除点操作。完成删除或增加控制点后，再进行绝对定向计算，并再次检查绝对定向结果。

3. 微调控制点

查看定向结果窗口中的控制点残差，对不满足精度要求的控制点进行微调，微调的方式有两种：一种是直接微调像点坐标；另一种是地面坐标调整方式，即通过调准控制面板，通过调整物方值反算像方位置。特别注意：无论采用哪种调整，判断点位是否正确的唯一标准是看点位图的点位置是否在控制点真实的位置，因此一定要看点位，千万不能只看点位残差。

(1)微调像点坐标

选中要调整的控制点，再选择“绝对定向”界面右下角的“左影像”按钮或“右影像”按钮，然后选择“向上”、“向下”、“向左”、“向右”等按钮，参照点位放大显示窗口中显示的点位进行调整，如图 3-42 所示，上方影像为左影像，下方影像为右影像。

(2)物方调准(不推荐使用)

微调按钮：6 个微调按钮分别用于使控制点点位在 X、Y、Z 方向上的移动。微调按钮上的“+”表示按步距正向移动点位的地面位置，“-”表示按步距反向移动点位的地面位置。

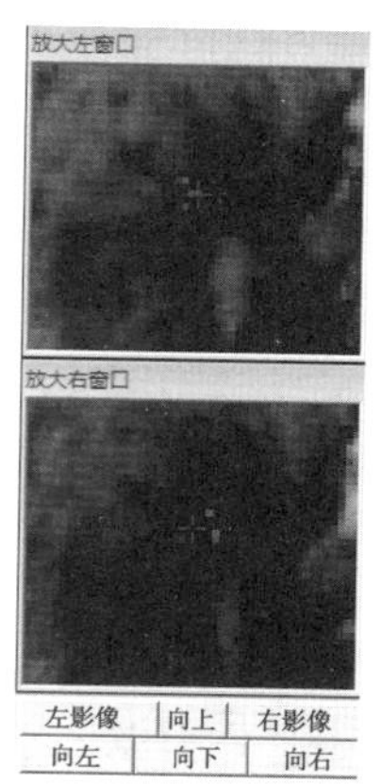

图 3-42 精调像点界面

步距按钮：系统设置了 4 档步距：0.01、0.10、1.00 和 10.00，可选择步距+或步距-按钮选择适当步距。步距按钮上的“+”表示增大步距，“-”表示减小步距，步距单位与控制点单位一致。

立体方式按钮：选择立体方式按钮，系统弹出 3D 视图窗口，显示当前点的立体影像，需使用立体眼镜进行立体观测，如图 3-43 所示。

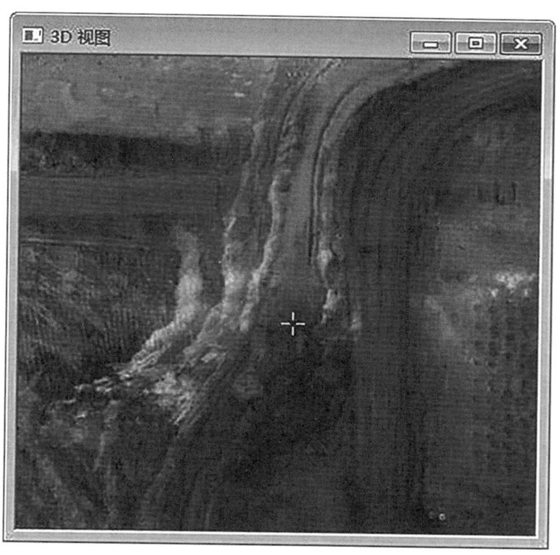

图 3-43 控制点立体调整

首先，选中要调整的控制点，再在“调准控制”对话框中，选择“步距”按钮选择适当的调整步距，然后选择此对话框中的“微调”按钮，参照点位放大显示窗口中显示的点位进行调整。

特别注意：调整点位时可以参考定向结果窗口中的误差数据的变化进行操作，但必须保证控制点的点位正确，切莫为凑控制点精度而使控制点像点位置偏离自身位置。

4. 存盘退出

在影像显示窗口中选择鼠标右键，在系统弹出的右键菜单中选择“保存”菜单项，保存定向结果，再选择“退出”结束模型定向。

3.5　空中三角测量

空中三角测量是立体摄影测量中，根据少量的野外控制点，在室内进行控制点加密，求得加密点的高程和平面位置的测量方法。其主要目的是为缺少野外控制点的地区测图提供绝对定向的控制点。空中三角测量一般分为模拟空中三角测量即光学机械法空中三角测量和解析空中三角测量即俗称的电算加密。模拟空中三角测量是在全能型立体测量仪器(如多倍仪)上进行的空中三角测量，随着计算机的发展，模拟空三已经被淘汰。我们现在所说的空三一般指解析空中三角测量，它根据像片上的像点坐标(或单元立体模型上点的坐标)同地面点坐标的解析关系或每两条同名光线共面的解析关系，构成摄影测量网的空中三角测量，建立摄影测量网和平差计算等工作都由计算机来完成。

空中三角测量是摄影测量生产中的关键步骤，它利用少量的地面控制点来计算一个测区中所有影像的外方位元素和所有加密点的地面坐标，是后续的一系列摄影测量处理与应用的基础。空中三角测量主要包括：航带设置、自动内定向、匹配连接点、平差与交互编辑等过程。在进行空中三角测量前，与单模型作业模式一样，必须先进行建立测区、输入相机参数、控制点参数、录入影像数据。

空中三角测量的作业流程如图 3-44 所示。

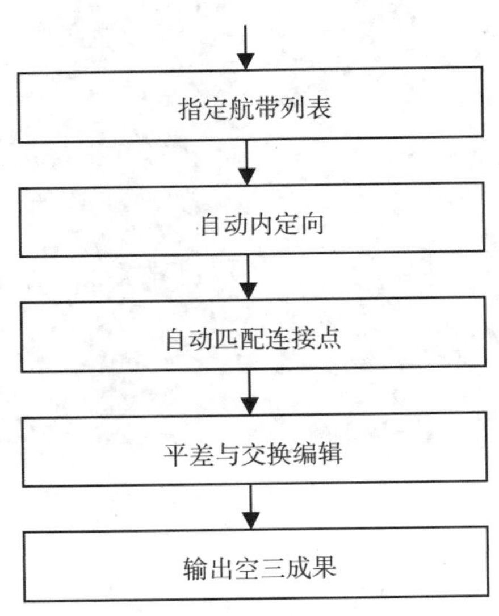

图 3-44　空中三角测量作业流程

3.5.1 指定航带列表

在 VirtuoZo 主界面上选择“空三”→“设置航带”菜单项，系统弹出“航带设置”窗口，如图 3-45 所示。

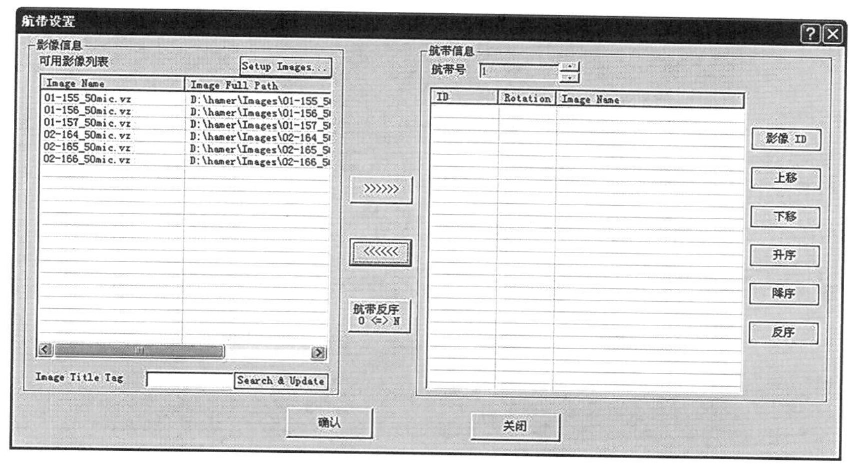

图 3-45 航带设置界面

在“航带设置”左窗口影像信息列表中选取第一条航带的影像，选择 >>>>>> 按钮，可将所选影像加载到右窗口航带信息列表中，并由系统自动赋给影像 ID 号，选完一个航带影像后，点击航带号显示框右侧的上下按钮选择其余航带，然后以同样方式将影像加到航带信息列表中，确认即可，如图 3-46 所示。

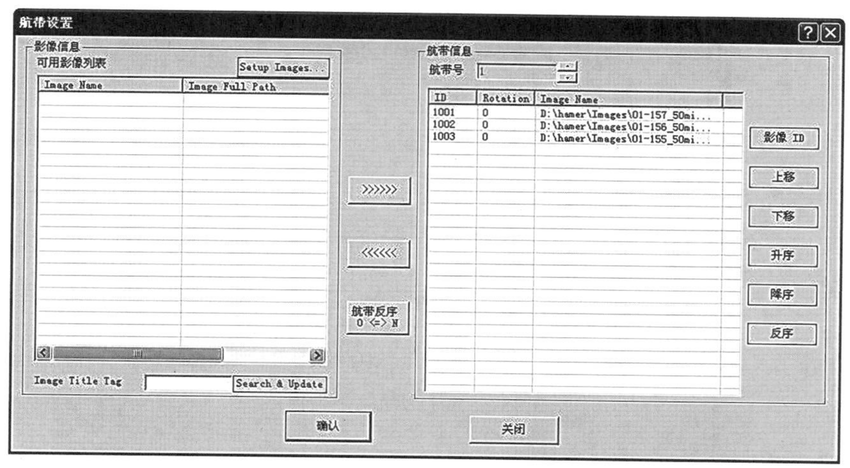

图 3-46 航带添加成功界面

注意　航带号排列必须按由上向下的排列顺序，每条航带影像需由左向右顺序排列，且影像 ID 号按排列顺序升序编号。

界面操作其他说明如下：

影像信息：“航带设置”左窗口“影像信息”中“可用影像列表”显示当前打开测区中包含的所有影像，如图 3-47 所示。

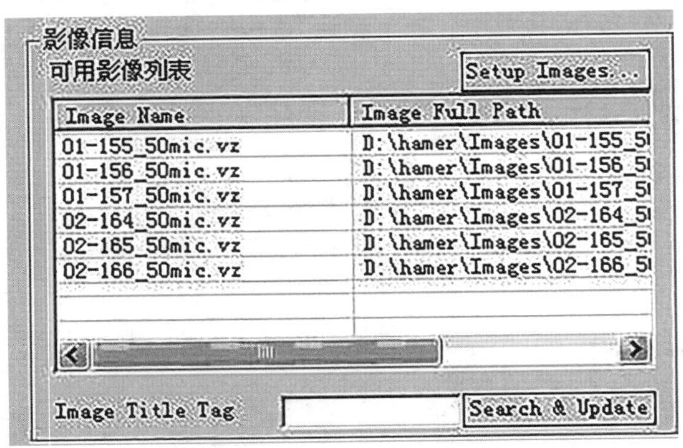

图 3-47　测区所有影像

航带信息：将当前测区中的影像依次全部设置好航带和影像 ID 后，“航带信息显示”如图 3-48 所示。

航带信息
航带号 1

ID	Rotation	Image Name
1001	0	D:\hamer\Images\01-157_50mi...
1002	0	D:\hamer\Images\01-156_50mi...
1003	0	D:\hamer\Images\01-155_50mi...

影像 ID
上移
下移
升序
降序
反序

图 3-48　当前航带包含影像

航带号：当前列表中影像所在航带号。

影像 ID：可设置列表中影像 ID 起始编号、编号增量及 ID 编号方式，如图 3-49 所示。

“上移”按钮：选中影像顺序上移。

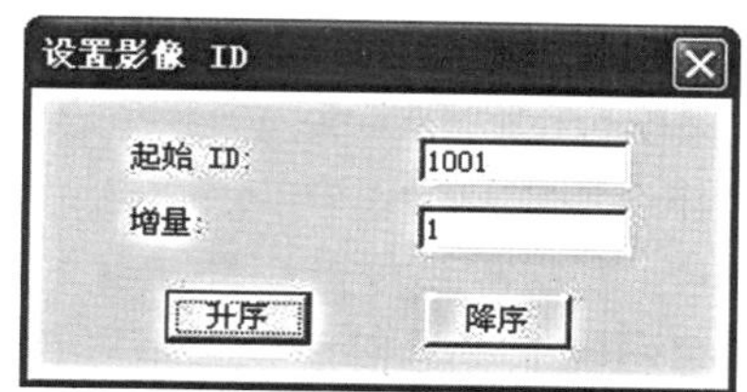

图 3-49　设置影像 ID

“下移”按钮：选中影像顺序下移。

“升序”按钮：当前航带内影像升序排列。

“降序”按钮：当前航带内影像降序排列。

“反序”按钮：当前航带按现有顺序反序重新排列。

3.5.2　自动内定向

自动内定向是指框标自动识别与定位，利用框标检校坐标与定位坐标计算扫描坐标系与像片坐标系间的变换参数，VirtuoZo 空三模块提供了影像自动内定向功能。在 VirtuoZo 界面上，选择“空三”→“自动内定向”菜单项，系统弹出“选择影像进行自动内定向”窗口，如图 3-50 所示。

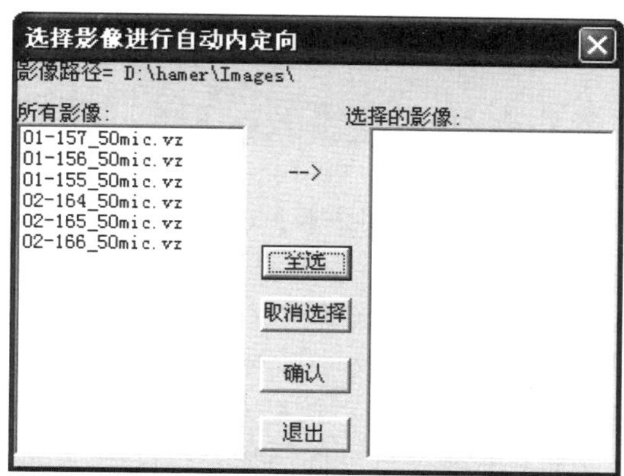

图 3-50　影像自动内定向

界面操作说明如下：

“所有影像”列表框：列出测区中所有的影像文件名，在该框内用鼠标左键选中某一影像名后，它即会出现在右边的列表框中。

“选择的影像”列表框：表示当前需要做内定向的影像，若在该框内用鼠标左键选择某一影像，该影像即被从列表框中删除。

“全选”按钮：全选左边框中的所有影像（即移入右边列表框中）。

“取消选择”按钮：清除右边列表框中所有影像名。

“确认”按钮：激活全自动内定向模块，若已有框标模板，则开始内定向的批处理。若无框标模板，则首先进入框标模板的创建界面。

“退出”按钮：取消所有操作返回主界面。

在进行全测区自动内定向时，与按模型生产一样，首先要建立框标模板文件。为建立清晰的框标模板，应从内定向的列表框中选取一个最清晰(指框标)的影像作为自动内定向右侧列表的第一张影像，然后单击“确认”按钮进入如图 3-51 所示的框标模板选择界面。

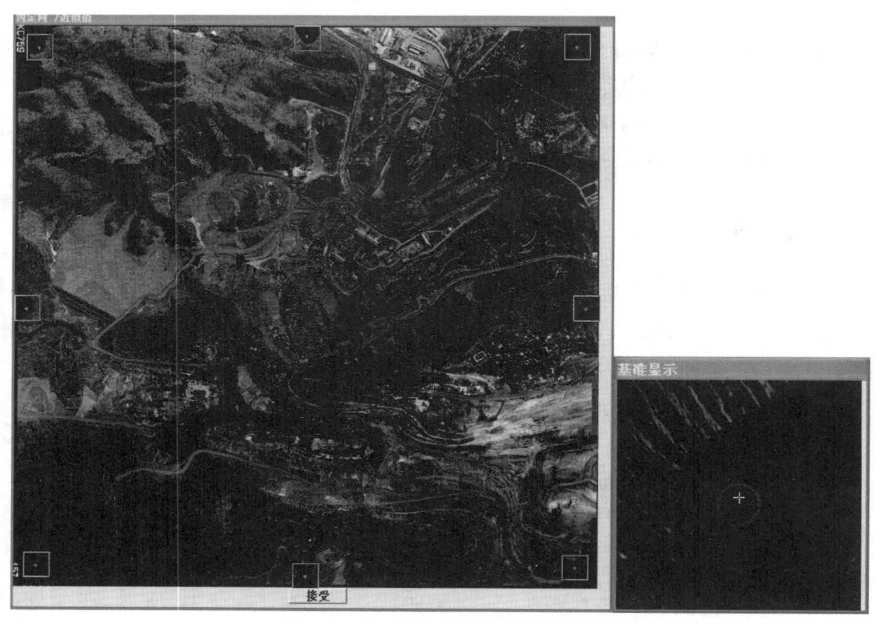

图 3-51　框标模板选择界面

界面左边为影像窗口，显示了影像的全貌。右边小窗口则显示了某一框标处的放大影像。在左边窗口的四角或四边上会有白色小框围住框标，若不是这种情况，就用鼠标左键在各框标附近点一下，待白框围住框标后，选择左窗口下的“接受”按钮，程序开始对框标进行自动定位并自动生成框标模板文件，即“VZ 安装目录 \ bin \ Mask. dir \ 〈相机名〉_msk”文件。再选择内定向影像，激活全自动内定向模块。然后进入框标微调界面，如图 3-52 所示。

操作说明如下：

框标影像窗口：每一小窗口显示一个框标，中间 8 个(或 4 个)按钮分别对应于 4 个框标，选择按钮，则当前框标将在框标放大显示窗口中放大显示。

框标放大显示窗口：放大显示所选择的框标。窗口最上方的列表框中显示各框标影像的量测(非理论)坐标及残差，接下来显示内定向变换矩阵及残差的中误差，再接下来是两个单选选项(“自动”和“手动”)，分别对应着是自动还是人工寻找框标中心。下面的 4

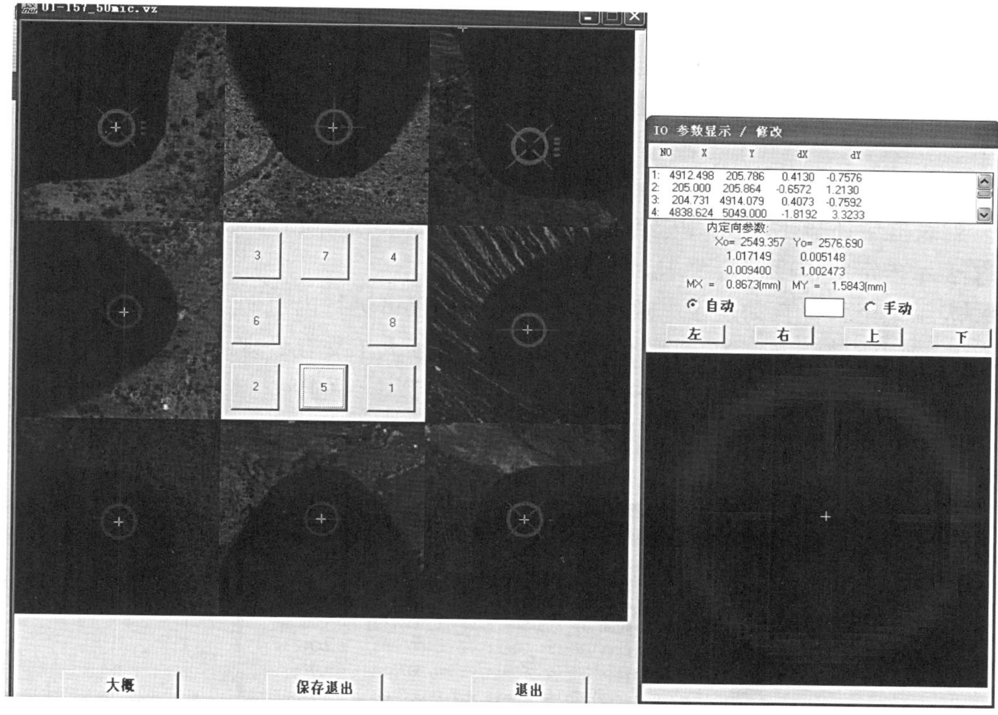

图 3-52　内定向界面

个按钮(左、右、上、下)是 4 个微调按钮(左、右、上、下)，可微调小十字丝的位置。窗口的最底下是所选框标的放大显示。

“自动”按钮：由程序自动精确对准框标的中心。

“手动”按钮：由人工精确对准框标的中心。

“大概”按钮：进入框标模板界面，由人工给出框标的近似位置。

“保存退出”按钮：保存内定向参数。

“退出”按钮：退出内定向模块。

框标的调整说明如下：

在自动寻找框标失败的情况下，可在 8 个(或 4 个)框标小窗口内，用鼠标左键按下列方法分别调整框标的位置：

若选中“自动”选项，只需用鼠标左键在框标中心附近选择即可，此时程序将自动精确对准框标的中心。

若选中“手动”选项，此时框标给定的位置即为结果位置，然后用 4 个微调按钮进行调整。

在进行微调和在框标放大显示窗口中调整框标中心位置时，窗口 ID 列表中的参数会实时变化。

若寻找框标完全失败，即在框标影像窗口中的 8 个(或 4 个)小窗口中，至少有一个根本找不到框标，此时，可选择框标影像窗口下方的“大概”按钮重新进入框标模板的创建界面，重新给定近似值。调整完毕后，选择“保存”按钮，保存内定向参数，选择自动内定向结果界面中的“退出”按钮退出内定向模块。

创建框标模板以后，系统就进行自动内定向处理，计算结果显示在如图 3-53 所示的窗口中。

在窗口的列表框中，自左向右依次为影像名称、内定向 x 坐标的中误差、y 坐标的中误差。列表框中还显示了自动内定向的状态，在各影像名左边有一个小的标记，其中：

✓表示内定向精度符合要求。

?表示某个框标自动定位失败，但是剩余框标仍可进行内定向，需要核查。

×表示内定向精度很差或自动内定向失败，必须人工交互处理。

在窗口的列表框中任意选择一张影像，对应于该影像的内定向结果将会显示在如图 3-52 所示的内定向界面中。

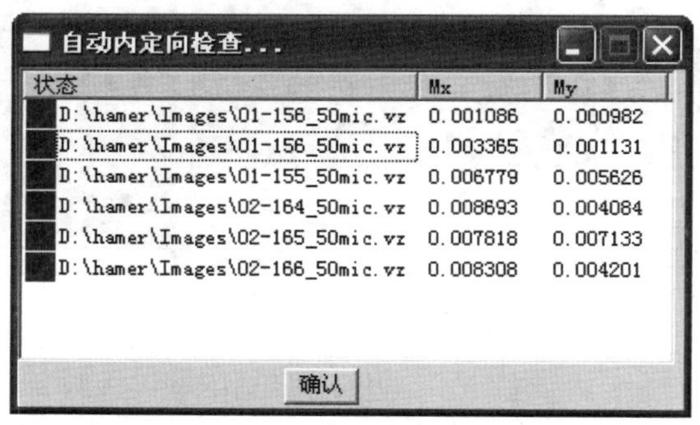

图 3-53　内定向结果

内定向完成后，选择“确认”，系统将弹出“询问”退出界面，如图 3-54 所示，选择“是”即可完成自动内定向。

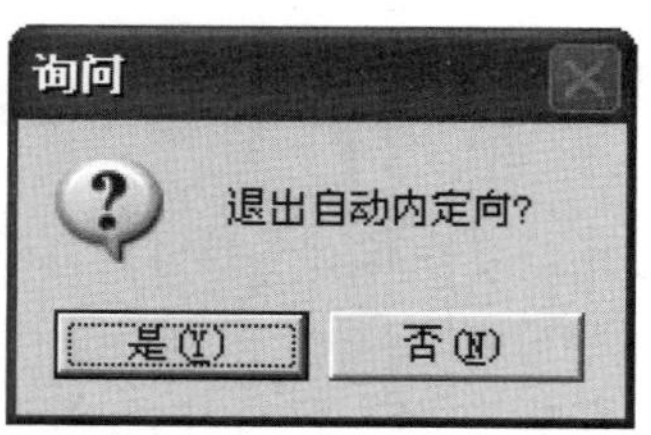

图 3-54　退出内定向

注意　有时候在作内定向时，当作业员精确量准每一个框标时，内定向的中误差仍然非常大，例如 20μm 以上，造成这种现象的原因有：

①摄影过程中产生的系统误差：如物镜畸变差、软片压平误差、滤光片或窗口保护玻璃不平引起的光学误差。不论是原始航摄负片还是扫描使用的复制片，片基本身总有一定

的系统变形，而且在航摄、摄影处理、拷贝和扫描过程中可能会受到某些应力作用而造成动态的几何变形。

②没有精确的相机检校参数：例如有的用户采用人工量测框标距（用尺子或在 Photoshop 中量测）后给出检校参数。相机检校参数中没有精确的框标坐标，而是仅仅给出框标距。从理论上说，利用框标距是非常不严格的。

③框标模糊导致无法精确判定框标中心。

④用户没有正确地设定相机的框标是否反转。

出现这种情况后，部分作业员会采用微调各个框标的位置，使其略为偏离框标中心，使内定向中误差满足规定的要求，这种“凑成果”的方法是非常危险的，因为它直接关系到从扫描坐标系到像片坐标系变换（即内定向变换）的精度，会给最后的区域网平差带来严重的系统误差，从而影响最后平差的精度。

当出现上述情况时，作业员不能为了追求表面上的中误差达到要求而人为地凑成果，而是应该精确地量测框标的中心，如果内定向中误差非常大，如大于 50μm（对于扫描分辨率为 25μm 的影像而言为两个像素），则可以判定像片不合格。一般情况下应该重新扫描影像或者相应降低最后加密的精度要求。如果影像本身就有问题，如多个框标模糊导致没有足够的框标（至少三个框标）进行内定向，那么像片就可以认为是废片且根本无法进行空中三角测量作业。

3.5.3 自动匹配连接点

完成自动内定向后，在 VirtuoZo 主界面上选择“空三”→“匹配连接点”菜单项，系统弹出自动匹配连接点界面，如图 3-55 所示。

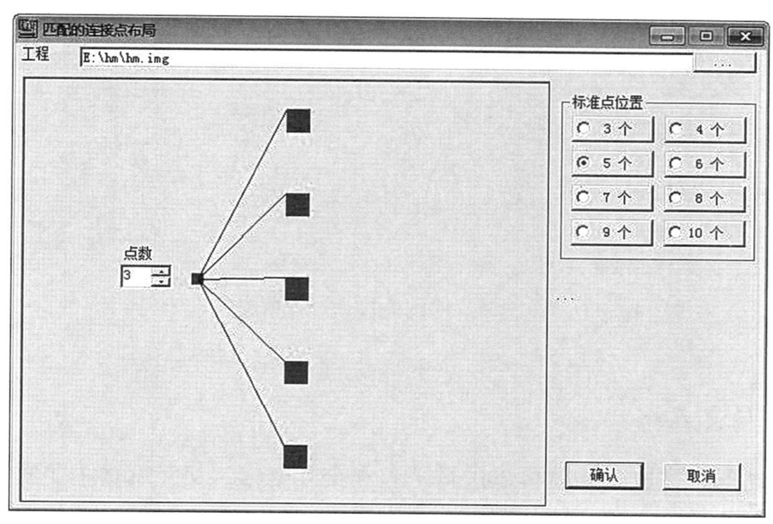

图 3-55 自动匹配连接点

工程：显示当前测区的工程文件路径。

标准点位置：在匹配的连接点布局对话框中，右边的数字按钮代表在影像三度重叠区内的标准点位数。

点数：在“点数”编辑框中输入每一点位中的点数。从图 3-55 中可以看到，当该模块选择 5 个点位，点位点数为 3 时，每张航片上将会有大约 15 个点，系统缺省值即为此布局，用户可根据实际情况来选择。

注意　在传统的空三作业中，一般是在影像三度重叠区的上中下三个标准点位上各量测一个连接点，这种分布方式只能保证最基本的加密作业，对于粗差检测和加密精度来说是远远不够的。因此推荐用户选用 5×3 布局方式(5 个点位，每点位 3 个点)，这种布局对于旁向重叠度大于 30%时尤其有利。

完成连接点布局设置后，选择“确认”按钮即可进行连接点自动匹配，连接点自动匹配是比较花费时间的一项处理，处理过程中在界面上会有正在处理的影像名称提示，所有影像都会以主影像身份向临近影像进行匹配连接点，处理过程界面如图 3-56 所示。

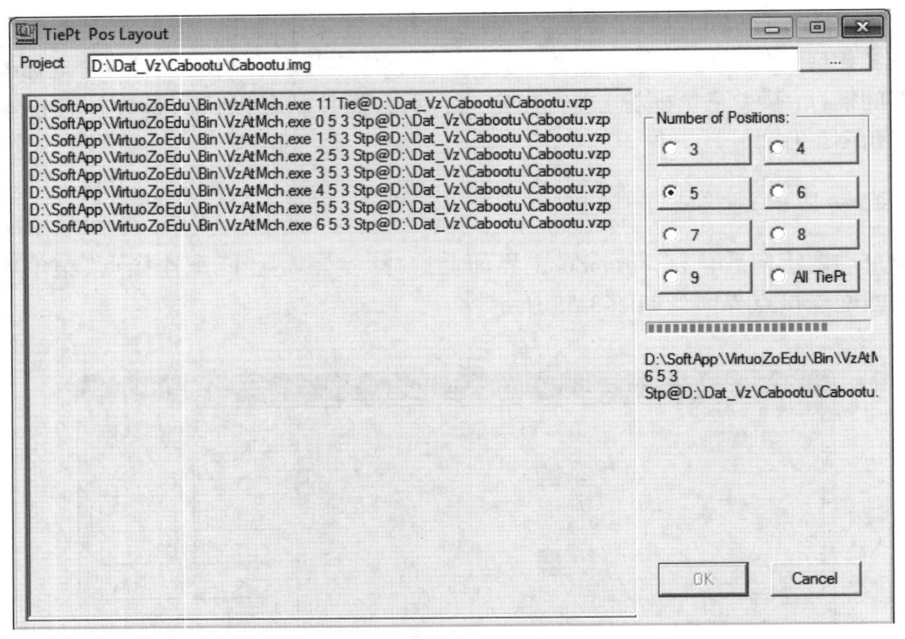

图 3-56　匹配连接点过程信息

3.5.4　平差与交互编辑

连接点自动匹配完成后，就可以进行平差和交互编辑，交互编辑主要实现对连接点进行检查和编辑以及控制点的量测与调整，一般说来，平差与交互编辑的作业步骤如下：

①添加控制点。

②检查标准点位，如缺点则人工添加连接点。

③进行平差解算。

④编辑有粗差的连接点和控制点。

⑤重复第③步和第④步直至满足精度要求。

⑥输出成果。

在 VirtuoZo 界面上选择“空三”→“平差与编辑”菜单项，系统弹出空三交互编辑模块 VzAtEdit 界面，如图 3-57 所示。

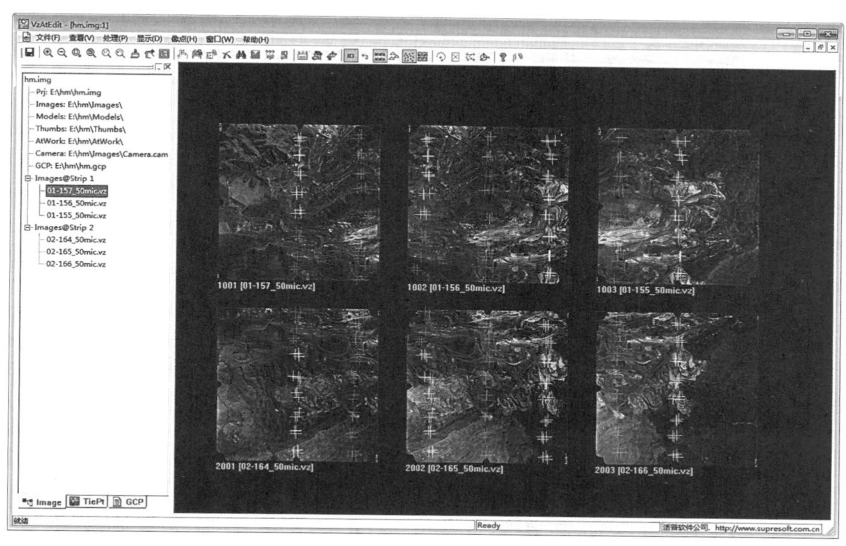

图 3-57　空三交互编辑

显示界面中，绿色点位为 3 度及以上重叠的连接点(一般为航带间点)，红色点为航带内点，只有 2 度重叠。在此界面需仔细查看测区航线及影像排列，确保无误，观察连接点是否分布均匀正常，然后调用平差程序进行平差，剔除粗差，反复加点、改点、运行平差，直至连接点在每张像片四周分布均匀，且精度达到作业要求后，方可输出加密成果。

菜单说明如下：

VzAtEdit 界面一共有文件、查看、处理、显示、像点、窗口和帮助 7 个菜单。

“文件”菜单：包含退出、保存等功能，如图 3-58 所示。

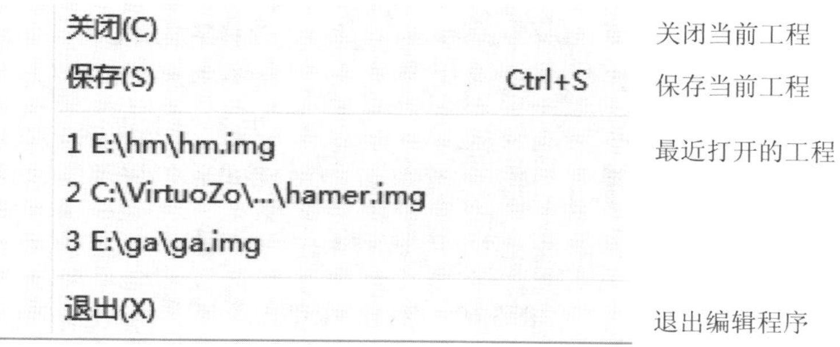

图 3-58　“文件”菜单

“查看”菜单：包含工具栏、工程栏、缩放显示内容等功能，如图 3-59 所示。

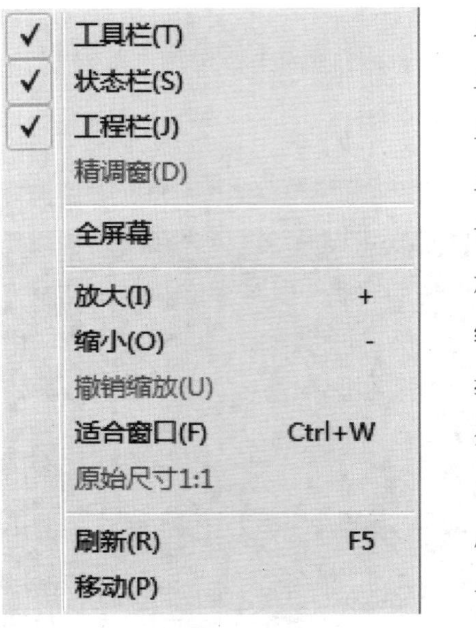

显示或隐藏工具栏
显示或隐藏状态栏
显示或隐藏工程栏
显示或隐藏精调窗口
切换到全屏模式
放大显示
缩小显示
撤销缩放
全局显示
1:1 显示
刷新显示
平移

图 3-59　“查看”菜单

“处理”菜单：包含所有处理操作的功能，如图 3-60 所示。

菜单项	快捷键	功能
手工加连接点	Insert	手工自动添加连接点
匹配加连接点	End	匹配添加连接点
局部匹配连接点	F5	局部匹配添加连接点
删除连接点	Delete	删除连接点
查找连接点	Home	根据点号查找连接点
保存连接点	F2	保存连接点
预测控制点	F3	预测控制点位置
改连接点号	F4	修改连接点号
平差方式	▸	选择平差方式
运行平差		运行平差
平差报告		生成平差报告
输出成果		输出平差成果
取消选择		取消选择

图 3-60　“处理”菜单

“显示”菜单：包含是否显示点号、是否显示重叠度、是否显示影像等与显示设置相关的功能，如图 3-61 所示。

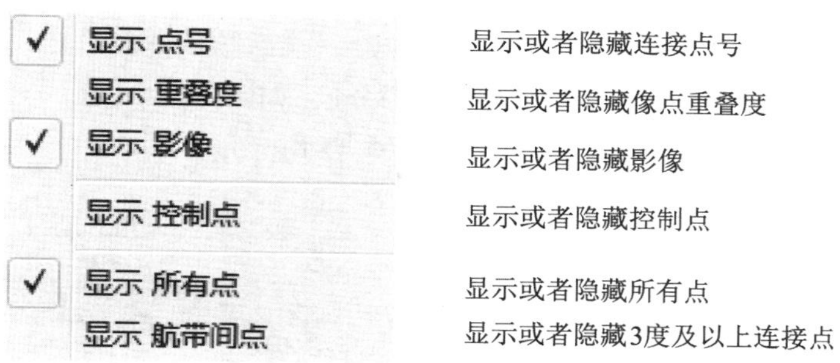

图 3-61　“显示”菜单

“像点”菜单：包括更改像点基准片、删除像点等功能，如图 3-62 所示。

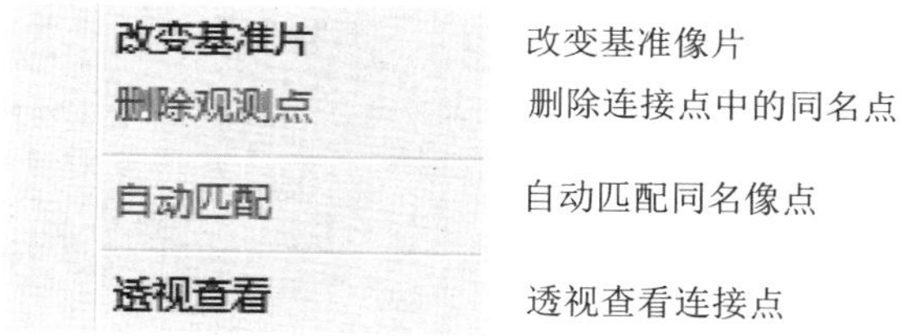

改变基准片　改变基准像片
删除观测点　删除连接点中的同名点
自动匹配　自动匹配同名像点
透视查看　透视查看连接点

图 3-62　“像点”菜单

“窗口”菜单：包括竖铺、平铺、层叠各子窗口的功能，如图 3-63 所示。

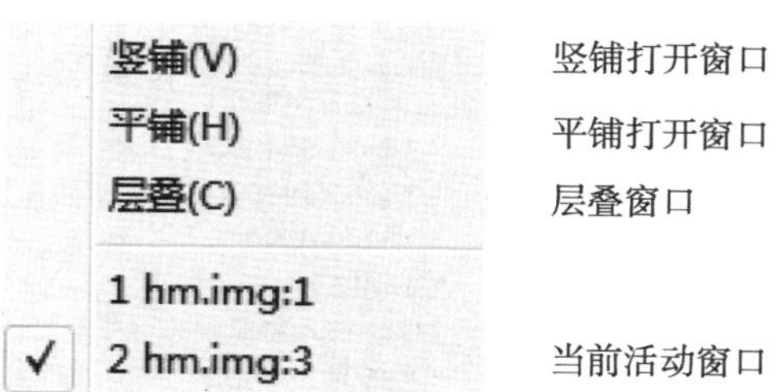

图 3-63　“窗口”菜单

工具栏说明如下：

：保存工程；：放大显示；：缩小显示；：开窗放大；：全局显示；：1∶1 显示；：撤销缩放；：刷新显示；：移动；：全屏显示；：手工加连接点；：匹配加连接点；：局部匹配连接点；：删除连接点；：查找连接点；：保存连接点；：预测控制点；：改连接点号；：运行平差；：平

差报告；：输出成果；：显示点号；：显示重叠度；：显示影像；：显示控制点；：显示所有连接点；：显示航带间点；：改变基准片；：删除观测点；：自动匹配；：透视查看。

左侧的工程列表窗口包含 Image，TiePt，GCP 三个选项卡。

Image：显示当前测区工程及工程内各文件路径，如图 3-64 所示。

TiePt：显示平差后挑出的粗差点，如图 3-65 所示。

hm.img
Prj: E:\hm\hm.img
Images: E:\hm\Images\
Models: E:\hm\Models\
Thumbs: E:\hm\Thumbs\
AtWork: E:\hm\AtWork\
Camera: E:\hm\Images\Car
GCP: E:\hm\hm.gcp
Images@Strip 1
Images@Strip 2
02-164_50mic.vz
02-165_50mic.vz
02-166_50mic.vz

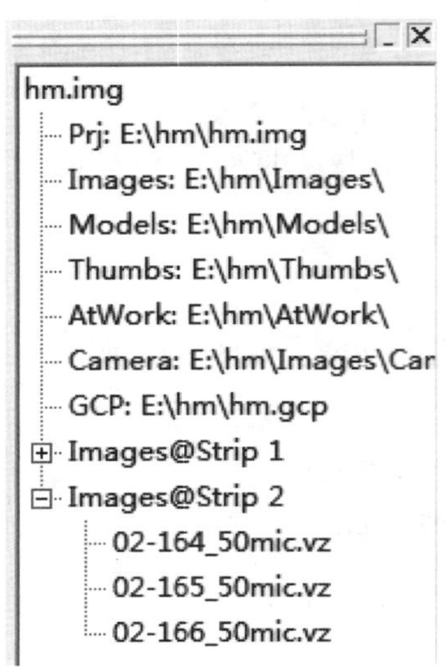

图 3-64　影像

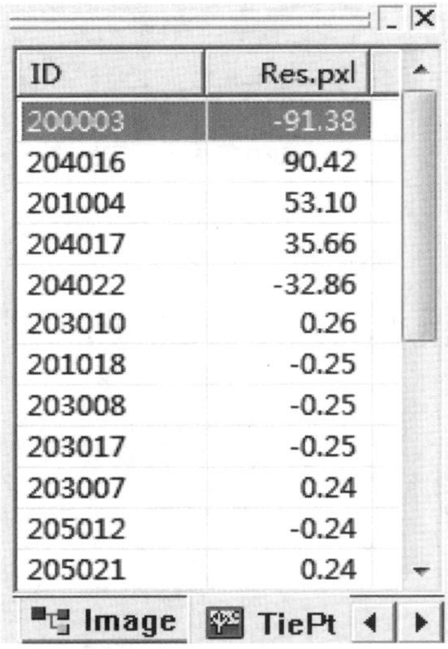

ID
Res.pxl
200003 -91.38
204016 90.42
201004 53.10
204017 35.66
204022 -32.86
203010 0.26
201018 -0.25
203008 -0.25
203017 -0.25
203007 0.24
205012 -0.24
205021 0.24
Image
TiePt

图 3-65　连接点

GCP：当前测区的控制点信息，如图 3-66 所示。

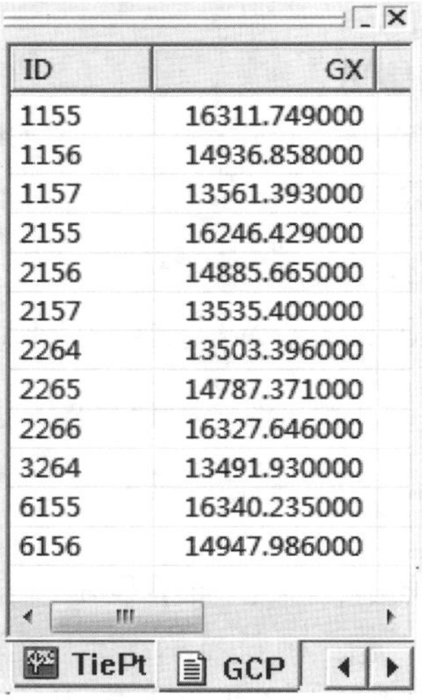

ID
GX
1155 16311.749000
1156 14936.858000
1157 13561.393000
2155 16246.429000
2156 14885.665000
2157 13535.400000
2264 13503.396000
2265 14787.371000
2266 16327.646000
3264 13491.930000
6155 16340.235000
6156 14947.986000
TiePt
GCP

图 3-66　控制点

常用操作说明如下：

1. 添加空三点(连接点或者控制点)

(1)手工加连接点

VzAtEdit 影像显示界面中，选择要添加连接点的像片，选择“处理”→“手工加连接点”，或右键菜单选择“手工加连接点”，或点击工具栏图标，出现如图 3-67 所示界面，在需要添加连接点的位置选择，右键“手工加连接点”，弹出如图 3-68 所示界面。左右影像均调整至十字丝位于地物中心，点击“保存”即可。

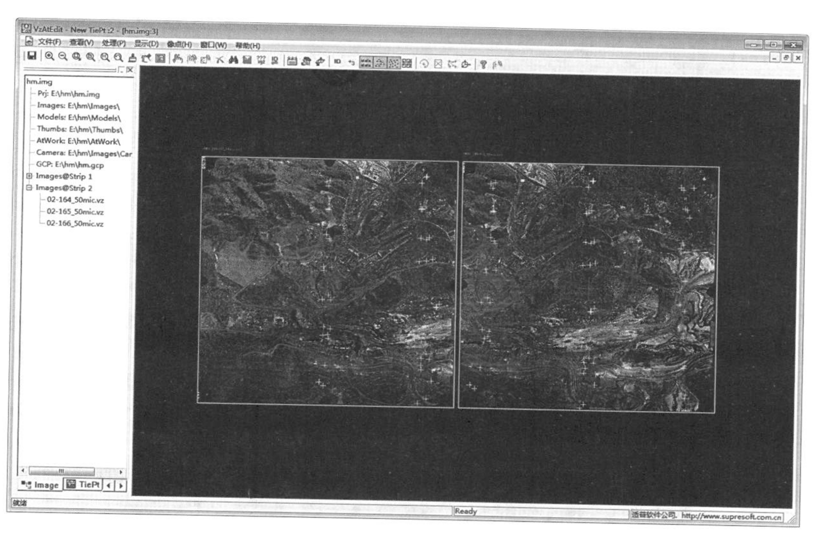

图 3-67 粗选空三点影像位置

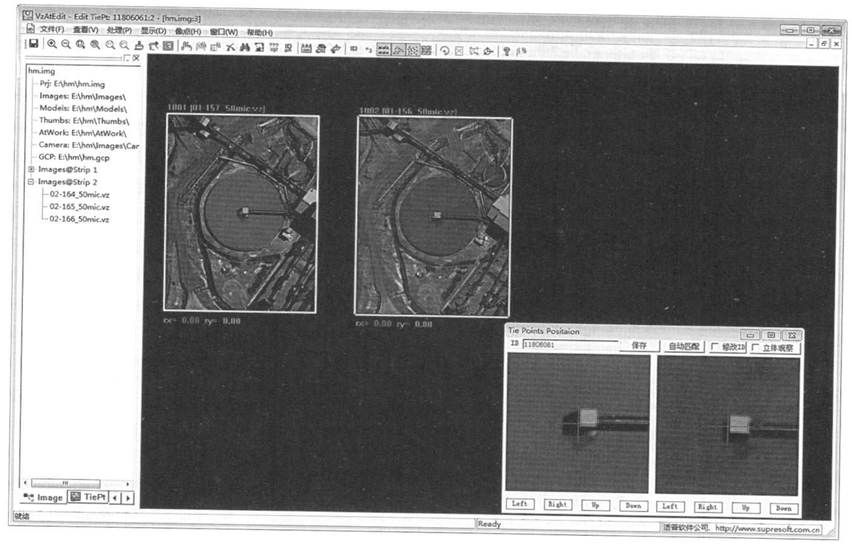

图 3-68 精细调整空三点影像位置

影像显示中点击加点大致位置，在精调窗口(Tie Points Positation)中精确调整加点位置。

精调窗口(Tie Points Positation)按钮说明如下：

“ID”按钮：系统自动赋予当前连接点的点号。

“保存”按钮：保存添加的连接点。

“自动匹配”按钮：自动匹配影像中的连接。

“修改 ID”按钮：勾选后，可对连接点点号进行修改。

“立体观察”按钮：勾选后出现立体显示窗口，如图 3-69 所示，该功能通常用于对于大比例尺地图中加点，以保证连接点精度。

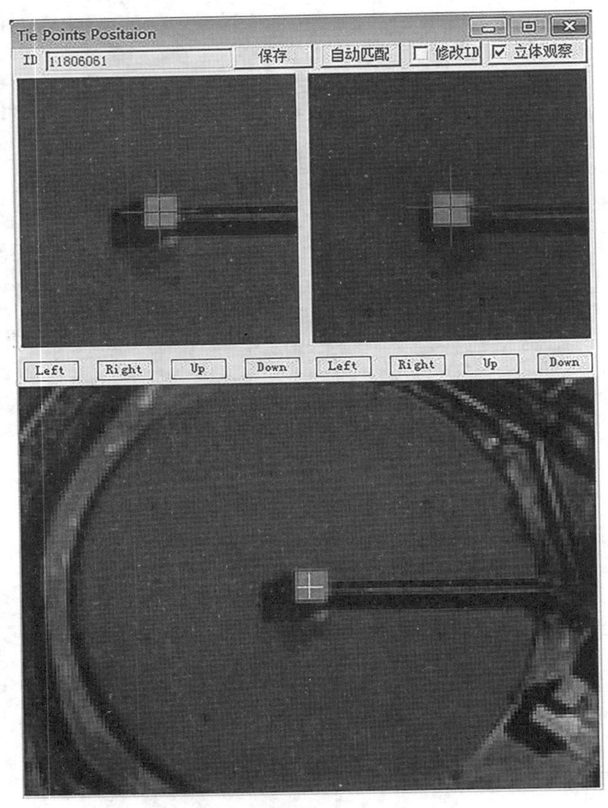

图 3-69　立体显示方式调整空三点

“Left”按钮：连接点向左微调。

“Right”按钮：连接点向右微调。

“Up”按钮：连接点向上微调。

“Down”按钮：连接点向下微调。

手工添加完连接点，关闭精调窗口，回到 VzAtEdit 界面中，如图 3-70 所示，紫色 2 度点即为手工新添加的点。

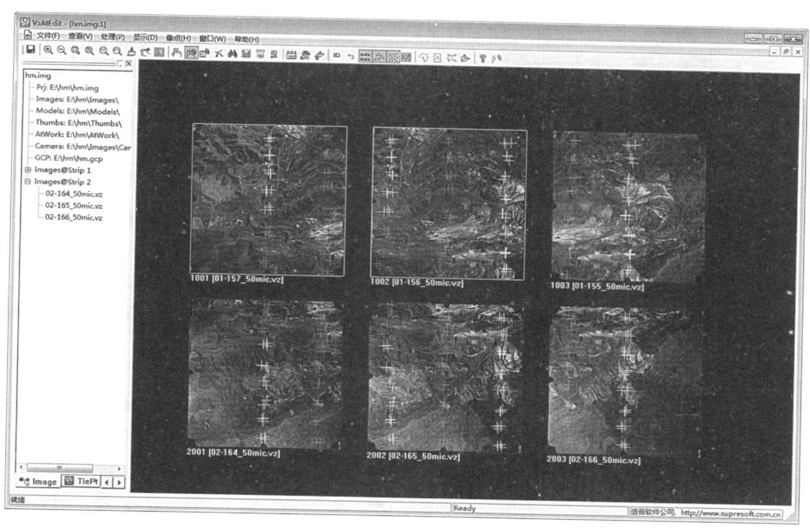

图 3-70　新加入空三点后界面

(2)匹配加连接点

VzAtEdit 影像显示界面中，选择要添加连接点的像片，选择"处理"→"匹配加连接点"，或右键菜单选择"匹配加连接点"，或点击工具栏图标，出现如图 3-71 所示界面精调界面和如图 3-72 所示精调放大窗口。将每张影像同名点均调整至十字丝位于点位中心，点击"保存"即可。

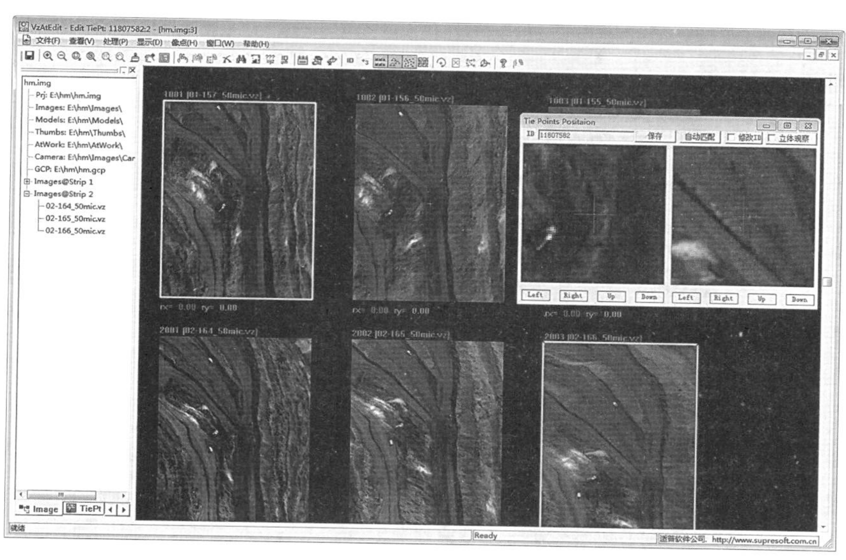

图 3-71　空三点精调界面

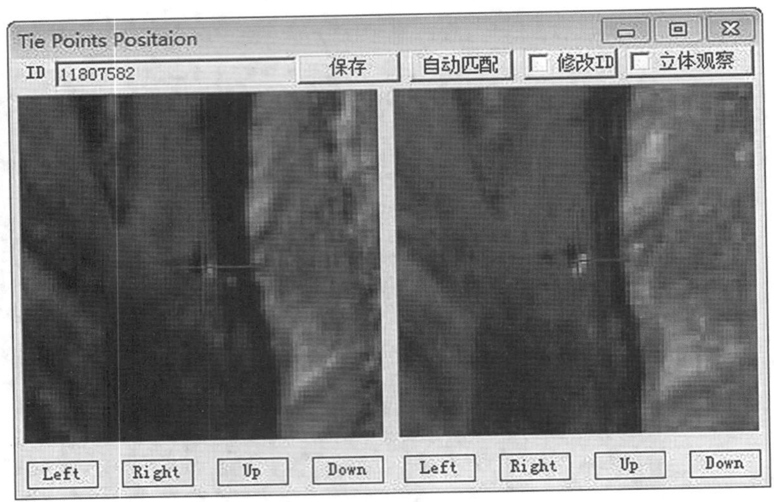

图 3-72　空三点放大精调界面

精调界面中，默认左影像为基准影像，右影像为图 3-71 中高亮显示的另一张影像。基准影像可以通过“像点”→“改变基准片”或选择工具栏中图标来实现，右影像为热点影像，可通过鼠标右键选择“改变热点影像”，微调时只对选中的热点影像进行精确调整，因此在调整某张像片的同名像点时，必须将该影像选为热点影像才能对其进行操作。

匹配加连接点完成后，关闭精调窗口，回到 VzAtEdit 界面中，如图 3-73 所示，紫色 6 度点即为刚添加的匹配点。

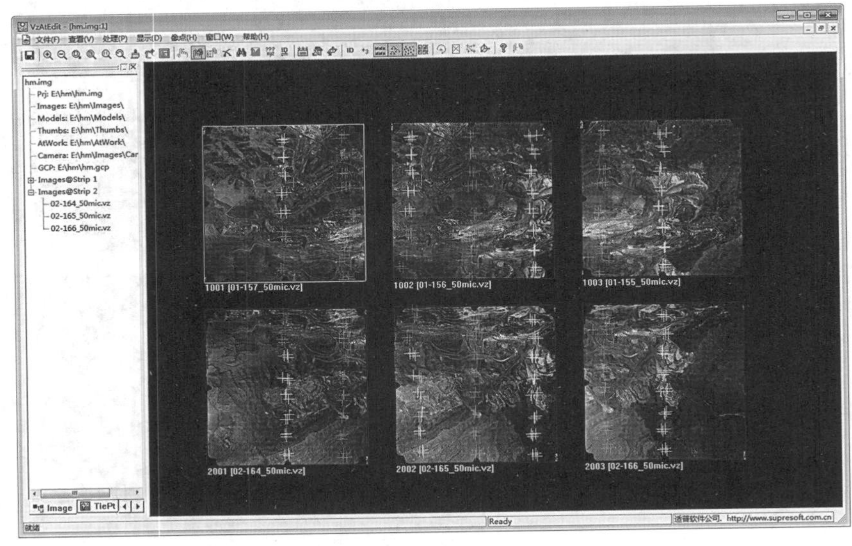

图 3-73　添加空三连接点成功

2. 编辑连接点

删除连接点：选择“处理”中的“删除连接点”，或点击工具栏中的图标，对选中的连接点进行删除操作。

查找连接点：选择“处理”中的“查找连接点”，或点击工具栏中的图标，会弹出输入点号的对话框，如图 3-74 所示，在其中输入要编辑的连接点的点号，按回车键（Enter），就选择了连接点并在编辑界面中显示，如图3-75所示。

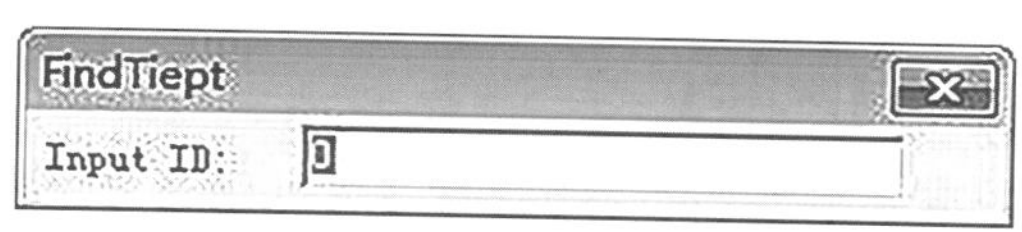

图 3-74　输入查找点点号

保存连接点：选择“处理”→“保存连接点”，或点击工具栏中按钮，或点击如图3-75所示的精调窗口（Tie Points Positation）的“保存”按钮，可保存当前编辑的连接点。

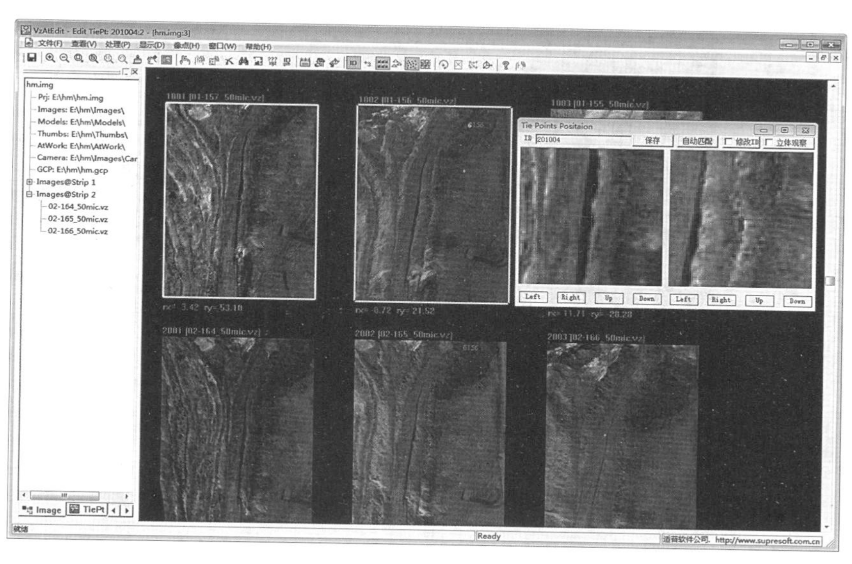

图 3-75　编辑选中的连接点

改连接点号：选择“处理”→“改连接点号”，或点击工具栏中按钮，会弹出修改点号界面，如图 3-76 所示，在其中输入要编辑的连接点的点号和更改点号，点击“确认”即可。

3. 添加控制点

通常添加控制点的作业方法如下：

①首先在测区的四角量测 4 个控制点。

②调用平差程序进行平差。

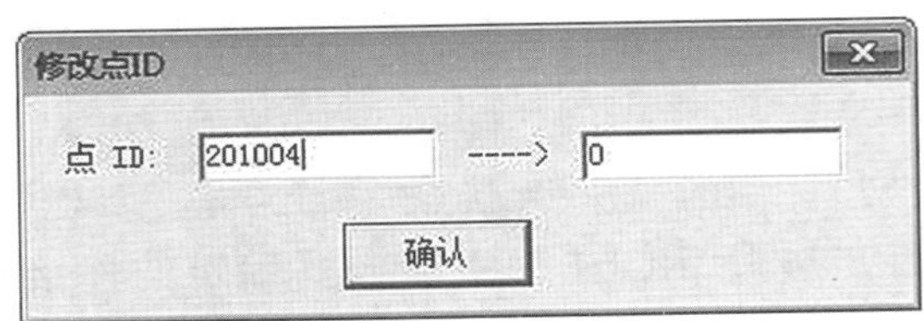

图 3-76　更改点号

③平差结束后继续量测其他控制点。

使用前面介绍的增加连接点和编辑连接点的方法，首先量测测区四角上的 4 个控制点后，设置好平差方式，在工具栏中选择图标，调用平差程序(以 PATB 为例)，如图 3-77所示。

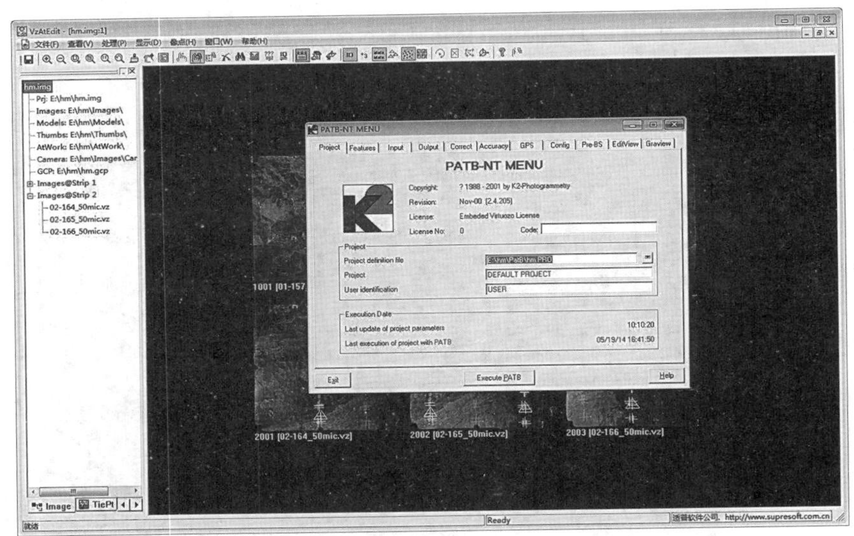

图 3-77　调用平差模块进行平差解算

选择 PATB 界面下方的按钮“Execute PATB”，即可启动平差计算。平差解算结束后，界面如图 3-78 所示。

选择“确定”按钮，系统返回如图 3-77 所示的平差界面，选择 PATB 界面左下方的“Exit”按钮，返回连接点编辑的主界面，完成初步平差。重复上述介绍的加点过程，完成剩余控制点的量测工作。

4. 平差解算

在 VzAtEdit 窗口中，选择“处理”→“平差方式”，出现如图 3-79 所示菜单列表。

自由网平差：不使用控制点，只用连接点进行光束法平差。

控制点平差：使用控制进行光束法平差。

POS 平差：导入 GPS+IMU 数据，联合平差。

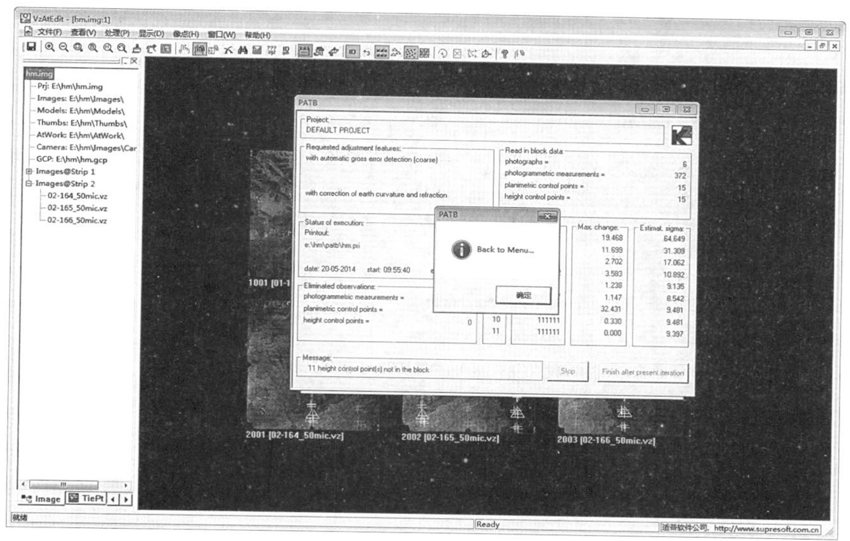

图 3-78 平差解算完成

图 3-79 平差方式选择

平差软件 PATB：关于 PATB 的使用参考下一节 PATB 平差软件。

平差软件 iBundle：关于 PATB 的使用参考下一节 iBundle 平差软件。

以上自由网平差、控制点平差、POS 平差方式至少选择一项，平差软件 PATB 和平差软件 iBundle 必须选择其中一种。

选择“处理”→“运行平差”，或点击工具栏中按钮，运行平差。可按以上选择方式进行平差。

5. 平差报告

选择“处理”→“平差报告”，或点击工具栏中按钮，显示平差结果报告，如图 3-80 所示。

6. 输出空三成果

选择“处理”→“输出成果”，或点击工具栏中按钮，可输出平差成果，如图 3-81 所示。

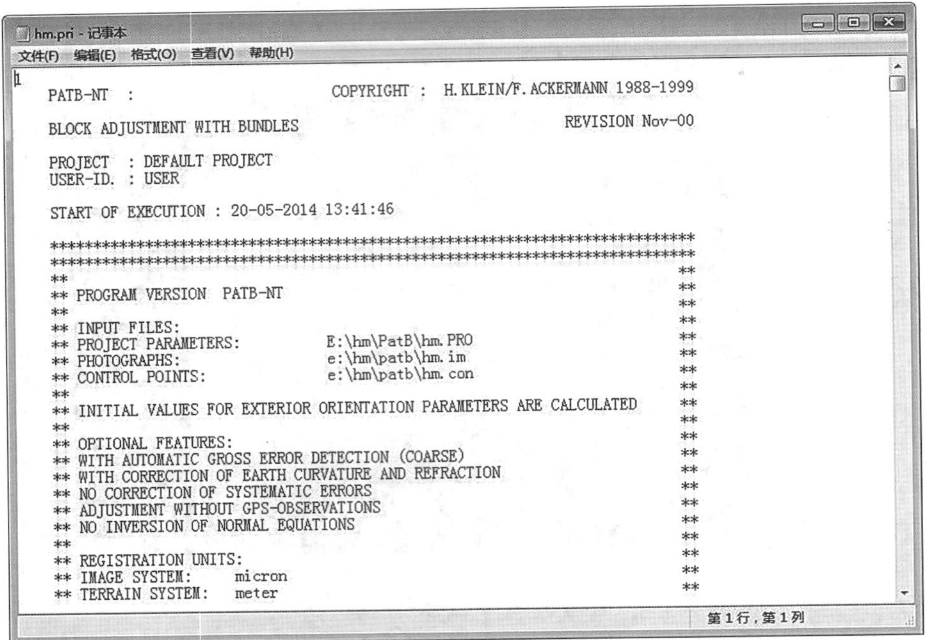

图 3-80　平差结果报告

图 3-81　输出空三成果

3.5.5　iBundle 平差软件

iBundle 是武汉大学全自主研发的光束法平差软件，其主界面如图 3-82 所示。

1. 主界面操作说明

iBundle 平差软件的主界面如图 3-82 所示，包括工程名称、用户名称、工程文件 3 个编辑框及“打开”、“保存”、“设置”、“结果分析”、“平差”、“退出”6 个按钮。

工程名称可以通过工程名称编辑框直接输入，并将其记录在工程文件中。“打开”按钮同时具有新建工程及打开已有工程的功能，新建工程时在选择路径后从键盘键入工程文件名称并“确认”即可(可以不加后缀“.proj”)；打开工程时双击选定的工程文件名称即

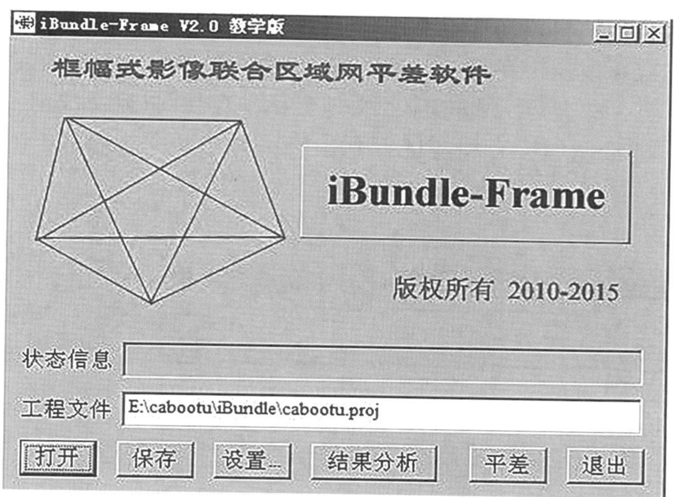

图 3-82 光束法平差软件 iBundle

可。“保存”按钮将设置好的平差数据及参数存入指定的工程文件中。“设置”按钮负责平差数据及参数的设置。“平差”按钮启动光束法平差模块。“退出”按钮则退出软件系统，软件在运行过程中如需终止执行，只需点击“退出”按钮并“确认”即可。

2. 平差参数设置操作说明

平差参数设置为多属性页的对话框，可以进行输入数据文件、平差参数、像点及控制点精度、GPS 及 IMU 参数、相机检校参数、输出文件等设置。

(1)“数据文件”属性页

“数据文件”属性页的界面如图 3-83 所示，包括内方位元素文件(＊. cmr)、外方位元素文件(＊. pht)、像点数据文件(＊. pts)、控制点数据文件(＊. gcp)、GPS/IMU 数据文

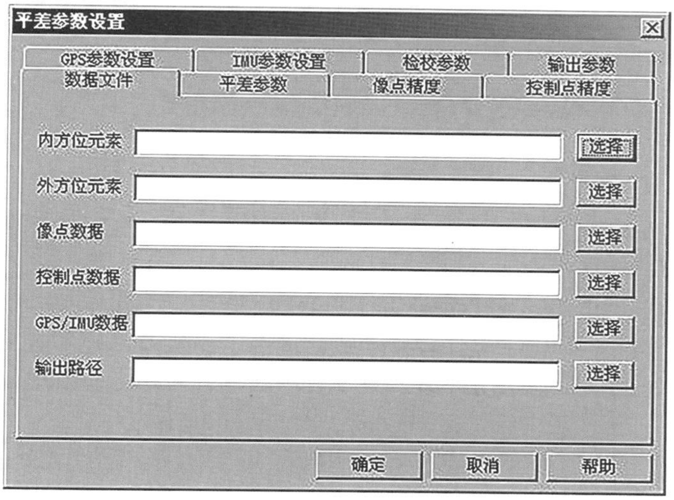

图 3-83 平差数据文件设置界面

件(*.gps)及成果数据输出路径等设置。

所有编辑框内容可以从键盘键入，也可以通过右侧的相应“选择”按钮输入，具体界面分别如图 3-83～图 3-89 所示。当相应的文件名称不存在时(例如文件路径从键盘输入)，按下主界面的“平差”按钮后会有相应的提示信息，并中止平差模块，用户可以重新设定文件路径。

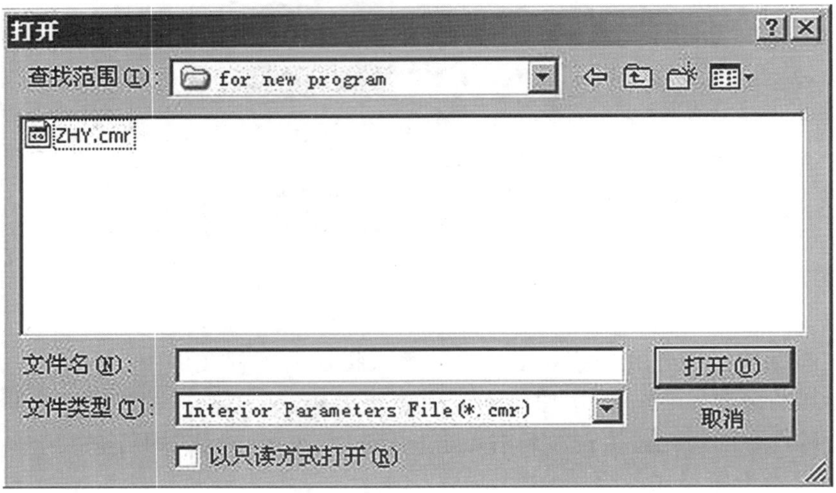

图 3-84　平差内方位元素数据选择

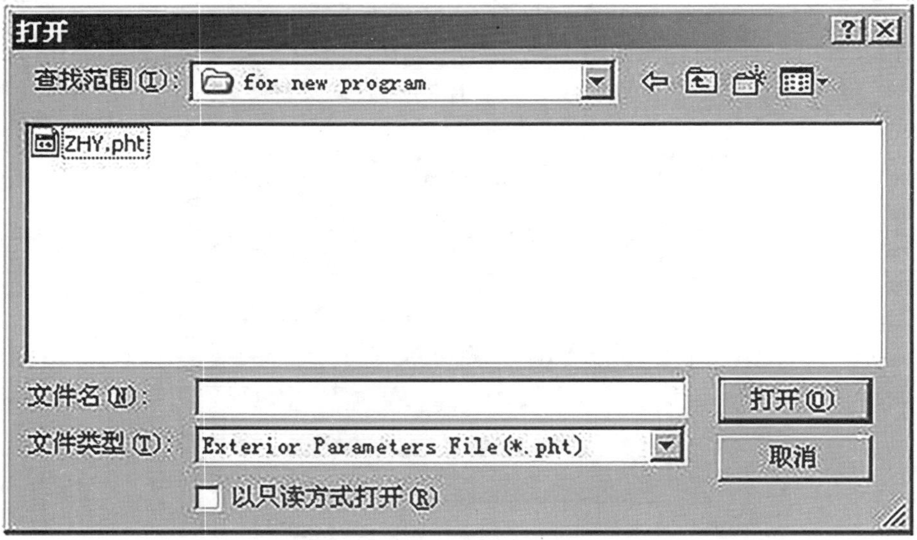

图 3-85　平差外方位元素数据选择

图 3-86 平差像点数据选择

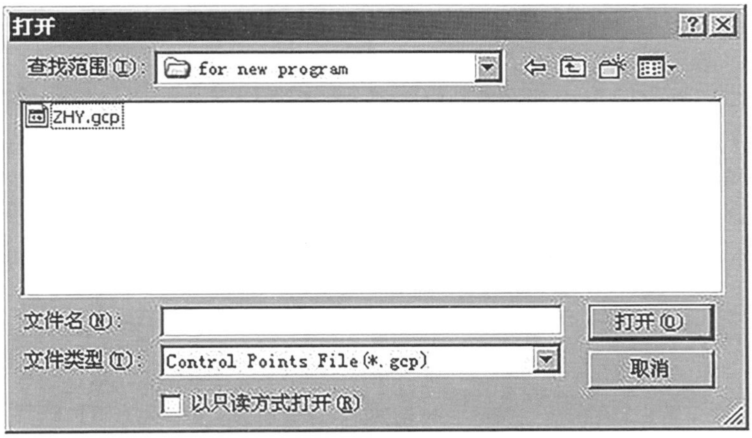

图 3-87 平差控制点数据选择

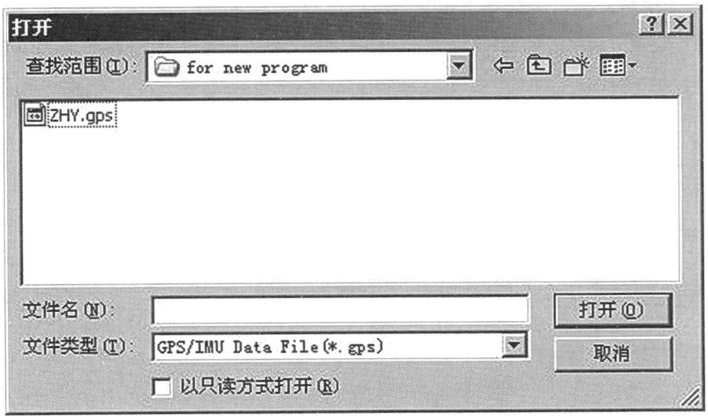

图 3-88 平差 GPS/IMU 数据选择

图 3-89　平差成果数据输出路径选择

(2)“平差参数”属性页

“平差参数”属性页的界面如图 3-90 所示，主要进行平差调用及控制参数的设置。

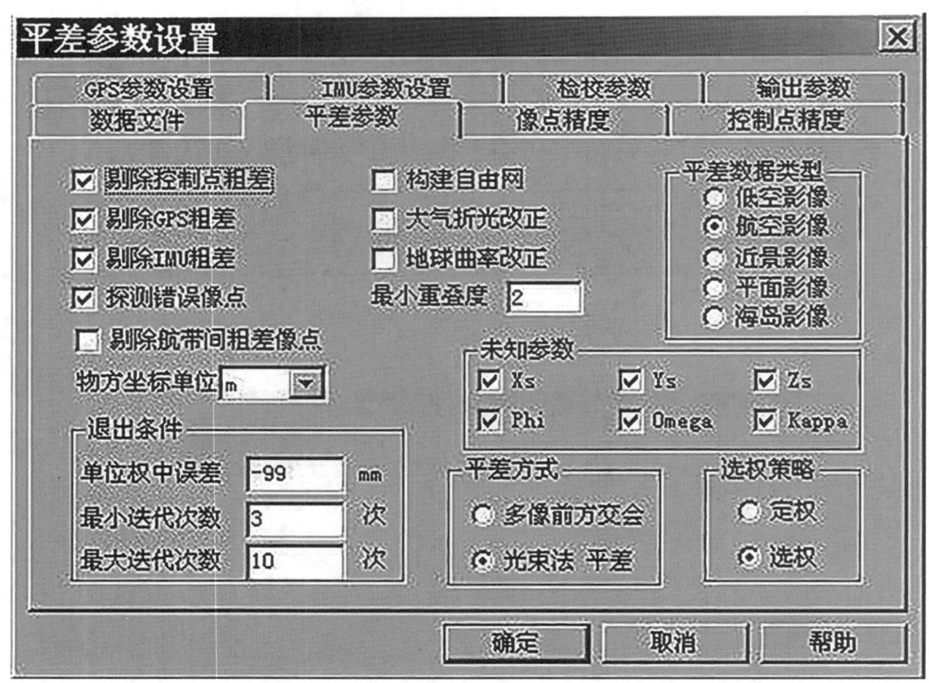

图 3-90　平差参数设置界面

剔除控制点粗差：表示是否剔除可能存在的控制点粗差，如果确认所有控制点地面坐标及对应的像点坐标均正确，则取消选择即可。

剔除 GPS 粗差：表示是否探测并剔除 GPS 观测值中可能存在的粗差，建议在初步平差时不选此项。

剔除 IMU 粗差：表示是否探测并剔除 IMU 观测值中可能存在的粗差，建议在初步平差时不选此项。

探测错误像点：表示在构建自由网过程中是否自动探测并剔除可能的粗差像点，在确认像点没有粗差时可以不选此项。

剔除航带间粗差像点：表示在构建自由网过程中是否特殊考虑可能存在的航带间粗差同名点，此时要求航带内同名点能够满足单航带自由网构建的要求，航带间同名点不参与单航带自由网构建。

构建自由网：表示是否首先构建自由网而后再进行绝对定向和光束法平差过程，无论输入数据中是否具有方位元素及空间点坐标初值，若输入数据已经构建过自由网，则系统提示是否构建自由网时选择“否”即可，系统会自动进行绝对定向及光束法平差。如果未量测控制点时构建了自由网并进行过自由网平差，在平差结果收敛后加入地面控制点，此时必须勾选“构建自由网”，且在系统提示是否构建自由网时选择“否”，则系统会首先进行绝对定向，然后再进行光束法平差。如果不选此项则缺少绝对定向过程，平差结果无法收敛。

“大气折光改正”及“地球曲率改正”在测区面积较大时适用，此选项慎用。

最小重叠度：表示利用编辑框内输入的数字过滤像点数据，只选取指定重叠度及以上的同名像点观测值进行区域网平差。例如“3”表示至少在 3 幅影像上同时出现的空间点才参与整体区域网平差。

物方坐标单位：表示物方控制点坐标的度量单位，可以是 m、mm 或 feet，此选项只在大气折光改正和地球曲率改正时有用。

平差数据类型：包括“航空影像”、“低空影像”、“近景影像”、“平面影像”及“海岛影像”，其中“航空影像”表示胶片扫描数字化后的影像或大幅面航空数码相机影像；“低空影像”则表示由各类小型低空遥感平台获取的数码影像，适合于相邻影像间旋转角较大的情况；“近景影像”表示低空或地面拍摄的近景目标影像，其基本假设是相邻影像间的基线长度近似相等，故而基线初值均设为 100；“平面影像”表示拍摄目标为平面或近似平面的影像，主要用于构建自由网及同名点粗差探测；“海岛影像”表示海岛礁等存在较多落水问题的影像，该类型必须具有 POS 数据。

未知参数：包括影像的 6 个方位元素分量，表示在整体平差时是否作为未知数进行平差，此选项在数据质量较差时可以通过减少未知参数来确定粗差点。在构建自由网时也可灵活选择其中若干元素进行相对定向，保证在数据质量较差的情况下能够获得相对较好的自由网构建结果，为下一步自由网平差及粗差剔除提供较好的初始值。

光束法平差“退出条件”包括“单位权中误差”、“最小迭代次数”和“最大迭代次数”，当达到用户指定的退出条件时，平差模块将退出；其中单位权中误差默认值“-99”表示由平差系统自动确定，一般为 1/3 像素；若“最大迭代次数”设置为零，则只进行自由网的绝对定向，不进行区域网平差。

平差方式：包括“光束法平差”和“多像前方交会”，其中选中“光束法平差”后如果输入数据中没有外方位元素的初始值，将自动首先构建自由网，并采用控制点进行绝对定向。如果控制点数量不足，则自动寻求使用 GPS 数据进行绝对定向。如果两种数据均不足，则将只进行自由网平差。前方交会则只采用输入的影像方位元素（ *. pht 文件）进行多影像前方交会。

选权策略：包括“选权”和“定权”，其中“选权”表示平差系统根据验后信息自动重新分配观测值权值，“定权”表示平差系统不进行权值的重新分配。注意无论是选权还是定权平差，系统都会进行较大观测值粗差的自动探测与剔除。

(3)“像点精度”属性页

“像点精度”属性页的界面如图 3-91 所示，主要进行 5 组像点精度的设置。每组像点分别对应于一台相机，5 组像点对应 5 台相机，像点分组标识在影像外方位元素文件（ *. pht）中，像点精度均以 mm 为单位。

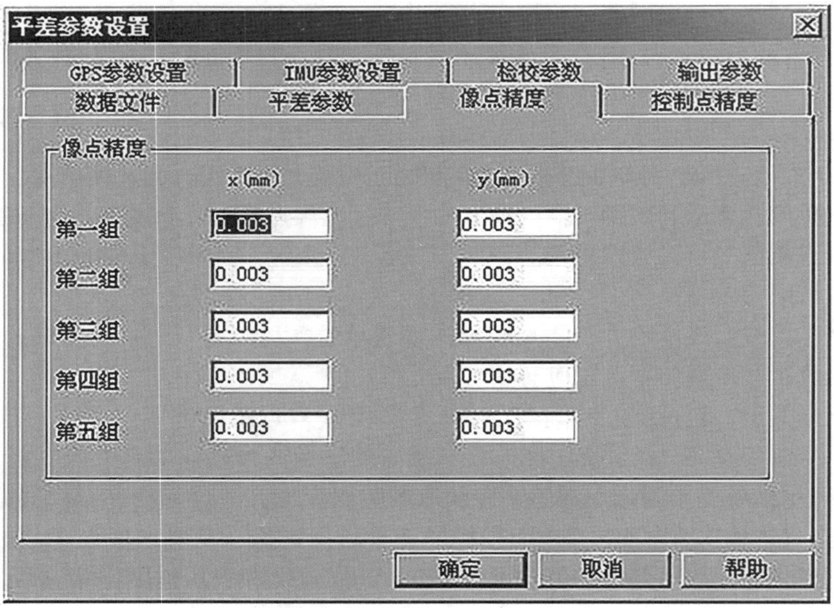

图 3-91　平差像点精度设置界面

(4)“控制点精度”属性页

“控制点精度”属性页的界面如图 3-92 所示，主要进行 5 组控制点精度的设置。控制点组别与相机无关，按照控制点的实际精度给定即可，控制点分组标识在控制点文件（ *. gcp）中，精度单位与“平差参数”中设定的物方坐标单位一致。

(5)“GPS 参数设置”属性页

“GPS 参数设置”属性页的界面如图 3-93 所示，主要进行 5 组 GPS 观测值精度及改正参数的设置。精度分“平面”和“高程”分别给定，改正参数有“天线分量”、“航带漂移”、

平差参数设置
GPS参数设置
IMU参数设置
检校参数
输出参数
数据文件
平差参数
像点精度
控制点精度
控制点精度
平面(unit)
高程(unit)
第一组
0.05
0.05
第二组
0.05
0.05
第三组
0.05
0.05
第四组
0.05
0.05
第五组
0.05
0.05
确定
取消
帮助

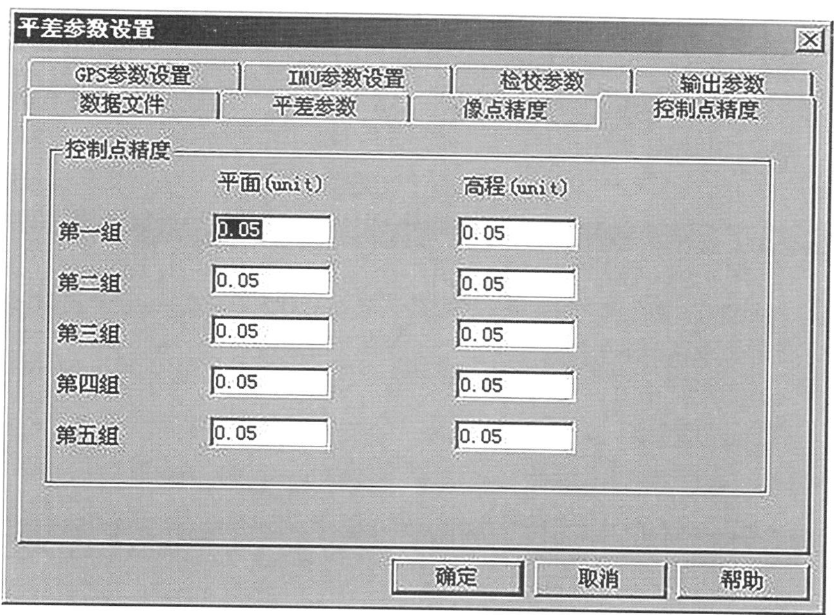

图 3-92　平差控制点精度设置界面

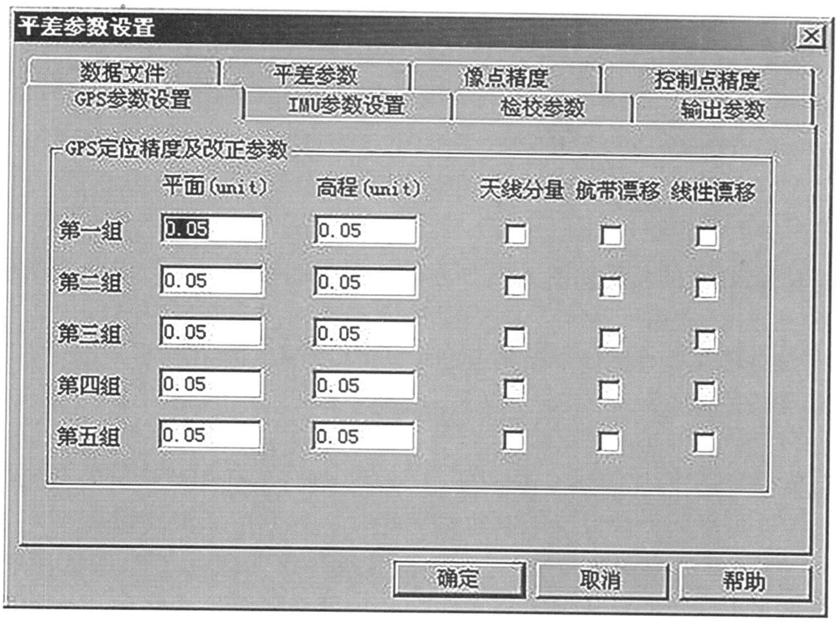

平差参数设置
数据文件
平差参数
像点精度
控制点精度
GPS参数设置
IMU参数设置
检校参数
输出参数
GPS定位精度及改正参数
平面(unit)
高程(unit)
天线分量
航带漂移
线性漂移
第一组
0.05
0.05
第二组
0.05
0.05
第三组
0.05
0.05
第四组
0.05
0.05
第五组
0.05
0.05
确定
取消
帮助

图 3-93　平差 GPS 参数设置

“线性漂移”三种，每组均可独立控制。GPS 观测值分组标识在 GPS/IMU 数据文件(＊.gps)中，精度单位与“平差参数”中设定的物方坐标单位一致。

（6）“IMU 参数设置”属性页

“IMU 参数设置”属性页的界面如图 3-94 所示，主要进行 5 组 IMU 观测值精度及改正参数的设置。精度按 Phi，Omega 和 Kappa 分别给定，改正参数有“偏置分量”、“航带漂移”、“线性漂移”三种，每组均可独立控制。IMU 观测值分组标识在 GPS/IMU 数据文件（＊.gps）中，精度均以 rad 为单位。

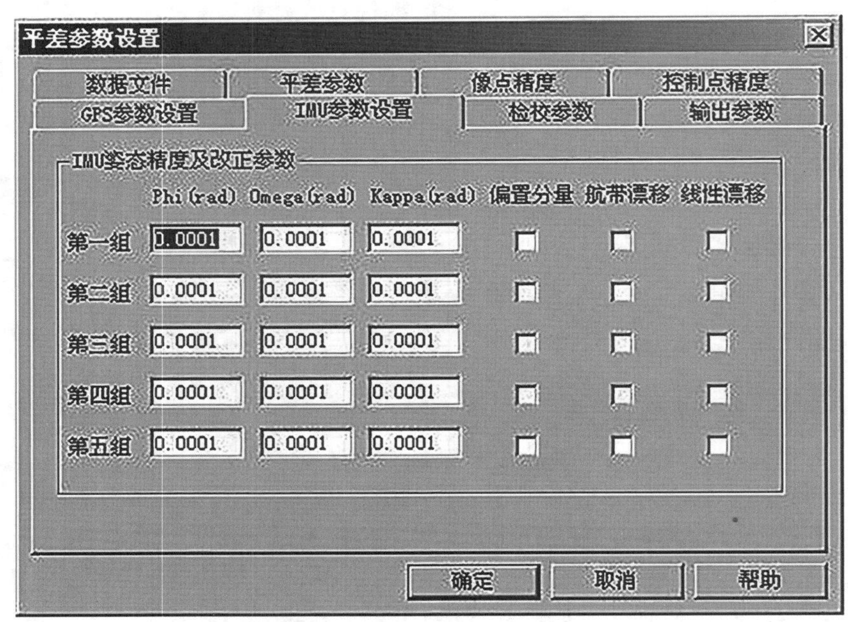

图 3-94　平差 IMU 参数设置

（7）相机“检校参数”属性页

“检校参数”属性页的界面如图 3-95 所示，主要进行相机内方位元素及像点系统误差改正参数的分别选取。“像点系统误差改正”表示是否采用参数模型估计像点中存在的残余系统误差，该选项在提高整体平差精度方面有重要作用，但在初步平差时不要使用；该选项要求每幅影像的像点数至少 25 个以上，且越多越好。

（8）“输出参数”属性页

“输出参数”属性页的界面如图 3-96 所示，主要进行各种相关输出信息的设置，包括“控制点和检查点残差”、“内方位元素结果文件”、“外方位元素结果文件”、“空间点三维坐标文件”、“平差结果数据文件”、“系统误差参数文件”、“像点坐标残差文件”、“GPS 数据残差文件”、“IMU 数据残差文件”、“中间迭代结果文件”、“未知数中误差文件”、“空间点交会角文件”及“像点粗差剔除结果”。

控制点和检查点残差：表示是否输出控制点和检查点的残差信息文件（ControlPoint_Residues.txt），此项为评价光束法平差精度的最重要数据，建议必选。

内方位元素结果文件：表示是否输出内方位元素平差结果文件（＊_SBA.cmr），其中

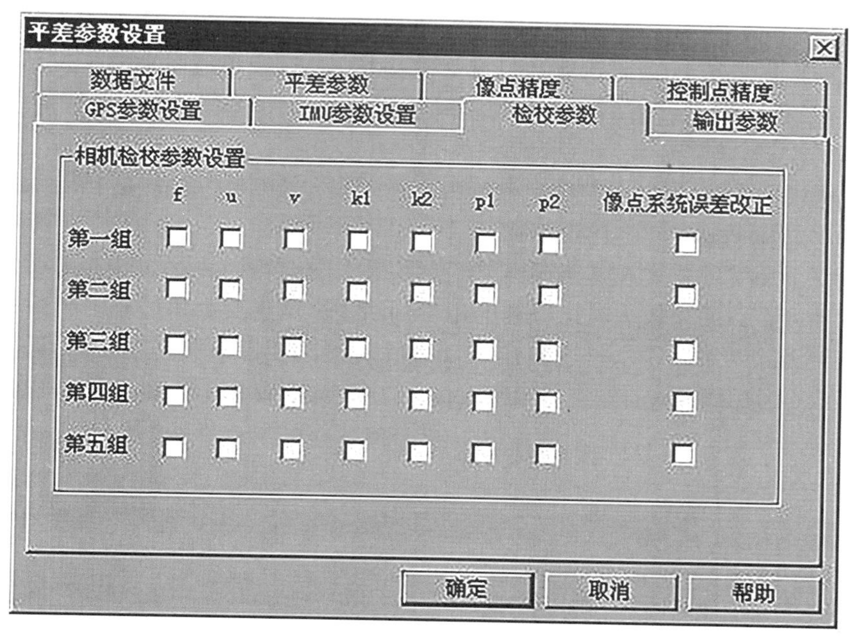

图 3-95 平差相机检校参数设置

* 表示输入文件名称(不含后缀)，下同。如果不做镜头畸变参数改正，则此结果文件与输入文件内容完全相同。

外方位元素结果文件：表示是否输出外方位元素平差结果文件(*_SBA. pht)。此文件包含平差后的精确影像方位元素，可以用于后续处理，建议必选。

空间点三维坐标文件：表示是否输出空间点的平差后坐标文件(*_SBA. pts)，建议必选。

平差结果数据文件：表示是否输出平差后的结果数据文件(*_SBA. pts)，其格式与像点数据文件完全相同。

系统误差参数文件：是否输出系统误差改正参数系数及改正格网文件(SystematicError. txt)。如果平差时选中"像点系统误差改正"，则建议此项必选。

像点坐标残差文件：表示是否输出像点残差文件(ImagePoint_Residues. txt)，给出每个像点的平差后残差大小，对于控制点的粗差判断与定位非常重要，建议必选。

GPS 数据残差文件：表示是否输出 GPS 观测数据的平差后残差文件(GPS_Residues. txt)，用以辅助进行可能的 GPS 观测值粗差判断，建议必选。

IMU 数据残差文件：表示是否输出 IMU 观测数据的平差后残差文件(IMU_Residues. txt)，用以辅助进行可能的 IMU 观测值粗差判断，建议必选。

中间迭代结果文件：表示是否输出平差迭代过程的中间信息，包括外方位元素(IntermediateCameraPara. txt)、空间点三维坐标(IntermediateSpacePoint. txt)、绝对定向误差(AOPResidues. txt)、航带间探测出的可能粗差点(InterStripOutlier. txt)等。系统构建自由网时，如果航带内相对定向点数不足或相对定向失败，则自动断开为两条航线，并分别构建单航带自由网，并寻求航带间同名点进行航带拼接。构建自由网时将给出每条航带的相对定向和模型连接结果(RelativeOrientation_Result. txt)以及单航线平差迭代结果。“中间迭代结果文件”可以辅助进行平差过程的实时监控及收敛性判断，不过数据量很大时将增加运算时间。

未知数中误差文件：表示是否输出未知数的中误差文件(Unknown_Precision. txt)，数据量很大时将增加平差时间，建议不选。

空间点交会角文件：表示是否输出空间点的最大交会角(IntersectionAngles. txt)，该文件在控制点和检查点残差较大时可以辅助用户判断是否由于交会角过小引起。

像点粗差剔除结果：表示是否输出自动剔除可能的粗差观测值后的像点观测值文件(* _SBR. pts， * _SBR. sbapts， * _SBR. tiepts)，三个文件同时输出，内容一致，但数据格式不同。

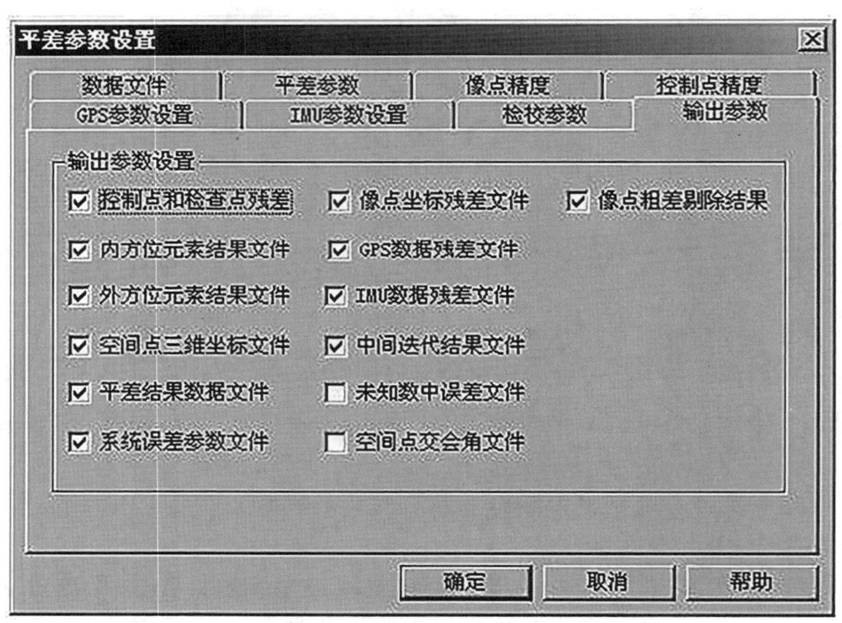

图 3-96 平差输出参数设置界面

3.5.6 PATB 平差软件

VirtuoZo 集成了国际知名平差软件 PATB，其运行需要独立的许可，其界面如图 3-97 所示。

1. “Project”页面用于输入项目文件

Project definition file：输入项目文件(* . pro)，可以选择右边的下拉按钮来选择文件。

在 Project 和 User identification 项中输入一些描述信息，便于归类，例如：在 Project

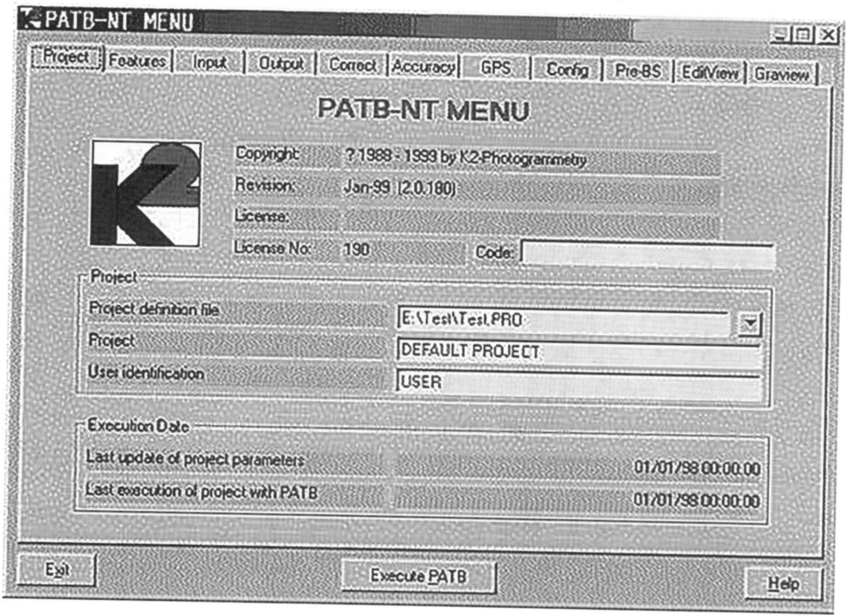

图 3-97　PATB 软件

中输入：PATB 教学示例。在 User identification 中输入：李四(作业员姓名)。

2. "Features"特征选项页面

"Features"选项页面如图 3-98 所示。

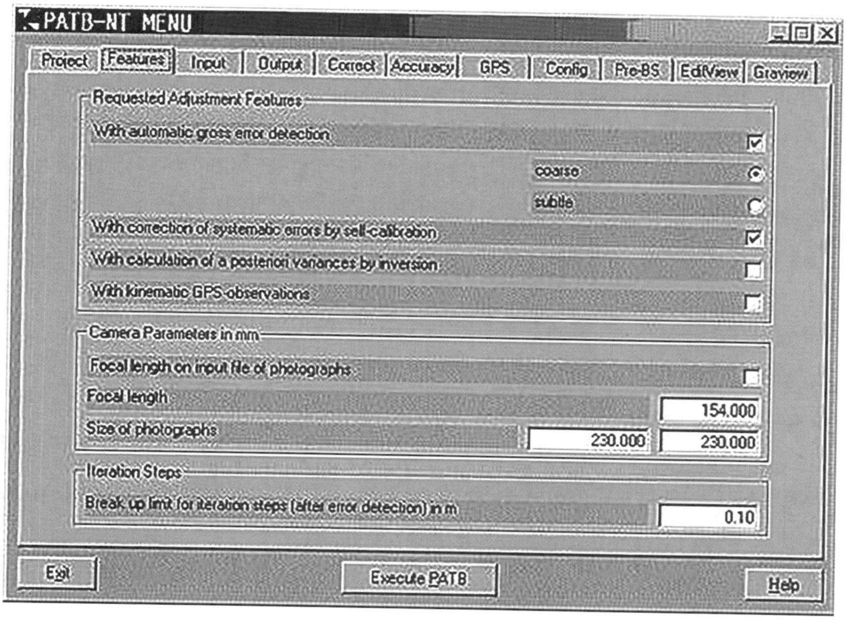

图 3-98　PATB 的"Features"选项页面

(1) Requested Adjustment Features

With automatic gross error detection：是否进行粗差检测。

coarse：粗略检测。

subtle：精细检测。

注意　通常，当加密一个测区时，在开始的时候首先做粗略检测，当加密精度比较高时，再改为精细检测粗差。

With correction of systematic errors by self-calibration：是否使用自检校法改正系统误差。在 PATB 区域网整体平差中，可以解算出补偿系统误差的附加参数，并自动进行系统误差的补偿。此项对 PATB 的解算至关重要，它主要是改正影像本身的变形，一般在进行粗差探测后再进行系统误差自检校。所以在第一次平差解算时不用此选项。如果控制点或连接点存在较大的粗差，如没有剔除即进行自检校平差，会将粗差当做系统误差进行改正，导致错误的平差结果。详细介绍参见 Correct 选项的介绍。

With calculation of a posteriori variances by inversion：是否使用法方程矩阵求逆法计算加密精度(验后方差)。

With kinematic GPS-observation：是否使用机载动态 GPS 观测值联合平差。

(2) Camera Parameters in mm

Focal length on input file of photographs：相机焦距由输入的像点文件(参照 Input 选项)指定，如果选中该项，那么 PATB 将使用像点文件中为每一张影像指定的焦距。否则将使用下面一项(Focal length)中指定的焦距作为整个测区所有影像的焦距。

注意　如果测区中使用了两个以上的相机，那么该项必须被选中。

Focal length：为整个测区指定焦距。如果上面的选项未被选中，系统将该项输入的焦距(单位：mm)作为所有影像的焦距。

Size of photographs：指定影像像幅的尺寸(单位：mm)。

(3) Iteration Steps

Break up limit for iteration steps(after error detection) in m：终止迭代的限差(以 m 为单位)，当两次迭代后坐标的最大改正值较差小于该限差时，就结束运算。

注意　该项的设定值由用户的平差精度决定。例如：如果加密精度要求为 5 m，那么这里输入 0.2 m 或 0.5 m 都是可以的。但是如果加密精度要求为 0.5 m，那么就应该输入 0.02 m 或 0.05 m。

3. "Input"输入属性页面

"Input"选项页面如图 3-99 所示。

(1) Image Points 选项

Input file for photographs：指定像点坐标文件。

Format for photo numbers(integer，real，integer)：指定影像编号的格式。第一个参数为整数，代表影像的索引号码，第二个参数为实数，代表相机焦距(单位：μm)，第三个参数为整数，代表影像自检校的组号，如图 3-100 所示。

Format for image points(integer，2 * real，integer)：指定像点坐标的格式。第一个参数为整数，代表像点的编号，接下来的两个参数为实数，代表像点的 x、y 坐标(单位：

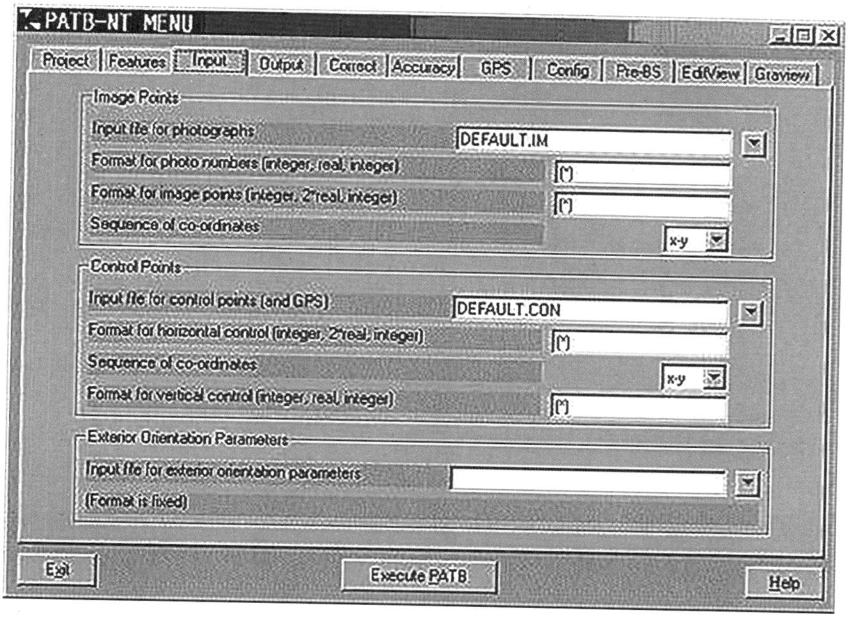

图 3-99　PATB 输入参数

```
    1101   153560.000  0
    9901     1003.708    44463.201   0
20020801   -80018.163     2218.391   0
20020401   -79738.504    50761.422   0
20021202   -68731.572   -56816.140   0
20020803   -69690.123     3502.425   0
    3206   -48042.980    -3436.976   0
     -99
    1102   153560.000  0
    9901    81171.729    45477.653   0
20020801     1977.933     1810.725   0
20020401     4061.096    50240.405   0
21031313   -82679.468    54207.634   0
21031315   -84506.794    56007.356   0
    3206    38723.786    -3189.232   0
     -99
```

图 3-100　PATB 像点数据

μm)，最后一个参数为整数，代表该像点的组号，格式设定举例如图 3-101 所示。

上面的例子中，第一行表明影像索引编号为 16353，焦距为 152.840 毫米，自检校分组为第一组。因为这一行参数的数量和类型与缺省的类型完全一致，故可以简单地设定其格式为：(*) 即可，或 (i10，f14.3，i2) 第一个像点的点号为 1635404，坐标为

```
1234567890123456789012345678901234567890123456
        16353     152840.000  1
        1635404     -83175.770      86061.179    0
        1635405     -92345.740     -38117.319    0
        1635402     -83150.793      -3736.857    0
        1635401     -92636.631     -78517.419    0
        1635406     -69808.586      46772.115    0
        1635403     -80632.477      90878.179    0
        1635408     -54540.098      83097.804    0
   -99
```

图 3-101　PATB 像点单位格式

(-83.175，86.061)毫米，像点组号为 0，格式可以设定为(＊)或(i12，f14.3，f14.3，i2)

注意　PATB 支持对像点分组，这对于测区中包含不同地形的情况是非常重要的。例如，对于森林地区，由于两次摄影间隙，树顶可能会因为风的原因发生变化。高山地区，由于相邻两次摄影的角度变化较大，导致影像变形等。这些地区的像点的量测精度必然比平坦地区的像点的精度要差，因此正确的作业应该将他们分到不同的组。

Sequence of co-ordinates：指定像点坐标的坐标系统。有两个选项：*x*-*y* 表示右手坐标系；*y*-*x* 表示左手坐标系。

(2)Control Points 选项

Input file for control points(and GPS)：指定控制点和 GPS 参数文件。

Format for horizontal control(integer，2＊real，integer)：指定平面控制参数的格式。第一个参数为整型，代表控制点编号。接下来的两个参数(实型)代表控制点的平面坐标。最后一个整型参数代表这个控制点的平面控制组号。

Sequence of co-ordinates：指定控制点平面坐标系统。有两种情况可供选择：*x*-*y* 表示左手坐标系；*y*-*x* 表示右手坐标系。

注意　控制点的平面坐标系统必须和像点的坐标系统保持一致。

Format for vertical control(integer，real，integer)：指定高程控制参数的格式。第一个参数为整型，代表控制点编号。第二个参数(实型)代表控制点的高程坐标。最后一个参数(整型)代表控制点的高程控制组号，格式设定举例如图 3-102 所示。

上面的例子中，第一个 0 与-99 之间为平面控制参数，第二个 0 与-99 之间为高程控制参数。由于数据格式与缺省格式一致，所以平面和高程格式可分别输入：(＊)和(＊)。

注意　PATB 支持控制点分组参与平差。不同控制点组的权设置参照 Accuracy 选项。

(3)Exterior Orientation Parameters 选项

Input file for exterior orientation parameters：指定绝对定向参数文件。如果用户在 Output 选项中设定了绝对定向输出文件，则在进行完一次平差后，在接下来的平差过程中可以输入这个文件，PATB 将把这个文件作为迭代计算的初值，可以减少平差运算时间。

注意　为了应付可能的意外情况，一个好习惯为：设指定的绝对定向参数输出文件为

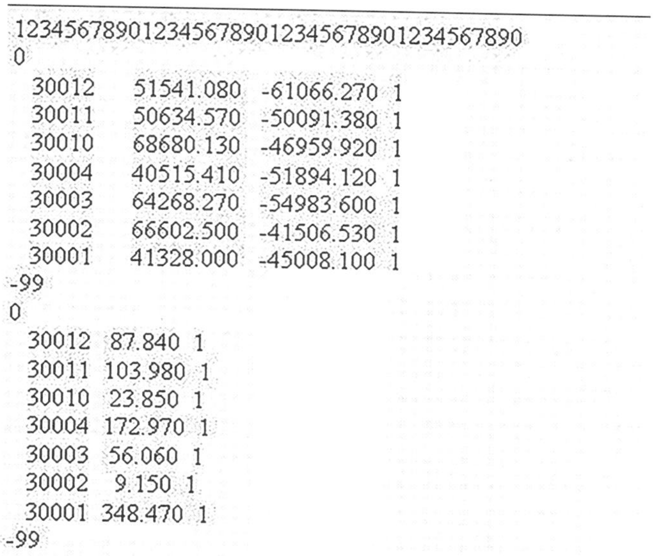

```
1234567890123456789012345678901234567890
0
  30012     51541.080  -61066.270  1
  30011     50634.570  -50091.380  1
  30010     68680.130  -46959.920  1
  30004     40515.410  -51894.120  1
  30003     64268.270  -54983.600  1
  30002     66602.500  -41506.530  1
  30001     41328.000  -45008.100  1
-99
0
  30012   87.840  1
  30011  103.980  1
  30010   23.850  1
  30004  172.970  1
  30003   56.060  1
  30002    9.150  1
  30001  348.470  1
-99
```

图 3-102 PATB 控制点格式

"Test. ori"，首先做一个拷贝"Test. or"，然后将"Test. or"设定为绝对定向参数的初值文件。

4. "Output"输出选项页面

Output 输出选项页面如图 3-103 所示。

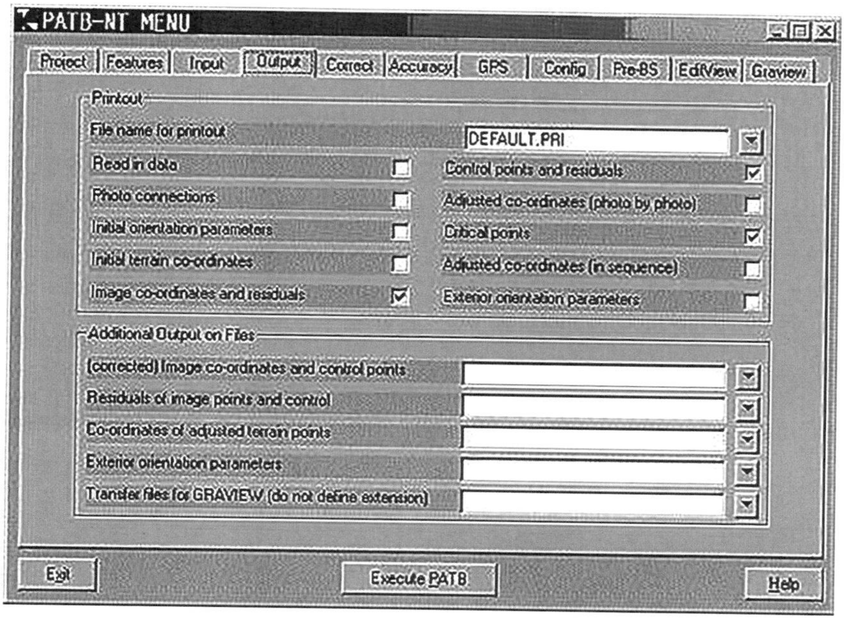

PATB-NT MENU

Project | Features | Input | Output | Correct | Accuracy | GPS | Config | Pre-BS | EditView | Graview

Printout

File name for printout		DEFAULT.PRI	
Read in data	☐	Control points and residuals	☑
Photo connections	☐	Adjusted co-ordinates (photo by photo)	☐
Initial orientation parameters	☐	Critical points	☑
Initial terrain co-ordinates	☐	Adjusted co-ordinates (in sequence)	☐
Image co-ordinates and residuals	☑	Exterior orientation parameters	☐

Additional Output on Files

- (corrected) Image co-ordinates and control points
- Residuals of image points and control
- Co-ordinates of adjusted terrain points
- Exterior orientation parameters
- Transfer files for GRAVIEW (do not define extension)

Exit | Execute PATB | Help

图 3-103 PATB 输出选项页面

(1) Printout 输出

File name for printout：指定 PATB 平差结果输出文件。下面有 10 个输出项可选择，与选中的输出项相应的结果将会出现在指定的结果文件中。

Read in data：是否将输入 PATB 的像点文件和控制点文件（包含 GPS 参数）输出到结果文件。

注意　该项的作用是可以检查前面指定的像点格式和控制点格式是否正确。如果格式输入不正确，那么结果文件中将会输出不正确的读入数据。

Photo connections：是否在结果文件中输出影像的连接关系。

注意　用户在加密作业过程中有时会出现连接点编号重复等错误，而且错误不容易被发现，这一项可以用来检查这种错误。

PATB 输出的邻接关系如图 3-104 所示。在图 3-105 所示的输出结果中，PATB 将影像根据邻接关系分成了若干组，通常情况下，分组是按照图 3-106 所示方式进行的。

```
PHOTO GROUPS AND PHOTO CONNECTIONS
-------------------------------------
photo numbers of group      1
          16353
photo group    1 has    1 photo    第一组只有 16356 一张影像
photo numbers of group      2
                    16354          due to connection with photo-no.
                                                    16353
                    26386          due to connection with photo-no.
                                                    16353
                    26385          due to connection with photo-no.
                                                    16353
                    16355          due to connection with photo-no.
                                                    16353
                    26387          due to connection with photo-no.
                                                    16353
                          16354          connects with photo-no.
                                                    16355
                                                    26387
                                                    26386
                                                    26385
                          16355          connects with photo-no.
                                                    26386
                                                    26385
                          26387          connects with photo-no.
                                                    26386
                                                    26385
                          26386          connects with photo-no.
                                                    26385
photo group    2 has    5 photos   第二组有 5 张影像：16354、16355
                                         26387、26386、26385
```

图 3-104　影像邻接关系

1(16353)	2(16354)	2(16355)	3	3	
2(26387)	2(26386)	2(26385)	3	3	
3	3	3	3	3	

图 3-105 PATB 分组方式

图 3-105 中的测区包含 3 条航线(航向重叠 60%，旁向重叠 30%)，18 张影像，共分为 4 组。如果第二条航线的第 3、5 两张影像由于连接点编号重复，那么 PATB 输出的分组结果将如图 3-106 所示。

1	2	2	3	3	3
2	2	2	3	2	3
3	3	3	3	3	3

图 3-106 PATB 分组输出结果

可以发现：在第二组中多了一张影像，而且第四组消失。

Initial orientation parameters：是否在结果文件中输出初始定向参数。

Initial terrain co-ordinates：是否在结果文件中输出地面坐标的初始值。

Image co-ordinates and residuals：是否在结果文件中输出像点坐标及其残差。

Control points and residuals：是否在结果文件中输出控制点坐标及其残差。如图 3-107 所示。

```
COORDINATES OF CONTROL POINTS AND RESIDUALS
------------------------------------------
in units of terrain system

horizontal control points
              code of point
point-no.  x    y     input -> used rx    ry   sds  check

3084 -69867.740 -201834.600 HV 2 -0.014 -0.172  1    1
3085 -70572.000 -205010.560 HV 2 -0.242 0.260   1 2 2
（省略部分行）。

vertical control points
         code of point
point-no.  z  input -> used    rz  sds  check

3084  525.770  HV 2        -0.067  1
3085  417.380  HV 2        -0.325  1  1
（省略部分行）。
```

图 3-107 PATB 控制点输出

其中：3084 -69867. 740 -201834. 600　HV 2 -0. 014 -0. 172 1 1 依次表示：

控制点编号为 3084。

外业坐标为(-69867. 740，-201834. 600)。

平高控制点，在 2 张影像中量测。

x、y 坐标残差分别为-0. 014m，-0. 172m。

平面控制的组号为 1(注意：如果为粗差，将会出现“ * ”号，且像点组号的标记为 21)。

最后的两个数代表残差与中误差的比值。如果比值小于 1，用“. ”标记。(高程部分类似。)

在本例中，中误差值如图 3-108 所示。

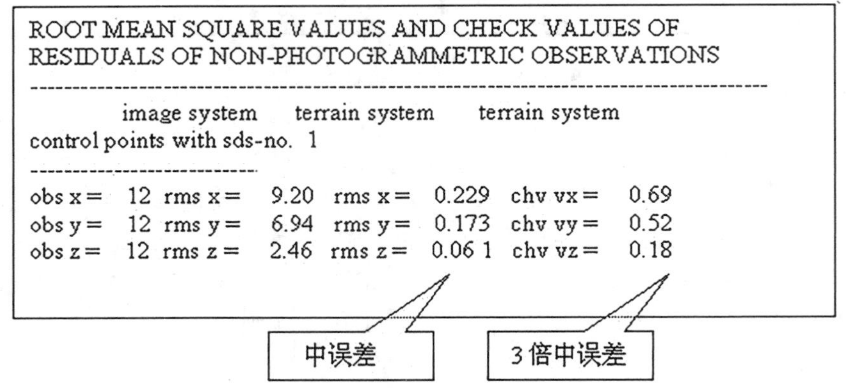
ROOT MEAN SQUARE VALUES AND CHECK VALUES OF
RESIDUALS OF NON-PHOTOGRAMMETRIC OBSERVATIONS

```
----------------------------------------------------------------------------------------
          image system    terrain system     terrain system
control points with sds-no.  1
----------------------------
obs x =   12  rms x =   9.20  rms x =  0.229  chv vx =   0.69
obs y =   12  rms y =   6.94  rms y =  0.173  chv vy =   0.52
obs z =   12  rms z =   2.46  rms z =  0.06 1  chv vz =   0.18
```


图 3-108　PATB 输出的中误差

如果控制点的 x、y 坐标残差都大于 3 倍中误差，其平面坐标就会被当做粗差且不参加平差计算。

如果控制点的 z 坐标残差大于 3 倍中误差，其高程坐标就会被当做粗差且不参加平差计算。

Adjusted co-ordinates(photo by photo)：是否在结果文件中输出加密坐标(按影像顺序排列)。

Critical points：临界点输出项，当你在前面选择了粗差探测，则此项必须选择，以便列出临界点的粗差数值。如图 3-109 所示。

其中：

连接点编号为：25438414。

6 度重叠像点(TP)。

6 个量测分别位于影像 264312、254385、264313、254383、264311 和 254384 上(六个数字是影像的索引编号)。

第一个量测坐标为(-9375. 4，-72224. 2)，单位为像方系统单位(在 Accuracy 选项中设置，单位为 μ)，x 坐标的残差为-15. 1μ，y 坐标的残差为-13. 3μ。像点组号为 0(注

```
point-no.    25438414  TP 6

264312 -9375.4  -72224.2 -15.1  -13.3   0..
254385 63070.2  33644.1  -11.5  17.9    0.1
264313 -93742.3 -71553.0 10.5   -12.9   0..
254383 -95593.6 35716.1  16.7   7.0     0 1
264311 67985.2  -68619.3 3.8    -0.9    0..
254384 -15070.6 35847.7  -2.3   1.3     0...
```

图 3-109　临界点粗差数值

意：如果为粗差，将会出现“＊”号，且像点组号的标记为 21），最后的两个数分别对应像点 x、y 坐标残差与中误差的比值，如果小于 1，则标记为“.”。

在本例中，中误差值如图 3-110 所示。

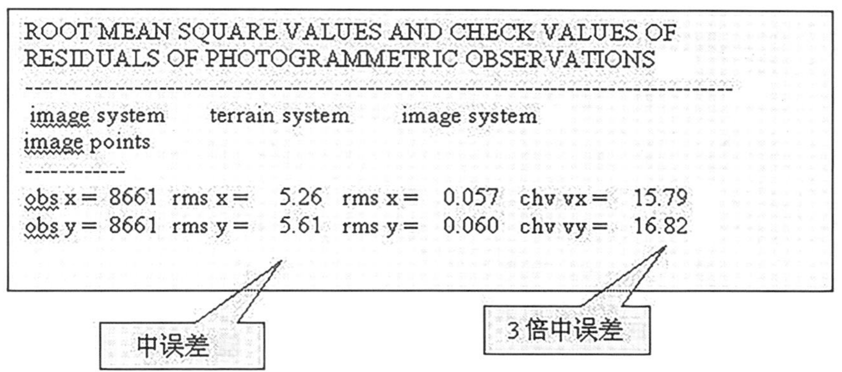

```
ROOT MEAN SQUARE VALUES AND CHECK VALUES OF
RESIDUALS OF PHOTOGRAMMETRIC OBSERVATIONS
--------------------------------------------------------------------------------
image system     terrain system     image system
image points
------------
obs x = 8661  rms x =  5.26  rms x =  0.057  chv vx =  15.79
obs y = 8661  rms y =  5.61  rms y =  0.060  chv vy =  16.82
```


图 3-110　像点中误差

如果像点 x、y 坐标残差都大于 3 倍中误差，就会被当做粗差且不参加平差计算。

注意　在结果输出文件(＊.pri)中，TP 代表像点，HV 代表平高控制点，HO 代表平面控制点，VE 代表高程控制点。

HV 4→HO 3 代表：4 度平高点降为 3 度平面点，即该控制点的高程超限，且 4 个像方的量测值有一个有错误。

Adjusted co-ordinates(in sequence)：是否在结果文件中输出加密坐标(按点号排序)，如图 3-111 所示。

Exterior orientation parameters：是否在结果中输出绝对定向参数。

(2) Additional Output on Files

[corrected] Image co-ordinates and control points：指定经过改正的像点坐标的文件。

ADJUSTED TERRAIN COORDINATES

----

in units of terrain system

point-n0	x	y	z	code
28	-69848.331	-195682.956	384.268	TP 2
200	-93359.825	-196907.261	205.310	TP 4
201	-69392.553	-196659.886	367.135	TP 4
202	-91431.528	-197854.768	167.737	TP 4
204	-70078.670	-197546.823	405.402	TP 4
205	-92300.087	-199029.116	167.666	TP 4
206	-69945.119	-199147.394	525.475	TP 4
3084	-69867.754	-201834.772	525.703	HV 2
3085	-70572.242	-205010.300	417.255	HV 2
3086	-69028.295	-206368.373	153.280	HV 3
3092	-72365.587	-207263.320	155.623	HV 6
3133	-82756.588	-195811.772	82.837	HV 3
3134	-75193.687	-195796.450	301.621	HV 3
3135	-93831.657	-196124.435	309.288	HV 2

图 3-111　PATB 输出加密点信息

PATB 中支持自动改正大气折光差、地球曲率、底片变形和光学畸变差对平差计算的影响，用户可以选中这些改正项(详见 Correct 选项)，然后将改正后的像点坐标输出，并将其作为下一次检查计算时的像点输入文件。

注意　坐标改正在整个平差过程中只能使用一次。因此推荐用户在加密精度已经比较高时选中改正项，然后输出改正坐标并将其作为下一次平差的输入文件，但是必须立刻去掉所有的改正选项。

Residuals of image points and control：指定像点和控制点的残差输出文件。

Co-ordinates of adjusted terrain points：指定加密坐标的输出文件。

Exterior orientation parameters：指定绝对定向参数的输出文件。该文件以作为下一次平差计算时绝对定向参数的初值。

Transfer files for GRAVIEW[do not define extension]：保留功能。

5. Correct 相机检校选项页面

Correct 相机检校选项页面如图 3-112 所示。

(1)Self-Calibration Parameters

Set of self-calibration parameters：选择自检校参数组，有 12 个和 44 个两组供选择。

注意　具体选用哪一个参数组与每一张影像上的像点观测数有关，例如，如果每张影像的三度重叠区中只在三个标准点位处选点，即整个影像上为 9 个点，此时只能选择 12 个参数的参数组(小测区选 12 个参数组)。一般说来，如果选点采用 5×3(5 个标准点位，

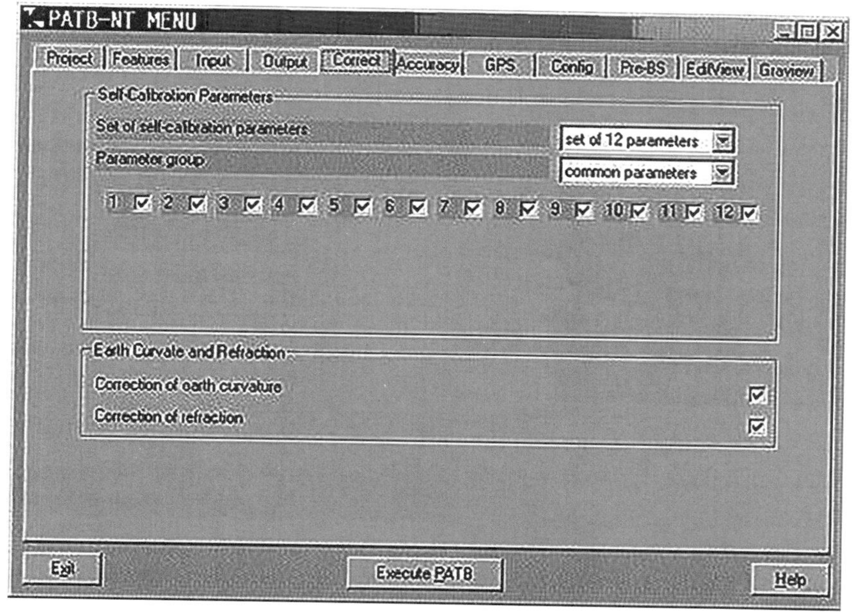

图 3-112 PATB 相机检校选项

每个点位 3 个点)或更多，才有可能选择 44 个参数的参数组。

对于 VirtuoZo 系统的空三程序，推荐选点方案为 5×5 以上的方案。

另外，如果测区中没有足够的控制点，那么 12 或 44 个自检校参数中，有的项也可能不能确定，不过不影响解算平差。

Parameter group：通常采用 12 个参数的参数组已经足够。

(2) Earth Curvate and Refraction

Correction of earth curvature：地球曲率改正。

Correction of refraction：大气折光差改正。

注意 所有的系统误差改正只能进行一次。具体而言，当用户选中了系统误差改正且将改正后的像点坐标输出到一个改正文件(请参见 ID_CORRECT_IMAGE_AND_ ONTROL_POINTS)，在将改正后的坐标输入 PATB 进行平差时，必须去掉所有的改正选项。

6. Accuracy 精度选项页面

Accuracy 选项页面如图 3-113 所示。

(1) Image Points

设置像点的精度(标准差)。

Registration units：设置像方系统的单位，注意：这里设置的单位在结果输出文件(*. pri)中用“in imagesystem”标明。

set no. 0：设置第 0 组像点的精度，单位为像坐标系统单位。

set no. 1 ~ set no. 8：设置同上。用于像点分组。可以为不同组的像点设置不同的精度。

注意 在每个测区第一次加密前，像点的精度可以假设为 0.5 个像素(如果像素为

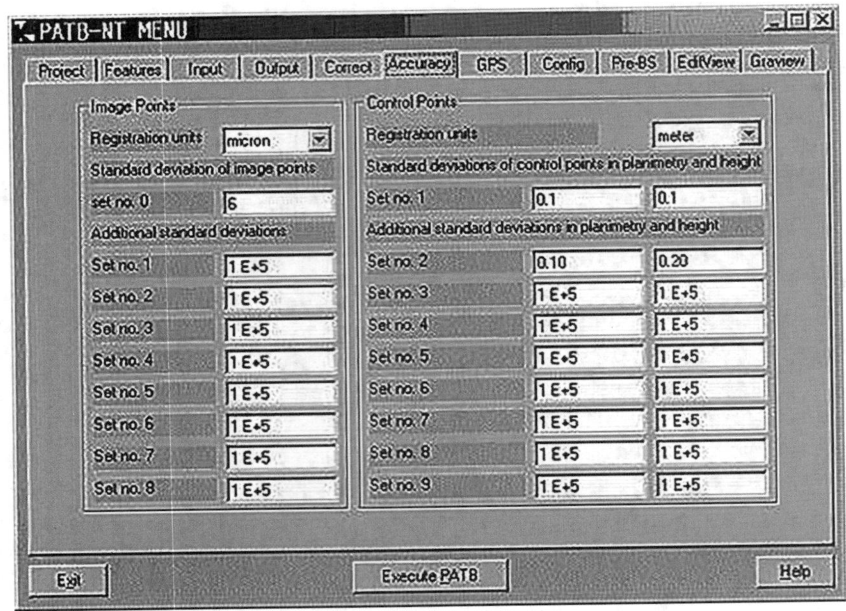

图 3-113　PATB 精度选项

25μ，则输入 12μ），第一次平差后，在结果输出文件（＊.pri）中可以找到“SIGMA NAUGHT”一行，如图 3-114 所示。

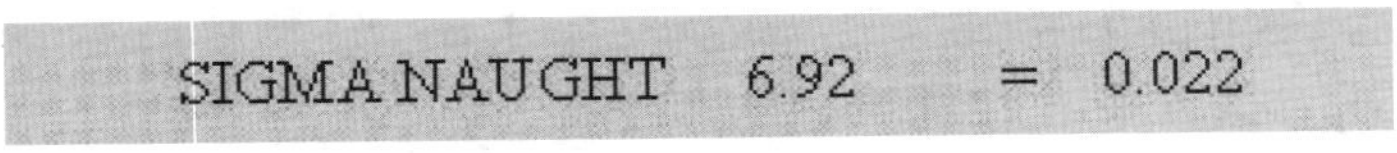

SIGMA NAUGHT　6.92　=　0.022

图 3-114　PATB 输出的 SIGMA 值

该项的值代表了像点观测的精度，因此在下一次平差前应该设置像点精度为 6.92μ（或 7μ）。

(2) Control Points

设置控制点的精度(标准差)单位。

Registration units：设置地面坐标系统的单位。注意：这里设置的单位在结果输出文件（＊.pri）中用“in terrainsystem”标明。

Set no. 1：设置第 1 组控制点的精度(平面和高程分别设置，左边为平面精度，右边为高程精度)，单位为地面坐标系统的单位。

Set no. 2～set no. 9：设置同上。用于控制点分组。可以为不同组的控制点设置不同的精度。

注意　控制点的精度设置需要经验，开始可以用加密精度要求中控制点单点的最大允许残差输入。在平差过程中，首先调整像点网，当像点网精度可靠时开始调整控制点，首先根据平差结果中控制点的残差将控制点分组，然后根据控制点的残差给不同的组输入不同的精度后进行平差。

平差过程中必须确保控制点的分布。特别是位于区域边角处的控制点，一般不能剔除，否则在缺少控制点的地区附近会产生很大的变形。这时可将其降低精度并分为另外一组。

7. GPS 选项页面

GPS 选项页面如图 3-115 所示。

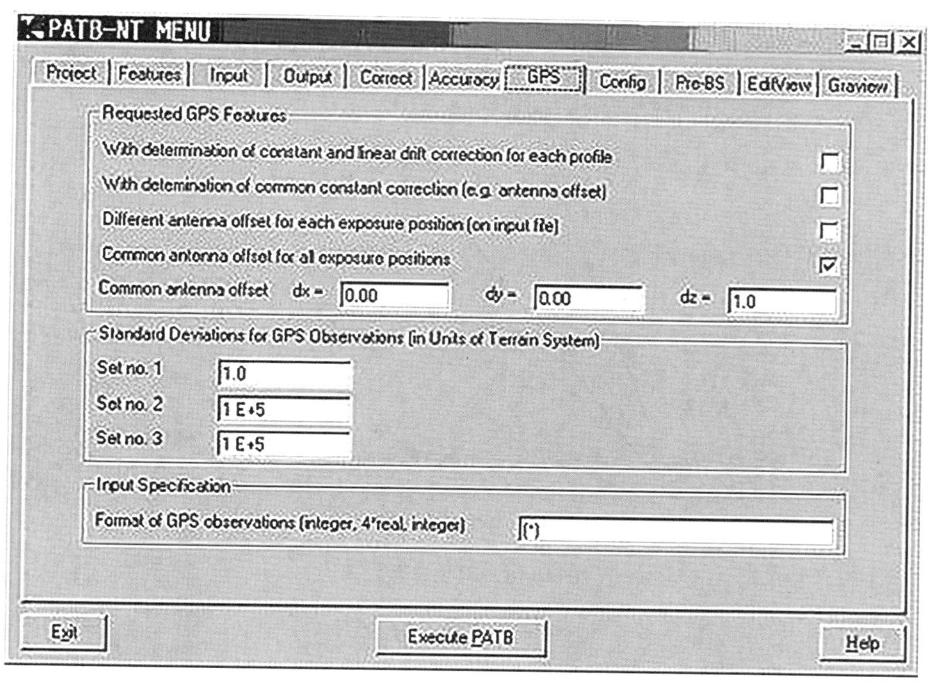

图 3-115 PATB GPS 选项

(1) Requested GPS Features

①With determination of constant and linear drift for each profile NAVSTAR GPS(Global Positioning System)在空中三角测量中的应用是基于 GPS L1/L2 载波相位的精确测量，但是通常由于不能精确测定整周相位模糊度，因此会降低由此求解的 GPS 摄站坐标的绝对精度，这将会导致系统平移误差。在光束法平差中，摄站坐标是未知的外方位参数，因此在 GPS 辅助空三中，摄站坐标应该作为观测值，但是 GPS 接收机获得的是 GPS 天线相位中心坐标，而且机载 GPS 天线不可能与航摄仪的投影中心完全重合，二者之间存在一个天线偏移量，因此必须在测区平差之前通过 GPS 后处理进行改正或者在光束法平差中一同改正。天线偏移量在航摄系统中是一个不变矢量，必须将其转换到像片坐标系统中才能在光束法平差中进行改正，如图 3-116 所示。必须指出的是：这个变换通常会随着航摄飞

行过程中相机的旋转而变化，因此必须对每一条航线进行不同的、独立的改正。PATB 在平差中为每条航线计算 6 个偏移参数 p_1、p_2、p_3、p_4、p_5 和 p_6：

$$X_i = X_i[\mathrm{GPS}] + (p_1 + p_2 \cdot t_i[\mathrm{GPS}])$$

$$Y_i = Y_i[\mathrm{GPS}] + (p_3 + p_4 \cdot t_i[\mathrm{GPS}])$$

$$Z_i = Z_i[\mathrm{GPS}] + (p_5 + p_6 \cdot t_i[\mathrm{GPS}])$$

在 PATB 的光束法平差中，对每一条 GPS 断面必须把 GPS 观测坐标 X_i[GPS]，Y_i[GPS]，Z_i[GPS] 变换到最佳位置，同时求出其他所有未知的外方位元素和地面坐标。因此，可以把上面的偏移参数看做是 GPS 断面的未知定向参数。

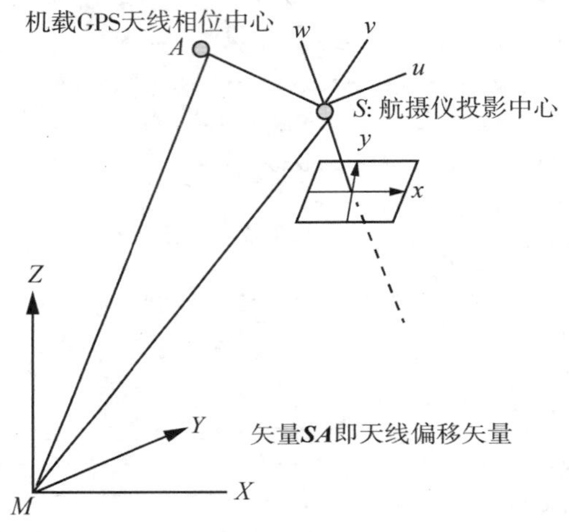

图 3-116　GPS 参数定义

偏移参数可以改正所有不变的和线性的与 GPS 断面起点无关的偏移误差(不仅仅是 GPS 接收机产生的偏移误差)，因此当存在以下几种可能的误差且无法改正时，就必须求解上述偏移参数并进行相应的改正：

②GPS 测量值的偏移(特别是对于很长的航线)。

③从 WGS-84 到局部地面坐标系统的变换参数无法获得或者精度不够。

④天线偏移量未知，或者从一条航线到另一条航线时，天线偏移量变化未知和未做改正(特别是航摄仪相对于风向的旋转方位角未知时)。

⑤航摄过程中出现周跳或者失锁导致定位精度下降。

⑥航摄仪的系统误差(例如相机主距的变化和主点的位移)或者像片的系统误差(例如底片变形等)没有完全得到改正或补偿。

⑦在动态差分 GPS 定位时采用的两个 GPS 接收机的距离过大。

注意　选中该选项后就不能再选择下面的选项 With determination of common constant correction，因为该选项中已经对常数偏移量进行了改正。

(2) With determination of common constant correction

天线偏移量在航摄系统中是一个不变矢量，但是必须将其转换到像片坐标系统中才能在光束法平差中进行改正，而这个变换通常会随着航摄飞行过程中相机的旋转而变化。为了减少这种变化，可以把 GPS 接收天线牢固地固定在相机焦点的正上方。当相机在航摄过程中发生转动时(例如，在回程飞行过程中出现了不同的航向偏离)，天线偏移量对于每一条航线来说都是不一样的，因此必须对每一条航线进行单独的、不同的改正。

当相机完全固定，或者 GPS 天线非常牢固地安装在靠近航摄仪主点的位置上，或者天线至少是安装在相机焦点的正上方时，才可以认为天线偏移量对所有 GPS 断面是一样的，此时可以采用一个公共的常数量进行改正。

(3) Different antenna offset for each exposure position

在惯性航摄系统中，天线偏移量对每一个 GPS 观测都是不同的，但是可以计算出来。如果已知这些计算出来的天线偏移量，可以将它们作为 GPS 观测数据输入 PATB 并在平差中进行改正。

例如：图 3-117 是一组包含天线偏移量的 GPS 数据。

```
   0
1001   602001    95163.095   108713.446   1491.274   158572.278   0.038   0.014   0.021
1002   702001    95926.540   108707.461   1489.148   158584.234   0.092   0.033   0.052
1003   802001    96691.574   108696.921   1485.680   158596.287   0.088   0.032   0.050
1004   902001    97452.224   108697.465   1490.618   158608.347   0.131   0.048   0.074
1005  1002001    98217.473   108701.708   1489.599   158620.429   0.153   0.056   0.087
1006  1102001    98990.130   108712.875   1484.036   158632.490   0.178   0.065   0.101
1007  1202001    99760.962   108729.933   1487.206   158644.562   0.189   0.070   0.108
1008  1302001   100528.878   108721.784   1487.500   158656.608   0.268   0.099   0.153
1009  1402001   101299.607   108697.050   1486.199   158668.600   0.289   0.107   0.166
1010  1502001   102071.151   108665.098   1485.016   158680.763   0.311   0.115   0.179
1011  1602001   102850.726   108642.362   1490.407   158693.019   0.372   0.138   0.214
1012  1702001   103630.006   108621.342   1483.884   158705.258   0.379   0.141   0.218
1013  1802001   104409.214   108608.564   1487.197   158717.540   0.399   0.149   0.230
1014  1902001   105200.321   108610.249   1482.885   158729.957   0.431   0.161   0.249
1015  2002001   105984.421   108624.253   1482.233   158742.370   0.467   0.175   0.270
1016  2102001   106783.957   108642.520   1480.209   158755.015   0.503   0.190   0.292
1017  2202001   107577.595   108661.105   1485.814   158767.659   0.540   0.204   0.313
1018  2302001   108383.354   108681.388   1479.137   158780.315   0.608   0.230   0.354
1019  2402001   109190.501   108703.658   1481.695   158792.952   0.655   0.249   0.382
1020  2502001   110047.561   108720.637   1480.298   158806.405   0.715   0.272   0.417
1021  2602001   110918.504   108726.683   1476.188   158820.051   0.764   0.292   0.446
1022  2702001   111795.977   108732.156   1472.100   158833.671   0.798   0.306   0.467
1023  2802001   112659.876   108734.457   1476.053   158847.257   0.851   0.327   0.499
1024  2902001   113556.328   108726.521   1472.543   158861.351   0.883   0.341   0.519
1025  3002001   114448.054   108705.231   1469.380   158875.467   0.938   0.363   0.552
1026  3102001   115342.465   108673.885   1466.548   158889.575   0.967   0.375   0.570
  -9
```

图 3-117　包含天线偏移量的 GPS 数据

图 3-117 中最后三列数据分别为天线偏移向量的 X、Y 和 Z 分量。第 3、4 和 5 列为天线相位中心的 X、Y 和 Z 坐标，第 6 列为曝光时刻，相应的 GPS 平差选项如图 3-118 所示。

由图可知，GPS 特性选项中选择了第 1 项和第 3 项，且界面最下方的 GPS 观测格式设置为：(i7，11x，4f14.3，f10.3，2f12.3，i5)，从左到右依次对应图 3-117 中数据的像片索引编号(第 1 列)，跳过第 2 列，天线相位中心的 X、Y、Z 坐标，曝光时刻(第 3、4、5 和 6 列)，天线偏移向量的 X 分量(第 7 列)，天线偏移向量的 Y 和 Z 分量(第 8 列和第 9 列)，图 3-117 中没有第 10 列，按照格式设置缺省为第 1 组(所有 GPS 观测都为第 1 组，第 1 组的验前权为 0.1，如图 3-118 所示)，平差结果如图 3-119 所示。

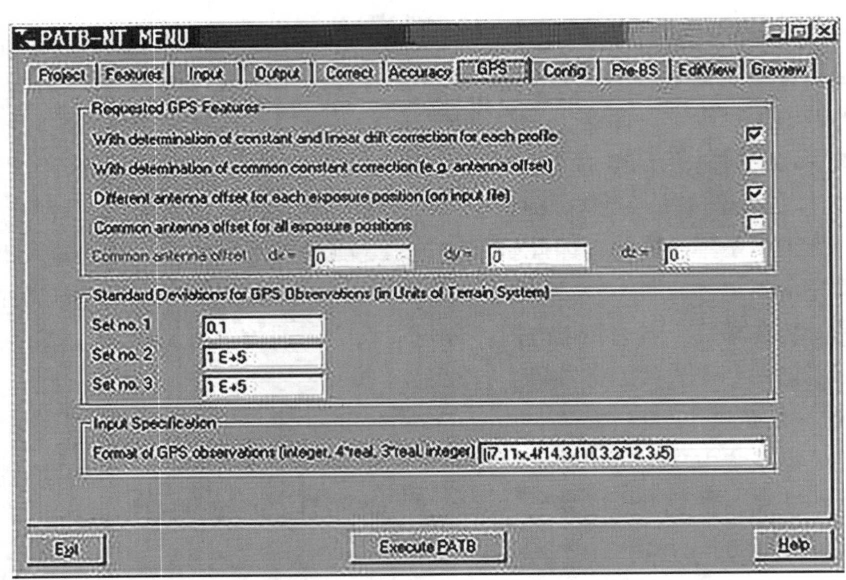

图 3-118　PATB GPS 平差选项指定参数

```
ROOT MEAN SQUARE VALUES AND CHECK VALUES OF RESIDUALS OF PHOTOGRAMMETRIC OBSERVATIONS
-------------------------------------------------------------------------------------
                    image system      terrain system        image system

image points
------------
obs x =   5046   rms x =     4.43   rms x =     0.039   chv vx =     13.29
obs y =   5046   rms y =     4.78   rms y =     0.042   chv vy =     14.33

ROOT MEAN SQUARE VALUES AND CHECK VALUES OF RESIDUALS OF NON-PHOTOGRAMMETRIC OBSERVATIONS
-----------------------------------------------------------------------------------------
                    image system      terrain system      terrain system

control points with sds-no.  1
--------------------------
obs x =     12   rms x =     8.32   rms x =     0.073   chv vx =      0.22
obs y =     12   rms y =     8.38   rms y =     0.073   chv vy =      0.22
obs z =     12   rms z =     3.40   rms z =     0.030   chv vz =      0.09

ROOT MEAN SQUARE VALUES AND CHECK VALUES OF RESIDUALS OF GPS OBSERVATIONS
-------------------------------------------------------------------------
                                      terrain system      terrain system

gps observations with sds-no.  1
-----------------------------
obs x =   411                         rms x =     0.055   chv vx =      0.16
obs y =   411                         rms y =     0.053   chv vy =      0.16
obs z =   411                         rms z =     0.055   chv vz =      0.16


SIGMA NAUGHT      6.45          =     0.056
```

图 3-119　PATB GPS 辅助平差输出

(4) Common antenna offset for all exposure positions

当 GPS 天线和航摄仪都是固定安装时，可以在地面上精确测定天线偏移量，此时可以认为在整个飞行过程中，天线偏移量是不变的，用户可以在 PATB 界面中选中该选项，并在下面的文本框中输入已经测定的天线偏移量 X、Y 和 Z 三个分量，如图 3-120 所示。

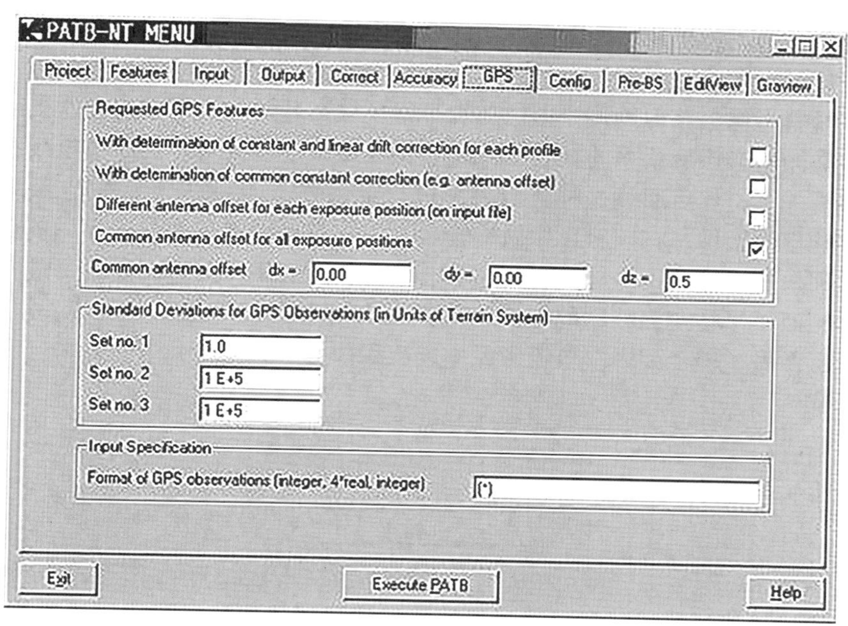

图 3-120 PATB 的天线偏移量

3.6 核线影像生成

核线影像是生成视差图的基础，在立体观察中有更好的立体视觉效果。同时，核线影像是数字摄影测量中影像匹配的基础。有了核线影像，根据同名像点一定位于同名核线上的理论，可以将二维影像相关转化成一维影像相关，能显著提高计算效率和可靠性，从而使影像信息提取的许多问题变得简单。

生成核线影像总共有三种方法。第一种是基于数字纠正生成核线影像，即基于平行于摄影基线水平的核线影像。该方法的基本思路是，将左右片倾斜影像同名核线投影到与摄影基线平行的平面上。以左片为例，作为倾斜影像的左片与平行基线的平面，其几何关系类比于像空间坐标系与物空间坐标系。通过类似的旋转矩阵可求得倾斜相片上的点与纠正水平相片上的点的坐标关系。(注意，应该说该纠正平面与摄影基线方向平行，同时与核面垂直，否则平行与基线平面有很多，并不是都满足要求。) 由于以平行于基线的平面作为了纠正平面，左右影像同名核线在该平面上的投影核线是同一条直线，即 y 坐标相等。反过来，对于投影到平行平面的左右 2 张核线影像，每一条水平线都对应左右影像的同名核线。在这样的一条水平核线上按照一定间隔取点，利用坐标关系可以反算到原始影像上，利用重采样可以得到核线影像灰度坐标，这样就得到了核线影像。第二种是倾斜影像直接获取的核线影像，该方法利用左右同名核线与摄影基线共面的特性，已知摄影基线方向，可以确定左右核线坐标关系。此前提是已知左片上一个已知点坐标，以及基线方向，这样可以确定左右同名核线。这个方法并没有做影像纠正。另外，基于独立像对核线确定的时候，由于该模型相对定向时，坐标系的 X 与基线重合，所以其 Y，Z 分量为 0，在计算时更加简便。第三种是平行地面水平面的核线影像。该核线影像是平行于地面的，其方式与第一种核线影像的生成类似。但必须要经过绝对定向才行。

直接在倾斜影像上获得的核线影像与在平行于摄影基线的水平相片上获得的核线影像不同。直接在倾斜影像上获得的核线影像是直接确定核线以及对应的同名核线在各自的倾斜相片上解析关系，然后通过这种解析关系进行重采样。而在平行于摄影基线的“水平”相片上获得的核线影像是将倾斜影像做旋转后，使之与摄影基线平行，然后再在旋转后的影像上截取到核线影像。在与地面平行的影像上获得核线影像和在“水平”相片上获得核线影像过程相似，只是使旋转后的影像与地面平行。所得的结果只是将在“水平”相片上获得的核线影像做了一个旋转，核线影像生成流程如图 3-121 所示。

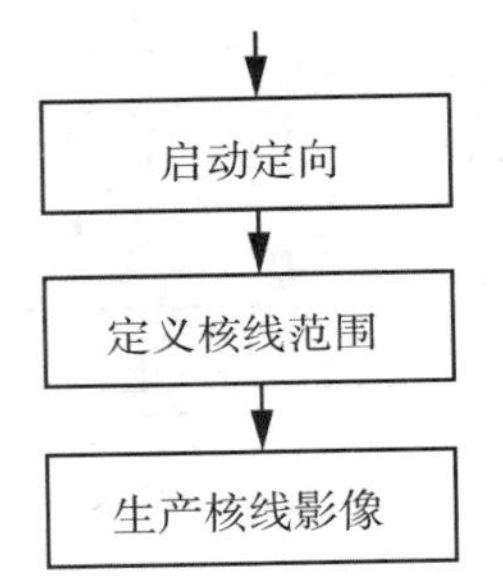

图 3-121　核线影像生成流程图

3.6.1　启动模型定向

如果当前处于绝对定向界面，请先从绝对定向界面回到相对定向界面。如果已退出相对定向模块，在 VirtuoZo 界面上选择“模型定向”→“相对定向”进入相对定向界面。

3.6.2　定义核线范围

人工自由定义：在相对定向界面中，人工定义当前模型下的作业区。首先，在影像显示窗口中选择右键，在系统弹出的右键菜单中选择“定义作业区”菜单项，然后，在影像显示窗口中拉框选定作业区。系统用绿色矩形框显示作业区范围。如图 3-122 所示。

系统自动定义：在相对定向界面中，由系统自动定义当前模型下的最大作业区。首先，在影像显示窗口中单击右键，然后，在系统弹出的右键菜单中选择“自动定义最大作业区”菜单项，系统将自动生成最大作业区。若在 VirtuoZo 界面中选择“模型定向”→“核线重采样”菜单项或批处理生成核线影像时没有定义作业区，系统则自动生成最大作业区。

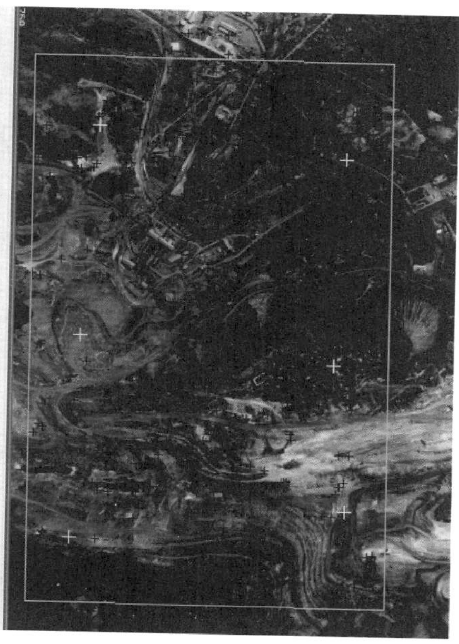

图 3-122 设定核线范围

如果已由系统自动生成最大作业区，或在以前的作业中已定义过作业范围，则无需进入相对定向界面定义作业区，可直接在 VirtuoZo 主界面中选择"模型定向"→"核线重采样"菜单项或批处理生成核线影像即可。

3.6.3 生成核线影像

在系统弹出的右键菜单中选择"生成核线影像"菜单项，系统自动生成当前模型的核线影像。也可退出相对定向，在 VirtuoZo 界面上选择"模型定向"→"核线重采样"菜单项或批处理生成核线影像。

注意 只有进行绝对定向以后，才可生成水平核线影像。若仅作相对定向，只能生成非水平核线影像。

第4章　数字高程模型(DEM)生产

4.1　基础知识

1958年，美国麻省理工学院摄影测量实验室主任 Miller 教授首次提出了数字地面模型的概念：**数字地面模型**(Digital Terrain Model，简称 DTM)是利用一个任意坐标场中大量选择的已知 X、Y、Z 的坐标点对连续地面的一个简单的统计表示。随后，Doyle(1978)、王之卓(1979)、Burrough(1986)等人都对数字地面模型进行了定义和研究。**数字地面模型**(DTM)是地形表面形态等多种信息的一个数字表示。严格地说，DTM 是定义在某一区域 D 上的 m 维向量有限序列，用函数的形式描述为：

$$\{V_i,\ i=1,\ 2,\ \cdots,\ n\}$$

其向量 $\boldsymbol{V}_i=(V_{i1},\ V_{i2},\ \cdots,\ V_{im})$ 的分量为地形、资源、土地利用，人口分布等多种信息的定量或定性描述。若只考虑 DTM 的地形分量，通常称其为数字高程模型 DEM (Digital Elevation Model)。

数字高程模型 DEM 是表示区域 D 上的三维向量有限序列，用函数的形式描述为：

$$V=(X_i,\ Y_i,\ Z_i)\quad i=1,\ 2,\ \cdots,\ n$$

其中，X_i，Y_i 是平面坐标，Z_i 是(X_i，Y_i)对应的高程值。当该序列中各平面向量的平面位置呈规则格网排列时，其平面坐标可省略，此时，DEM 就简化为一维向量序列 $\{Z_i,\ i=1,\ 2,\ 3,\ \cdots,\ n\}$。

测绘学从地形测绘角度来研究数字地面模型，一般仅把基本地形图中的地理要素，特别是高程信息，作为数字地面模型的内容。通过储存在介质上的大量地面点空间坐标和地形属性数据，以数字形式来描述地形地貌。正因为如此，很多测绘学家将“Terrain”一词理解为地形，称 DTM 为数字地形模型，而且在不少场合，把数字地面模型和数字高程模型等同看待。

从1972年起，国际摄影测量与遥感学会(ISPRS)一直把 DEM 作为主题，组织工作组进行国际性合作研究。DEM 是多学科交叉与渗透的高科技产物，已在测绘、资源与环境、灾害防治、国防等与地形分析有关的各个领域发挥着越来越大的作用，也在国防建设与国民生产中有很高的利用价值。例如，在民用和军用的工程项目中计算挖填土石方量；为武器精确制导进行地形匹配；为军事目的显示地形景观；进行越野通视情况分析；道路设计的路线选择、地址选择等。

在地理信息中，DEM 主要有三种表示模型：规则格网模型(Grid)、等高线模型(Contour)和不规则三角网模型(Triangulated Irregular Network，TIN)。但这三种不同数据结构的 DEM 表征方式在数据存储以及空间关系等方面，则各有优劣。TIN 和 Grid 都是应用最广泛的连续表面数字表示的数据结构。TIN 具有许多明显的优点和缺点。其最主要的优点就是可变的分辨率，即当表面粗糙或变化剧烈时，TIN 能包含大量的数据点；而当表面相对单一时，在同样大小的区域，TIN 只需要最少的数据点。另外，TIN 还具有考虑重要表面数据点的能力。当然，正是这些优点导致了其数据存储与操作的复杂性。Grid 的优点不言而喻，如结构十分简单、数据存储量很小、各种分析与计算非常方便有效等。

DEM 数据获取也即 DEM 建立，常用的方法如下：

①野外测量。利用自动记录的测距经纬仪(常用电子速测经纬仪或全站仪)在野外实测地形点的三维坐标。这种速测经纬仪或全站仪一般都有微处理器，可以自动记录和显示有关数据，还能进行多种测站上的计算工作。其记录的数据可以通过串行通信直接输入到计算机中进行处理。

②现有地图数字化。利用数字化仪对已有地图上的信息(如等高线)进行数字化的方法，即利用现有的地形图进行扫描矢量化等，并对等高线做如下处理：分版、扫描、矢量化、内插 DEM。

③数字摄影测量方法。数字摄影测量方法是 DEM 数据采集现阶段最为主要的技术方法。通过数字摄影测量工作站以航空摄影或遥感影像为基础，通过计算机进行影像匹配，自动相关运算识别同名像点得其像点坐标，运用解析摄影测量的方法内定向、相对定向、绝对定向及运用核线重排等技术恢复地面立体模型；此外也可以在摄影测量工作站上，通过立体采集特征点线(如山脊线、山谷线、地形变换线、坎线等)，构建不规则三角网(TIN)获得 DEM 数据。数字摄影测量方法是目前空间数据采集最有效的手段，它具有效率高、劳动强度小的特点。目前常用的有 VirtuoZo、JX_4 等全数字摄影测量工作站。

④空间传感器。利用 GPS、雷达和激光测高仪等进行数据采集。目前较流行的是 DGPS/IMU 组合导航技术和 LIDAR 激光雷达扫描技术的摄影测量。机载激光雷达 LIDAR 是一种集激光、全球定位系统和惯性导航系统于一身的对地观测系统，利用在飞机上装载 DGPS/IMU 获取飞机的姿态和绝对位置，实行无地面控制点的高精度对地直接定位。此外在卫星或航天飞机上安装干涉合成孔径雷达等设备直接获取 DEM 也取得了很大的成功，如全球公开的 DEM 数据 ASTER 和 SRTM。

ASTER 是 1999 年 12 月发射的 Terra 卫星上装载的一种高级光学传感器，包括了从可见光到热红外共 14 个光谱通道，可以为多个相关的地球环境、资源研究领域提供科学、实用的数据。它是美国 NASA(美国国家航空航天局)与日本 METI(经济产业省)合作参与的项目，属于 EOS(地球观测系统)计划的一部分。ASTER GDEM 采用了从 Terra 卫星发射后到 2008 年 8 月获取的覆盖了地球北纬 83° 到南纬 83°，150°万景 ASTER 近红外影像，采用同轨立体摄影测量原理生成；GDEM 分辨率 1″×1″(相当于 30m 栅格分辨率)，采用 GeoTiff 格式，每个文件覆盖地球表面 1°×1°大小，已于 2009 年 6 月 29 日免费向全球发布。ASTER GDEM 数据精度估计在 95%误差置信水平下，高程误差 20m，平面误差 30m，其水平参考基准为 WGS-84 坐标系，其高程基准为 EGM96 水准面，由于没有剔除地球表面覆盖的植被高度和建筑物高度，所以其并不是严格意义上的地形高。

SRTM(Shuttle Radar Topography Mission)是由 NGA(美国国家地理情报局)、NASA 以及德、意航天机构参与的一项国际航天测绘项目，于 2000 年 2 月，采用 C 波段和 X 波段干涉合成孔径雷达，搭载美国奋进号航天飞机，经过为期 11 天的环球飞行，获得了地球表面北纬 60°至南纬 56°、覆盖陆地表面 80 %以上的三维雷达数据，经 NASA 数据后处理，免费发布了全部区域 3″×3″(相当于 90 m 栅格分辨率)的 SRTM3 和美国区域 1″×1″(相当于 30 m 栅格分辨率)的 SRTM1，每个文件覆盖地球表面 1°×1°大小，以 hgt 格式存储。NASA 通过和全球各大洲的地面控制点和动态地面 GPS 数据进行比较分析，得出 SRTM DEM 精度如表 4-1 所示：

表 4-1　**SRTM DEM 产品精度统计表**　(单位：m)

	非洲	澳大利亚	欧洲	岛屿	北美洲	南美洲
绝对地理位置误差	11.9	7.2	8.8	9.0	12.6	9.0
绝对高程误差	5.6	6.0	6.2	8.0	9.0	6.2
相对高程误差	9.8	4.7	8.7	6.2	7.0	5.5
长波高程误差	3.1	6.0	2.6	3.7	4.0	4.9

说明：所有误差为 90%置信度水平下，长波高程误差主要由雷达天线侧滚角 Roll 误差引起。

4.2　影像匹配生产 DEM

摄影测量中双像(立体像对)的量测是提取物体三维信息的基础。在数字摄影测量中是以影像匹配代替传统的人工观测，来达到自动确定同名像点的目的。最初的影像匹配是利用相关技术实现的，随后发展了多种影像匹配方法。影像相关技术的匹配常被称为影像相关。由于原始像片中的灰度信息可转换为电子、光学或数字等不同形式的信号，因而可构成电子相关、光学相关或数字相关等不同的相关方式。但是，无论是电子相关、光学相关还是数字相关，其理论基础是相同的。影像相关是利用互相关函数，评价两块影像的相似性以确定同名点。即首先取出以待定点为中心的小区域中的影像信号，然后取出其在另一影像中相应区域的影像信号，计算两者的相关函数，以相关函数最大值对应的相应区域中心点为同名点。即以影像信号分布最相似的区域为同名区域，同名区域的中心点为同名点，这就是自动化立体量测的基本原理。

影像相关是根据左影像上作为目标区的一影像窗口与右影像上搜索区内相对应的相同

大小的一影像窗口相比较，求得相关系数，代表各窗口中心像素的中央点处的匹配测度。对搜索区内所有取作中央点的像素依次逐个地进行相同的过程，获得一系列相关系数。其中最大相关系数所在搜索区窗口中心像素中央点的坐标，就认为是所寻求的共轭点(同名点)。

根据匹配的基本原理，要通过匹配生产 DEM 需要指定匹配窗口的大小以及匹配点的间隔，影像匹配生产 DEM 生成的主要流程如图 4-1 所示。

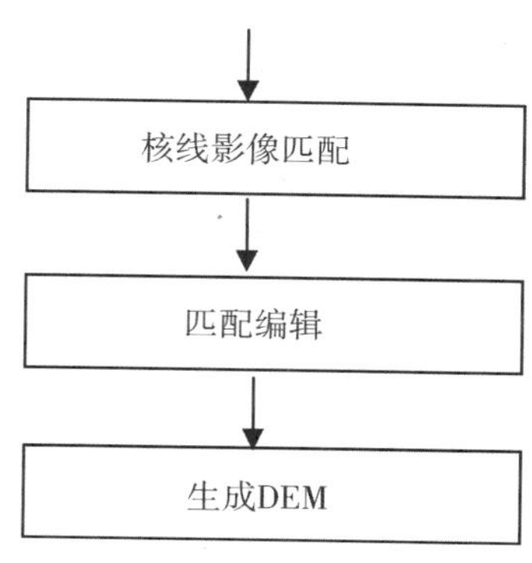

图 4-1　生成 DEM 流程图

4.2.1　自动影像匹配

在 VirtuoZo 主菜单中，选择菜单“DEM 生产”→“影像自动匹配”选项，出现影像匹配计算的进程显示窗口，自动进行影像匹配。

4.2.2　匹配结果编辑

影像匹配实现了同名点的自动提取，但是由于影像信息的不完整或者信息自相关等多种因素导致自动匹配的结果会有错误，因此生成过程中还需要少量的人工编辑和确认。

需要进行编辑的情况：①影像中大片纹理不清晰的区域或没有明显特征的区域。如：湖泊、沙漠和雪山等区域可能会出现大片匹配不好的点，需要对其进行手工编辑。②由于影像被遮盖和有阴影等原因，使得匹配点不在正确的位置上，需要对其进行手工编辑。③城市中的人工建筑物、山区中的树林等影像，它们的匹配点不是地面上的点，而是地物表面上的点，需要对其进行手工编辑。④大面积平地、沟渠和比较破碎的地貌等区域的影像，需要对其进行手工编辑。

人工编辑的过程被定义为匹配结果编辑，在 VirtuoZo 软件里，对于专业立体显卡用户(用偏振光眼镜和立体显示器)和普通显卡用户(用红绿眼镜和普通显示)，会出现不同的编辑界面，所以我们区分进行论述。

1. 普通(非立体)显卡操作如下

(1)进入编辑界面

在 VirtuoZo 主界面上选择“DEM 生产”→“匹配结果编辑”菜单项，进入“EditMatchGDI”窗口，如图 4-2 所示，在左右窗口中分别显示左右影像，此时需要使用反光立体镜进行观测。也可以选择按钮，进入立体显示，如图 4-3 所示，此时需使用闪闭式立体镜进行观测。分窗显示提供了左右窗口同时滚动的功能。

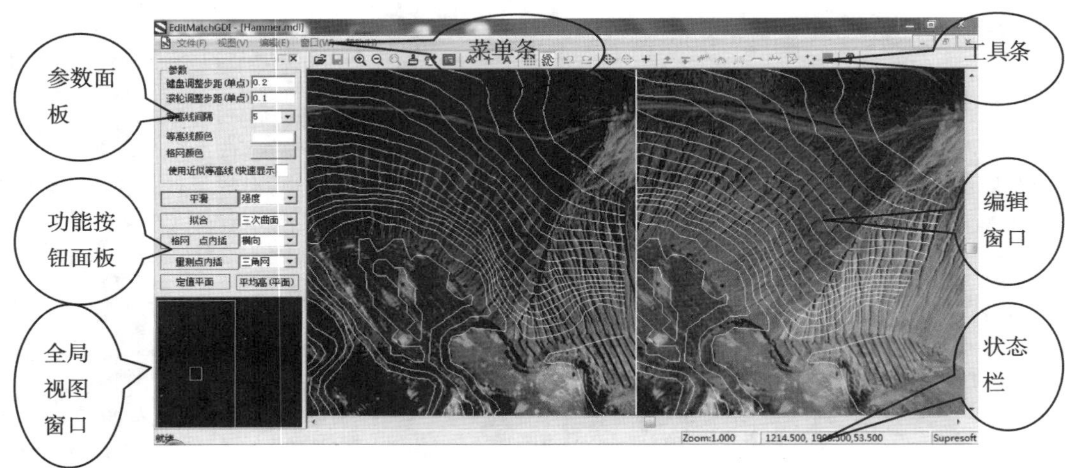

图 4-2　匹配结果编辑分窗界面

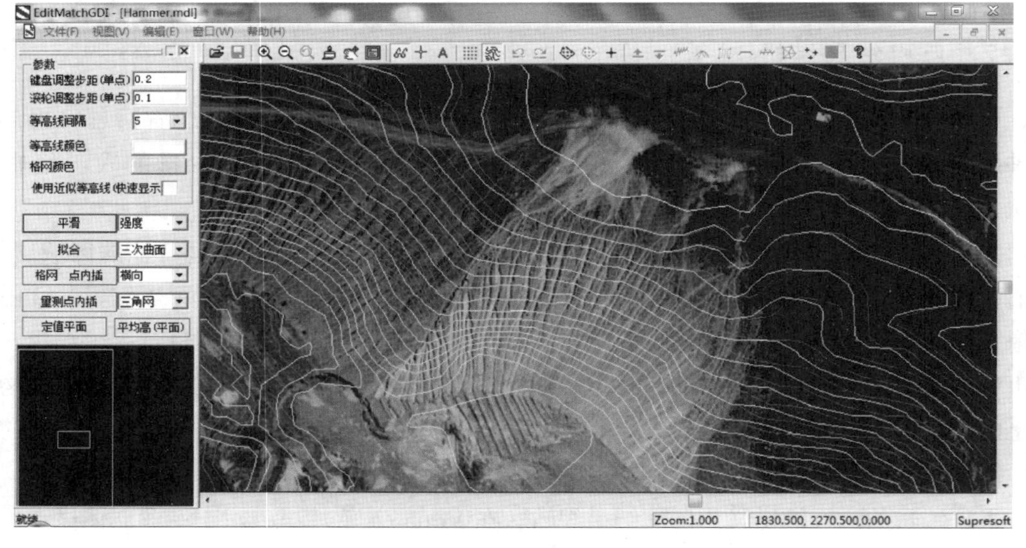

图 4-3　匹配结果编辑互补立体显示

参数面板如图 4-4 所示：

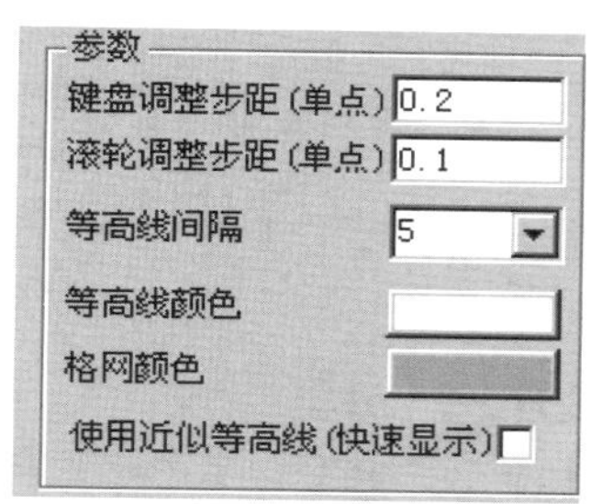

使用键盘调整高程的最小步距
使用鼠标滚轮调整高程的最小步距
编辑窗口中显示等高线的等高距
编辑窗口中显示等高线的颜色
编辑窗口中显示匹配点的颜色
是否使用近似等高线加快显示速度

图 4-4　参数面板

功能按钮面板如图 4-5 所示：

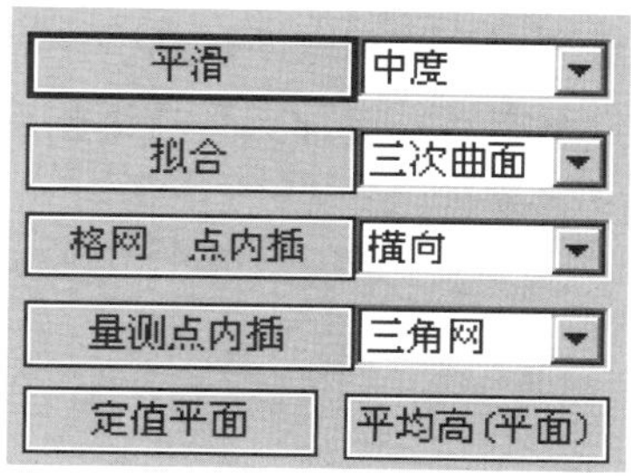

图 4-5　功能按钮面板

工具栏：

：打开立体模型。

：保存编辑后的立体模型。

：编辑窗口内影像放大显示。

：编辑窗口内影像缩小显示。

：回到上次的缩放比例。

：刷新屏幕。

：切换测标移动屏幕状态。

：编辑窗口全屏显示。

：立体显示与分屏显示的切换。

：设置测标形状与颜色。

：是否使测标自动升降贴合匹配点的高程。

：显示匹配点。

：显示等高线。

：撤销编辑回到上一步。

：回到撤销前的状态。

：激活或结束使用鼠标定义多边形作业范围状态。

：取消对当前编辑范围的选择。

：单点调整匹配点高程。

：对当前编辑范围内所有匹配点整体抬高。

：对当前编辑范围内所有匹配点整体降低。

：对当前编辑范围内所有匹配点作平滑处理。

：对当前编辑范围内所有匹配点作拟合处理。

：对当前编辑范围内所有匹配点作内差处理。

：对当前编辑范围内所有匹配点按给定值赋高程。

：对当前编辑范围内所有匹配点高程取平均。

：按照编辑范围内所有量测点高程内差匹配点。

：激活或结束添加量测点状态，左键加点，右键删点。

：将量测点坐标输出到文本文件。

：阅读帮助文件。

(2)定义编辑范围

①选择点。

将十字光标置于作业区内的某匹配点上即选中了该点。

②选择矩形区域。

在编辑窗口中按住鼠标左键拖曳出一个矩形框，松开左键，矩形区域中的点变成白色，即选中了此矩形区域。

③选择多边形区域。

用鼠标选择工具按钮(或按键盘上的空格键)激活使用鼠标定义多边形作业范围状态，然后在编辑窗口中依次用鼠标左键选择多边形节点，定义所要编辑的区域，选择鼠标右键(或按键盘上的空格键)结束定义作业目标，将多边形区域闭合，此时该多边形区域中的点变成白色，即表示选中了此多边形区域。

注意　EditMatchGDI 界面下，添加量测点时应切准地面，升降测标可用以下方法实现：a. 滚动鼠标滚轮；b. 按住鼠标中键的同时移动鼠标；c. 按住 Shift 键的同时移动鼠标。

④选择任意形状区域。

在按住鼠标右键的状态下拖动鼠标，系统将显示测标经过的路径，松开鼠标右键结束定义作业目标，将此路径包围的区域闭合，此时该区域中的点变成白色，即表示选中了此区域。

注意　此功能只在 EditMatchGDI 界面下中可用。

(3)编辑

①单点编辑。

EditMatchGDI 界面下，首先按下单点编辑按钮，此时编辑窗口内测标所在处的匹配点会被选中(以小方块标出)。选择需要编辑的匹配点，使用上下方向键来升降该点的高程。如图 4-6 所示。

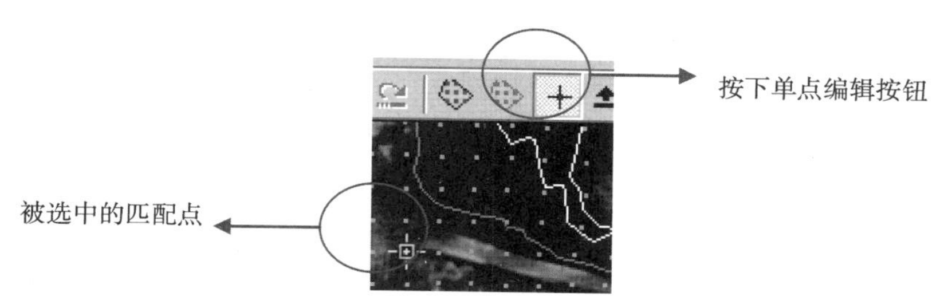

图 4-6 单点编辑功能

注意 开始单点编辑功能前应先用键盘上的 PageUp/PageDown 键调整匹配点的显示间距为匹配点间距。

②区域升降。

选择编辑区域后，设置“参数面板”的“键盘调整步距(单点)”的值以后，可以根据设置的步距，按下键盘上的上、下方向键来抬高或降低整个区域的高程，设置“参数面板”的“滚轮调整步距(单点)”的值以后，滑动滚轮调整整个区域的高程。

③平滑计算。

选择编辑区域后，在“功能按钮面板”上，选择合适的平滑程度(有轻度、中度和重度三种选项)，再选择平滑算法按钮，系统即对所选区域进行平滑运算。

④拟合计算。

选择编辑区域后，在“功能按钮面板”上，选择合适的拟合算法(平面、二次曲面、三次曲面)，再选择拟合算法按钮，系统即对所选区域进行拟合运算。

⑤插值运算。

选择编辑区域后，在“功能按钮面板”上，选择“横向”或“纵向”，选择“格网点内插”按钮，系统将根据所选区域边缘的高程值对区域内部的点进行相应的插值计算。

⑥平均水平面。

选择编辑区域后，在“功能按钮面板”上，选择“平均高(平面)”按钮，系统则把所选区域拟合为一水平面，其高程为该区域中所有高程点的平均值。

⑦定值水平面。

选择编辑区域后，在“功能按钮面板”上，选择“定值平面”按钮，在系统弹出的对话框(如图 4-7 所示)中输入该高程值，选择“确定”按钮，系统则将当前区域拟合为与此点高程相同的平面。

匹配编辑完成并保存后，新的影像匹配结果文件将覆盖原〈立体像对名〉.plf 文件，该文件将用于建立 DEM。

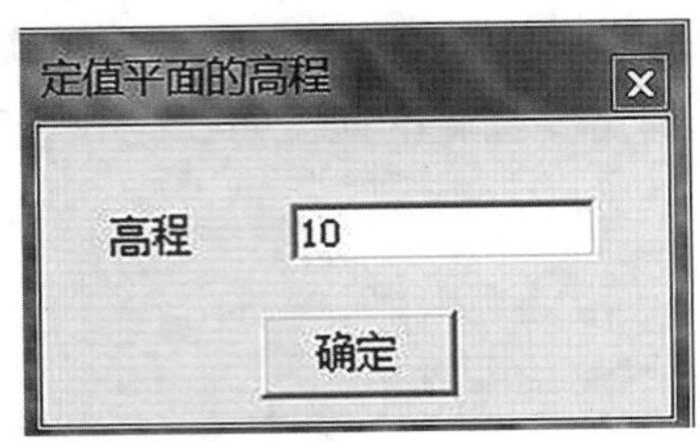

图 4-7　输入定值平面高程

(4)快捷键定义

“W”“A”　“S”　“D”	移动影像
PageUp/PageDown	调整 DEM 抽稀间距
↑/↓	升降 DEM 点高程
+/-	控制匹配点大小变化的键

自定义快捷键：

除了使用这些基本快捷键，用户还可以根据自己的需要自定义一些命令的快捷键。

选择“文件”→“定义快捷键”菜单项，弹出对话框如图 4-8 所示。

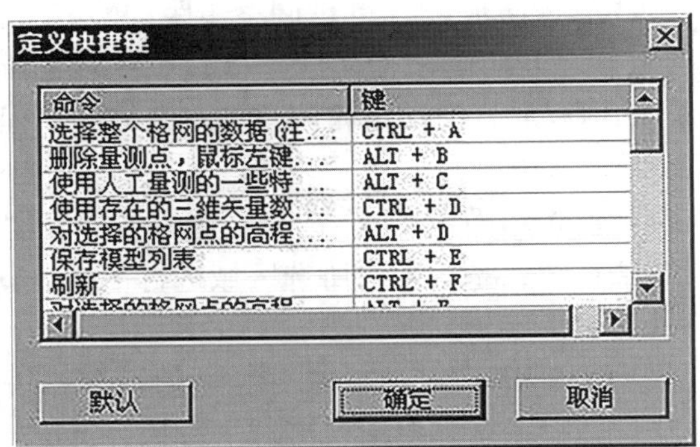

图 4-8　快捷键设置

在所要定义的命令上双击，弹出如图 4-9 所示对话框，选择“输入键”就可以重新定义快捷键。

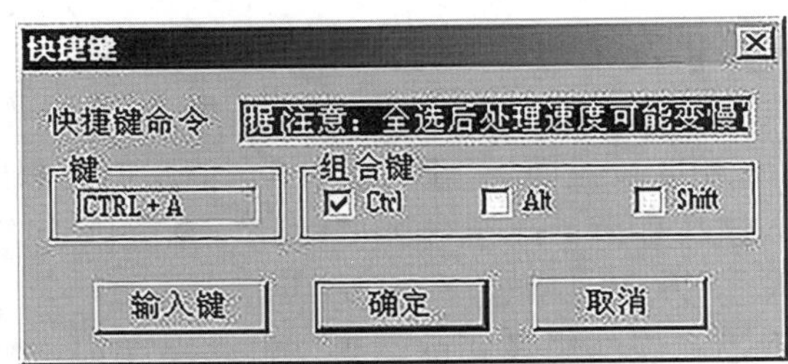

图 4-9　快捷键组合键输入

(5)保存编辑结果及退出

编辑完成后，在 EditMatchGDI 窗口中选择“文件”→“保存”菜单项(或点击工具条上的保存 按钮)存盘，然后选择“文件”→“退出”菜单项(或直接点击 EditMatchGDI 窗口右上角的 按钮)退出匹配结果编辑模块。

2. 立体显卡用户操作

(1)进入编辑界面

在 VirtuoZo 主界面上选择“DEM 生产”→“匹配结果编辑”菜单项，进入“匹配编辑”模块，如图 4-10 所示。当屏幕显示的是立体影像时，需使用闪闭式立体镜进行观测；当分窗显示左右影像时，需使用反光立体镜进行观测。

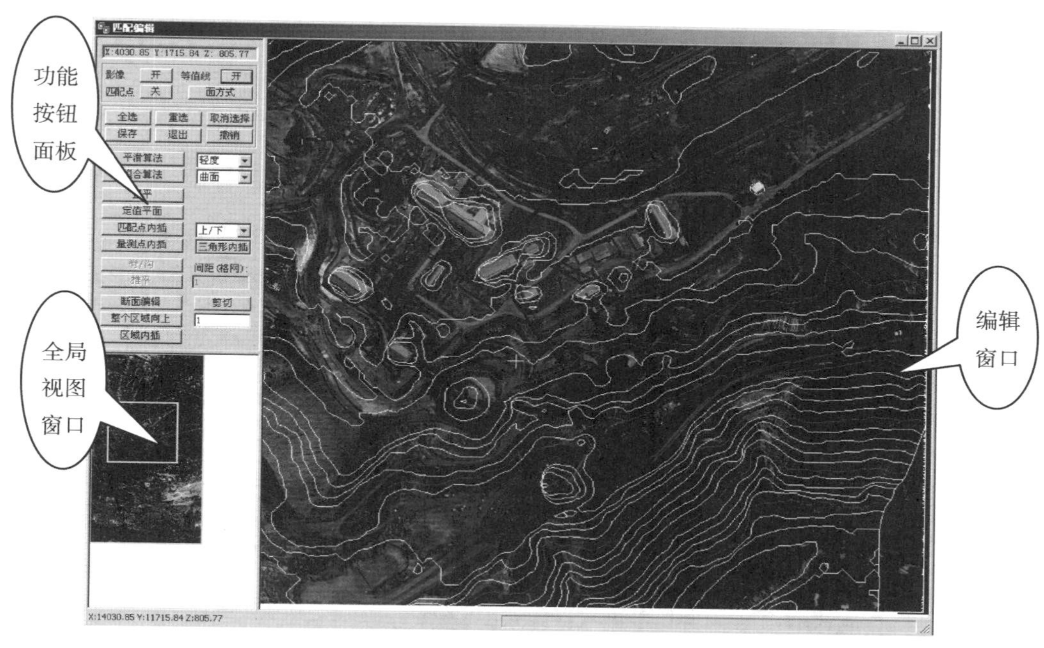

图 4-10　专业立体显卡匹配编辑界面

(2)设置编辑窗口中的显示选项

在“功能按钮面板”的“编辑状态按钮栏”(如图 4-11 所示)中选择合适的按钮，可以设置编辑窗口中影像、等值线和匹配点的显示状态。

(3)调整显示参数

在“编辑状态按钮栏”(如图 4-11 所示)中选择面方式按钮或线方式按钮，进入面编辑状态或线编辑状态。

(4)调整显示参数

如图 4-10 所示，在匹配编辑界面下，“编辑窗口”中的影像是“全局视图窗口”中黄色方框内的放大影像。在“编辑窗口”内部选择鼠标右键，系统弹出编辑主菜单，如图 4-12 所示。在右键菜单中，选择合适的菜单项，设置窗口显示内容。

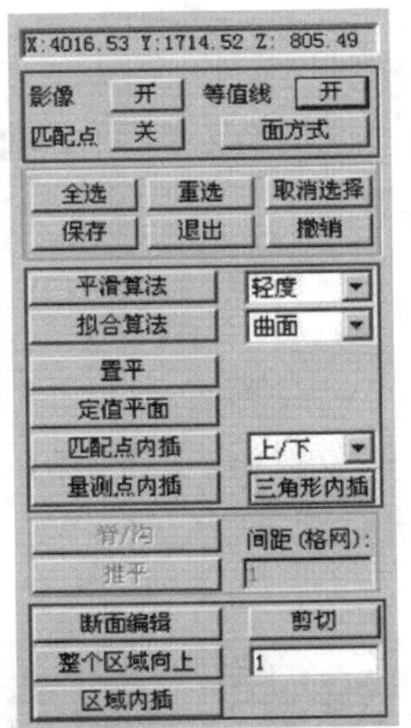

编辑状态按钮栏

编辑操作按钮栏

面编辑按钮栏

线编辑按钮栏

图 4-11　功能按钮面板

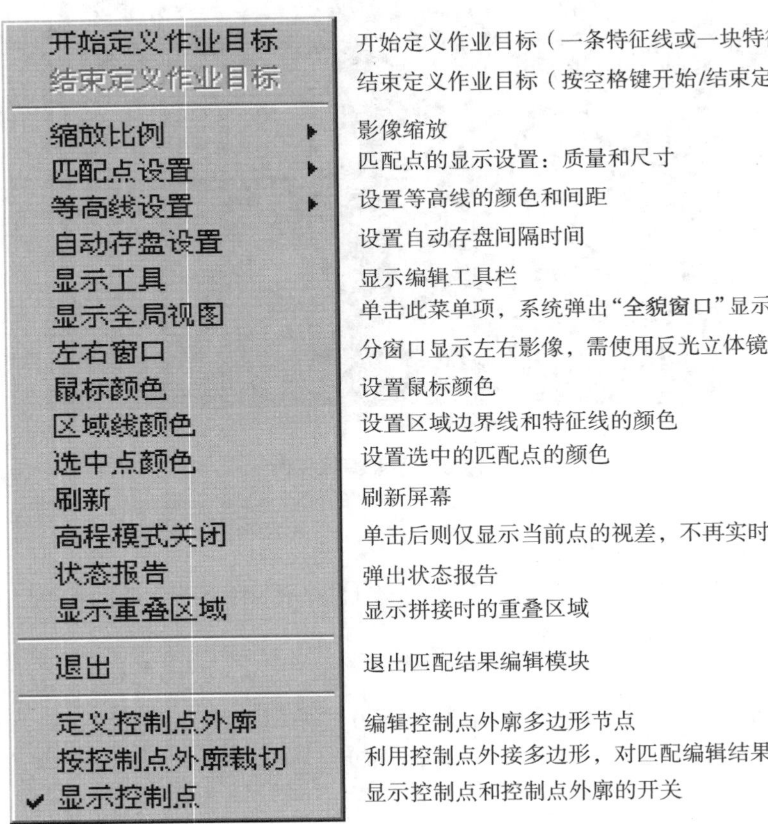

开始定义作业目标（一条特征线或一块特征区域）
结束定义作业目标（按空格键开始/结束定义作业目标）
影像缩放
匹配点的显示设置：质量和尺寸
设置等高线的颜色和间距
设置自动存盘间隔时间
显示编辑工具栏
单击此菜单项，系统弹出“全貌窗口”显示全局视图
分窗口显示左右影像，需使用反光立体镜观测
设置鼠标颜色
设置区域边界线和特征线的颜色
设置选中的匹配点的颜色
刷新屏幕
单击后则仅显示当前点的视差，不再实时内插高程
弹出状态报告
显示拼接时的重叠区域
退出匹配结果编辑模块
编辑控制点外廓多边形节点
利用控制点外接多边形，对匹配编辑结果进行裁剪
显示控制点和控制点外廓的开关

图 4-12　右键菜单界面

①缩放比例。

有 16：1、8：1、4：1、2：1、1：1、1：2、1：4、1：8 和 1：16 等缩放比例供用户选择，以调整“编辑窗口”中影像的大小。

②匹配点设置。

系统用绿色表示匹配很好的点，黄色表示匹配较好的点，红色表示匹配质量很差的点。选择“匹配点设置”→“质量”下的相应菜单项，可选择只显示某类质量的匹配点。

系统能用三种尺寸显示匹配点的大小，选择“匹配点设置”→“尺寸”菜单项，可选择合适的尺寸。

③等高线设置。

设置等高线首曲线的显示颜色和计曲线间隔。

系统可用红、绿、蓝、黄或白色来显示等高线首曲线。

计曲线间距有 2.5、5、10、20、30、40、50 和 80 等不同的等级，其单位与控制点单位相同。此外，用户还可自由定制计曲线间隔。选择“等高线设置”→“间距”→“定制”菜单项，系统弹出如图 4-13 所示的对话框，在文本框中输入所需显示的等高线的间距，确认后即可按设定的间距显示等高线(等高距可以为小数)。

说明 仅在立体方式下提供等高线间距的定制功能。

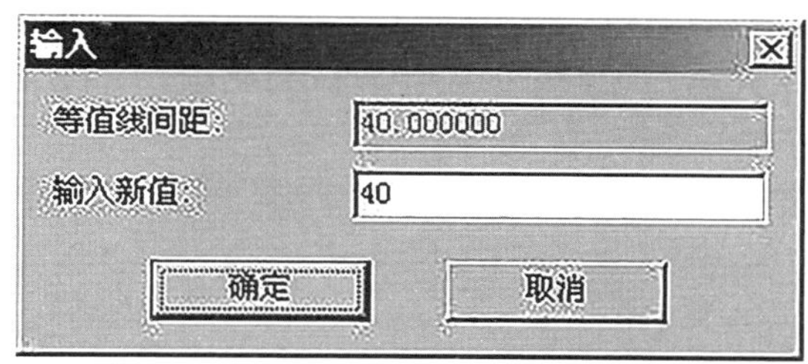

图 4-13 设置等高线间距

④显示工具。

在编辑主菜单中选择“显示工具”菜单项，系统则在界面最上方显示编辑工具栏。编辑工具栏中各个图标的功能与功能按钮面板中各个按钮的功能相同。

显示或隐藏影像。

显示或隐藏匹配点。

显示或隐藏等高线。

使区域平滑。

平均一个区域的高程。

表面拟合。

利用上下匹配的点，线性内插区域内匹配点的高程。

利用左右匹配的点，线性内插区域内匹配点的高程。

利用上下量测的点，线性内插区域内匹配点的高程。

利用左右量测的点，线性内插区域内匹配点的高程。

沿山势的走向定义特征线后，按“V”或“∧”型生成山谷或山脊。

沿道路中线量测特征线并设置路宽，系统将自动推平道路。

Profile 断面线编辑方式或恢复为视差线编辑方式。

Undo 撤销操作，回到前一状态。

将作业区右移到下一影像块。

将作业区左移到前一影像块。

将作业区下移到下一影像块。

将作业区上移到上一影像块。

Select all 选中所有的匹配点。

Reselct 重选匹配点。

Unselect 取消对匹配点的选择。

Save 保存匹配编辑结果。

Exit 退出匹配编辑模块。

⑤左右窗口。

选择左右窗口菜单项，系统弹出如图 4-2 所示的 EditMatchGDI 窗口。

⑥显示重叠区域(显示接边区域)。

选择此菜单项，系统弹出“选择接边误差文件”对话框，如图 4-14 所示。

图 4-14　选择接边误差文件

选择“加载报告”按钮，调入拼接时生成的状态报告，在影像窗口中会以绿色点标出超限的点位，方便用户重新进行匹配结果的编辑。

⑦定义控制点外廓。

系统在装载匹配结果时会自动加载存在的控制点位置(绿色大十字丝)，并据此计算由控制点包含的最大外接凸多边形(如图中的黄色多边形)，如图 4-15 所示。然后根据设置的多边形范围将多余部分的编辑结果裁去，这样既可以保证重叠区域的接边，也不会因过多的重叠部分导致大量的编辑操作。

在右键菜单中选择“定义控制点外廓”菜单项，编辑控制点外廓多边形节点。

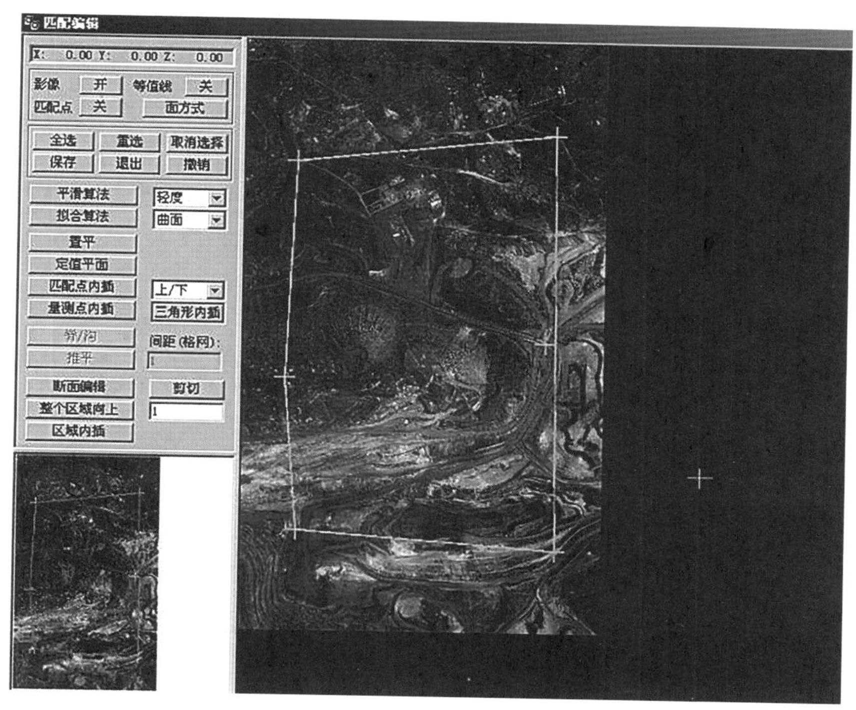

图 4-15　控制点外扩设置

如果在立体像对中没有控制点信息，选择鼠标右键，选中“定义控制点外廓”菜单项，开始画凸多边形作为裁切范围。选择鼠标左键以增加节点，使用键盘退格键 BackSpace，以删除当前节点。绘制完成后，再次选择鼠标右键，取消选择定义控制点外廓选项，则多边形自动封闭。

如果立体像对中已经存在控制点，则系统在装载匹配结果时会利用该信息计算控制点外接凸多边形，并使用黄色多边形加以显示。此时选择鼠标右键，选择“定义控制点外廓”菜单项，则可激活该凸多边形以对其节点进行编辑。按下键盘退格键 BackSpace 删除凸多边形的当前节点，选择鼠标左键增加一个节点，取消选择定义控制点外廓选项，封闭多边形。

⑧按控制点外廓裁剪。

利用控制点外接多边形，对匹配编辑结果进行裁剪。

选择鼠标右键，选择按“控制点外廓裁剪”菜单项，系统弹出裁剪设置对话框，如图 4-16 所示。

在控制点网外扩文本框中设置控制点外扩的距离，单位为米(注意：需要外扩一定距离进行裁切，即外扩值不可为 0 米)，则凸多边形外扩后的范围为裁剪部分。选择确定按钮，执行裁剪。

⑨显示控制点。

图4-16　控制点外扩距离

显示控制点和控制点外廓的开关。

选择鼠标右键，选择“显示控制点”菜单项，则系统在立体像对上叠加显示控制点和控制点外廓多边形；取消选择“显示控制点”选项，则关闭控制点和控制点外廓多边形在立体像对上的显示。不存在控制点时，该两菜单项变灰。

(5)定义编辑范围

①选择点。

将十字光标置于作业区内的某匹配点上即选中了该点。

②选择矩形区域。

在编辑窗口中按住鼠标左键拖曳出一个矩形框，松开左键，矩形区域中的点变成白色，即选中了此矩形区域。

③选择多边形区域。

在匹配编辑界面“编辑窗口”右键菜单中选择开始定义作业目标菜单项，然后在编辑窗口中依次选择多边形节点，定义所要编辑的区域，按下键盘上的 BackSpace 键或 Esc 键可以依次取消最近定义的节点。选择右键菜单中的结束定义作业目标菜单项(或按键盘上的空格键)将多边形区域闭合，此时该多边形区域中的点变成白色，即表示选中了此多边形区域。

④断面编辑。

在“功能按钮面板”中，选择断面编辑按钮，则编辑窗口中显示一条红色断面线(断面线上有若干短横线，表示断面线节点)，通过修改断面线上节点的高程(只能修改高程，平面位置不可能被修改)使断面线贴合在地表上，调整节点高程的方法是用键盘上的上下箭头按键提高或降低高程，编辑的当前节点是鼠标附近的点，因此需要不断移动鼠标选择编辑的节点(只移动不按鼠标键)。编辑完成一条断面线后可以使用键盘的左右箭头按键选择相邻的一根断面线继续编辑，结束断面线编辑后，断面线覆盖区域的匹配点将全部用修改过的断面线上的点进行替换。断面编辑功能主要用于陡峭悬崖区域的编辑，在陡峭悬崖区域视差变化剧烈，立体感觉不好，加上等视差线太密集，常规编辑手段不好用，此时只显示一条断面线将有利于立体观测。

⑤选择特征线。

在线编辑模式下进行此操作，操作过程与选择多边形区域相同。

⑥选择多个区域。

按住 Shift 键，可同时选择多个矩形、多边形区域或多条特征线。

⑦选择大区域。

当所选区域超出了“编辑窗口”的显示范围时，可先在当前“编辑窗口”中选择多边形区域(此时不选择“结束定义作业目标”菜单项)，然后将光标移至“全局视图窗口”，移动黄色方框至所需要的区域，再将光标移回到“编辑窗口”继续选择多边形节点，直至选中所有的多边形节点，然后选择“结束定义作业目标”菜单项，闭合多边形，所定义区域中的点变为白色，即选中了该大区域。

注意 特征线的选择应在“线编辑状态”下进行，区域选择应在“面编辑状态”下进行。

(6)编辑

①单点编辑。

如果原先的匹配点表示精度不够，而该地区地貌比较破碎，很难用区域编辑的方法达到编辑要求，此时应使用单点编辑的功能。

在“匹配编辑”界面下，将十字光标贴近作业区内的某匹配点，同时敲击键盘上的上、下方向键，将该点抬高或降低。

②区域升降。

在面编辑的状态下，选择要编辑的区域，然后在整个区域向上按钮右边的文本框中输入某个数值，再选择整个区域向上按钮，则区域内所有匹配点均按给定值抬高或降低。也可以按下键盘上的上、下方向键来抬高或降低整个区域的高程。

③平滑计算。

在面编辑的状态下，选择编辑区域后，选择合适的平滑程度(有轻度、中度和重度三种选项)，再选择“平滑算法”按钮，系统即对所选区域进行平滑运算。

④拟合计算。

在面编辑的状态下，选择编辑区域后，选择合适的拟合算法(曲面、平面)，再选择“拟合算法”按钮，系统即对所选区域进行拟合运算。

⑤平均水平面。

在面编辑的状态下，选择编辑区域后，选择“置平(平均高)”按钮，系统则把所选区域拟合为一水平面，其高程为该区域中所有高程点的平均值。

⑥定值水平面。

在面编辑的状态下，先选择编辑区域，再将鼠标放在某点上，此时，功能按钮面板顶端会显示该点的高程值，然后选择“定值平面”按钮，在系统弹出的对话框中输入该高程值，选择“确定”按钮，系统则将当前区域拟合为与此点高程相同的平面。

⑦插值运算。

在面编辑的状态下，选择编辑区域后，选择“上/下”或“左/右”菜单项，选择“匹配点内插”按钮或“量测点内插”按钮，系统将根据所选区域边缘的高程值对区域内部的点进行相应的插值计算。

⑧山脊/山谷、道路编辑。

在线编辑状态下，定义特征线并在文本框中输入格网间距数。选择相应按钮即可对特征线两边格网宽度范围内的区域进行相应操作。

若对山脊/山谷进行编辑，先沿山脊或山谷量测一特征线，再设置间距，并选择脊/沟按钮，系统将根据特征线及其两边匹配点的高程值重新计算高程。

若对道路进行编辑时，先沿道路中线量测一特征线并设置间距(一般为 1/2 路宽)，再选择“推平”按钮，该道路路面上点的高程被设为一致，即道路被推平。

⑨断面编辑。

选择“断面编辑”按钮，编辑窗口中显示一断面线。断面线上有许多节点。敲击键盘上的 F1 或 F2 键能使节点变得稀疏或密集。按键盘上的左、右方向键能使断面线左右平移。

由于从断面线上能快速发现匹配不正确的点，因此，断面编辑常用于检查匹配编辑的结果。将光标移至未切准地面的节点处，按键盘上的上、下方向键来调整该节点的空间位置，直至切准地面为止。

匹配编辑完成并保存后，新的影像匹配结果文件将覆盖原〈立体像对名〉. plf 文件，该文件将用于建立 DEM。

⑩快捷键使用。

“W”“A”　“S”　“D”　　移动影像
PageUp/PageDown　　调整 DEM 抽稀间距
↑/↓　　升降 DEM 点高程
+/-　　控制匹配点大小变化的键

自定义快捷键:

除了使用这些基本快捷键，用户还可以根据自己的需要自定义一些命令的快捷键。

选择“文件”→“定义快捷键”菜单项，弹出对话框如图 4-17 所示。

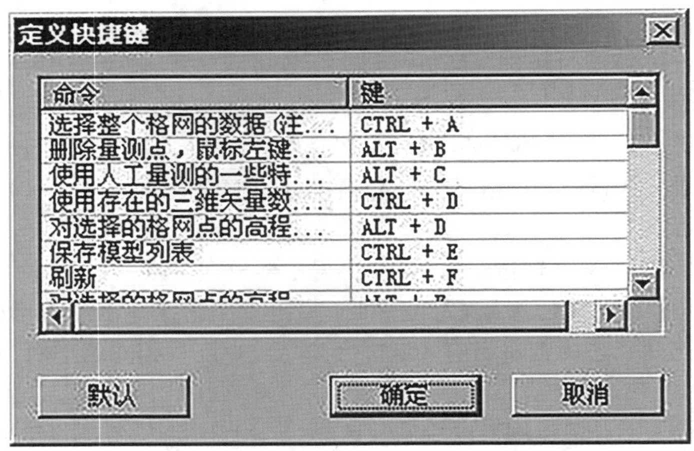

图 4-17　快捷键定义

在所要定义的命令上双击，弹出如图 4-18 所示对话框，选择“输入键”就可以重新定义快捷键。

⑪保存编辑结果及退出。

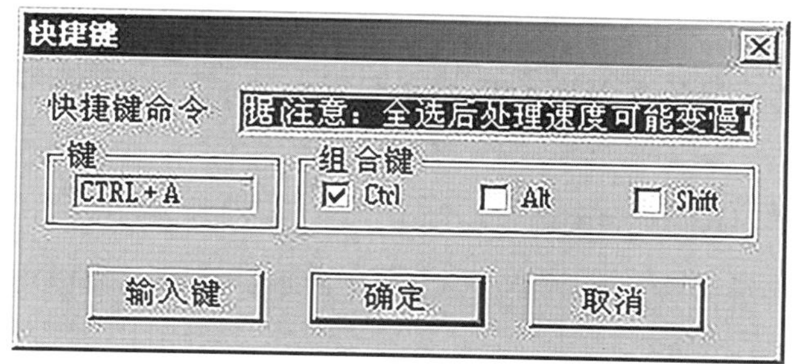

图4-18 组合键定义

编辑完成后，在“功能按钮面板”的“编辑状态按钮栏”，选择“保存”按钮，然后选择“退出”按钮退出匹配结果编辑模块。

4.2.3 常用编辑方法举例

1. 单独的树、房屋或一小簇树

由于匹配点在树表面上而不在地面上，使树表面覆盖了等高线，看上去像小山包一样。用选择区域的方法选择该区域，采用平滑或平面拟合方式进行处理，将“小山包”消除掉。

2. 河塘、水面

河流和水域这些纹理不清晰的地区常有很多错误的匹配点。沿着河边和水面的边缘选择该区域，选择置平按钮，可将水面置平。也可用键盘上的上、下方向键抬高或降低高程。

若已知水平面的高程，则选择定值平面按钮，在弹出的对话框中输入已知高程值，系统将按此高程值将此区域拟合为一水平面。

3. 房屋和建筑物

与树木的情况相似，等高线也常常像小山包一样覆盖在建筑物上。选择该区域，然后使用下面两种方法之一进行编辑：

①使用平面拟合算法消除“小山包”；

②先作插值运算，再进行平滑处理。

4. 一片树林

大片树林常常遮住了地面，使等高线浮在树顶上而没有反映出地面的高程。为使等高线贴到地面上，应减去一个树高。首先，选择该树林区域，将鼠标停留在其中的某点上，此时功能按钮面板的上方会显示该点高程值。然后利用键盘上的上、下方向键(或利用整个区域向上功能)，使其高程减少一个树高即可。

5. 大面积平地和沟渠

大面积平地中常常有许多田地、田埂和庄稼等地物，使得地形比较破碎，难以正确表示等高线。选择此多边形区域，根据整体地形的等高线走向，选择上/下或左/右选项，进行相应方向的插值运算，然后再进行平滑。对需要精确表示的田埂、沟渠及道路等，需要用线编辑模式进行编辑。

注意　在以上编辑过程中，屏幕上可实时显示所选区域编辑后的匹配点、断面线或等视差曲线，作业员应仔细判断编辑结果是否能很好地表示当前地形，若不能则需重新编辑。

4.2.4　匹配点生成 DEM

生成 DEM 有两种处理方式，单个模型 DEM 和批处理生产多模型 DEM，其生产方法分别如下：

1. 生成单个模型 DEM

在 VirtuoZo 界面上选择“DEM 生产”→“匹配点生成 DEM” 菜单项，或利用批处理功能即可建立每个模型的 DEM。

注意　此时用户不能在“设置 DEM”对话框(选择“设置”→“DEM 参数”菜单项，可弹出该对话框)中手动修改 DEM 参数。若已经修改了，请将其恢复为默认状态或直接将模型的“ *. dtp”文件删掉。

用户也可以通过修改 DEM 设置实现多个模型生产 DEM，在 VirtuoZo 界面上选择“设置”→“DEM 参数”菜单项，系统弹出“设置 DEM”对话框，选择“添加”按钮，添加要生产 DEM 的模型；选择“删除”按钮，删除模型。

在 VirtuoZo 界面上选择“DEM 生产”→“匹配点生成 DEM” 菜单项，系统将自动建立各模型对应的 DEM，并将其自动拼接成用户所需的 DEM。

说明　这种方式将各个模型 DEM 的自动建立、批处理功能和 DEM 的自动拼接合为一步进行，可以直接建立起覆盖整个图幅范围或更大范围的 DEM，其自动化程度和作业效率将大为提高。

2. 批处理生产多模型 DEM

在 VirtuoZo 界面上选择“工具”→“批处理”菜单项，系统弹出如图 4-19 所示的批处理界面。

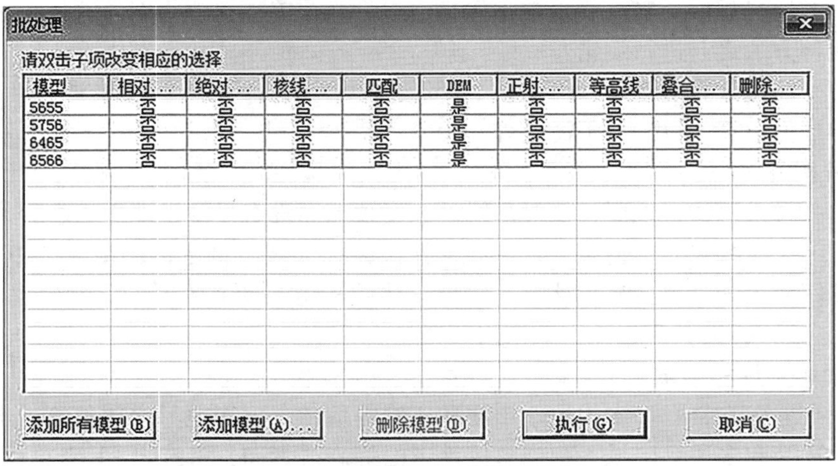

批处理

请双击子项改变相应的选择

模型	相对...	绝对...	核线...	匹配	DEM	正射...	等高线	叠合...	删除...
5655	否	否	否	否	是	否	否	否	否
5756	否	否	否	否	是	否	否	否	否
6465	否	否	否	否	是	否	否	否	否
6566	否	否	否	否	是	否	否	否	否

添加所有模型(B)　添加模型(A)...　删除模型(D)　执行(G)　取消(C)

图 4-19　批处理生产多模型 DEM

操作说明：

“添加所有模型”按钮：自动添加当前测区中的所有模型到列表中一起处理。

“添加模型”按钮：选择当前测区中的一个模型到列表中一起处理。

“执行”按钮：自动执行选中的处理功能。

“取消”按钮：关闭对话框。

在列表中，每列的表头可以用鼠标左键选择，每按一次选中的行的对应列位置的处理功能在“是”和“否”间交换，显示“是”表示执行这个功能，否则不执行。特别提醒：相对定向和绝对定向要谨慎选择，因为相对定向和绝对定向一般需要交互操作，一边看精度，一边调整点。

4.3 特征点线生产 DEM

在普通城区，由于建筑物密集，自动匹配结果不太理想，视差曲线的编辑工作量比较大，可采用在测图中直接采集适量的特征点、线、面，使用三角网内插矩形格网点生成 DEM。或者引入该地区已存在的矢量文件“ *.xyz”，指定地物层，自动构建三角网，生成 DEM，本节主要讨论这种生产模式。

VirtuoZo 提供了 TIN 编辑模块，利用地形的特征点、特征线、特征面，采用 TIN 构网的方式来生成较高精度的矢量线、三角网、等高线或者 DEM 文件。

4.3.1 启动 TinEdit 界面

在 VirtuoZo 界面上选择“DEM 生产”→“TIN 编辑”菜单项，系统弹出 TinEdit 窗口，如图 4-20 所示。

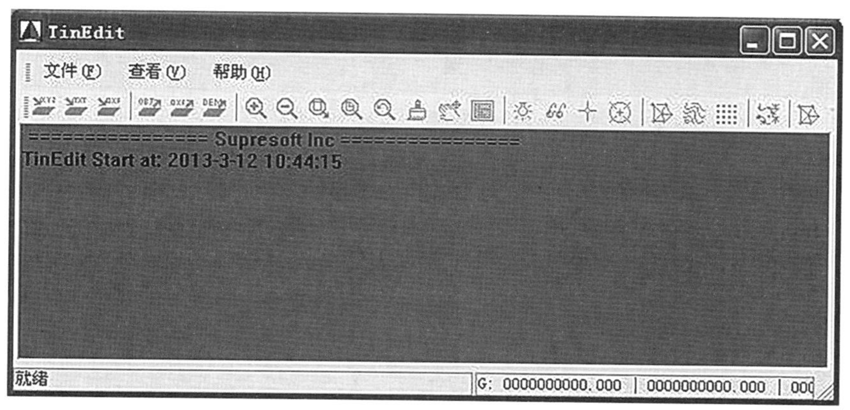

图 4-20 TinEdit 主界面

在 TinEdit 窗口中选择“文件”→“打开”菜单项，在系统弹出的打开对话框中选择需要进行编辑的立体模型，然后选择“打开”按钮，系统分窗显示该模型的左右影像，如图4-21所示。

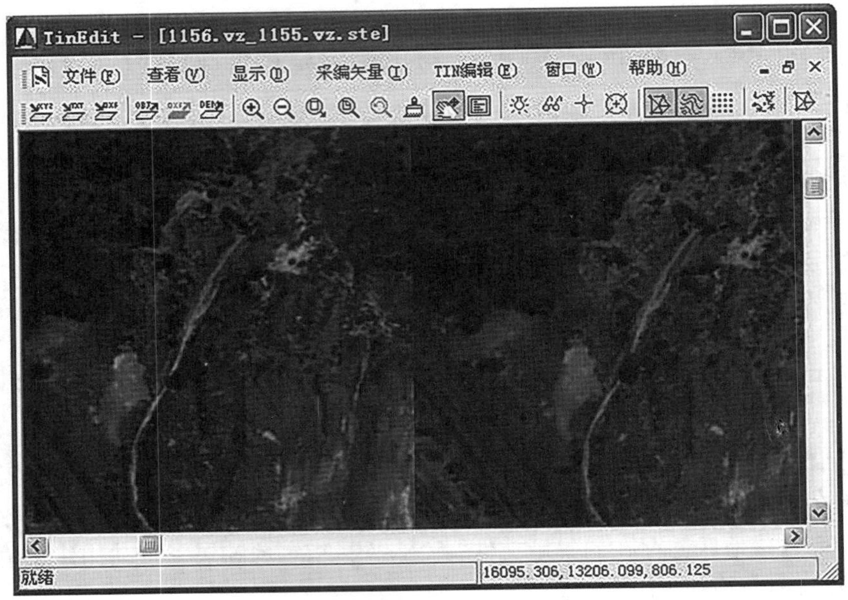

图 4-21　TinEdit 打开立体模型

TinEdit 窗口有七个菜单项：

①文件菜单项，界面如图 4-22 所示。

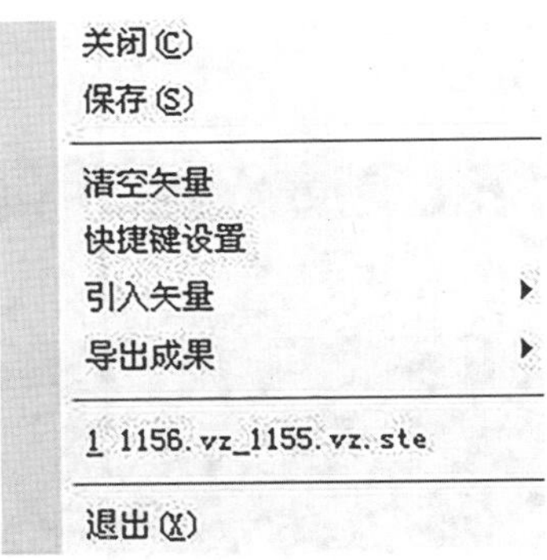

图 4-22　TinEdit 文件菜单

关闭：关闭打开的立体模型。

保存：保存当前的编辑结果。

清空矢量：清空采编以及导入的矢量。

快捷键设置：设置快捷键。查看快捷键设置，如图 4-23 所示。

取消设定：取消设定的快捷键。

全部取消：取消全部的快捷键设置。

图 4-23 TinEdit 设置快捷键

默认设置：使用系统默认的快捷键设置。

三维鼠标图：查看三维鼠标图，如图 4-24 所示。

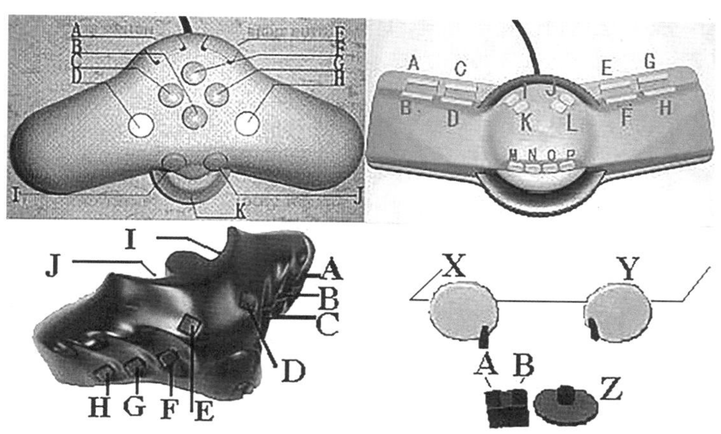

图 4-24 专业设备设置

设备设置：设置设备。

关闭：关闭快捷键设置面板。

操作方法：在命令列找到要进行设置的功能项，在键盘上按下想要设置的键或者组合键，即可设置当前功能的快捷键为所选择的键。

引入矢量：引入不同格式的数据文件。

引入 IGS(XYZ/VZV)：引入 IGS 矢量测图文件(＊.xyz，＊.vzv)。

引入 TXT(points)：引入 TXT 格式的点文件(＊.gcp，＊.ctl. ＊.txt)。

引入 CAD(DXF/DWG)：引入 CAD 格式的点文件(＊.dxf，＊.dwg)。

导出成果：导出结果数据。

导出 TIN(OBJ)：导出三角网(＊.obj)。

导出 TIN(DXF)：导出三角网(＊.dxf)。

导出 CNT(DXF)：导出等高线(＊.dxf)。

导出 DEM(DEM)：导出 DEM(＊.dem)。

退出：退出 Tin 编辑。

②查看菜单项，界面如图 4-25 所示。

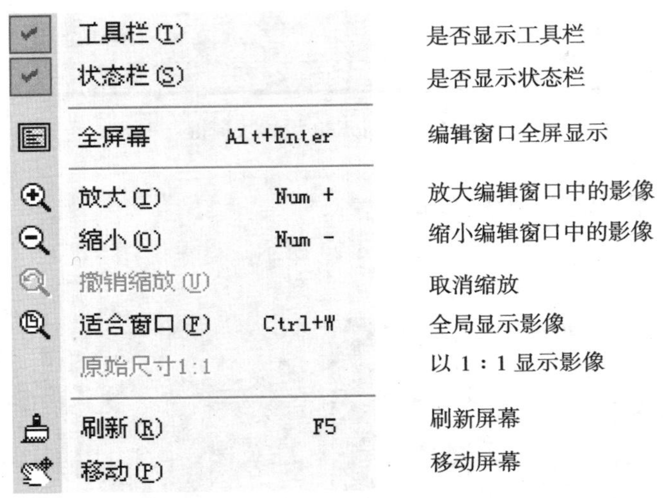

图 4-25　TinEdit 视图功能

对应的工具条为：全屏幕；放大；缩小；撤销缩放；适合窗口；刷新；移动。

③显示菜单项，界面如图 4-26 所示。

对应的工具条为：亮度/对比度；立体方式；选择测标；显示指定位置；显示 TIN；显示等高线；显示 DEM；设置间距。

④采编矢量菜单项，界面如图 4-27 所示。

对应的工具条为：实时构 TIN；单点；折线；流线；区域匹配；选

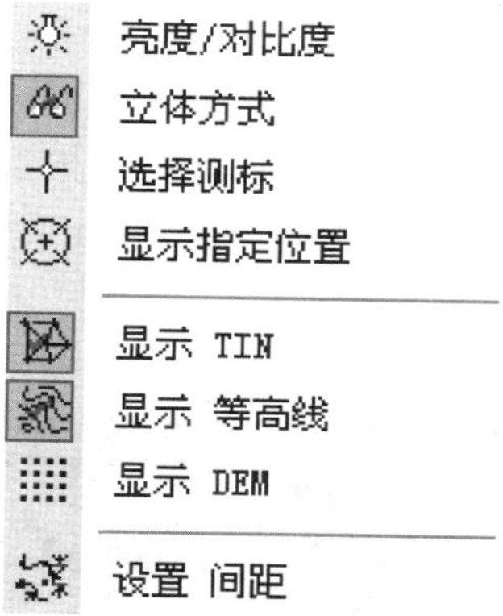

亮度/对比度	调节影像的对比度与亮度
立体方式	立体显示与分屏显示的切换
选择测标	设置测标形状和颜色
显示指定位置	移动测标到指定三维坐标的位置
显示 TIN	在编辑窗口显示三角网
显示 等高线	在编辑窗口显示等高线
显示 DEM	在编辑窗口显示 DEM
设置 间距	

图 4-26 显示功能

实时构TIN(T)
单点(P)
折线(L)
流线(S)
区域匹配(M)
选择(S)
删除(D)
区域点删除(R)

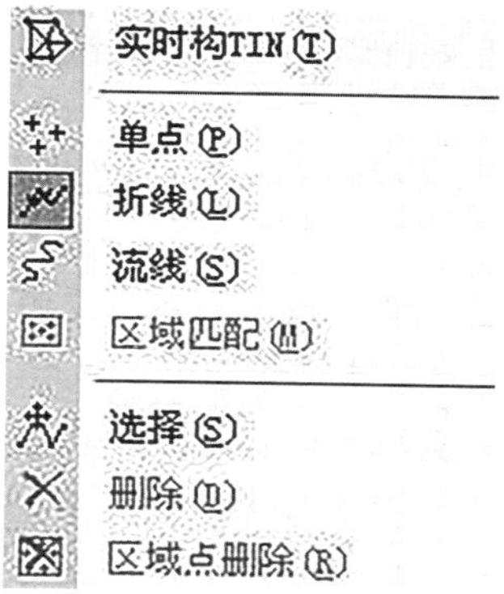

图 4-27 采集功能

择；删除；区域点删除。

⑤TIN 编辑菜单项，界面如图 4-28 所示。

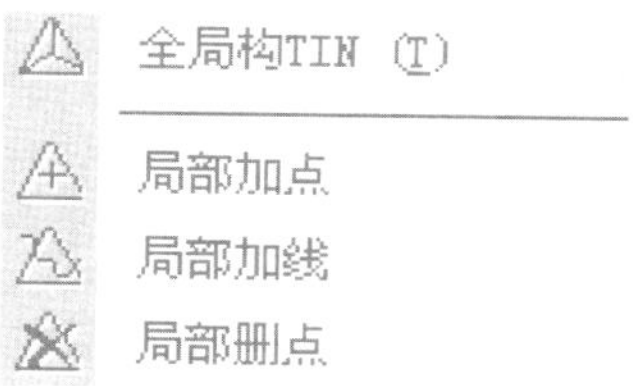

全局构TIN (T)	进入全局构 TIN 状态
局部加点	局部增加点参与构 TIN
局部加线	局部增加线参与构 TIN
局部删点	局部删除特征点重新构 TIN

图 4-28 TinEdit 操作

对应的工具条为：全局构 TIN；局部加点；局部加线；局部删点。

4.3.2　打开立体模型

在 TinEdit 窗口中选择“文件”→“打开”菜单项，在系统弹出的打开对话框中选择需要进行编辑的立体模型文件，然后选择“打开”按钮，系统分窗显示该模型的左右影像，选择工具条中的图标为“眼镜”的按钮，系统就以立体方式显示模型，效果如图 4-29 所示。

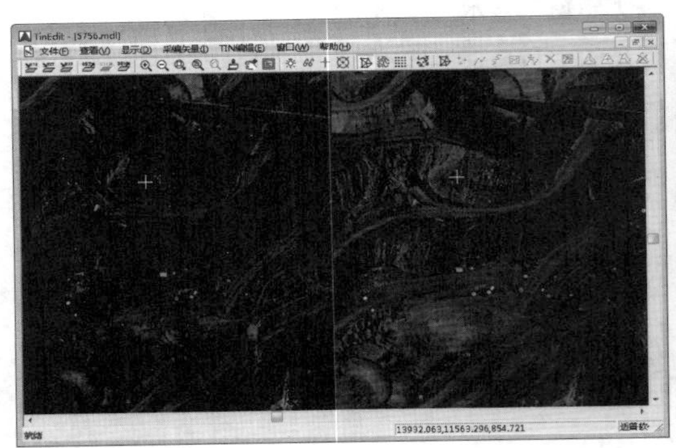
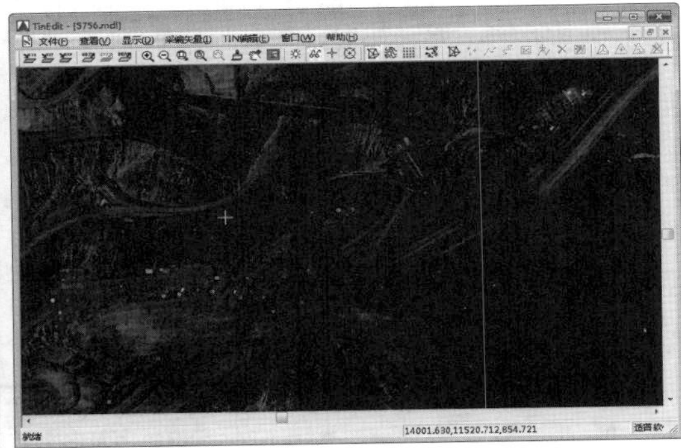

图 4-29　TinEdit 的分窗显示和立体显示

打开模型后，系统支持引入已有的三维矢量数据文件，如矢量测图文件、文本格式点文件或者 DEM 格式点文件的用户，具体操作如下：

引入 IGS(XYZ/VZV)：在 Tin 编辑界面选择文件→引入矢量→引入 IGS(XYZ/VZV)，系统弹出文件打开对话框。选择已打开立体模型对应的 IGS 矢量测图文件(＊.xyz，＊.vzv)，然后选择“打开”按钮引入矢量数据。

引入 TXT(points)：在 Tin 编辑界面选择文件→引入矢量→引入 TXT(points)菜单项，系统弹出引入 TXT 格式的点文件打开对话框，选择与已打开模型匹配的点(一般为控制点，或者加密点)文件，选择“打开”按钮即可引入点文件。

引入 CAD(DXF/DWG)：在 Tin 编辑界面选择文件→引入矢量→引入 CAD(DXF/DWG)，在系统弹出的对话框中选择需要打开的 CAD 文件，选择“打开”按钮，引入 CAD 数据。

4.3.3　采集、编辑特征点线

1. 采集特征点、线、流线(轨迹线)

用户可选取地形特征比较明显的地方，选择菜单栏中的“编辑”→“输入点” → “输入线” →“ 输入流线(轨迹线)”菜单项，或者选择工具条中的相应工具按钮：输入点、输入线与输入流线，量测特征点或者特征线。在输入特征线时选择鼠标左键开始量测，选择右键结束量测状态。

2. 编辑特征点、线、流线

选择菜单栏中的“编辑”→“选择”菜单项，或者选择工具条中的编辑按钮，再选择点或者线。

若用户需移动已选择的点、线，可直接拖动点、线到新的位置。

若需删除选择的点、线，则需要选择右键结束选择状态，然后选择菜单栏“编辑”→“删除”菜单项，或者选择工具栏删除按钮，删除已选点、线。

3. 显示等高线与三角网

用户在编辑过程中，可实时查看根据已输入特征点、线、流线构建的三角网或者等高线。选择菜单栏中的“设置”→“显示等高线”菜单项，或者选择工具栏中的显示等高线按钮，即可查看等高线，以便用户检查等高线是否可以表达地形特征，并及时做出编辑。选择菜单栏中的“设置”→“显示三角网”菜单项，或者选择工具栏中显示三角网按钮，显示创建的三角网，如图 4-30 所示。

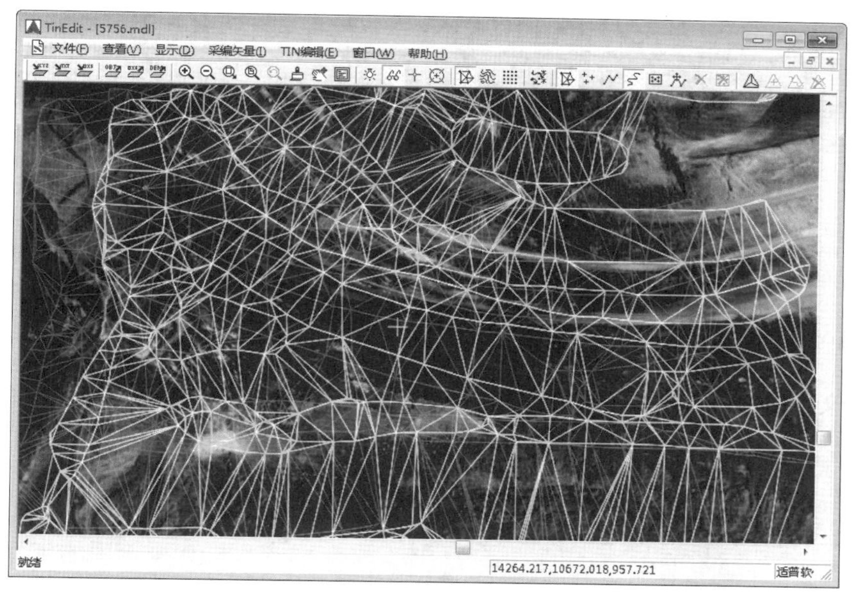

图 4-30 特征点线构 TIN

编辑完成后，选择菜单栏中的“编辑”→“创建 DTM”菜单项，或者选择工具条中的创建 DTM 按钮，生成 TIN 格式的 DTM。

4.3.4 TIN 实时地形仿真

选择菜单栏中的“显示”→“实时地形仿真”菜单项，即可进入采集特征点、线区域的实时地形仿真查看界面，如图 4-31 所示。

操作说明：使用鼠标的操作显示效果，按左键上下移动进行缩放，左右移动进行旋转。按右键上下移动进行翻转，左右移动进行旋转。也可以使用键盘的上、下、左、右箭头按键进行显示操作。观测关闭后，选择窗口右上角的“关闭”按钮可直接退出实时地形

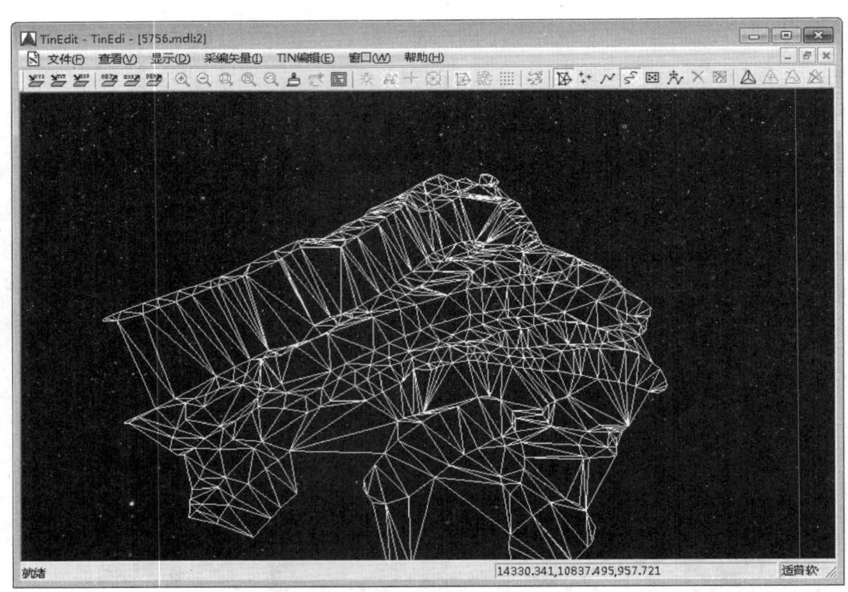

图 4-31　实时地形仿真

仿真查看界面。

4.3.5　TIN 的输出

选择“文件”→“导出”菜单项，用户可以根据需要输出 DXF 格式的矢量线、三角网、等高线或者 DEM。

4.4　DEM 编辑

DemEdit 模块提供直接对 DEM 进行编辑的功能，它的操作方式与匹配编辑非常相似，但不支持断面编辑。此外，DEM 编辑中可以任意调整立体模型显示的视差，也支持测量特征点、线，然后进行局部替换，这个功能在生产单位非常受欢迎，在一些地形复杂区域，直接采集特征后局部替换的效率，比选择区域后编辑 DEM 点的效率要高很多。DEM 编辑具体作业步骤及方法如下：

4.4.1　启动 DemEdit 界面

在 VirtuoZo 界面上选择 DEM 生产→DEM 编辑菜单项，系统弹出 DemEdit 主界面，并自动加载了当前打开模型对应的 DEM 与立体像对，整个窗口分为 7 个部分，如图 4-32 所示。系统默认进入左右影像分屏模式，此时选择工具条上的眼镜按钮即可进入立体观测状态。

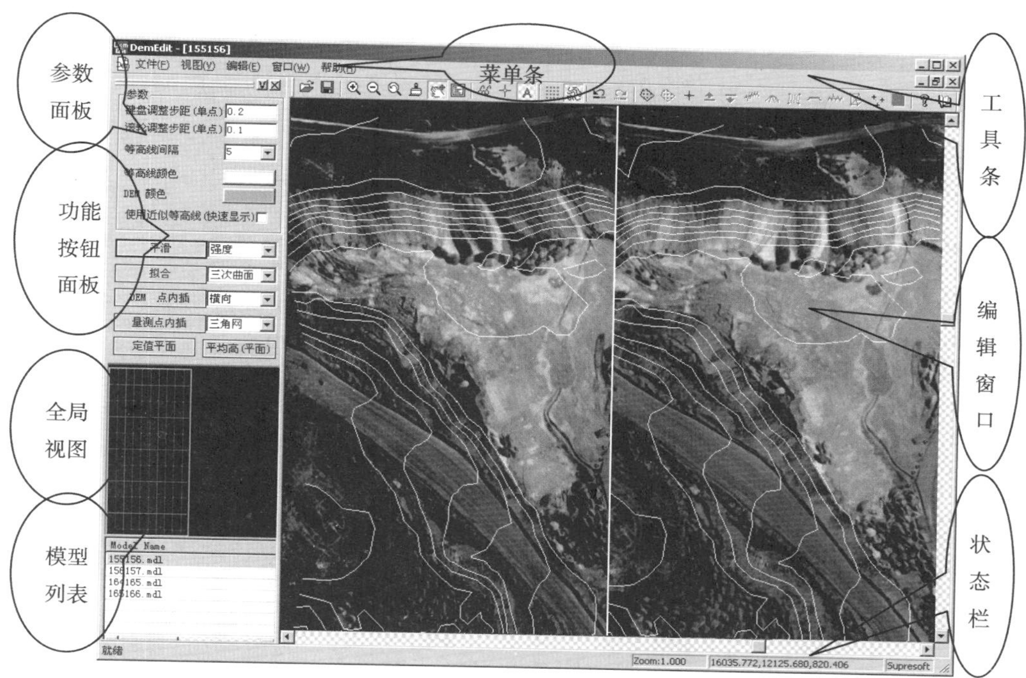

图 4-32　DemEdit 界面

1. 菜单条的内容

选择菜单条中的文件，弹出如图 4-33 所示的文件菜单。

菜单项	快捷键	说明
打开 DEM(O)...	Ctrl+O	打开需要编辑的 DEM 文件
保存 DEM(S)	Ctrl+S	保存编辑后的 DEM 文件
另存DEM为(A)...		将编辑后的 DEM文件另存
关闭(C)		关闭当前打开的 DEM 文件与立体模型
引入拼接结果		打开拼接的 DEM文件
载入模型(L)...	Ctrl+L	装载立体模型
载入测区(K)...	Ctrl+K	装载整个测区的立体模型
载入模型列表(M)...	Ctrl+M	利用模型列表文件批量载入模型
保存模型列表(B)...	Ctrl+B	将当前模型列表中的模型保存为模型列表
定义快捷键...		为不同的功能指定相应的快捷键
自动保存DEM		设定自动保存 DEM的时间间隔
1 E:\hammer\164165.mdl		最近打开的模型
2 E:\hammer\155156.mdl		最近打开的模型
3 E:\hammer\156157.mdl		最近打开的模型
4 E:\HAMMER\157156.mdl		最近打开的模型
退出(E)		退出

图 4-33　文件菜单

选择菜单栏中的视图，弹出如图 4-34 所示视图菜单。

菜单项	快捷键	说明
✔ 状态条(S)		是否显示状态条
✔ 对话框(D)		是否显示对话框
模型分布图(P)	Ctrl+P	显示模型分布图窗口
✔ 工具条(T)		是否显示工具条
全屏(F)		编辑窗口全屏显示
放大显示(I)		编辑窗口内影像放大显示
缩小显示(O)		编辑窗口内影像缩小显示
缩放撤销(U)		回到上次的缩放比例
刷新(R)	F5/Ctrl+F	刷新屏幕
移动(P)		

图 4-34　视图菜单

选择菜单栏中的编辑，弹出如图 4-35 所示编辑菜单。

菜单项	快捷键	说明
撤销(U)	Ctrl+Z	撤销编辑回到上一步
重复(R)	Ctrl+Y	重复撤销前的状态
全选 (A)	Ctrl+A	选择整景 DEM 为编辑对象
选择(S)	Space	激活或结束使用鼠标定义多边形作业范围状态
取消选择	Esc	取消对当前编辑范围的选择
抬高(U)	Up	对当前编辑范围内所有DEM点整体抬高
降低(D)	Down	对当前编辑范围内所有DEM点整体降低
平滑(S)	Alt+S	对当前编辑范围内所有DEM点作平滑处理
拟合(F)	Alt+D	对当前编辑范围内所有DEM点作拟合处理
内插(I)	Alt+F	对当前编辑范围内所有DEM点作内插处理
定值平面(C)	Alt+Z	对当前编辑范围内所有DEM点按给定值赋高程
平均高(M)	Alt+X	对当前编辑范围内所有DEM点高程取平均
量测点内插(L)	Alt+C	按照编辑范围内所有量测点高程内插DEM
✔ 添加量测点(P)	Alt+V	激活或结束添加量测点状态，左键加点，右键删点
删除量测点(E)	Alt+B	删除量测点

图 4-35　编辑菜单

注　对于平滑、拟合等编辑功能需在功能按钮面板内设置相关参数配合进行。

2. 右侧工具框的参数面板

面板参数如图 4-36 所示。

注　等高线间隔可以在右边的下拉列表中选择，也可直接由键盘输入。

3. 右侧工具框的功能按钮面板

面板功能按钮如图 4-37 所示。

按钮功能与编辑菜单内容一样，具体使用方法如下：

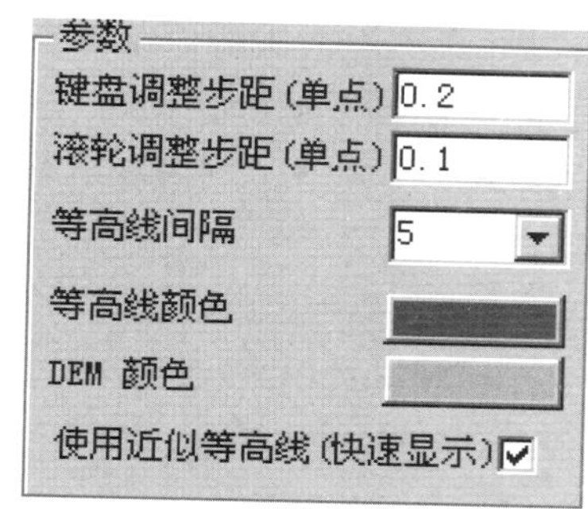

使用键盘调整高程的最小步距

使用鼠标滚轮调整高程的最小步距

设置等高线间隔

编辑窗口中显示等高线的等高距

编辑窗口中显示 DEM 点的颜色

是否使用近似加快显示速度

图 4-36　面板参数

图 4-37　面板功能按钮

①平滑：选择要编辑的区域，然后在右边的下拉列表中选择合适的平滑程度(有轻度、中度和强度三种选项)，再选择平滑按钮即可对所选区域进行平滑。

②拟合：选择要编辑的区域，然后在右边的下拉列表中选择合适的拟合算法(有平面、二次曲面和三次曲面三种拟合算法)，再选择拟合按钮即可对所选区域进行拟合。

③DEM 点内插：选择要编辑的区域，然后在右边的下拉列表中选择上下方向或左右方向，再选择 DEM 点内插按钮，即可对区域内的 DEM 点按所选方向进行插值，此时保留选择区域的外围点，重新插值中间的点，也即抹掉中间的 DEM 点，重新插值。

④量测点内插：选择要编辑的区域，再按下工具条上的添加量测点按钮 量测一些供内插用的量测点(选择区域和量测点时应切准地面，即在立体模式下量测点位时，应使测标的高度和地面高度保持一致)，然后在右边的下拉列表中选择合适的插值方式(三角网或二次曲面)，再选择量测点内插按钮即可。

⑤定值平面：选择要编辑的区域，选择定值平面按钮，在系统弹出的对话框内输入高程值，则当前编辑范围内所有 DEM 点按此给定值赋高程。

⑥平均高(平面)：先选择要编辑的区域，再选择平均高(平面)按钮即可将所选区域设置为水平面，其高程为所选区域中各 DEM 点高程的平均值。

4. 右侧工具框的全局视图窗口

显示当前编辑 DEM 的全局视图。其中，白色框表示当前 DEM 的范围，绿色框是右边编辑窗口显示的范围，可使用鼠标拖动此绿色框来快速移动到所要编辑的位置。在此全局视窗内点击鼠标右键，系统弹出如图 4-38 所示菜单。

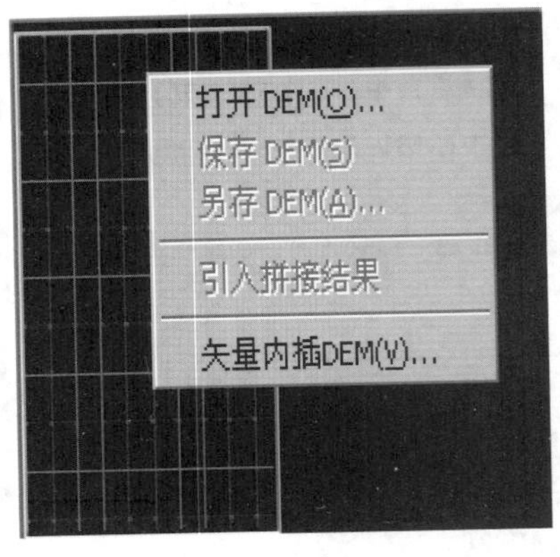

打开需要编辑的 DEM文件
保存编辑后的 DEM文件
将编辑后的 DEM另存
引入拼接后的 DEM 文件
通过输入的矢量文件内插来生成DEM

图 4-38　DEM 右键菜单

注　矢量内插 DEM 只在没有打开 DEM 时才可用。

5. 右侧工具框的模型列表

可以批量装入与需要编辑的 DEM 相对应的立体模型，提高生产效率。在此模型列表框内点击鼠标右键，系统弹出如图 4-39 所示菜单。

Model Name
5756.mdl

菜单项	快捷键	说明
添加模型(I)...	Ctrl+T	添加模型，可批量添加
移走模型(R)	Ctrl+R	移走被选中的模型
全部移走(A)	Ctrl+W	将此模型列表框内的模型全部移走
添加测区(K)...	Ctrl+K	选择测区，添加该测区内的所有模型
添加当前测区(K)...	Ctrl+G	添加当前测区内的所有模型
载入模型列表(M)...	Ctrl+M	利用模型列表文件批量载入模型
保存模型列表(B)...	Ctrl+B	将当前模型列表中的模型保存为列表文件
模型分布图(P)	Ctrl+P	显示模型分布图窗口

图 4-39　模型列表右键菜单

将模型添加在模型列表框中以后，可选择列表项来确认当前载入的立体模型，主窗口中只能显示一个立体模型。

6. 工具条

工具条中各个按钮的功能与菜单中相应选项和功能按钮面板中各个按钮的功能相同。具体可参见菜单条和功能按钮面板的相关内容。

：打开 DEM 或立体模型。

：保存当前的 DEM。

：编辑窗口内影像放大显示。

：编辑窗口内影像缩小显示。

：回到上次的缩放比例。

：刷新屏幕。

：移动影像 。

：编辑窗口全屏显示。

：立体显示与分屏显示切换。

：设置测标形状与颜色。

：是否使测标自动升降贴合 DEM 的高程。

：显示 DEM 点(用 A、B 键调整格网疏密)。

：显示等高线。

：撤销编辑回到上一步。

：回到撤销前的状态。

：激活或结束使用鼠标定义多边形作业范围状态。

：取消对当前编辑范围的选择。

：单点调整 DEM 高程。

：对当前范围内所有 DEM 点整体抬高。

：对当前范围内所有 DEM 点整体降低。

：对当前范围内所有 DEM 点作平滑处理。

：对当前范围内所有 DEM 点作拟合处理。

：对当前范围内所有 DEM 点作内插处理。

：对当前编辑范围内所有 DEM 点按给定值赋高程。

：对当前编辑范围内所有 DEM 点的高程取平均。

：按照编辑范围内所有量测点高程内插 DEM。

：激活或结束添加量测点状态，左键加点，右键删点。

：将量测点坐标输出到文本文件。

：打开帮助文件。

7. 立体显示与操作窗口

立体显示与操作窗口中的影像是全局视图窗口中蓝色方框内的放大影像。所有编辑功能的操作都在此窗口内进行。

8. 状态栏

DemEdit 的状态栏显示如图 4-40 所示。

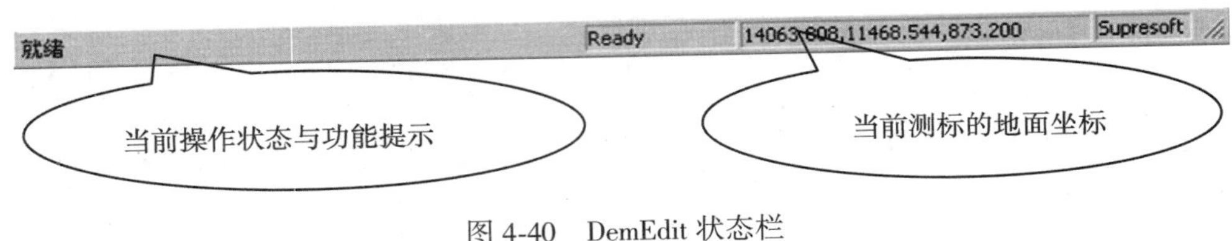

图 4-40　DemEdit 状态栏

4.4.2　打开 DEM 和立体模型

在 DemEdit 窗口中选择“文件”→“打开 DEM”菜单项(或者使用工具栏按钮)，在系统弹出的打开 DEM 对话框中选择需要进行编辑处理的 DEM 文件。

选择“文件”→“载入模型”菜单项，在系统弹出的打开模型对话框中选择与所要进行编辑处理的 DEM 文件坐标位置相对应的立体模型文件(*. mdl 或 *. ste)，然后选择打开按钮，系统将显示该模型的立体影像。

或者直接在模型列表框内点击鼠标右键，然后在系统弹出菜单中批量添加模型(参见模型列表)。将模型添加在模型列表框中以后，可以选择列表项中的立体模型来进行选择装载。

4.4.3　编辑操作

1. 设置编辑窗口中的显示选项

设置键盘、鼠标滚轮的高程调节步距，编辑窗口中的测标选项、等高线和 DEM 点的显示状态等。

2. 定义编辑范围

编辑范围的定义有以下几种方法：

(1)选择矩形区域

在编辑窗口中按住鼠标左键拖曳出一个矩形框，松开左键，矩形区域中的点变成白色，即选中了此矩形区域。

(2)选择多边形区域

用鼠标左键点下工具按钮(或按键盘上的空格键)激活使用鼠标定义多边形作业范围状态，然后在编辑窗口中依次用鼠标左键选择多边形节点，定义所要编辑的区域，选择鼠标右键(或按键盘上的空格键)结束定义作业目标，将多边形区域闭合，此时该多边形区域中的点变成白色，即表示选中了此多边形区域。

注　添加量测点时应切准地面，升降测标可用以下方法实现：①滚动鼠标滚轮。②按住鼠标中键的同时移动鼠标。③按住 Shift 键的同时移动鼠标。

(3)选择任意形状区域

在按住鼠标右键的状态下拖动鼠标，系统将显示测标经过的路径，松开鼠标右键结束定义作业目标，将此路径包围的区域闭合，此时该区域中的点变成白色，即表示选中了此区域。

3. 选择编辑方法

对所要编辑的区域选中后指定合适的编辑参数和方法进行编辑，最终目标是以将 DEM 格网点切准地面为准。

4. 保存编辑结果并退出

编辑完成后，在 DemEdit 窗口中选择"文件"→"保存 DEM" 菜单项(或点击工具条上的保存 DEM 按钮)存盘。存盘之后，选择"文件"→"退出"菜单项(或直接点击 DemEdit 窗口右上角的 按钮)退出 DemEdit 模块。

5. DemEdit 常用快捷键

"W" "A" "S" "D"	移动影像
PageUp/PageDown	调整 DEM 抽稀间距
↑/↓	升降 DEM 点高程
=/-	控制 PEG 大小变化的键
"C"	刷新立体显示

6. 自定义快捷键

除了使用这些基本快捷键，用户还可以根据自己的需要自定义一些命令的快捷键，选择"文件"→"定义快捷键"菜单项，弹出对话框如图 4-41 所示。

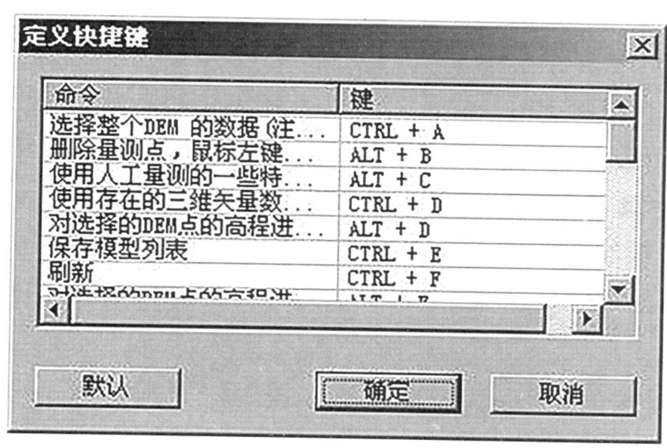

图 4-41　快捷键定义界面

在所要定义的命令上双击，弹出如图 4-42 所示对话框，选择"输入键"就可以重新定义快捷键。

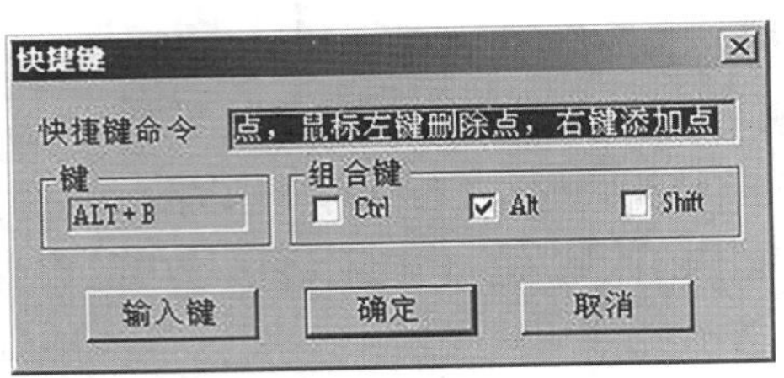

图 4-42　快捷键组合定义界面

4.4.4　常见用法举例

1. 独立树和独立房屋

由于匹配点都是在地物表面上而不是在地面上引起的 DEM 问题，使编辑时显示树或房屋表面覆盖了等高线，看上去像小山包一样。选择该区域，小面积可采用平滑或平面拟合；若范围较大，由于是独立的地物，在周边的 DEM 点是正确的情况下，可使用 DEM 点内插的方式进行处理。

2. 水田、池塘等小面积水域

水面上由于没有纹理，常常匹配错误，引起 DEM 的问题。首先应用测标切准水面，读取水面高程(若有外业实地测量得到的高程，应使用外业值)，然后选择该水域，使用定值平面功能直接指定该水域内的 DEM 点的高程值。

3. 城区或大片相连房屋

城区或大片相连房屋与独立房屋情况不同，某栋房屋的周边 DEM 点大多落在相邻房屋的房顶等处，不能简单地使用 DEM 点内插功能；同时由于该地区面积较大，地面高度一般也有起伏，直接选中整个区域作置平或内差也是不可取的。此时应使用 DEM 的量测点内差功能。

注　使用量测点内差功能时，除了在该区域周边加量测点外，还应在区域内部，能看到并切准地面的位置加点，如房屋之间的空地、道路上等。

4. 植被茂密的地域

植被茂密的地域指的是完全无法观测到地面的情况，此时只有先将 DEM 点编辑至树顶，然后再选中此区域，整体下降一个树高。通常使用此功能时应有已知的树高值或控制点坐标作为参考。

5. 需精确表示的破碎地貌

如果原先的 DEM 表示精度不够，而该地区的地貌比较破碎，很难用区域编辑的方法达到编辑要求，此时应使用单点编辑的功能。

单点编辑功能：首先按下单点编辑按钮，此时编辑窗口内测标所在处的 DEM 点会被选中(以小方块标出)。选择需要编辑的 DEM 点，使用上下方向键来升降该点的高程，如图 4-43 所示。

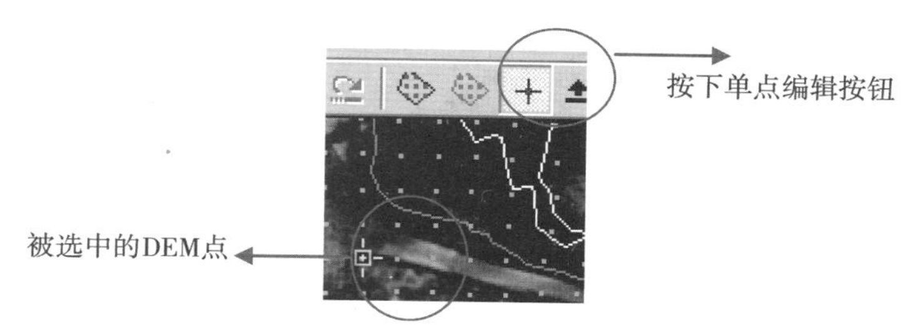

图 4-43 单点编辑

注 开始单点编辑功能前应先用键盘上的 PageUp/PageDown 键调整 DEM 的显示间距为 DEM 格网间距。

其他具体操作使用的按钮及其功能参见功能按钮面板和工具条的内容。

4.5 DEM 拼接检查

一幅完整的图幅或一个测区，一般都是由多个相邻模型或影像组成，必须将多个单模型拼接起来，才是一幅完整的产品。由于每个模型的生产过程、生产参数以及原始数据存在差异，生产出的 DEM 也会存在差异，因此需要对各模型生产出的 DEM 进行拼接检查，并统计中误差以及误差分布。通过输出的相关参数可以评估各模型生产出 DEM 的一致性。在教学中也常常用这种方式来考核学生生产 DEM 的作业能力，各个模型原始数据、处理参数等虽然是不一样的，但是生产能力达到一定水平后，生产的 DEM 应该是一致的，也就要求拼接检查的中误差和误差分布应该达到一定水平，例如 3 倍中误差以上的点应该小于 1%。

拼接多个模型 DEM 应具备以下条件：

①有多个相邻的 Model(模型)及其影像，且必须互相有重叠。

②建立全区域每个模型的 DEM，才能对它们进行拼接。

③DEM 拼接后，才可以进行正射影像的镶嵌。

在 VirtuoZo 系统主菜单中，选择菜单“DEM 生产”→“DEM 拼接检查”项，屏幕弹出拼接与镶嵌参数设置对话框，如图 4-44 所示。

该对话框即用于拼接镶嵌范围的选择，也用于镶嵌项目的选择。

对话框参数填写方法如下：

1. 建立拼接镶嵌产品名及确定产品目录

在“进行拼接的多模型”行，用户输入当前拼接镶嵌产品名。若当前拼接镶嵌产品已存在，则自动覆盖；否则生成新的拼接镶嵌产品。

在“产品目录”行，用户选定或输入拼接镶嵌产品目录，以存放拼接镶嵌后所生成的产品文件。若所输入的目录不存在，则系统自动建立这一新目录。

2. 选择镶嵌区域

方框为拼接镶嵌范围选择区：红色的方框为当前测区下已处理过的单模型 DEM。蓝

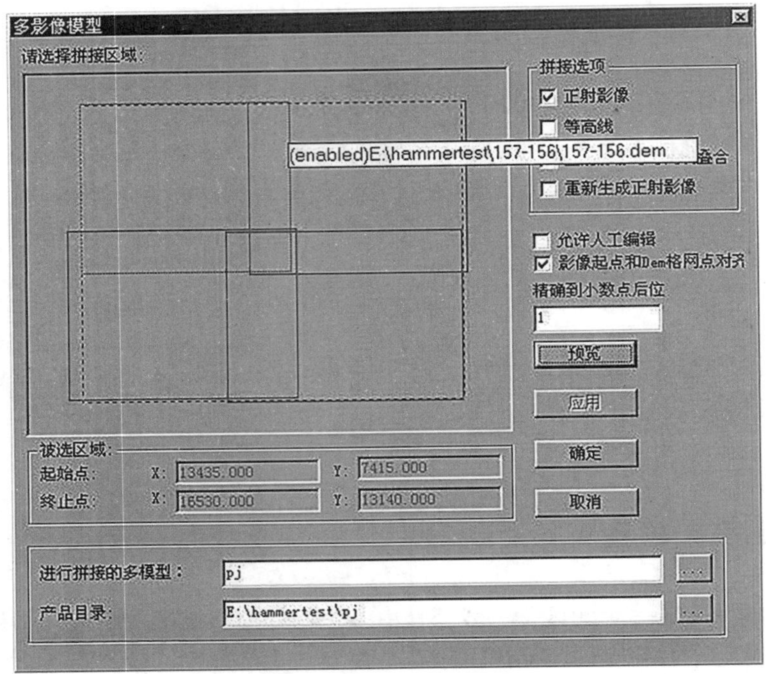

图 4-44 拼接与镶嵌参数设置对话框

色虚线组成的区域为用户选择的拼接镶嵌范围。

选择区域方法有两种:

方法一:无人工编辑(鼠标拉动范围)

用鼠标左键对准欲选区域任一角点,然后按住鼠标左键并拖动到对角线上另一点,松开鼠标,即确定了新的拼接镶嵌范围,以蓝色虚线显示。

方法二:允许人工编辑(输入范围)

首先打开右边的允许人工编辑按钮(✓即为选中状态)。此时被选区域打开,在编辑框中输入确定的 *X*、*Y* 值。在“起始点”行,输入区域的起点大地坐标;在“终止点”行,输入区域的终点大地坐标。输入完成后,点击“应用”按钮,则所输入的值自动反映到左上方的选择区中显示出蓝色虚框。

3. “拼接选项”的选择

对话框右上方的“拼接选项”框,有四个选项:“正射影像”“等高线”“正射影像与等高线的叠合”“重新生成正射影像”。由鼠标左键选择□,选中项为“✓”。用户可选择是否做正射影像、等高线、正射影像与等高线的叠合影像的镶嵌以及镶嵌之前是否重新生成正射影像等。

4. “预览”按钮

选择“预览”按钮,系统将按指定的选项内容对 DEM 数据进行拼接操作,但是不输出最终拼接结果。此功能主要用于检查 DEM 拼接的精度,选择预览后界面如图 4-45 所示。

在拼接预览界面中,中误差指的是数据拼接时产生的模型间的拼接中误差,可以通过

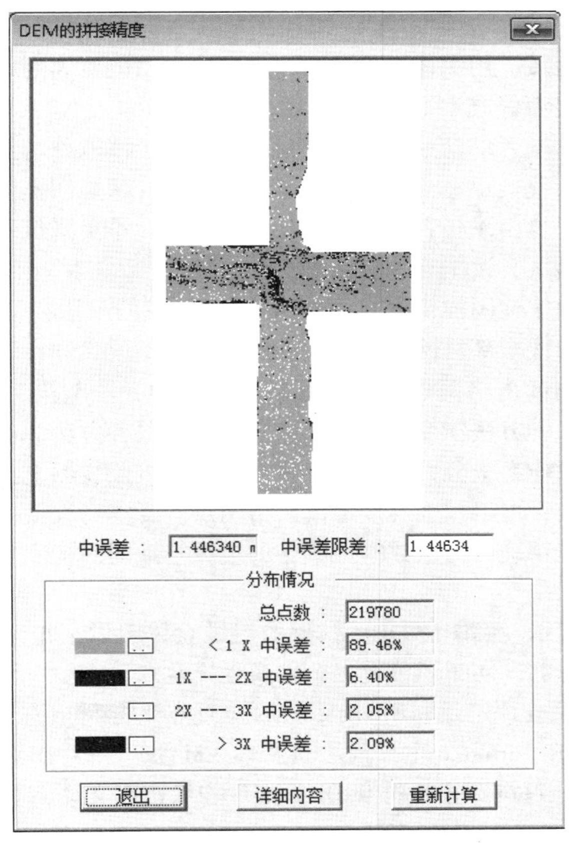

图 4-45 DEM 拼接预览

指定中误差限差，对拼接区域重新统计误差分布情况。

5. "确认"按钮

选择"确定"按钮，则系统接受用户所有输入参数并退出对话框。此后，可进行下面的 DEM 拼接工作。

4.6 DEM 精度评定

DEM 即地面数字高程模型(Digital Elevation Models)，是描述地面高程空间分布的有序数值阵列。它广泛应用于工程建设、土地管理、区域治理开发、控制定位、高科技武器制导等各个方面。目前，DEM 数据主要有两个来源：从航片上采集和从矢量地图等高线数据利用一定的算法内插生成。

DEM 数据是一种格网数据，即在一定距离的格网点上记录地面高程特性。检查 DEM 精度就是指检查这些格网点的高程精度，我们把格网点上地面实际高程称为真值，它是一个客观存在的值，但它又是不可知的。观测值，指用一定的测量手段，从实地或用来反映实地的介质(如航片、卫片等)上量取的高程值。

DEM 精度评定的几种方法有：

①选取典型地貌区域，用实地测量的方法测出格网点的真实高程值。这种方法无疑比较准确，但是太费时费力，成本太高。

②利用出版的地形图，借助一些读图工具，在地图上读取格网点的真实高程值。这是一种行之有效的方法，我们也经常应用。但是不难看出，从地图上读取高程值是一件既枯燥又麻烦的工作，而且，由于各人的视觉估计又不一样，难免降低了“真值”的可信度(特别是在一些地形复杂地区，读图有一定困难)。

③对于利用矢量数字地图插值生成的 DEM 数据，我们采用在计算机监视器上显示矢量地图，同时显示部分或全部格网点位置，利用计算机的放大和检索功能，用人机交互方式在计算机监视器上判读出格网点的真实高程值。这种方法与第二种方法有一定的相似性，也可以说是从第二种方法演变而来的，它具备了第二种方法的优点，并且它只需用鼠标在计算机监视器上操作，十分方便，而且由于在计算机监视器上可以随意将地图放大缩小或进行各种数学变换，可以较为准确地读出格网点的真实高程值。不过，这种方法要求事先已有准备好的比较精确的矢量数字地图，矢量数字地图的精度直接影响这种检查方法的可信度。

④立体图检查。显示一幅图的 DEM 数据的三维立体图像，在该图像上也可以看出本幅图的地形走向大致轮廓，同时还可看出个别高程异常点。

VirtuoZo 的 DEM 精度评定是利用 DEM 获取检查点坐标与检查点原始坐标进行对比，来检验 DEM 的精度。在 VirtuoZo 主界面上选择“DEM 生产”→“DEM 质量检查”，弹出如图 4-46 所示对话框。通过浏览按钮打开 DEM 文件和保密点文件，在界面左侧列表中即可显示每一个点的误差。一般操作步骤如下：

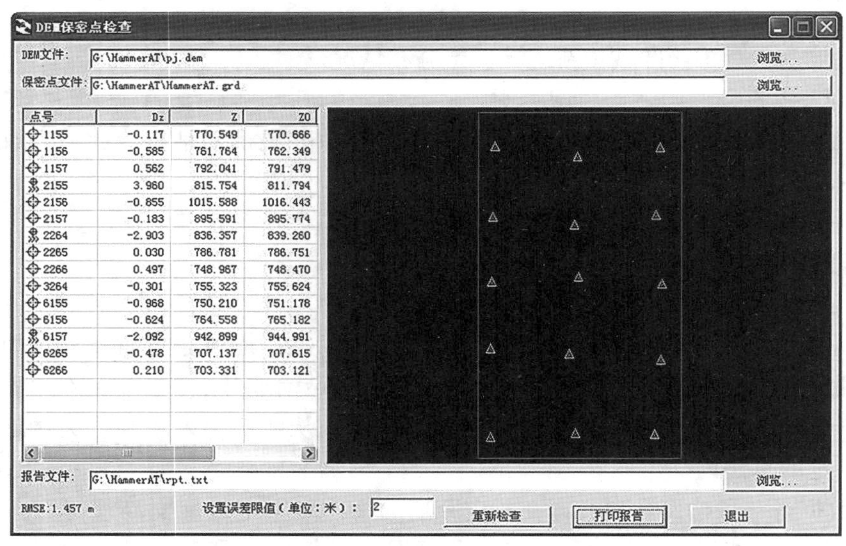

图 4-46　DEM 质量检查界面

①选择要进行检查的 DEM 文件。

②选择要进行检查的 DEM 对应的控制点或者加密点文件。

③设置输出报告的路径和名称。

④设置限差。

⑤选择“重新检查”按钮。

⑥选择“打印报告”按钮，查看检查结果。

DEM 质量检查界面说明：

浏览 DEM 文件：弹出文件对话框，选择要进行检查的 DEM 文件。

浏览保密点文件：弹出文件对话框，选择要进行检查的控制点或保密点文件。

浏览报告文件：弹出文件对话框，选择检查结果报告的保存路径和文件名。

设置调整限差：设置限差，单位为米，误差超过限差的点标示为，误差小于限差的点标示为。

重新检查：更改限差后，重新进行精度检查。

打印报告：输出检查结果并显示，如图 4-47 所示。

退出：退出程序。

保密点列表：从左至右共六行依次标示保密点点号、保密点误差、DEM 内插的保密点高程、保密点实际高程、保密点实际 *X* 坐标、保密点实际 *Y* 坐标。

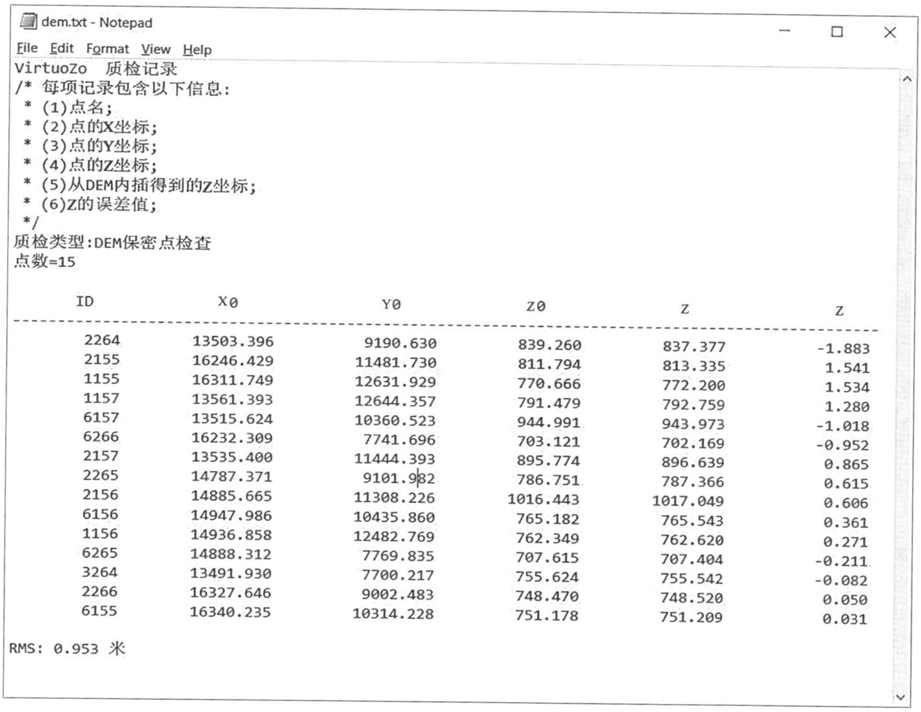

dem.txt - Notepad

File Edit Format View Help

VirtuoZo 质检记录
/* 每项记录包含以下信息：
 * (1)点名；
 * (2)点的X坐标；
 * (3)点的Y坐标；
 * (4)点的Z坐标；
 * (5)从DEM内插得到的Z坐标；
 * (6)Z的误差值；
 */
质检类型:DEM保密点检查
点数=15

ID	X0	Y0	Z0	Z	Z
2264	13503.396	9190.630	839.260	837.377	-1.883
2155	16246.429	11481.730	811.794	813.335	1.541
1155	16311.749	12631.929	770.666	772.200	1.534
1157	13561.393	12644.357	791.479	792.759	1.280
6157	13515.624	10360.523	944.991	943.973	-1.018
6266	16232.309	7741.696	703.121	702.169	-0.952
2157	13535.400	11444.393	895.774	896.639	0.865
2265	14787.371	9101.982	786.751	787.366	0.615
2156	14885.665	11308.226	1016.443	1017.049	0.606
6156	14947.986	10435.860	765.182	765.543	0.361
1156	14936.858	12482.769	762.349	762.620	0.271
6265	14888.312	7769.835	707.615	707.404	-0.211
3264	13491.930	7700.217	755.624	755.542	-0.082
2266	16327.646	9002.483	748.470	748.520	0.050
6155	16340.235	10314.228	751.178	751.209	0.031

RMS: 0.953 米

图 4-47 DEM 精度评定报告

第5章　数字正射影像(DOM)生产

5.1　基础知识

5.1.1　正射影像的概念

在进行航空摄影时，由于无法保证摄影瞬间航摄相机的绝对水平，得到的影像是一个倾斜投影的像片，像片各个部分的比例尺不一致；此外，根据光学成像原理，相机成像时是按照中心投影方式成像的，这样地面上的高低起伏在像片上就会存在投影差。要使影像具有地图的特性，需要对影像进行倾斜纠正和投影差的改正，经改正，消除各种变形后得到的平行光投影的影像就是正射影像。

作为数字摄影测量的主要产品之一的数字正射影像有如下特点：

第一，数字化数据。用户可按需要对比例尺进行任意调整、输出，也可对分辨率及数据量进行调整，直接为城市规划、土地管理等用图部门以及GIS用户服务，同时便于数据传输、共享、制版印刷。

第二，信息丰富。数字正射影像信息量大，地物直观、层次丰富、色彩(灰度)准确、易于判读。应用于城市规划、土地管理、绿地调查等方面时，可直接从图上了解或量测所需数据和资料，甚至能得到实地踏勘所无法得到的信息和数据，从而减少现场踏勘的时间，提高工作效率。

第三，专业信息。数字正射影像同时还具有遥感专业信息，通过计算机图像处理可进行各种专业信息的提取、统计与分析。如农作物、绿地的调查，森林的生长及病虫害，水体及环境的污染，道路、地区面积统计等。

5.1.2　正射影像的制作原理

传统的数字正射影像生产过程包括航空摄影、外业控制点的测量、内业的空中三角测量加密、DEM的生成和数字正射影像的生成及镶嵌。正射影像生产中的航空摄影、外业控制点的测量、内业的空中三角测量加密、DEM的生成等部分在前面几章已经进行了详细讨论，下面将讨论正射影像制作的原理。

正射影像制作最根本的理论基础就是构像方程：

$$\begin{cases} x = -f\dfrac{a_1(X_g - X_0) + b_1(Y_g - Y_0) + c_1(Z_g - Z_0)}{a_3(X_g - X_0) + b_3(Y_g - Y_0) + c_3(Z_g - Z_0)} \\ y = -f\dfrac{a_2(X_g - X_0) + b_2(Y_g - Y_0) + c_2(Z_g - Z_0)}{a_3(Xg - X_0) + b_3(Y_g - Y_0) + c_3(Z_g - Z_0)} \end{cases} \tag{5-1}$$

构像方程建立了物方点(地面点)和像方点(影像点)的数学关系，根据这个关系式，任意物方点都可以在影像上找到像点。正射影像的采集过程基本上就是获取物方点的像点过程，其原理如图 5-1 所示。

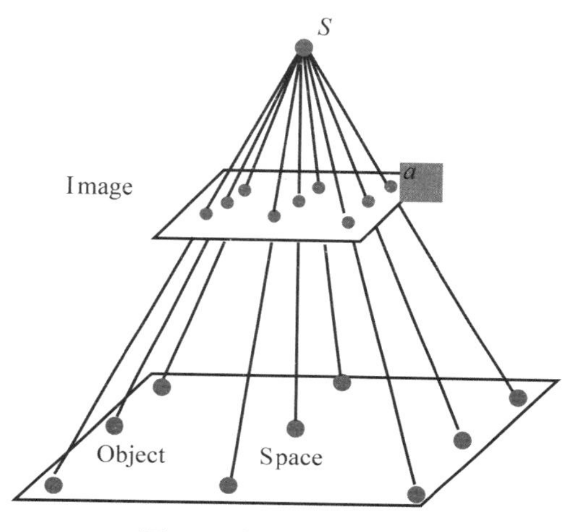

图 5-1 构像方程原理图

5.1.3 正射影像的制作技术

数字微分纠正与光学微分纠正一样，其基本任务是实现两个二维图像之间的几何变换。因此与光学微分纠正的基本原理一样，在数字微分纠正过程中，必须首先确定原始图像与纠正后图像之间的几何关系。设任意像元在原始图像和纠正后图像中的坐标分别为(x, y)和(X, Y)。它们之间存在着映射关系：

$$x = f_x(X, Y); \quad y = f_y(X, Y) \tag{5-2}$$

$$X = F_x(x, y); \quad Y = F_y(x, y) \tag{5-3}$$

公式(5-2)是由纠正后的像点坐标(X, Y)出发反求其在原始图像上的像点坐标(x, y)，这种方法称为反解法(或称为间接解法)。而公式(5-3)则反之，它是由原始图像上像点坐标(x, y)解求纠正后图像上相应点坐标(X, Y)，这种方法称为正解法(或称直接解法)。

在数控正射投影仪中，一般是利用反解公式(5-2)解求缝隙两端点(X_1, Y_1)和(X_2, Y_2)所对应的像点坐标(x_1, y_1)和(x_2, y_2)，然后由计算机解求纠正参数，通过控制系统驱动正射投影仪的机械、光学系统，实现线元素的纠正。

在数字纠正中，则是通过解求对应像元的位置，然后进行灰度的内插与赋值运算，这里之所以要进行灰度的内插是因为像元位置一般不会刚好落在某个像素上，而是位于某 4 个像素中间。下面结合将航空影像纠正为正射影像的过程分别介绍正解法与反解法的数字微分纠正以及数字图像插值采样。

1. 正解法采集正射影像

正解法数字微分纠正的原理如图 5-2 所示，它是从原始图像出发，将原始图像上逐个像元素，用正解公式(5-3)求得纠正后的像点坐标。这一方案存在着很大的缺点，即在纠正后的图像上，所得的像点是非规则排列的，有的像元素内可能出现“空白”(无像点)，而有的像元素为可能出现重复(多个像点)，因此很难实现灰度内插并获得规则排列的数字影像。

另外，在航空摄影测量情况下，其正算公式为：

$$
\begin{aligned}
X &= Z \cdot \frac{a_1 x + a_2 y - a_3 f}{c_1 x + c_2 y - c_3 f} \\
Y &= Z \cdot \frac{b_1 x + b_2 y - b_3 f}{c_1 x + c_2 y - c_3 f}
\end{aligned}
\tag{5-4}
$$

利用上述正算公式，还必须先知道 Z，但 Z 又是待定量 X，Y 的函数，为此，要由 x，y 求得 X，Y 必须先假定一近似值 Z_0，求得(X_1，Y_1) 后，再由 DEM 内插得该点(X_1，Y_1) 处的高程 Z_1；然后又由正算公式求得(X_2，Y_2)，如此反复迭代，如图 5-3 所示。因此，由正解公式(5-4) 式计算 X，Y，实际是由一个二维图像(x，y) 变换到三维空间(X，Y，Z) 的过程，它必须是个迭代求解过程。

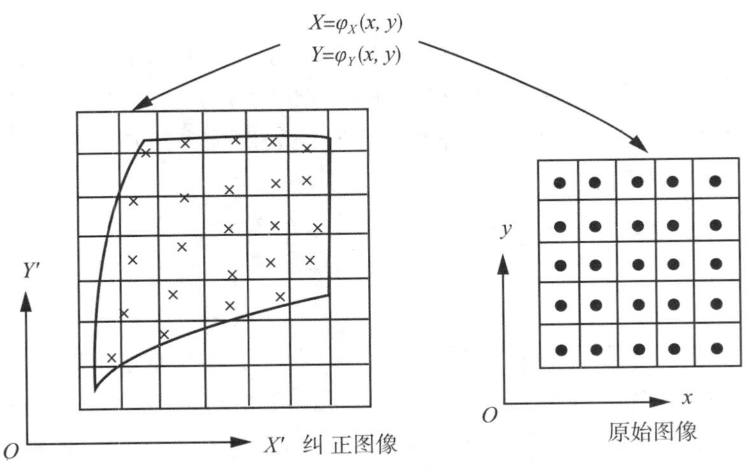

图 5-2　正解法数字纠正

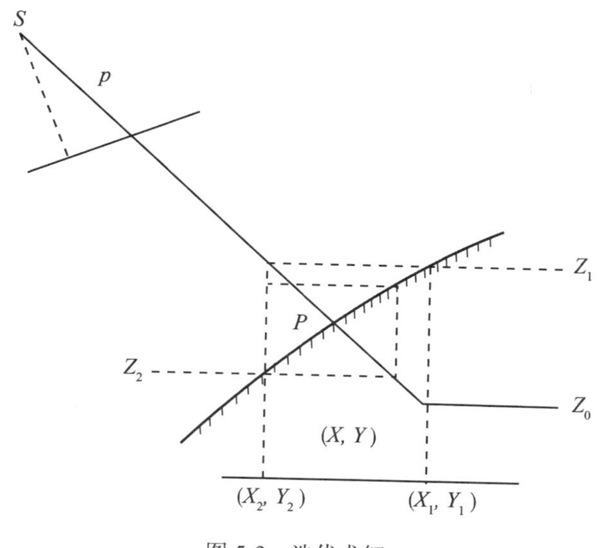

图 5-3 迭代求解

2. 反解法采集正射影像

第一，计算地面点坐标。

设正射影像上任意一点(像素中心) P 的坐标为 (X', Y')，由正射影像左下角图廓点地面坐标 (X_0, Y_0) 与正射影像比例尺分母 M 计算 P 点所对应的地面坐标 (X, Y) (如图5-3所示)：

$$\begin{aligned} X &= X_0 + M \cdot X' \\ Y &= Y_0 + M \cdot Y' \end{aligned} \tag{5-5}$$

第二，计算像点坐标。

应用反解公式(5-2) 计算原始图像上相应像点坐标 $p(x, y)$，在航空摄影情况下，反解公式为共线方程：

$$\left.\begin{aligned} x - x_0 &= -f\frac{a_1(X - X_s) + b_1(Y - Y_s) + c_1(Z - Z_s)}{a_3(X - X_s) + b_3(Y - Y_s) + c_3(Z - Z_s)} \\ y - y_0 &= -f\frac{a_2(X - X_s) + b_2(Y - Y_s) + c_2(Z - Z_s)}{a_3(X - X_s) + b_3(Y - Y_s) + c_3(Z - Z_s)} \end{aligned}\right\} \tag{5-6}$$

式中 Z 是 P 点的高程，由 DEM 内插求得。

但应注意的是，原始数字化影像是以行、列数进行计量的。为此，应利用影像坐标与扫描坐标之间的关系，求得相应的像元素坐标，但也可以由 X, Y, Z 直接解求扫描坐标行、列号 I, J。由

$$\lambda_0\begin{bmatrix} x - x_0 \\ y - y_0 \\ -f \end{bmatrix} = \begin{bmatrix} a_1 & b_1 & c_1 \\ a_2 & b_2 & c_2 \\ a_3 & b_3 & c_3 \end{bmatrix}\begin{bmatrix} X - X_s \\ Y - Y_s \\ Z - Z_s \end{bmatrix} = \lambda\begin{bmatrix} m_1 & m_2 & 0 \\ n_1 & n_2 & 0 \\ 0 & 0 & 1 \end{bmatrix}\begin{bmatrix} I - I_0 \\ J - J_0 \\ -f \end{bmatrix}$$

$$\lambda\begin{bmatrix} I-I_0 \\ J-J_0 \\ -f \end{bmatrix} = \begin{bmatrix} m_1' & m_2' & 0 \\ n_1' & n_2' & 0 \\ 0 & 0 & 1 \end{bmatrix}\begin{bmatrix} a_1 & b_1 & c_1 \\ a_2 & b_2 & c_2 \\ a_3 & b_3 & c_3 \end{bmatrix}\begin{bmatrix} X-X_s \\ Y-Y_s \\ Z-Z_s \end{bmatrix}$$

简化后即可得:

$$I = \frac{L_1X + L_2Y + L_3Z + L_4}{L_9X + L_{10}Y + L_{11} + 1}$$
$$J = \frac{L_5X + L_6Y + L_7Z + L_8}{L_9X + L_{10}Y + L_{11} + 1} \tag{5-7}$$

根据公式(5-7) 即可由 X, Y, Z 直接获得数字化影像的像元素坐标。

3. 数字图像插值采样

当欲知不位于矩阵(采样) 点上的原始函数 $g(x, y)$ 的数值时就需进行内插，此时称为重采样(resampling)，意即在原采样的基础上再一次采样。每当数字影像进行几何处理时总会产生这一问题，其典型的例子为影像的旋转、核线排列与数字纠正等。栅格 DEM 在处理中也存在相同的问题。显然在数字影像处理的摄影测量应用中常常会遇到一种或多种这样的几何变换，因此重采样技术对摄影测量学是很重要的。

根据采样理论可知，当采样间隔 Δx 等于或小于$\frac{1}{2}f_l$，而影像中大于f_l 的频谱成分为零时，则原始影像 $g(x)$ 可以由下式计算恢复:

$$g(x) = \sum_{k=-\infty}^{+\infty} g(k\Delta x) \cdot \delta(x - k\Delta x) \cdot \frac{\sin 2\pi f_l x}{2\pi f_l x}$$
$$= \sum_{k=-\infty}^{+\infty} g(k\Delta x) \frac{\sin 2\pi f_l (x - k\Delta x)}{2\pi f_l (x - k\Delta x)} \tag{5-8}$$

式(5-8)可以理解为原始影像与 sinc 函数的卷积，取用了 sinc 函数作为卷积核。但是这种运算比较复杂，所以常用一些简单的函数代替 sinc 函数。以下介绍三种实际上常用的重采样方法。

第一，双线性插值法。

双线性插值法的卷积核是一个三角形函数，表达式为:

$$W(x) = 1 - x, \quad 0 \leqslant |x| \leqslant 1 \tag{5-9}$$

可以证明，利用式(5-9)作卷积对任一点进行重采样与用 sinc 函数有一定的近似性。此时需要该点 P 邻近的 4 个原始像元素参加计算，如图 5-4 所示。图 5-4 中“b”表示式(5-9)的卷积核图形在沿 x 方向进行重采样时所应放的位置。

计算可沿 x 方向和 y 方向分别进行。即先沿 y 方向分别对点 a, b 的灰度值重采样。再利用这两点沿 x 方向对 P 点重采样。在任一方向作重采样计算时，可使卷积核的零点与 P 点对齐，以读取其各原始像元素处的相应数值。实际上可以把两个方向的计算合为一个，即按上述运算过程，经整理归纳以后直接计算出4个原始点对点P所作贡献的“权” 值，以构成一个 2×2 的二维卷积核 $\boldsymbol{W}$(权矩阵)，把它与 4 个原始像元灰度值构成的 2×2 点阵 $\boldsymbol{I}$ 作哈达玛(Hadamard)积运算得出一个新的矩阵。然后把这些新的矩阵元素相累加，即可得到重采样点的灰度值 $I(P)$ 为

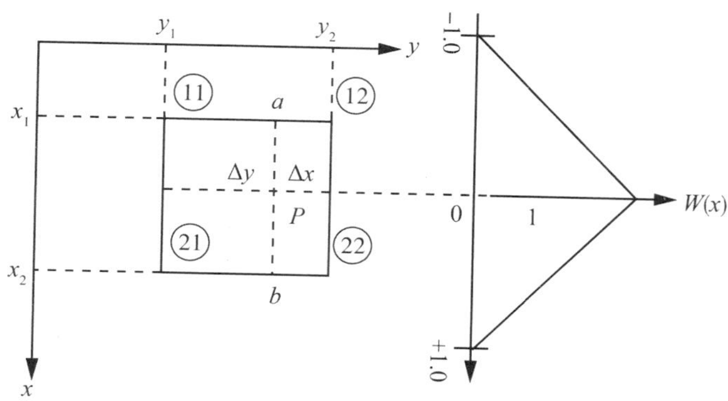

图 5-4　P 点与其临近的 4 个原始像元素

$$I(P)=\sum_{i=1}^{2}\sum_{j=1}^{2}\boldsymbol{I}(i,\ j)\cdot\boldsymbol{W}(i,\ j) \tag{5-10}$$

其中

$$\boldsymbol{I}=\begin{bmatrix} I_{11} & I_{12} \\ I_{21} & I_{22} \end{bmatrix} \qquad \boldsymbol{W}=\begin{bmatrix} W_{11} & W_{12} \\ W_{21} & W_{22} \end{bmatrix}$$

$$W_{11}=W(x_1)W(y_1)\ ; \qquad W_{12}=W(x_1)W(y_2)$$

$$W_{21}=W(x_2)W(y_1)\ ; \qquad W_{22}=W(x_2)W(y_2)$$

而此时按式(5-9) 及图 5-4，有

$$W(x_1)=1-\Delta x;\quad W(x_2)=\Delta x;\quad W(y_1)=1-\Delta y;\quad W(y_2)=\Delta y$$

$$\Delta x=x-\mathrm{INT}(x)$$

$$\Delta y=y-\mathrm{INT}(y)$$

INT 表示取整。

点 P 的灰度重采样值为：

$$\begin{aligned} I(P) &= W_{11}I_{11}+W_{12}I_{12}+W_{21}I_{21}+W_{22}I_{22} \\ &= (1-\Delta x)(1-\Delta y)I_{11}+(1-\Delta x)\Delta yI_{12}+\Delta x(1-\Delta y)I_{21}+\Delta x\Delta yI_{22} \end{aligned} \tag{5-11}$$

第二，双三次卷积法。

卷积核也可以利用三次样条函数。

Rifman 提出的下列式(5-12)的三次样条函数比较更接近于 sinc 函数。其函数值为

$$\begin{aligned} W_1(x) &= 1-2x^2+|x|^3, & 0\leqslant |x|\leqslant 1 \\ W_2(x) &= 4-8|x|+5x^2-|x|^3, & 1\leqslant |x|\leqslant 2 \\ W_3(x) &= 0, & 2\leqslant |x| \end{aligned} \tag{5-12}$$

利用式(5-12) 作卷积核对任一点进行重采样时，需要该点四周 16 个原始像元参加计算，如图5-5所示。计算可沿x，y两个方向分别运算，也可以一次求得16个邻近点对重采样点 P 的贡献的“权” 值。此时

$$I(P)=\sum_{i=1}^{4}\sum_{j=1}^{4}\boldsymbol{I}(i,\ j)\cdot\boldsymbol{W}(i,\ j) \tag{5-13}$$

$$\boldsymbol{I}=\begin{bmatrix} I_{11} & I_{12} & I_{13} & I_{14} \\ I_{21} & I_{22} & I_{23} & I_{24} \\ I_{31} & I_{32} & I_{33} & I_{34} \\ I_{41} & I_{42} & I_{43} & I_{44} \end{bmatrix} \quad \boldsymbol{W}=\begin{bmatrix} W_{11} & W_{12} & W_{13} & W_{14} \\ W_{21} & W_{22} & W_{23} & W_{24} \\ W_{31} & W_{32} & W_{33} & W_{34} \\ W_{41} & W_{42} & W_{43} & W_{44} \end{bmatrix}$$

$$W_{11}=W(x_1)W(y_1)$$
$$\cdots$$
$$W_{44}=W(x_4)W(y_4)$$
$$W_{ij}=W(x_i)W(y_j)$$

其中，

$$x\text{方向：}\begin{cases} W(x_1)=W(1+\Delta x)=-\Delta x+2\Delta x^2-\Delta x^3 \\ W(x_2)=W(\Delta x)=1-2\Delta x^2+\Delta x^3 \\ W(x_3)=W(1-\Delta x)=\Delta x+\Delta x^2-\Delta x^3 \\ W(x_4)=W(2-\Delta x)=-\Delta x^2+\Delta x^3 \end{cases}$$

$$y\text{方向：}\begin{cases} W(y_1)=W(1+\Delta y)=-\Delta y+2\Delta y^2-\Delta y^3 \\ W(y_2)=W(\Delta y)=1-2\Delta y^2+\Delta y^3 \\ W(y_3)=W(1-\Delta y)=\Delta y+\Delta y^2-\Delta y^3 \\ W(y_4)=W(2-\Delta y)=-\Delta y^2+\Delta y^3 \end{cases}$$

而按式(5-13)及图 5-5 的关系

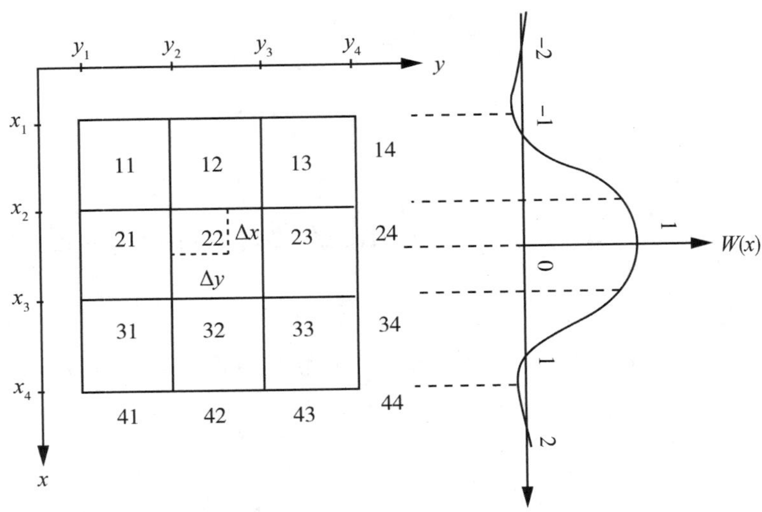

图 5-5 重采样点的灰度值之间的关系

$$\begin{cases}\Delta x = x - \mathrm{INT}(x) \\ \Delta y = y - \mathrm{INT}(y)\end{cases}$$

利用上述三次样条函数重采样的中误差约为双线性内插法的$\frac{1}{3}$，但计算工作量增大。

第三，最邻近像元法。

直接取与 $P(x, y)$ 点位置最近像元 N 的灰质值为核点的灰度作为采样值，即

$$I(P) = I(N)$$

N 为最邻近点，其影像坐标值为

$$\begin{cases}x_N = \mathrm{INT}(x + 0.5) \\ y_N = \mathrm{INT}(y + 0.5)\end{cases} \tag{5-14}$$

以上三种重采样方法以最邻近像元法最简单，计算速度快且能不破坏原始影像的灰度信息。但其几何精度较差，最大可达到 0.5 像元。前两种方法几何精度较好，但计算时间较长，特别是双三次卷积法较费时。在一般情况下用双线性插值法较宜。

5.2 正射影像制作

正射影像制作过程就是一个微分纠正的过程。传统方法的摄影测量中微分纠正利用光学方法纠正图像。例如在模拟摄影测量中应用纠正仪将航摄像片纠正成为像片平面图，在解析摄影测量中利用正射投影仪制作正射影像地图。随着近代遥感技术中许多新的传感器的出现，产生了不同于经典的框幅式航摄像片的影像，使得经典的光学纠正仪器难以适应这些影像的纠正任务，而且这些影像中有许多本身就是数字影像，不便使用这些光学纠正仪器。使用数字影像处理技术，不仅便于影像增强、反差调整等，而且可以非常灵活地应用到影像的几何变换中，形成数字微分纠正技术。根据有关的参数与数字地面模型，利用相应的构像方程式，或按一定的数学模型用控制点解算，从原始非正射投影的数字影像获取正射影像，这种过程是将影像化为很多微小的区域逐一进行，且使用的是数字方式处理。

5.2.1 按模型生产正射影像

按模型生产当前模型正射影像只生产当前模型的正射影像。具体操作：在 VirtuoZo 主菜单中，选择“DOM 生产”→“生成正射影像”菜单项，系统自动进行单模型正射影像的生成，其生产参数在系统的“设置”功能中的“正射影像参数”对话框中指定。具体操作：选择“设置”→“正射影像参数”菜单项，系统弹出“设置正射影像”对话框，如图 5-6 所示。

相关参数设置含义如下：

1. 正射影像参数

输出文件：定义所生成的正射影像文件名。

左下角 X、Y：指定所生成的正射影像左下角坐标。

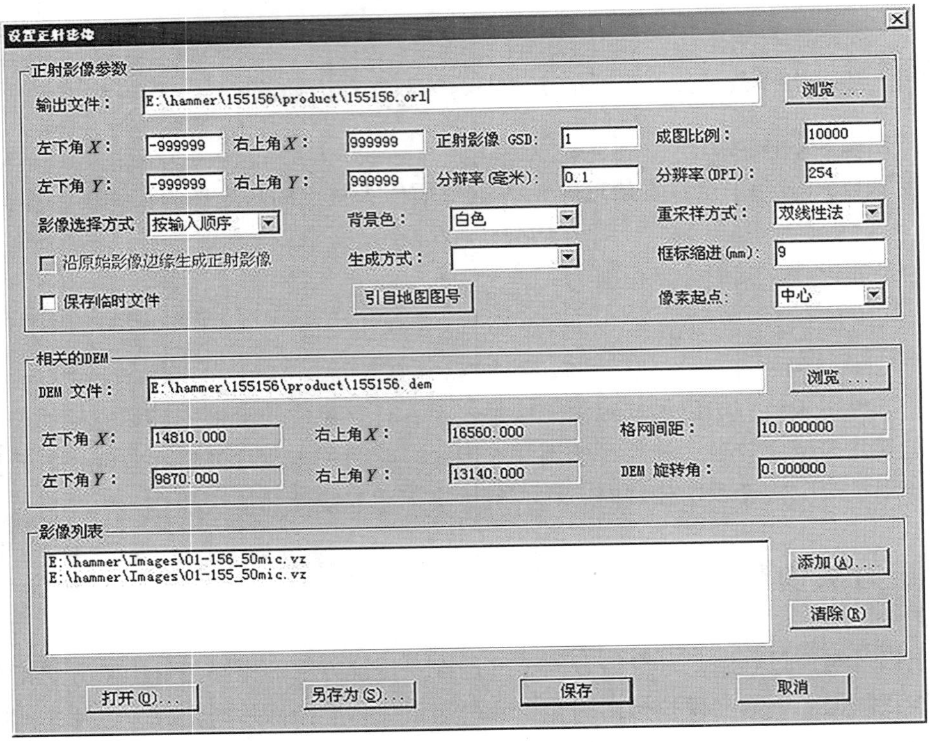

图 5-6　正射影像参数

右上角 X、Y：指定所生成的正射影像右上角坐标。

正射影像 GSD：指定所生成的正射影像的地面分辨率。单位为米/像素。

成图比例：正射影像比例尺分母。该值同正射影像 GSD 相互关联，输入其中一个，另一个将随之自动调整。

分辨率(毫米)、分辨率(DPI)：成图分辨率。单位分别为毫米(mm)和点/英寸(DPI)，输入其中一个，另一个将随之自动调整。

影像选择方式：

影像的采集顺序，有三个选项：按输入顺序、与输入相反的顺序和按最近顶点。

背景色：指定所生成的正射影像的背景色，有黑色和白色两个选项。

重采样方式：

指定生成正射影像所采用的重采样方法，有三个选项：邻近点法、双线性法和双三次法。

沿原始影像边缘生成正射影像：选中该选项，则系统在生成正射影像时，将按照原始影像可覆盖到的边界范围来生成正射影像，而不是按照 DEM 的范围来生成正射影像。当 DEM 的边界范围大于原始影像覆盖范围时，选择此功能可减少正射影像的数据量。如果选择使用三角网生成方式，该选项变灰。

框标缩进：为避免在纠正原始影像时在框标处采样，可以设置一个框标缩进值。对于量测相机影像默认缩进值为 9 毫米。其他类型影像无缩进。

生成方式：有三角网和矩形格网两个选项。三角网能够更详细地表达地面信息，系统可以使用强制构造三角网信息，对影像，特别是山脊、断裂等地貌的影像进行较好的纠正。使用矩形格网，生成速度较快，但纠正的效果不及三角网好。

保存临时文件：选中此项，系统在同级目录下保存纠正单张原始影像时得到的正射影像。

引自地图图号：引入地图图幅编号，从而确定生成正射影像的坐标范围。

像素起点：

在像素起点下拉列表中选择像素起点的位置：中心、左上角、左下角。

2. 相关的 DEM

DEM 文件：指定生成正射影像所使用的 DEM。

左下角 X、Y：显示 DEM 的左下角坐标。

右上角 X、Y：显示 DEM 的右上角坐标。

格网间距：显示 DEM 的格网间距。

DEM 旋转角：显示 DEM 的旋转角度。

3. 影像列表

生成正射影像所使用的原始影像，可以为单张或多张影像，选择添加和清除按钮来增加和减少影像。

4. 按钮说明

打开：打开其他正射影像参数文件，进行修改。

另存为：把当前参数另存为其他文件。

保存：参数存盘退出，影像参数将存放在“〈当前立体模型目录名〉\〈当前立体模型名〉.otp”文件中。

取消：取消本次操作并退出。

正射影像结果文件：

缺省情况下，由单模型生成的正射影像文件“〈立体模型名〉.orl”或“〈立体模型名〉.orr”，存放于“〈测区目录名〉\〈立体模型名〉\ product”目录中。

5.2.2 多影像生成正射影像

一次生成多模型正射影像可以生成一个 DEM 对应的所有原始影像的正射影像，同时也可以进行拼接，最终只输出一个整体的正射影像。具体操作：先生成多模型的 DEM，或拼接整体 DEM，然后在 VirtuoZo 主菜单中，选择“DOM 生产”→“正射影像”制作菜单项，弹出“根据原始影像和 DEM 采集正射影像”对话框，如图 5-7 所示对话框。用户可以在此设置正射影像的参数。

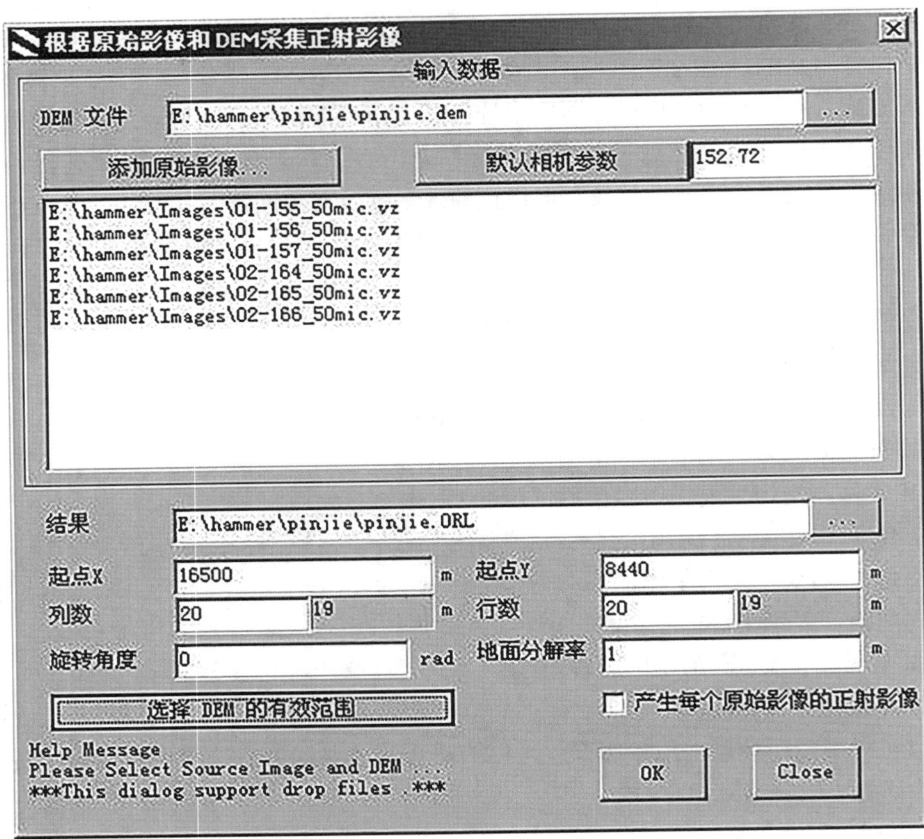

图 5-7 正射影像制作界面

相关参数设置含义如下：

DEM 文件：选择 DEM 文件右边的浏览按钮，打开“ *. DEM”文件。

添加原始影像：选择引入与打开的 DEM 对应的原始影像。

默认相机参数：选择引入原始影像对应的相机参数。

结果：定义生成正射影像的文件名。

起点 X：生成正射影像左下角起始点 X 坐标。

起点 Y：生成正射影像左下角起始点 Y 坐标。

列数：生成正射影像的列数。

行数：生成正射影像的行数。

旋转角度(以弧度为单位)：正射影像旋转。

地面分辨率：正射影像的地面分辨率，单位米/像素。

产生每个原始影像的正射影像：选择此复选框，则系统自动生成 DEM 对应的每个原始影像的正射影像。

选择 DEM 的有效范围：选择该按钮，系统弹出如图 5-8 所示界面，用户可以在此设置生成正射影像的范围以及旋转角度。

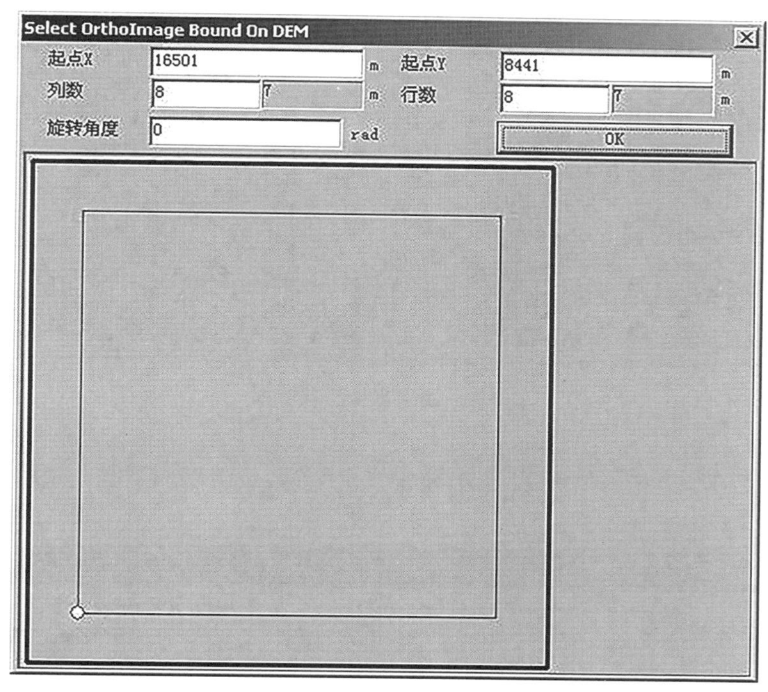

图 5-8 正射影像制作设置 DEM 范围

第二种方式与第一种方式相同之处在于两者都要先生成多模型的 DEM，然后由多模型的 DEM 生成多影像的正射影像，不同之处在于采用第二种方式制作正射影像的同时可以对正射影像进行裁剪。

5.3 正射影像拼接

正射影像起着重要的基础数据信息层的作用，而在应用过程中，当研究区域处于几幅图像的交界处或研究区很大，需多幅图像才能覆盖时，图像的拼接就必不可少了。如果对相邻影像间的辐射度的差异不做任何处理进行影像拼接时，往往会在拼接线处产生假边界，这种假边界会给影像的判读带来困难和误导，同时也影响了影像地图的整体效果。此外，在影像的获取过程中，由于各种环境因素使得每条航带内的影像和航带间相互连接的影像都存在色差、亮度等多方面不同程度的差异，故我们生产正射影像制作中需要用软件来对影像进行处理。

在 VirtuoZo 系统主菜单中，选择菜单“DOM 生产”→“正射影像拼接”选项，屏幕弹出“OrthoMzx”对话框，如图 5-9 所示。

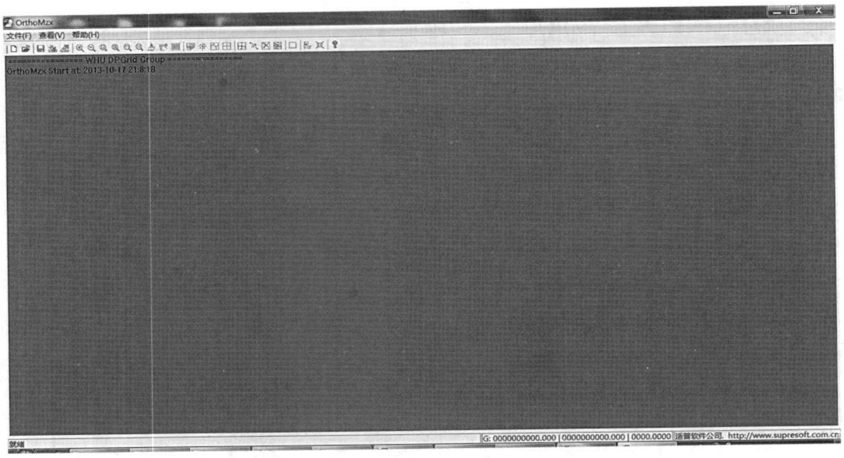

图 5-9　正射影像拼接界面

然后选择菜单“文件”→“新建”菜单项，弹出“参数设置”对话框，如图 5-10 所示。

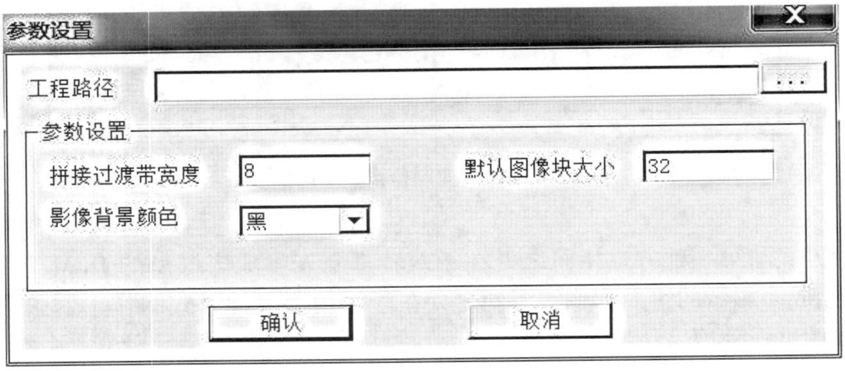

参数设置

工程路径

参数设置

拼接过渡带宽度 8　默认图像块大小 32

影像背景颜色 黑

确认　取消

图 5-10　参数设置

选择“工程路径”，新建工程文件，弹出“打开”对话框，如图 5-11 所示。

点击“打开”按钮，新建工程成功，点击“文件”→“添加影像”菜单项，添加需要拼接的正射影像，选择“处理”→“生成拼接线”菜单项，即生成了红色的拼接线，如图 5-12 所示。

选择“处理”→“编辑拼接线”菜单项，即可开始用鼠标编辑拼接线。用鼠标移动或者添加拼接线上的节点，拼接线变化后即可查看拼接效果。通过调整拼接线使拼接线两边的影像过渡更自然，色差更小。

选择“处理”→“拼接影像”，即开始按照拼接线拼接影像，拼接完的成果放在工程目录下。

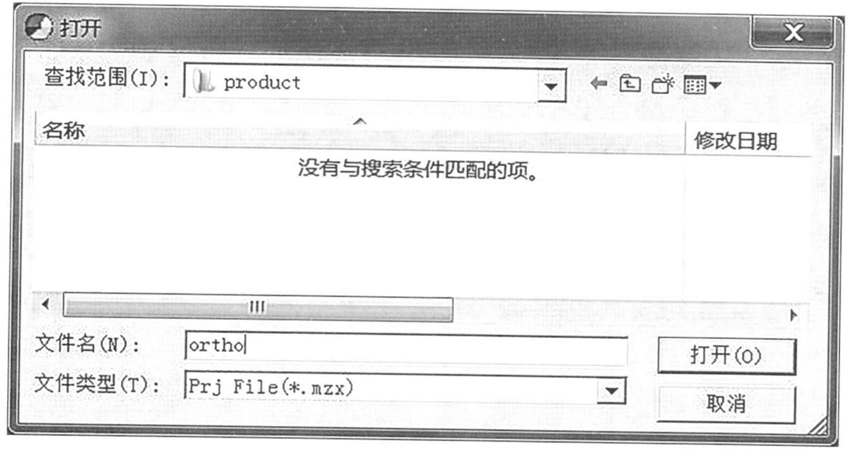

图 5-11 打开正射影像拼接工程

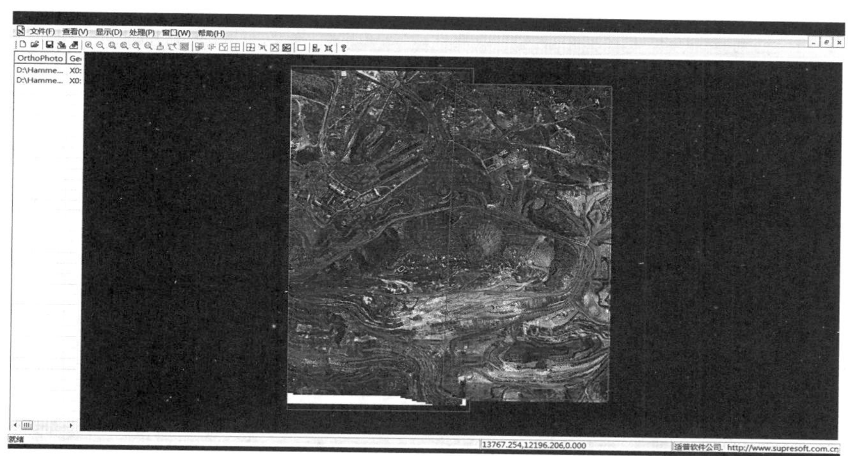

图 5-12 正射影像拼接生成拼接线

5.4 正射影像编辑

自动生成的大比例尺的正射影像，对于高大的建筑物、高悬于河流之上的大桥及高差较大的地物，它们很可能会出现严重的变形。对于用左右片(或多片)同时生成的正射影像，有时还会在影像接边处出现重影等情况。这些变形会对实际生产造成不利的影响，可采取正射影像修补的方法对其进行校正。

1. 进入 OrthoEdit 界面

在 VirtuoZo 界面上选择“DOM 生产”→“正射影像编辑”菜单项，系统弹出 OrthoEdit 窗口，如图 5-13 所示。

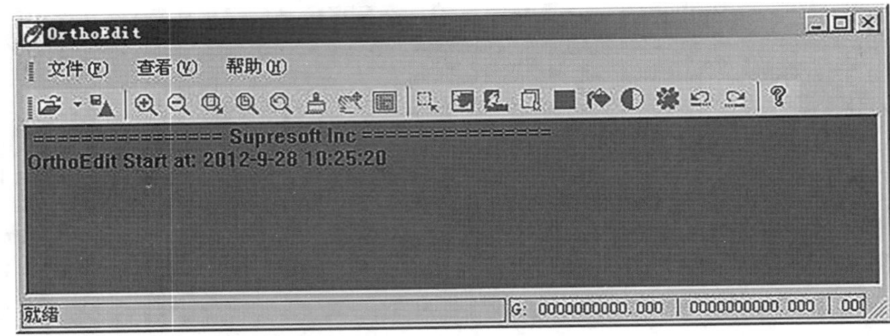

图 5-13　正射影像编辑

2. 打开正射影像

在 OrthoEdit 窗口中选择“文件”→“打开”菜单项，在系统弹出的打开对话框中选择需要进行编辑的正射影像，然后选择“打开”按钮，系统即显示影像视图，如图 5-14 所示。

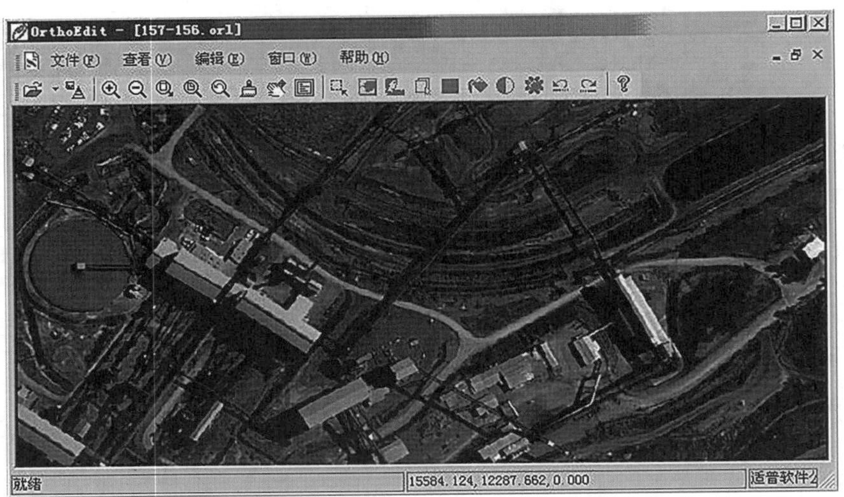

图 5-14　正射影像编辑打开影像后

在“正射影像编辑”操作界面中，打开待编辑的正射影像后，还需要通过文件菜单中的“载入 DEM”和“载入 VZ 测区”将正射影像对应的 DEM 和原始测区数据读入系统。载入 DEM 操作需要选择正射影像对应的 DEM 文件，而载入 VZ 测区需要选择整个生产正射影像的测区，界面如图 5-15 所示。

载入后 DEM 将会通过显示等高线的方式表示出来，等高线显示参数可以通过设置参数进行修改，载入后结果如图 5-16 所示。

3. 选择区域

选择“编辑”→“选择区域”菜单项，或者选择右键，在弹出的编辑菜单中，选择“选择

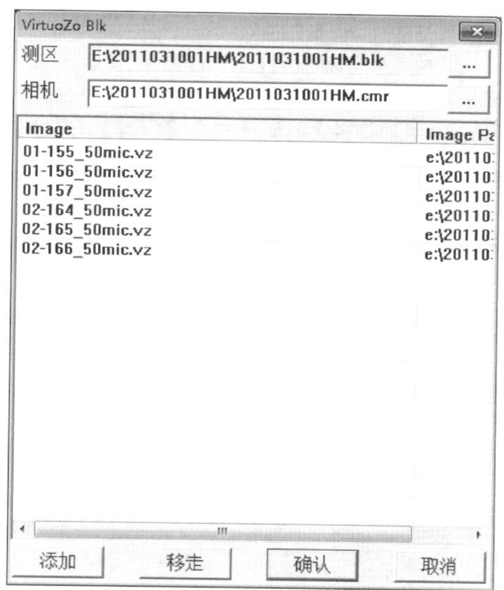

图 5-15　载入 VZ 测区

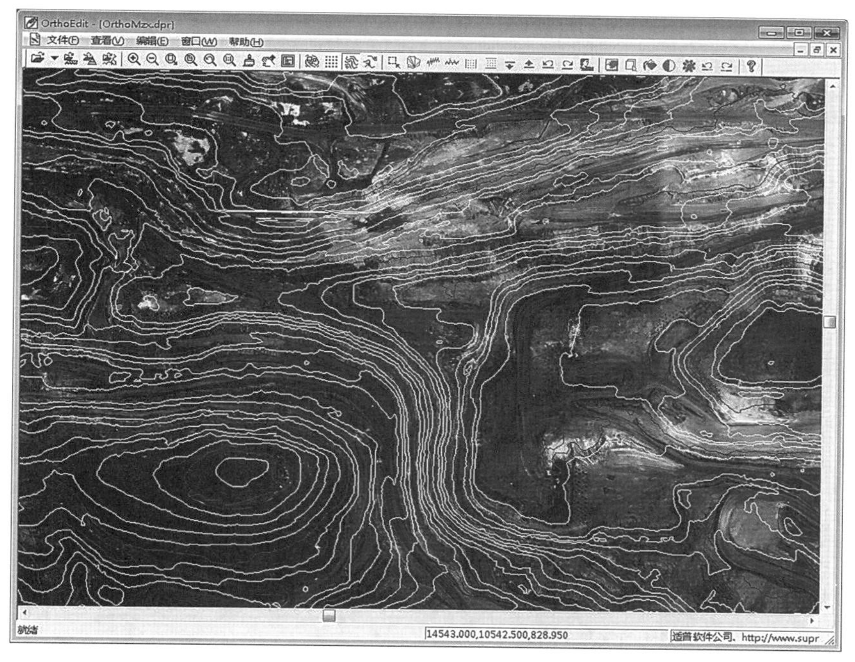

图 5-16　载入正射影像对应参数后界面

区域”，即可用鼠标左键在影像上选择多边形区域进行编辑，如图 5-17 所示。

4. 编辑

在选择了需要编辑的区域后，即可进行编辑处理。OrthoEdit 支持多种方式编辑正射影像，包括修改 DEM 重纠，调用 Photoshop 处理，参考影像替换，挖取原始影像填补，指

图 5-17　选择编辑区域

定颜色填充，匀色匀光和调整亮度对比度等。

编辑 DEM 后重新生产局部正射影像：

编辑 DEM 修改一定要先载入相关数据后才可以进行编辑操作，编辑操作是个交互操作的过程，其基本原理是修改正射影像对应区域的 DEM 值，然后对局部进行重新生成正射影像。对 DEM 编辑修改的工具很多，例如“拟合”“平滑”“取平均”“*X* 方向内插”“*Y* 方向内插”等，几乎包含了 DEM 编辑里面的所有编辑方法，其编辑原理也与 DEM 编辑模块的一模一样。选择了一个区域后，按鼠标右键就可以看到 DEM 编辑的可用功能，如图 5-18 所示。

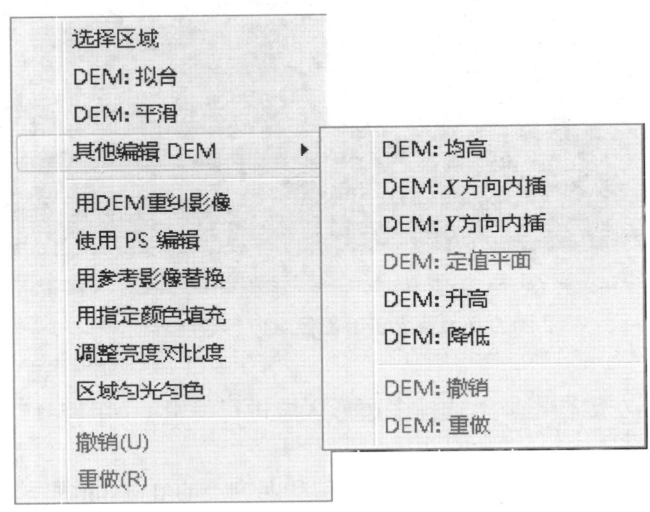

图 5-18　选择区域后 DEM 编辑

选择一个功能对 DEM 修改了，对应的等高线也会实时发生变化，因此可以根据等高线的情况判断编辑操作是否合理。DEM 修改完成后，还需要在右键菜单中选择“用 DEM 重新纠正影像”，此时选择区域内的影像会重新生成并实时更新到界面上。

最简单的编辑 DEM 区域更新操作：选择一个区域，先选用“DEM 拟合”，再选用“用 DEM 重纠影像”编辑前后效果对比如图 5-19 所示。

图 5-19 修改 DEM 编辑正射影像效果

调用 PS 处理：选择菜单栏中的“编辑”→“调用 PS 处理”菜单项，或者选择工具栏中的调用 Photoshop 处理按钮。第一次调用 Photoshop，会提示用户设置 Photoshop. exe 的路径，如图 5-20 所示。

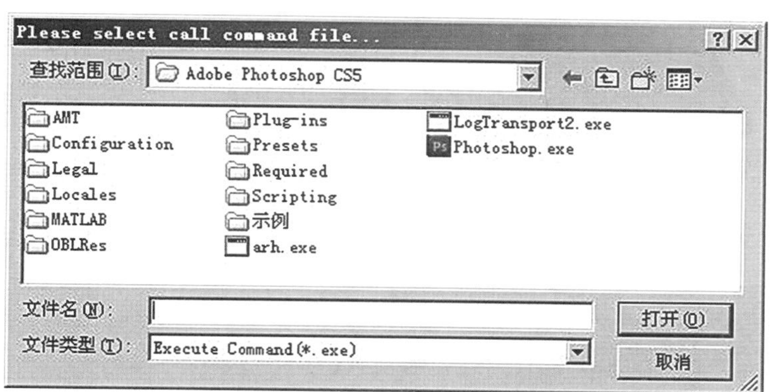

图 5-20 指定 Photoshop 软件路径

设置正确即可进入 Photoshop 界面，如图 5-21 所示，在 Photoshop 中处理完毕后，保存退出，OrthoEdit 中影像被编辑的部分即更新了编辑结果。

修改 DEM 重纠影像：选择菜单栏中的“编辑”→“修改 DEM 重纠影像”菜单项，或者选择工具栏中的修改 DEM 重纠影像，即弹出修改 DEM 重新采集正射影像对话框，如图 5-22 所示。设置 DEM 文件的路径，选择原始影像文件(原始影像所在文件夹下需要有

图 5-21　在 Photoshop 中处理

对应的 IOP 文件、相机文件和 SPT 文件)。这时候可以点击 DEM 编辑按钮进行 DEM 编辑，也可不做 DEM 编辑，直接点正射纠正按钮，重新采集正射影像，纠正完毕后在对话框左边窗口中会显示纠正后的结果，最后选择“确认”按钮，退出即可更新所选区域。

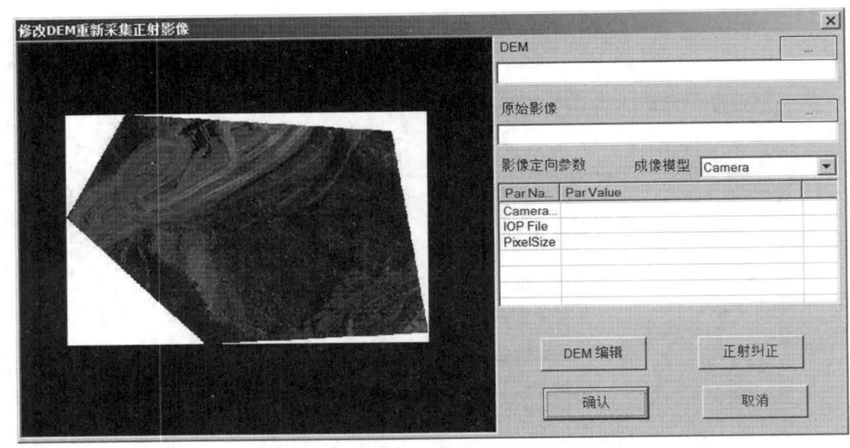

图 5-22　修改 DEM

用参考影像替换：选择菜单栏中的“编辑”→“用参考影像替换”菜单项，或者选择工具栏中的用参考影像替换，进入复制参考影像对话框，如图 5-23 所示。使用“添加参考影像”和“移走参考影像”按钮，可将用作参考的正射影像文件添加到或移出左侧的影像列表。添加了影像后，点击“确认”按钮即可用参考影像对应部分替换所选区域。

从原始影像挖取：选择菜单栏中的“编辑”→“从原始影像挖取”菜单项，或者选择工

图 5-23 从参考影像挖取

具栏中的“从原始影像挖取”，在弹出的文件对话框中，选取一张原始影像，进入到从原始影像挖取对话框。

用指定颜色填充：选择菜单栏中的“编辑”→“从指定颜色填充”菜单项，或者选择工具栏中的“用指定颜色填充”，在弹出的颜色对话框中选取一种颜色，选择“确定”按钮即可用该颜色填充所选区域。

调整亮度对比度：选择菜单栏中的“编辑”→“调整亮度对比度”菜单项，或者选择工具栏中的“调整亮度对比度”，即可进入亮度对比度调节对话框。使用鼠标调整亮度和对比度滚动条的位置，如图 5-24 所示，选择“保存”按钮即可改变所选区域的亮度和对比度。

图 5-24 亮度对比度调节

匀色匀光：选择菜单栏中的“编辑”→“匀色匀光”菜单项，或者选择工具栏中的匀色匀光，进入匀色匀光对话框，如图 5-25 所示。调整色彩相关系数和亮度相关系数，勾选“匀色”和“匀光”，即进行相应的处理。点击“结果预览”按钮可以预览处理结果。选择“保存”按钮即可保存对所选区域处理的结果。

图 5-25　匀色和匀光处理

5. 保存退出

选择“文件”→“保存”菜单项，可保存当前编辑结果，全部编辑完成并保存后，可选择“文件”→“退出”菜单项退出程序。

5.5　正射影像图制作

正射影像图的制作是根据像片的内外方位元素和地面数字高程模型对数字化的航空影像(黑白/彩色)或遥感影像进行逐像元辐射改正、数字微分纠正，得其正射影像，再进行影像镶嵌、图廓裁切、图幅整饰及数据复合而成的。目前，随着计算机技术和影像处理技术的发展，以数字形式存在的影像图件在生产技术上日趋成熟并不断完善，已经占据主导地位，并与方兴未艾的城市 GIS 技术相得益彰，应用广泛。特别是数字影像图在色彩处理方面的优越性，使其更具应用价值。利用正射影像图勾绘地物图形进行地形图生产，就是曾经广为应用的像片图测图，这种技术现在仍然有生命力。同时，由于城市基本地形和像控点数据变化较小，形成了有效的可持续利用的 DEM 和像控点库，使正射影像图生产更为经济和快捷。

1. 启动 DiPlot 界面

在 VirtuoZo 界面上选择“DOM 生产”→“影像地图制作”菜单项，系统弹出“DiPlot”窗口。在“DiPlot”界面，选择“文件”→“打开”菜单项，在系统弹出的打开对话框中选择需要进行图廓整饰的正射影像，然后选择“打开”按钮，系统即显示影像，如图 5-26 所示。

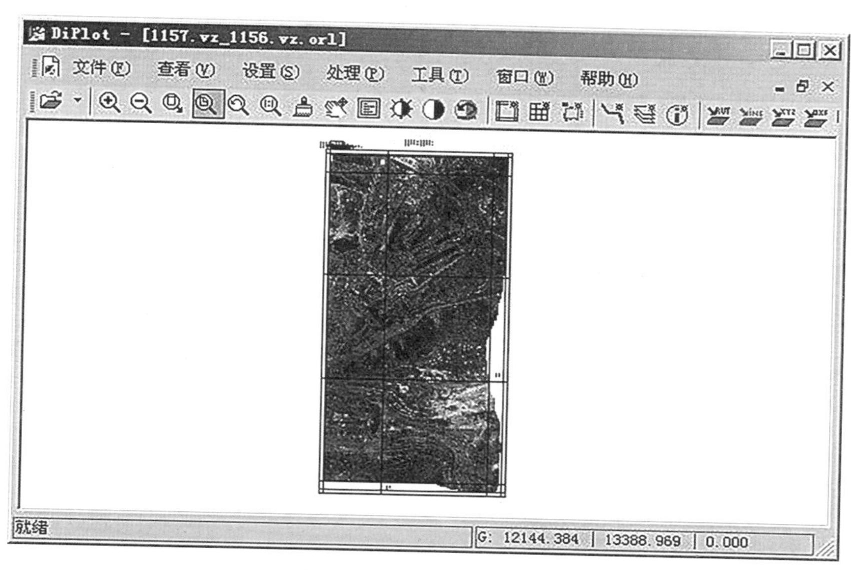

图 5-26 DiPlot 主界面

2. 引入数据

在“DiPlot”界面，使用“处理”菜单中的“引入设计数据、引入调绘数据、引入测图数据、引入 CAD 数据”可分别引入对应格式的矢量数据；使用“处理”菜单中的“删除矢量数据”，可删除引入的矢量；使用“处理”菜单中的“添加路线、添加直线、添加文本”菜单项，可直接在地图上绘制路线、直线和文本注记。

3. 设置参数

在“DiPlot”界面，使用“设置”菜单中的各个菜单项，可以设置影像图的各个参数。

设置图廓参数：在“DiPlot”窗口，选择“设置”→“设置图廓参数”菜单项，进入图框设置对话框，如图 5-27 所示。

左上 *X*：左上角图廓 *X* 地面坐标。右上 *X*：右上角图廓 *X* 地面坐标。

左上 *Y*：左上角图廓 *Y* 地面坐标。右上 *Y*：右上角图廓 *Y* 地面坐标。

左下 *X*：左下角图廓 *X* 地面坐标。右下 *X*：右下角图廓 *X* 地面坐标。

左下 *Y*：左下角图廓 *Y* 地面坐标。右下 *Y*：右下角图廓 *Y* 地面坐标。

以上是内图框八个坐标代表的意义，其他按钮意义如下：

经纬度：输入值是否为经纬度坐标。

度分秒：经纬度坐标是否为 DD. MMSS 格式。

裁剪：是否进行裁剪处理。

坐标系统：设置影像的坐标投影系统。

输入图号：输入影像所在的标准图幅号。

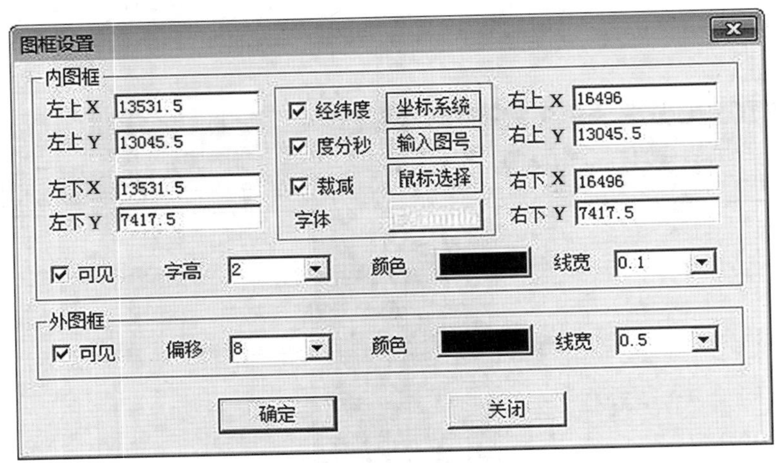

图 5-27　图廓参数设置

鼠标选择：使用鼠标选择，在图像上自左上至右下拖框。

字体：设置坐标值在图上显示的字体。

可见(内图框)：内图框是否可见。

字高：坐标值文字的高度大小。

颜色(内图框)：设置内图框的颜色。

线宽(内图框)：设置内图框的线宽。

可见(外图框)：外图框是否可见。

偏移：外图框相对内图框的偏移。

颜色(外图框)：设置外图框的颜色。

线宽(外图框)：设置外图框的颜色。

确定：保存设定并返回 DiPlot 界面。

取消：取消设定并返回 DiPlot 界面。

设置格网参数：在“DiPlot”界面，选择“设置”→“设置格网参数”菜单项，进入方里格网参数设置对话框，如图 5-28 所示。

方里网类型：设置方里格网的类显示类型，分为不显示，格网显示，十字显示三种。

格网地面间隔：设置方里格网在 x 方向和 y 方向上的间隔，单位为米。

方里网颜色：设置方里格网的显示颜色。

线宽：设置方里格网线的宽度。

注记字体：设置注记文字的字体。

大字字高：坐标注记字百公里以下的部分的字高，单位为毫米。

小字字高：坐标注记字百公里以上的部分的字高，单位为毫米。

OK：保存设置并返回 DiPlot 界面。

设置图幅信息：在“DiPlot”界面，选择“设置”→“设置图幅信息”菜单项，进入图幅信息设置对话框，如图 5-29 所示。

图 5-28　方里格式设置

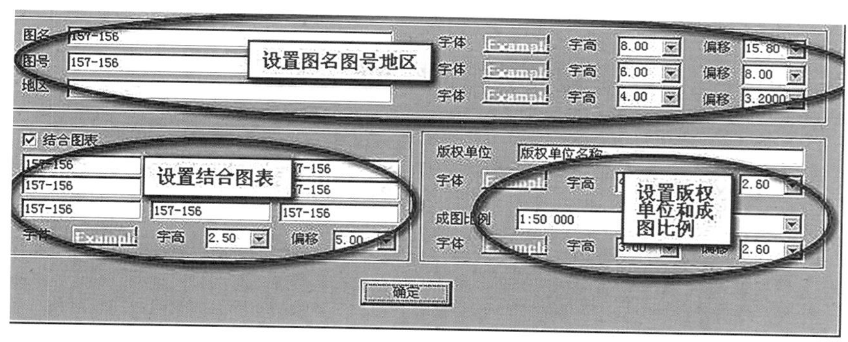

图 5-29　图幅信息设置

设置线路显示参数：在“DiPlot”界面，选择“设置”→“设置线路显示参数”菜单项，进入线路显示参数设置对话框，如图 5-30 所示。

线路列表中每一行显示一条线路的信息，要对某条线路参数进行设置，使用鼠标双击线路列表中的该线路，弹出线路设置对话框，如图 5-31 所示。

路线名称：设置线路的名字。

是否可见：是否在图上显示该线路。

显示线宽：设置线路显示的宽度。

中线颜色：设置线路中线颜色。

边线颜色：设置线路边线颜色。

文字字体：设置文字字体。

起始累距：设置起始累距。

边线距离：设置边线与中线的偏移。

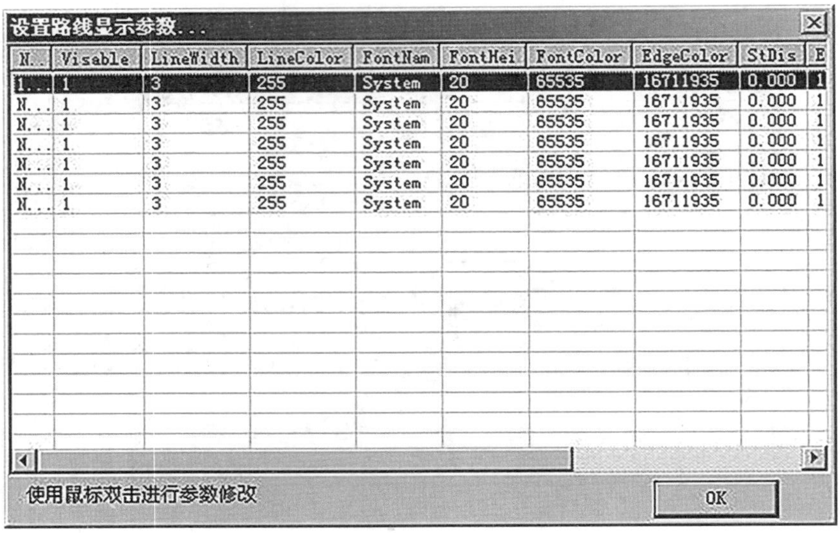

设置路线显示参数...

N...	Visable	LineWidth	LineColor	FontNam	FontHei	FontColor	EdgeColor	StDis	E
1...	1	3	255	System	20	65535	16711935	0.000	1
N...	1	3	255	System	20	65535	16711935	0.000	1
N...	1	3	255	System	20	65535	16711935	0.000	1
N...	1	3	255	System	20	65535	16711935	0.000	1
N...	1	3	255	System	20	65535	16711935	0.000	1
N...	1	3	255	System	20	65535	16711935	0.000	1
N...	1	3	255	System	20	65535	16711935	0.000	1

使用鼠标双击进行参数修改　　OK

图 5-30　路线图层设置

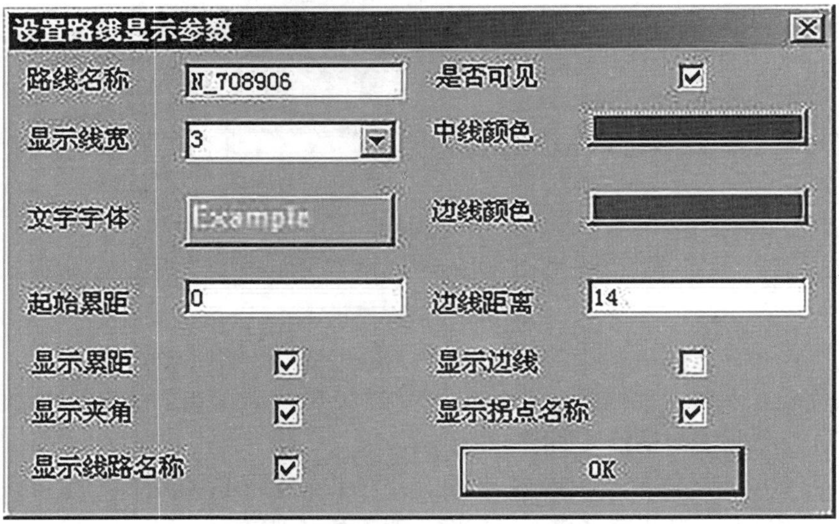

设置路线显示参数

路线名称 N_708906　是否可见 ☑
显示线宽 3　中线颜色
文字字体 Example　边线颜色
起始累距 0　边线距离 14
显示累距 ☑　显示边线 ☐
显示夹角 ☑　显示拐点名称 ☑
显示线路名称 ☑　OK

图 5-31　路线显示设置

显示累距：是否显示累距。

显示夹角：是否显示夹角。

显示线路名称：是否显示线路名称。

显示边线：是否显示边线。

显示拐点名称：是否显示拐点的名称。

OK：保存设置并返回线路显示参数设置界面。

按层设置显示参数：在“DiPlot”界面，选择“设置”→“按层设置显示参数”菜单项，进入按层设置显示参数对话框，如图 5-32 所示。该对话框的作用是对分层设置矢量的显示参数。

按层来设置矢量显示参数...

Layer	IsVisable	Line Width	Line Color	Font Name	Font Hei	Font Color
2	1	0.10	65535	System	2.00	16711935

使用鼠标双击进行参数修改　OK

图 5-32　矢量图层设置

层列表中每一行显示一个图层的信息，要对某层参数进行设置，使用鼠标双击层列表中的该层，弹出矢量显示对话框，如图 5-33 所示。

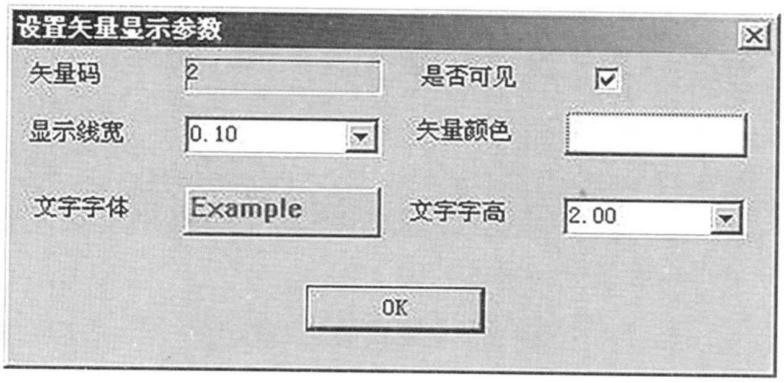

设置矢量显示参数

矢量码 2　是否可见 ☑

显示线宽 0.10　矢量颜色

文字字体 Example　文字字高 2.00

OK

图 5-33　单个矢量设置

在矢量显示对话框中，可以设置该层的矢量是否可见，显示线宽、颜色、文字字体和字高等属性。

4. 输出成果

完成设置和编辑后，选择“编辑”→“输出成果图”，弹出输出设置，如图 5-34 所示。设置成果文件路径和名称，以及保留边界，然后选择“确定”按钮即可，图 5-35 是输出完毕后的成果展示。

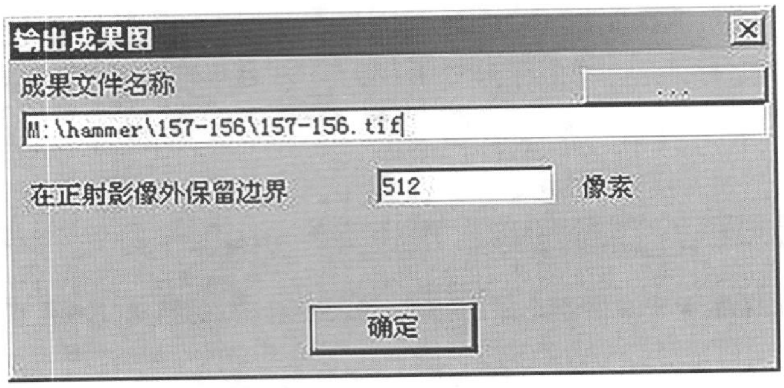

图 5-34　输出成果路径

图 5-35　输出的成果图

5.6　正射影像精度评定

影响正射影像精度的原因是多方面的，对于正射影像的成图检查也要从对生产过程的监督入手，检查各工序的作业程序是否符合国家、行业规范以及设计书的要求，各项精度指标是否达到要求，正射影像的生产是否做到有序进行等。

正射影像精度评定的方法主要如下：

1. 采用间距法进行检查，将正射影像图与数字线划图叠加

①通过量取正射影像图上明显的地物点坐标，与数字化地形图上同名点坐标相比较，以评定平面位置精度。地形图采用同精度或者高于本项目比例尺的地形图。

②通过对同期加密成果恢复立体模型所采集的明显地物点，与正射影像同名地物点相比较，以评定平面位置精度。

③通过野外 GPS 采集明显地物点，与影像同名地物点相比较，以评定平面位置精度。检测仪器应采用不低于相应测量精度要求的 GPS-RTK 接收机、全站仪。

根据图幅的具体情况，选取明显的同名地物点，所选取的点位应尽量分布均匀，每幅图采集点数原则上不少于 20 个点，计算相邻地物间中误差。

2. 接边检查

①精度检查：取相邻两数字正射影像图重叠区域处同名点，读取同名点的坐标，检查同名点的较差是否符合限差作为评定接边精度的依据。

②接边处影像检查：通过计算机目视检查，目视法检测相邻数字正射影像图幅接边处影像的亮度、反差、色彩是否基本一致，是否无明显失真、偏色现象。

3. 图面质量检查

通过对正射影像图进行计算机目视检查。图幅内应具备以下特点：反差适中，色调均匀，纹理清楚，层次丰富，无明显失真、偏色现象，无明显镶嵌接缝及调整痕迹；无因影像缺损(纹理不清、噪音、影像模糊、影像扭曲、错开、裂缝、漏洞、污点划痕等)而造成无法判读影像信息和精度的损失。

经实践验证，以上 3 种方法均为检查正射影像质量行之有效的方法。

在 VirtuoZo 主界面上选择“DOM 生产”→“正射影像质量检查”，系统调出正射影像质量检查模块 OrthoQChk，选择“文件”→“打开”菜单，打开一幅要进行检查的正射影像，界面如图 5-36 所示。

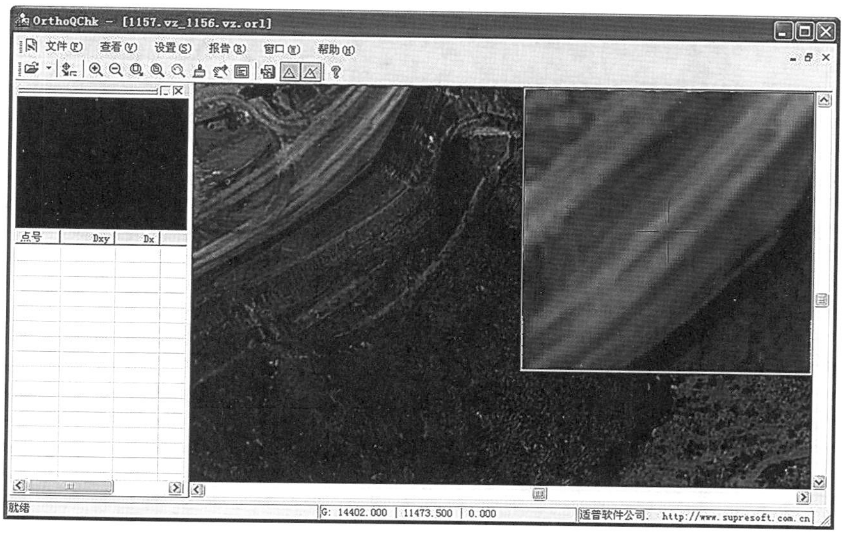

图 5-36 正射影像质量检查界面

使用“文件”→“导入控制点”菜单，弹出“导入控制点”对话框，如图 5-37 所示，选择控制点文件路径和控制点点位图片文件夹目录。

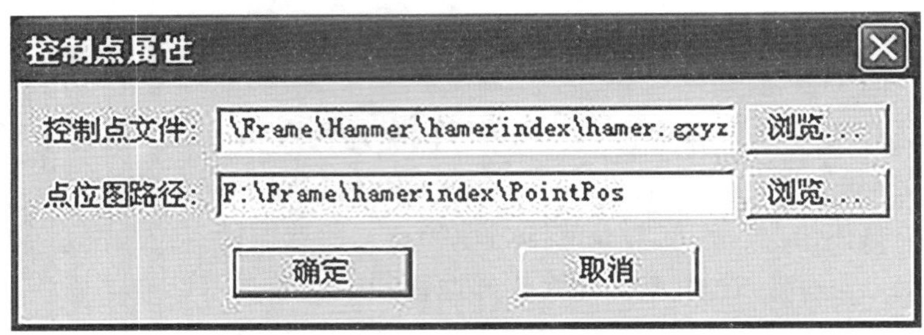

图 5-37　设置检查点文件

选择“确定”按钮，导入之后如图 5-38 所示。

图 5-38　导入了检查点

4. 检查各个控制点的精度

在窗口左侧边栏控制点列表中，双击一个点号标记为⊕的控制点，在界面右上的小窗口中会出现放大后的控制点点位，如图 5-39 所示。

在小窗口中，按鼠标右键弹出如图 5-40 的菜单：

在小窗口中，选择鼠标左键，调整十字丝光标的位置，使十字丝光标的中心与该控制

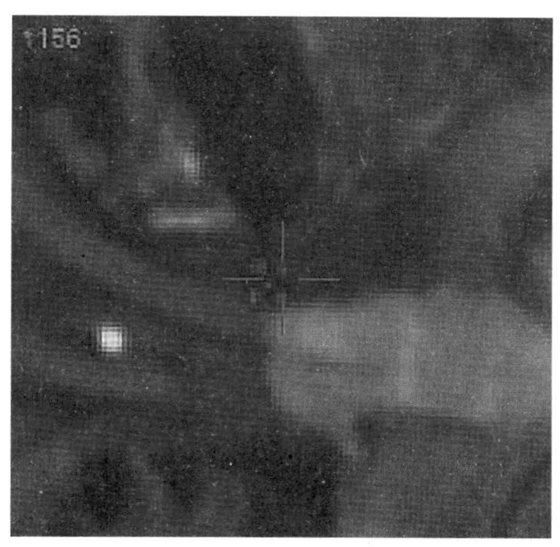

图 5-39 检查点点位指定

放大	放大显示
缩小	缩小显示
适合窗口	
原始1:1	全局显示
隐藏窗口	隐藏该窗口
确定	计算当前点位的误差

图 5-40 检查点显示设置

点的实际位置相符，然后选择右键菜单中的"确定"，计算正射影像在该点的误差。

依上述方法依次对正射影像范围内的每个控制点进行检查，检查结果如图 5-41 所示。

点号	Dxy	Dx	Dy	x	y
1156	1.458	-1.167	-0.874	14935.691	12481.895
1157	0.236	-0.236	-0.000	13561.157	12644.357
2156	0.667	-0.471	-0.471	14885.194	11307.755
2157	0.635	-0.589	0.236	13534.811	11444.629
6156	0.791	-0.354	-0.707	14947.632	10435.153
6157	1.768	-1.061	-1.414	13514.563	10359.109

图 5-41 检查点误差

5. 导出精度报告

使用“报告”→“导出精度报告”菜单，设置精度报告的文件名和路径，然后输出报告。可在报告中查看检查结果，如图 5-42 所示。

```
适普软件 质检报告
/* 每项记录包含以下信息:
 * (1)点名;
 * (2)点的X坐标;
 * (3)点的Y坐标;
 * (4)点的Z坐标;
 * (5)X误差值;
 * (6)Y误差值;
 * (7)Z误差值;
 * (8)点属性, -1表示点不在影像范围内;
 */

质检类型:正射影像保密点检查
点数=15
影像路径:F:\Frame\hamerindex\PointPos
```

ID	X0	Y0	Z0	DX	DY	DZ	Flag
1156	14936.858	12482.769	762.349	-1.167	-0.874	0.000	0
1157	13561.393	12644.357	791.479	-0.236	-0.000	0.000	0
2156	14885.665	11308.226	1016.443	-0.471	-0.471	0.000	0
2157	13535.400	11444.393	895.774	-0.589	0.236	0.000	0
6156	14947.986	10435.860	765.182	-0.354	-0.707	0.000	0
6157	13515.624	10360.523	944.991	-1.061	-1.414	0.000	0
1155	16311.749	12631.929	770.666	0.000	0.000	0.000	-1
2155	16246.429	11481.730	811.794	0.000	0.000	0.000	-1
2264	13503.396	9190.630	839.260	0.000	0.000	0.000	-1
2265	14787.371	9101.982	786.751	0.000	0.000	0.000	-1
2266	16327.646	9002.483	748.470	0.000	0.000	0.000	-1
3264	13491.930	7700.217	755.624	0.000	0.000	0.000	-1
6155	16340.235	10314.228	751.178	0.000	0.000	0.000	-1
6265	14888.312	7769.835	707.615	0.000	0.000	0.000	-1
6266	16232.309	7741.696	703.121	0.000	0.000	0.000	-1

均方根误差(单位:米): DX=0.734 DY=0.768 DXY=1.063

图 5-42　精度检查报告

第 6 章　数字线划地图(DLG)生产

6.1　基础知识

数字线划地图(Digital Line Graphic，DLG)是与现有线划图基本一致的地图全要素矢量数据集，且保存各要素间的空间关系和属性信息。在数字测图中，最为常见的产品就是数字线划地图。该产品较全面地描述了地表现象，目视效果与同比例尺的地形图一致但色彩更为丰富。DLG 产品可满足各种空间分析要求，可随机地进行数据选取和显示，与其他信息叠加，可进行空间分析、决策。其中部分地形核心要素可作为数字正射影像地形图中的线划地形要素。数字线划地图是一种更为方便的放大、漫游、查询、检查、量测、叠加的地图。其数据量小，便于分层，能快速地生成专题地图，所以也称作**矢量专题信息**(Digital Thematic Information，DTI)。

数字线划地图的技术特征为：地图地理内容、分幅、投影、精度、坐标系统与同比例尺地形图一致。数字线划地图的生产主要采用外业数据采集、航片、高分辨率卫片、地形图等，其制作方法包括：

①数字摄影测量的三维跟踪立体测图。目前，国产的数字摄影测量软件 VirtuoZo 系统和 JX-4 系统都具有相应的矢量图系统，而且它们的精度指标都较高。

②解析或机助数字化测图。这种方法是在解析测图仪或模拟器上对航片和高分辨率卫片进行立体测图，来获得 DLG 数据。用这种方法还需使用 GIS 或 CAD 等图形处理软件，对获得的数据进行编辑，最终产生成果数据。

③对现有的地形图扫描，人机交互将其要素矢量化。目前常用的国内外 GIS 和 CAD 软件主要对扫描影像进行矢量化后输入系统。

④野外实测地图。

6.1.1　DLG 数据组织

数据的采集前提是影像已经完成定向(包括内定向、相对定向和绝对定向)。为了形成最终形式的库存数据，必须给不同的目标(地物)赋予不同的属性码(或特征码)。属性码按地形图图式对地物进行编码，可分两种方式进行。一种是顺序编码，只需要采用 3 位数字的编码。其缺点是使用不方便，使软件设计较复杂。另一种是按类别编码，例如一种 4 位数按类别编码的设计如表 6-1 所示。每一码的第一位数字表示十大类别；第二、三两位为地物序号，即每一类可容纳 100 种地物；第四位为地物细目号，如 0010 表示地图图式(1∶500，1∶1000，1∶2000)中的地貌和土质类的等高线中的首曲线。

表 6-1　　编码表

物类	序	地物名	序	细目	号	图式号
	0~9		00~99		0~9	
地貌和土质	0	等高线	01	首曲 计曲 间曲	0 1 2	10. 1. a 10. 1. b 10. 1. c
		示坡线	02		0	10. 2
		高程点	03		0	10. 3
		独立石	04	非比例 比例	0 1	10. 4. b 10. 4. a
		石堆	05	非比例 比例	0 1	10. 5. b 10. 5. a

6. 1. 2　DLG 数据的采集

数字摄影测量的三维跟踪立体测图是一种计算机辅助测图，是摄影测量从模拟经解析向数字摄影测量方向发展的产物。起初它是基于传统摄影测量设备与技术水平，利用解析测图仪或模拟光机型测图仪与计算机相连的机助(或机控)系统，在计算机的辅助下，完成除了人工立体观测值之外的其他大部分操作，包括数据采集、数据处理、形成数字地面模型与数字地图，并存入磁带、磁盘或光盘中。以后根据需要可输入到各种数据库中或输出到数控绘图仪等模拟输出设备上，形成各种图件与表格以供使用。计算机辅助测量虽然仍需要人眼的立体观测与人工的操作，但其成果是以数字方式记录存储，能够提供数字产品，因而通常也称其为数字测图。现在，它依然是数字摄影测量工作站中地物量测的软件模块，不同的是，一些地物半自动、自动量测的功能正在逐渐被补充进来。

随着数字摄影测量工作站(DPW)的推广应用，人们渐渐放弃了购买昂贵的解析测图仪或改造模拟测图仪，而利用 DPW 进行数字测图。DPW 直接利用计算机的显示器进行影像的立体观测。当然，除了对计算机的图形显示频率有一定的要求之外，还需要添加一些设备(偏振光或闪闭式立体眼镜和发射器等)。此外，通常还配有测量控制装置，如手轮和脚盘、鼠标、三维鼠标等。

矢量数据采集常用工具与算法：

①封闭地物的自动闭合。对于一些封闭地物，如湖泊，其终点与首点是同一点，应提供封闭(即自动闭合)的功能。当选择此项功能后，在量测倒数第一点时就发出结束信号(通常由一个脚踏开关控制或由键盘控制)，系统自动将第一点的坐标复制到最后一点(倒数第一点之后)，并填写有关信息。

②角点的自动增补。直角房屋的最后一个角点可通过计算获取，而不必进行量测，设

房屋共有 n 个角点，p_1，p_2，…，p_{n-1}，p_n，在作业中只需量测 $n-1$ 个点，点 P_n 可自动增补。

③遮盖房角的量测。当房屋的某一角被其他物体(例如树)遮蔽而无法直接量测时，可在其两边上测 3 点，然后计算出交点。

④公共边。若两个(或两个以上)地物有公共边，则公共边上的每一点应当只有唯一的坐标，因而公共边只应当量测一次。后量测的地物公共边上的有关信息，可通过有关指针指向先量测的地物的有关记录，并设置相应的标志，以供编辑与输出使用。

⑤直角化处理。由于测量误差，使得某些本来垂直的直线段互相不垂直。例如房屋的量测有时不能保证其方正的外形，此时可利用垂直条件，对其坐标进行平差，求得改正数，以解算的坐标值代替人工量测的坐标值。但其改正值应在允许的精度范围内，否则应重新量测。

⑥平行化处理。对于平行线组成的地物(如高速公路)，可以通过采集单边线后指定宽度，自动完成平行边的采集。

⑦Snap 功能。模型之间的接边及相邻物体有公共边或点的情况，均要用到吻接(Snap 或 Pick)功能，避免出现模型之间"线头"的交错，或者本应重合的点不重合。点的吻合较简单。将光标移到要吻合点的附近，选择 Snap(或 Pick)功能，系统根据光标的屏幕坐标查找"屏幕位置检索表"，得到该点的地物号，再从属性码表中检索到该点所属地物的首点号，从坐标表中依次取出各点，计算它们与光标对应的地面点的距离，取出距离最小的点作为当前要测的点。有的屏幕位置检索表可直接检索到附近的若干点，则可直接与这几个点相比较，取其距离最小者。线的吻合除了按点吻合检索到距光标最近的点外，还要取出次最近的点，设为 $p_1(X_1,\ Y_1)$ 与 $p_2(X_2,\ Y_2)$，然后求出当前光标对应的地面点 $p_3(X_3,\ Y_3)$ 到线段 P_1P_2 的垂足。该垂足即当前要测的点，将测标切准该点，取其高程值与计算的平面坐标。

⑧复制(拷贝)。在平坦地区，对形状完全相同的地物(如房屋)，可在量测其中一个之后，进行复制。当测标切准要测地物与已测过的同形状地物第一点的对应点后，选择复制功能，则将已测地物的坐标经平移交换记入坐标表中，并填写属性码文件。

⑨注记文字处理。为了能进行中文字符注记，需建立一中文字库与一中文字符检索表。中文字库的中文可按拼音字母顺序排列，检索文件可由 26×27 的表组成，每一行记录该类中文字的第一个字在字库中的序号以及该类中文字的个数，从而可以占用较少的内存并更方便地检索。绝大部分的注记内容应在矢量数据编辑中产生，但"独立"的地物，即点状地物的注记应在矢量数据采集中形成，高程点的注记一般也应在矢量数据采集时形成。对每一注记，利用光标给出注记的位置，由屏幕检索表检索该处有无其他注记，若已有注记，给出提示信息。若没有注记相冲突，则输入注记参数，包括字符的高、宽、间隔、方向、字符等。将注记参数记入注记表中，并在属性码文件中设一注记检索指针，将该注记在注记表中的行号存入属性码文件的注记检索指针。为了满足一个地物有多项注记的情况，注记表也设立一个后向链指针。对每一注记，还应将其覆盖区域登记在屏幕检索表中，以供检索之用。

⑩像方测图与物方测图。测图的过程就是地物目标的轮廓跟踪过程，一般情况下是通

过在左右影像上选择同一地物点，然后根据摄影测量共线方程，前方交会得到地物点坐标，这个过程被称为像方测图，含义就是选择像点然后获取其物方坐标。物方测图的原理与像方测图相反，物方测图的过程是这样：先在物方(一般就是地面)任意选择一个点，然后将这个点投影到立体影像的左右像片，眼睛所看到的是这个物方点的投影位置，然后通过坐标驱动设备(如鼠标、手轮脚盘等)改变物方点的坐标 X、Y 以及 Z 值，同时将新的坐标点投影到像方，通过眼睛观察，如果观察到投影出来的位置刚好在立体模型中的物体轮廓点，则记录此时的 X、Y、Z 为所量测的结果。物方测图是摄影测量独有的一种专业测量方式，这个方式可以锁定 X、Y、Z 中的任意一个坐标方向以达到特定的测量意义。如锁定 Z 值时，Z 坐标不会改变，此时测量的结果 Z 值是恒定的，也就是与测量目标等高。若测量目标是一根曲线，则这个曲线就是等高线。

6.1.3　DLG 数据入库与出版

由于测图的矢量数据应用了属性码等各种描述对象的特性与空间关系的信息码，因而较容易输至一定的数据库，这需要根据数据库的数据格式要求，作适当的数据转换，这个工作一般称为入库。入库其实是个很复杂的工艺，因为目前绝大多数 DLG 数据的存储管理主要还是以文件的形式进行管理。由于数字地形图数据模型与 GIS 数据模型存在差异性，目前的 GIS 软件还无法直接对单独的 DLG 文件进行各种操作，如空间查询、分析等。这种方式的管理将大大降低空间数据的利用效率，同时阻碍了空间数据的共享进展。产生这种状况的原因主要是两者的模型之间存在差异性，各自是为不同用途、不同目的而设计的数据模型。

测图矢量数据输出的一个重要方面是将所获取的数字地图以传统的方式展绘在图纸上(或屏幕上)。数字地图通过数控绘图仪在图纸上的输出与在数据采集及编辑期间将其显示在计算机屏幕上的原理基本是一样的，但必须按规范要求实现完全的符号化表示，而在矢量数据采集与编辑期间可不要求符号化表示或不要求完全符号化表示，并且允许矛盾与错误的存在。

测图矢量数据(即数字地图的图形)输出设备即计算机屏幕或数控绘图仪，而数控绘图仪分矢量型绘图仪与栅格型绘图仪，他们的原理与方法基本一致，只是对于栅格绘图仪要作一次矢量数据向栅格数据的转换。

测图矢量数据在输出时需要加上图式符号，才能比较形象地表示地物类别，下面介绍点符号和线面符号以及文字注记的图示化原理。

1. 点状符号

点状符号主要是指地图上不按比例尺变化，具有确切定位点的符号，也包括组合符号中重复出现的简单图案。由于各种符号在绘图时要反复使用，因而应将它们数字化后存储起来，构成符号库，以便随时取用。

(1)点状符号数字化

通常以图形的对称中心或底部中心为原点，建立符号的局部平面直角坐标系。采用两种方式集成数据：一种是直接信息法，由人工将符号的特征点在局部坐标系里的坐标序列记入磁盘，这种方式占用较多的磁盘空间，但比较节省编程工作量和内存，用于具有多边形或非规则曲线轮廓的符号。另一种是间接信息法，由人工准备少量的数据(如圆弧图素的参数、半径、圆心坐标、圆弧起止半径的方位角值等)。绘图输出时，轮廓点坐标由计算机程序从间接信息及时解算出来，这种方法需要的程序量和内存量都较第一种方法大，而对外存空间的需要则大大减少。

(2)点状符号库数据结构

点状符号库由数据表与索引表组成，可以随机存取。每一个符号的数据按采集顺序(也是绘图顺序)集中在一起存放，其第一行的行序号记入索引表，即检索首指针。索引表的每一行与一个独立符号相对应，包括检索首指针，该符号的数据个数(即数据表中的行数)或最后一个数据在数据表中的行数以及其他信息，如符号外切矩形的尺寸等。数据表的每一行主要是点的坐标及该点与前一点的连接码，若是圆弧，则还有有关的参数及圆弧的标志，此时可能分两行甚至三行才能存放得下。

索引表

属性码	rP	nP	W	H
0000	1	n_1		
0001	n_1+1	n_2-n_1		
0002	n_2+1	n_3-n_2		
•	•	•		
•	•	•		
•	•	•		
•	•	•		
1010	n_3+1	n_4-n_3		
	•	•		
	⋮	⋮		

rP——检索首指针
nP——点数
W——宽
H——高

数据表

序号	x	y	c
1	x_1	y_1	1
2	x_2	y_2	2
⋮	⋮	⋮	⋮
n_1	x_{n_1}	y_{n_1}	2
n_1+1	x_{n_1+1}	y_{n_1+1}	1
n_1+2	x_{n_1+2}	y_{n_1+2}	2
⋮	⋮	⋮	⋮
n_2	x_{n_2}	y_{n_2}	2
n_2+1	x_{n_2+1}	y_{n_2+1}	1
n_2+2	x_{n_2+2}	y_{n_2+2}	2
⋮	⋮	⋮	⋮
n_3	x_{n_3}	y_{n_3}	2
n_3+1	x_{n_3+1}	y_{n_3+1}	1
⋮	⋮	⋮	⋮

c——连接码

图 6-1　符号库数据组织结构

(3)点状符号的绘制

根据地物的顺序号，从数字地图坐标表中取出该独立符号的位置(即坐标)，换算成绘图坐标(x_0，y_0)，再根据地物属性码，从点符号索引文件中取出检索首指针，即该符号数据在数据表中的行号。从数据表中取出该符号的所有数据，设其坐标为(x_i，y_i)，$l=1$，2，…，n，将其转换为绘图坐标(x_0+x_i，y_0+y_i)，根据连接码依次将各点用直线连接或不连接，遇到圆弧则调用绘圆弧指令或子程序。

2. 线状符号与面状符号

除了点状符号外，地图中大量存在的是各种线状符号及由线状边界与重复多次的独立符号组成的面状符号。为了绘制这些符号，应建立符号库，而点状符号库仅是符号库的一个子库。

(1)符号库

符号库的建立可有两种方式。一种是早期使用较多的子程序库，即对每一符号编制一个子程序，全部符号子程序构成一个程序库。另一种是由绘图命令串与命令解释执行程序组成。命令串中包含有一系列绘图命令及参数，也包含从点状符号库中提取需要的符号的信息。每一符号的数据连续存放，也由一个索引表对其进行检索，其方式与点符号库相似。例如，一个铁路的符号命令参数串可设计为：绘曲线；绘平行线，宽度；分段，间隔；垂线，长度；填充。其中分号为命令分隔符，逗号为命令与参数及参数与参数之间的分隔符。一个松林区的符号可设计为：绘曲线；点状符号填充，松树独立符号，间隔。

(2)线状符号与面状符号的绘制

根据地物的属性码，从符号库中取出绘图命令串，填入相应的参数，依次执行命令串中规定的操作。当要给的符号是铁路时，依上一段所述的命令串，第一步执行绘曲线的命令，从坐标表中取出该地物的所有坐标，进行曲线拟合绘出光滑曲线；然后根据所给的宽度绘出其平行线；再根据所给的间隔将其分段；然后在分段的各节点处绘出所给长度(等于平行线宽度)的垂线；最后每隔一段填黑，就完成了铁路符号的绘制。若要绘制一松林区，取出上述松林区的绘图命令串，给出间隔参数。首先取出边界的各点坐标进行曲线拟合，然后从点符号库中取出松树的符号，按所给间隔，利用前面所述符号填充算法将松树符号均匀地绘在该边界线内。从以上过程可知，符号绘制的命令解释执行子程序是由若干绘图功能子程序组成的，每一绘图功能子程序与一个绘图命令相对应。主程序通过调用符号命令解释执行子程序来完成符号的绘制任务。

3. 文字注记

在绘制每一地物时，由属性码表中注记检索首指针查看是否有文字注记。若有注记，则取出注记信息，包括应注记的字符(数字与文字)，按绘制独立符号的方法绘出字符。在绘制该地物的其他部分时，要进行在该注记窗口内裁剪；在绘制相邻地物时，也应进行在该注记窗口内裁剪。数字地图的裁剪包括两方面的内容，一方面是所有图形必须绘在某一窗口(如图廓)之内，而不应超出窗口之外；另一方面是一定范围的区域不允许一部分图形被绘出，如不允许任何图形穿过注记及等高线不能穿过房屋等。

6.2　地物和地貌数据采集

随着电子计算机技术日新月异的发展及其在测绘领域的广泛应用，数字化测图以计算机为核心，在外连输入输出设备硬件、软件的条件下，通过计算机对地形空间数据进行处理得到数字地图。数字化测图就是将采集的各种有关的地物和地貌信息转化为数字形式，通过数据接口传输给计算机进行处理，得到内容丰富的电子地图，需要时由电子计算机的图形输出设备(如显示器、绘图仪)绘出地形图或各种专题地图。测图过程中必须将地物点的连接关系和地物属性信息(地物类别等)一同记录下来，一般按一定规则构成的符号串来表示地物属性信息和连接信息，这种有一定规则的符号串称为数据编码，数据编码的基本内容包括：地物要素编码(或称地物特征码、地物属性码、地物代码)、连接关系码(或称连接点号、连接序号、连接线型)、面状地物填充码等。连接信息可分解为连接点和连接线型。当测的是独立地物时，只要用地形编码来表明它的属性，即知道这个地物是什么，应该用什么样的符号来表示。如果测的是一个线状地物，这时需要明确本测点与哪个点相连，以什么线型相连，才能形成一个地物。所谓线型是指直线、曲线或圆弧等。一般地形图包括：点状地物(如控制点、独立符号、工矿符号等)、线类地物(如管线、道路、水系、境界等)、面状地物(如需要填充符号的，如居民地、植被、水塘等)。目前中国的地形要素主要分为九大类：①测量控制点；②居民地；③工矿企业建筑物和公共设施；④道路及附属设施；⑤管线及附属设施；⑥水系及垣栅；⑦境界；⑧地貌与土质；⑨植被。

6.2.1 进入测图界面

在 VirtuoZo 界面中，选择“DLG 生产”→“IGS 立体测图”菜单项，或者在 VirtuoZo 工具条中选择 IGS 图标，进入测图模块，系统弹出测图窗口，如图 6-2 所示。

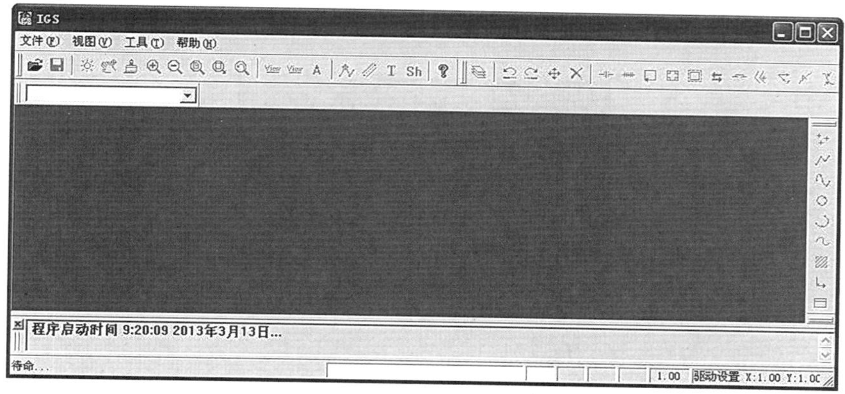

图 6-2 测图主界面

IGS 测图界面主菜单说明：

1. 文件菜单

当前窗口为矢量窗口时，文件菜单如图 6-3(a)所示；当前窗口为模型窗口时，文件菜单如图 6-3(b)所示；当前窗口为正射影像窗口时，文件菜单如图 6-3(c)所示。

另存为：将当前的 xyz 文件保存为其他 xyz 文件。

设置自动保存间隔：设置系统自动保存间隔，选择该菜单项，系统弹出对话框，如图 6-4 所示，在间隔文本框中键入地物数目，如：“50”，则每量测或编辑 50 个地物，系统即自动保存一次结果。按键盘上的 Esc 键，可关闭该对话框。

引入：可向 xyz 文件中引入如下格式的数据。

VirtuoZo 格式控制点文件(选择文件→引入→控制点菜单项)。

cvf 格式等高线文件(选择文件→引入→等高线菜单项)。

xyz 格式的矢量文件(选择文件→引入→xyz 文件(x)菜单项)。

dxf 格式的矢量文件(选择文件→引入→dxf 文件菜单项)。

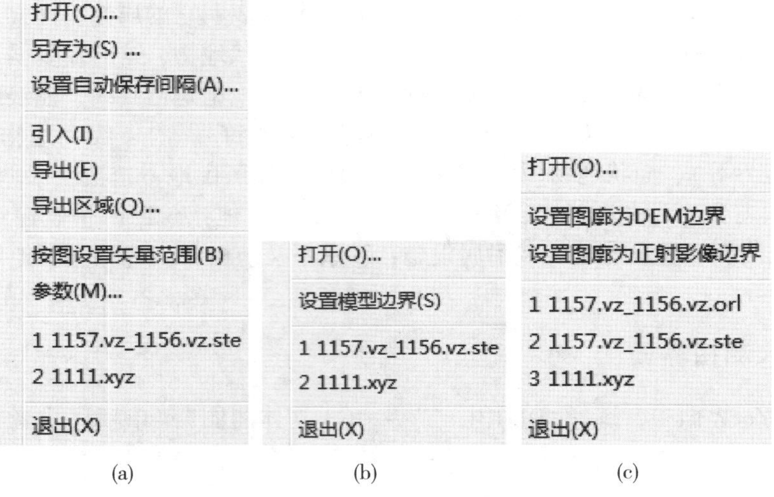

图 6-3　测图文件菜单

图 6-4　自动保存时间间隔

vvt 格式的文本文件(选择文件→引入→文本文件菜单项)。

xyz 格式的矢量文件(选择文件→引入→xyz 文件(z)(2.0)。

说明：将 dxf 格式的等高线导入到 xyz 矢量文件中时，缺省线型为流线型。

导出：可导出如下格式的数据。

dxf 格式的矢量文件(选择文件→导出→dxf 文件菜单项)。

文本文件(选择文件→导出→文本文件菜单项)。

宗地(选择文件→导出→宗地输出菜单项)。

等高线文件(选择文件→导出→等高线文件菜单项)。

军标文本格式(选择文件→导出→军标文本格式菜单项)。

MapStar 文本格式(选择文件→导出→MapStar 文本格式菜单项)。

查询表(选择文件→导出→查询表菜单项，输出层码对应表)。

说明：作为数字测图系统，IGS 与 MapStar 都带有各自的符号系统，同一类地物在两个系统中的符号编号并不相同。为了使地物信息无损地导出，需要一一对应这两个系统的地物编码，而使用 IGS 所采集的地物的坐标和符号编码，在导入到 MapStar 中时，才会被转换为相应的地物编码，并由其自身的符号系统解译成图。

导出区域：设定裁切导出范围。当矢量窗口激活且处于编辑状态时，选择该菜单项，弹出“导出区域”对话框，启动区域裁切导出的功能，如图 6-5 所示，在该对话框中设置好相关的参数并确定存储路径，点击“保存”按钮，程序将区域内的矢量导出。

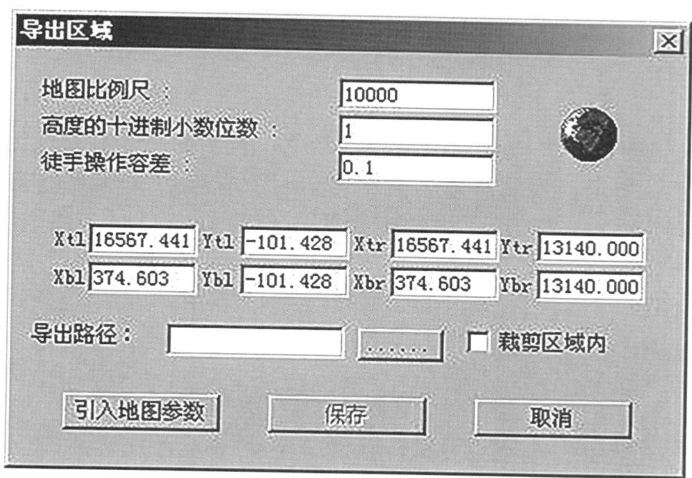

图 6-5　设置导出区域

按图设置矢量范围：系统自动根据当前矢量窗口的矢量范围设置 IGS 文件矢量窗口的范围。

参数：重新设定地图参数。选择该菜单项，系统弹出地图参数对话框，如图 6-6 所示。

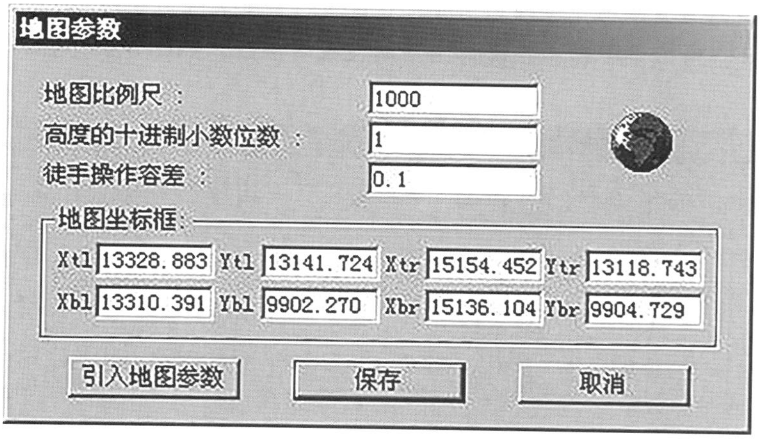

图 6-6　地图参数

导入红绿调绘：选择该菜单项，在系统弹出的对话框中选择对应的红绿测图矢量文件（＊.rgm），即可将红绿调绘矢量文件导入 IGS。红绿调绘矢量文件是在红绿测图软件 RGMapper 中进行测量得到(红绿测图详细操作见《RGMapper 使用手册》)。

导出预处理文件：把当前编辑的矢量信息保存为当前模型的匹配预处理文件。

设置模型边界：设置模型边界。

设置图廓为 DEM 边界：将 DEM 的范围定义为图廓的范围。

设置图廓为正射影像边界：将正射影像的范围定义为图廓的范围。

退出：退出程序。

2. 视图菜单

当前窗口为矢量窗口时，该菜单中出现背景色、投影面、等高线注记设置和原始颜色菜单项，如图 6-7(a)所示；当前窗口为模型窗口时，有接边文件颜色菜单项和修改轨迹线颜色菜单项，如图 6-7(b)所示；当前窗口为正射影像窗口时，视图菜单如图 6-7(c)所示。

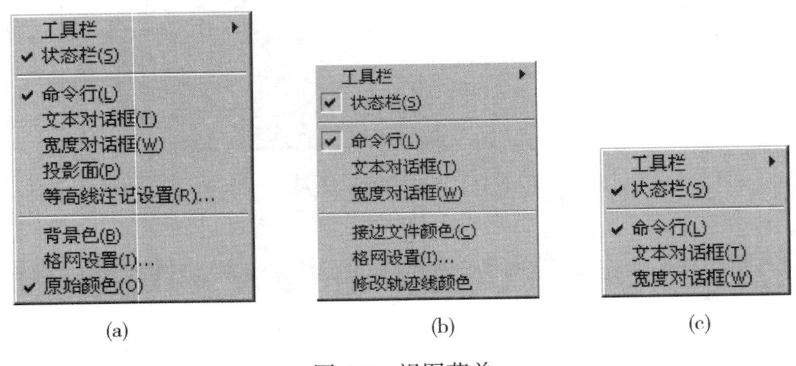

图 6-7　视图菜单

背景色：选择该菜单项，系统弹出颜色对话框，供用户定义矢量窗口的背景色。

格网设置：选择该菜单项，系统弹出格网设置对话框，如图 6-8 所示。

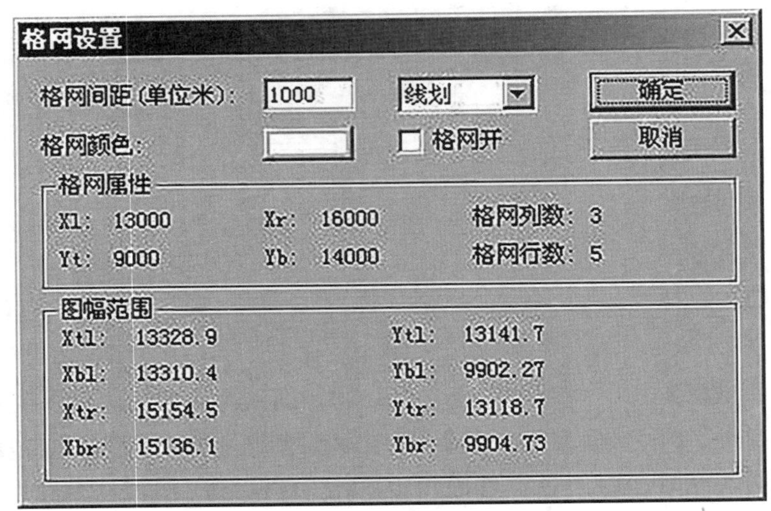

图 6-8　格网设置

用户可在其中定义各种格网设置，包括：格网间距、颜色以及其显示或隐藏状态。选择“确定”按钮，系统将按照这些设置在矢量图上显示或隐藏格网。

修改轨道线颜色：测图过程中修改测标后面跟踪线的颜色。

3. 装载菜单

装载菜单如图 6-9 所示。

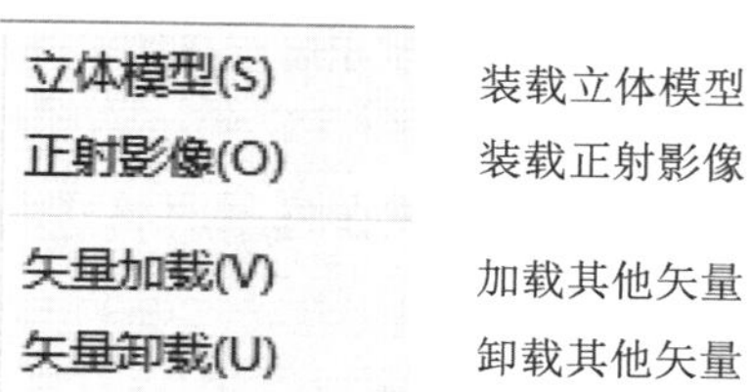

图 6-9 装载菜单

注意 该菜单只有当前窗口为矢量窗口时才出现。

4. 绘制菜单

绘制菜单如图 6-10 所示。其中：点状符号比例和注记设置两个菜单项，只有当前窗口为矢量窗口时才出现。

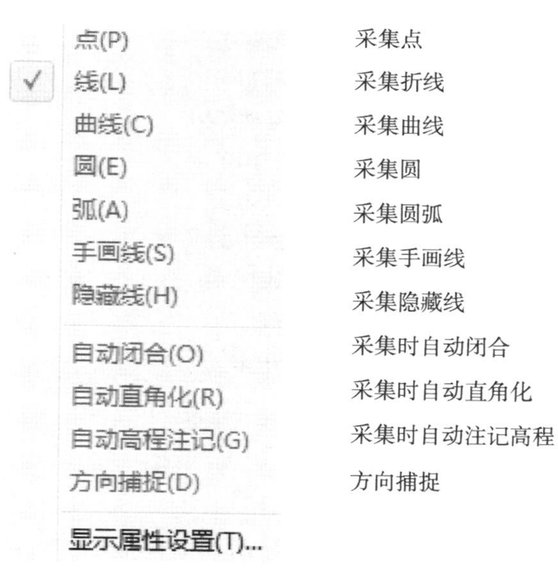

图 6-10 绘制菜单

显示属性设置：主要用于设定显示时的优化对象，从而提高显示速度。选择该菜单项，系统弹出显示属性设置对话框，如图 6-11 所示。

显示符号：若不选取该复选框，则系统将进行优化，将所有符号略去，仅显示地物骨架线，如：将有晕线的房屋显示为无晕线的，从而提高显示速度。

图 6-11　显示属性设置

显示曲线：若不选取该复选框，则系统在显示时将进行优化，将曲线显示为相应的折线。

说明：上述两项优化仅用于简化图形显示，测图文件中存贮的仍是原符号和线型。

单点地物以十字丝显示：若选取该复选框，则系统在显示时将进行优化，将无法显示的单点地物用十字丝显示，以便用户查看。

5. 模式菜单

模式菜单只有当前窗口为立体模型时才出现。该菜单包括立体模式、物方测图、滚轮调高程、自动漫游、中心测标、精密放大、子像素调节、单测标方式、单测标形状等菜单项，模式菜单如图 6-12 所示。

图 6-12　模式菜单

(1)立体模式

设置影像显示方式，包括左右影像分屏显示和立体显示。可在两种显示方式之间切换，打开时为立体显示，关闭时为分屏显示。分屏显示方式下的影像如图 6-13(a)所示，立体显示方式下的影像如图 6-13(b)所示。

(2)物方测图

在数据采集时，可通过调整测标获取地面高程。测标有左右两个，分别显示于左右影像上。系统提供了两种方式调整测标——自动方式和人工方式。

自动调整：选择工具栏图标 A ，测标在地物上自动解算高程(根据模型的 DEM)，此

(a)

(b)

图 6-13 影像显示方式

时，测标可随地面起伏自动调整，实时切准地表。

人工调整：在影像窗口中，按住鼠标中键左右移动，或按住键盘上的 Shift 键，左右移动鼠标，还可用键盘上的 PageUp 和 PageDown 两个键进行微调，都可调整测标使之切准地面。若用手轮脚盘，还可转动脚盘调整测标。人工调整测标的模式有两种：

视差调整模式(像方测图模式)：在数据采集时，采用了 *XYP*(或 *PXY*)坐标输入模式，即输入左(右)片的坐标和左右视差来计算地面的 *XYZ* 坐标。在这种调整模式下，测标表现为单测标作 *X* 方向移动，只能调整测标的高度。

高程调整模式(物方测图模式)：在数据采集时，采用了 *XYZ* 坐标输入模式，即直接输入 *XYZ*。在这种调整模式下，测标表现为双测标同时移动，测标视差完全由人工控制。此时测标调整的自动方式将关闭。

用户可在这两种模式之间进行切换。选择模式→物方测图菜单项，可打开或关闭人工调整选项。打开时为高程调整模式，关闭时为视差调整模式。

(3)自动漫游

选择“模式”→“自动漫游”菜单项，使之出现“✓”标记，即可实现影像的漫游。系统处于立体或双屏显示方式下的测图或编辑状态时，均可进行漫游操作。移动鼠标使光标接近显示窗口边框，影像会自动随光标上下左右移动，而不需要拖动滚动条，使矢量编辑更加方便。

(4)中心测标

在立体显示模型时，可选择该选项。选择“模式”→“中心测标”菜单项，使之出现“✓”标记，则移动手轮时测标将一直位于中心位置。

(5)精密放大

精密放大用于影像放大显示。常规的影像放大，是每次将当前影像放大两倍，所以会造成影像显示范围较窄，不利于作业员观测；而精密放大是每次将当前影像放大$\sqrt{2}$倍，也就是说，采用精密放大两次，相当于一次常规放大。作业员可以根据需要，选择合适的放大方式。

(6)子像素调节

选中此项后可以使用更小的步距来调节坐标。

(7)滚轮调高程

选中该选项，则测图中可滚动鼠标滚轮以切准高程。

(8)单测标方式

选中此项表示选取单测标显示方式。此时驱动手轮和脚盘，将移动影像，测标始终保持为单测标并静止不动。

(9)测标形状

选中此项后，弹出测标形状选择对话框，共有五种形状测标供选择，如图 6-14 所示。

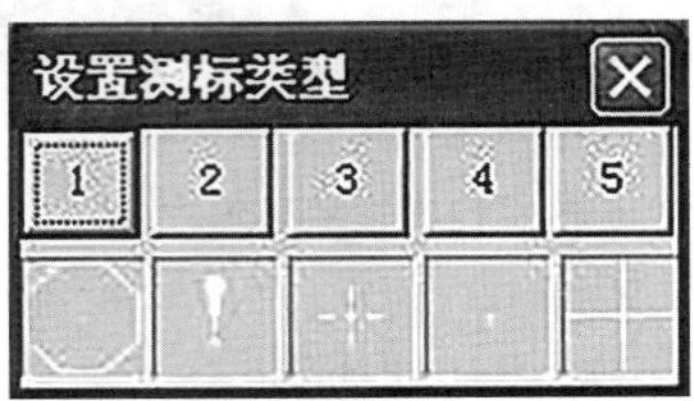

图 6-14　测标形状

6. 工具菜单

工具菜单如图 6-15 所示。(a)为当前窗口为立体模型时的工具菜单；(b)为当前窗口为矢量窗口时的工具菜单；(c)为当前窗口为正射影像时的工具菜单。

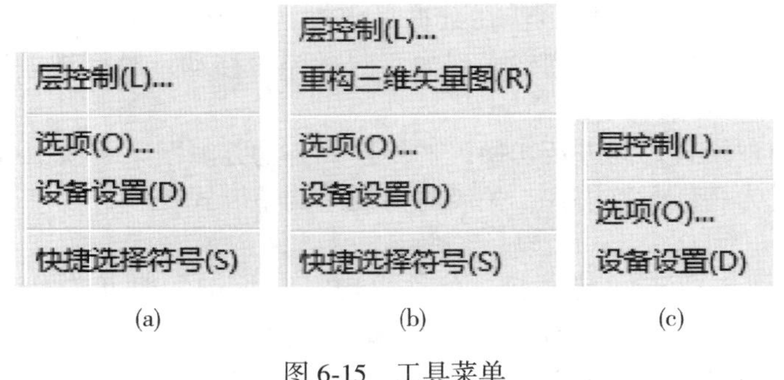

(a)　(b)　(c)

图 6-15　工具菜单

层控制：选择该菜单项，系统弹出层控制对话框，它是分层管理地物的工具。具体说明请参见 6.2.3 节。

选项：包括咬合设置、测标选项、影像设置、背景选项、界面风格和警报选项等六个属性页，具体说明请参见 6.2.3 节。

自定义快捷键：在此可以设置主程序部分功能的快捷键，具体说明请参见 6.2.3 节。

快捷选择符号：选择"快捷选择符号"菜单项，弹出如图 6-16 所示对话框。在输入符号对话框中，在符号码文本框中输入地物编码，则在符号名和符号快捷键文本框中将显示地物名称和地物符号对应的快捷键，如果在符号名右边的文本框中输入地物名称，则在符号码和符号快捷键文本框中将显示地物编码和地物符号对应的快捷键。

图 6-16　符号快捷键设置

重构三维矢量图：根据量测的地物重新生成 DEM 文件

7. 修改菜单

修改菜单如图 6-17 所示，(a)(b)(c)分别代表当前窗口为立体模型窗口、矢量窗口和正射影像窗口对应的修改菜单。

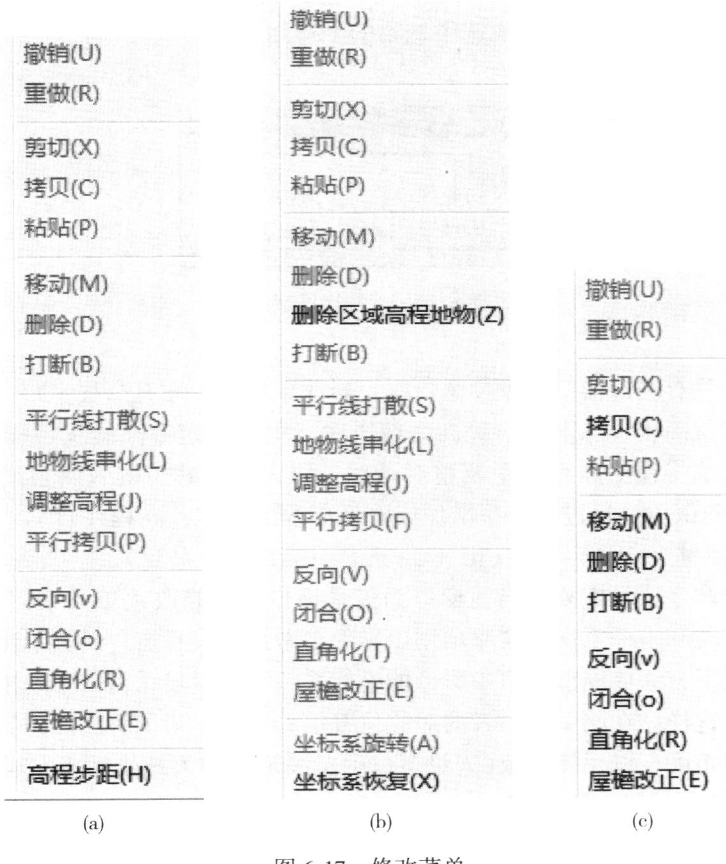

图 6-17　修改菜单

平行线打散：在编辑状态下，选中一组平行线，选择“修改”→“平行线打散”菜单项，将只有一个节点的线打散为与之平行的、一样有多个节点的线。

地物线串化：在编辑状态下，选中一个地物，选择“修改”→“地物线串化”菜单项，系统弹出设置精度对话框，如图 6-18 所示。在精度右边的文本框中输入一个数值，数值越小，打散得到的节点越多，选择“确定”按钮，系统即可将该地物打散为很多条线串，每条线串都可以进行单独编辑。

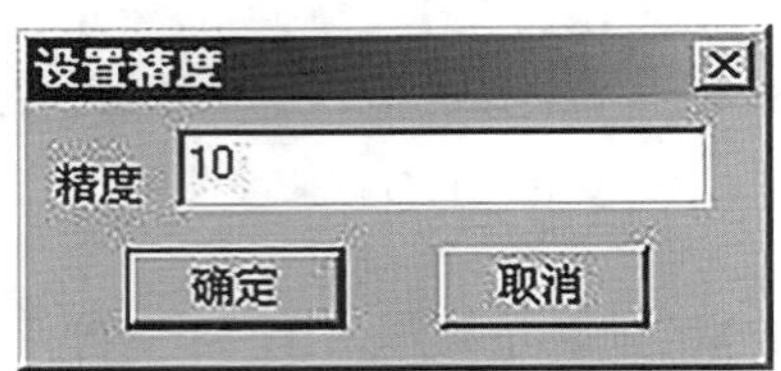

图 6-18　线串化精度

平行拷贝：在编辑状态下，选中一个地物，选择“修改”→“平行拷贝”菜单项，系统弹出“设置宽度”菜单项，如图 6-19 所示。在宽度文本框中输入间距(单位为米)，选择“确定”按钮，则系统依此间距生成选中地物的平行地物。

图 6-19　平行拷贝宽度

高程步距：只有当前窗口为模型窗口时，修改菜单条中才有高程步距菜单项，该菜单项主要在人工调整高程状态下进行等高线编辑时，用于设定等高线步距(单位为米)。选择该菜单项，系统将弹出高程步距调整对话框，用户可在其中键入调整高程的步距，如“5”，按回车键确认后，每进行一次增加或降低高程的操作，高程将自动增加或降低 5 米(用户可使用快捷键“Ctrl +↑”或“Ctrl +↓”进行升高或降低高程)。

坐标系旋转和坐标系恢复：当前窗口为矢量窗口时，修改菜单条如图 6-17(b)所示。其中，坐标系旋转和坐标系恢复菜单项用于影像参考系和矢量窗口的显示坐标系不一致的情况。某种情况下，立体模型窗口中影像的坐标系，与矢量显示窗口中矢量的坐标系会相差一定的角度。这样，在测图时二者的对应位置很难一致。为了解决此问题，可将矢量显示窗旋转一定的角度，以保持一致(矢量窗口中量测地物的大地坐标不会发生变化，仅仅改变其显示位置)。具体步骤如下：

在立体模型窗口中量测一条水平线。激活矢量显示窗，在矢量显示窗中选中所量测的线段，此时会激活坐标系旋转的图标，选择该图标或选择“修改”→“坐标系旋转”菜单项，可旋转矢量窗口，使两者一一对应。选择“修改”→“坐标系恢复”菜单项可取消坐标系的旋转。

删除区域高程地物：当前窗口为矢量窗口时，选择“修改”→“删除区域高程地物”，系统弹出如图 6-20 所示对话框，可在此设置高程，然后删除指定高程范围内的所有地物。

图 6-20　按高程删除地物

8. 主工具栏图标及含义

打开矢量文件、模型文件或影像文件。

将测图结果另存为其他文件。

调整影像的亮度和反差。

移动影像。

刷新。

中心放大一倍。

中心缩小二分之一。

矢量图的全局显示。

矢量图的矩形区域缩放。

恢复前一视图。

View 叠加层显示开关。

View 矢量层锁定开关。

进入编辑状态。

符号化地物绘制。

T 文字注记。

Sh 显示符号表。

A 自动匹配立体模型测标高程。

程序版本号和版权信息。

其中，另存为图标，只有在当前工作窗口为矢量窗口时，方可激活另存为图标。由于 IGS 是采用自动存盘的方式，退出系统的同时，系统将自动保存编辑结果。选择另存为图标，可以将保存之前所做的量测和编辑结果保存为另一个文件，用户可继续对原文件进行编辑，系统将自动保存所有的量测和编辑结果。

9. 编辑工具栏图标及含义

层控制，按地物分类码管理地物。

撤销，撤销最后一次编辑。

重做，重做撤销的编辑。

移动地物(快捷键为 Alt+J)。

删除地物(快捷键为 Alt+D)。

打断地物(快捷键为 Alt+B)。

地物反转(快捷键为 Alt+K)。

地物闭合(快捷键为 Alt+C)。

地物直角化(快捷键为 Alt+P)。

房檐修正(快捷键为 Alt+A)。

改变特征码。

地物连接。

平行拷贝。

坐标系旋转。

半自动添加等高线注记。

数据压缩。

曲线修测。

修改线型。

10. 绘制工具栏图标及含义

点(快捷键为 Shift+1)。

折线(快捷键为 Shift+2)。

曲线(快捷键为 Shift+3)。

圆(快捷键为 Shift+4)。

弧(快捷键为 Shift+5)。

手画线(快捷键为 Shift+6)。

隐藏线(快捷键为 Shift+7)。

直角化：用于绘制直角化折线地物(Shift+8)。

矩形(Shift+9)。

自动闭合(快捷键为 Shift+C)。

自动直角化(快捷键为 Shift+R)。

自动高程注记(Shift+H)。

自动绘制一个地物的平行线(Shift+P)。

方向捕捉(Shift+D)。

11. 状态栏

IGS 窗口的状态栏如图 6-21 所示。

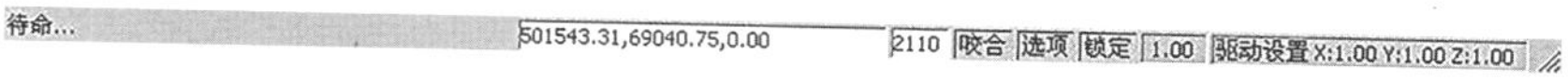

待命...
501543.31,69040.75,0.00
2110
咬合
选项
锁定
1.00
驱动设置 X:1.00 Y:1.00 Z:1.00

图 6-21

其中显示的信息依次为：

①当前操作状态：显示系统当前正在进行的操作状态。

②当前测标的地面坐标：依次显示当前测标地面坐标的 X、Y、Z 值，选择后系统弹出一个对话框，可直接在其中进行修改，系统将自动移动测标到目标位置，并显示当前影像。

③特征码：显示当前待测地物的特征码，也可直接在其中输入待测地物的特征码。

④咬合：选择该项，可启动或关闭自动咬合功能。

⑤选项：选择该项，系统弹出测图选项对话框，用户可在其中对咬合、测标、影像、背景和界面风格等选项进行设置。

⑥锁定：选择该项，可在跟踪等高线时锁定其高程，即测标总在同一高程的平面上移动。此时若旋转脚盘，高程值将不会变化，可避免由于误动脚盘引起的误操作。

⑦放大比例：显示影像显示窗口中影像的放大比例。

⑧外设的步距显示：显示当前外设的各方向驱动的步距，也就是物方测图的移动步距。

6.2.2 新建或打开测图文件

1. 新建测图文件

选择“文件”→“新建 xyz 文件”菜单项，系统弹出“新建 IGS 文件”对话框，输入一个新的 xyz 文件名，系统弹出“地图参数”对话框，如图 6-21 所示。

地图参数
地图比例尺：
10000
高度的十进制小数位数：
1
徒手操作容差：
0.1
地图坐标框
Xtl 0.000
Ytl 768.000
Xtr 1000.000
Ytr 768.000
Xbl 0.000
Ybl 0.000
Xbr 1000.000
Ybr 0.000
引入地图参数
引自地图图号
保存
取消

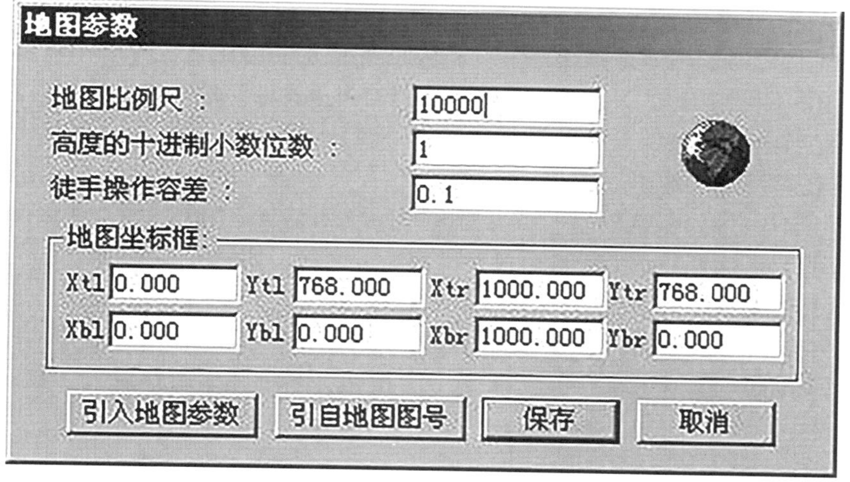

图 6-22 图幅参数

①地图比例尺：设置相应的成图比例尺。

②高度的十进制小数位数：设置显示高程值的小数保留位数。

③徒手操作容差：设置流曲线点的数据压缩比例。设置的数值越大，最后的保留点位越少，但设置的最大数值不能超过“1”。

④地图坐标框：如果已知矢量图的坐标范围，可直接在地图坐标框的各个文本框中输入相应的坐标范围。其中：

Xtl 左上角 X 坐标　Ytl 左上角 Y 坐标　Xtr 右上角 X 坐标　Ytr 右上角 Y 坐标

Xbl 左下角 X 坐标　Ybl 左下角 Y 坐标　Xbr 右下角 X 坐标　Ybr 右下角 Y 坐标

对话框中输入各项测图参数，选择“保存”按钮后，将创建一个新的测图文件。此时系统弹出矢量图形窗口，并显示其图廓范围(电脑屏幕显示为红色框)，如图 6-23 所示。

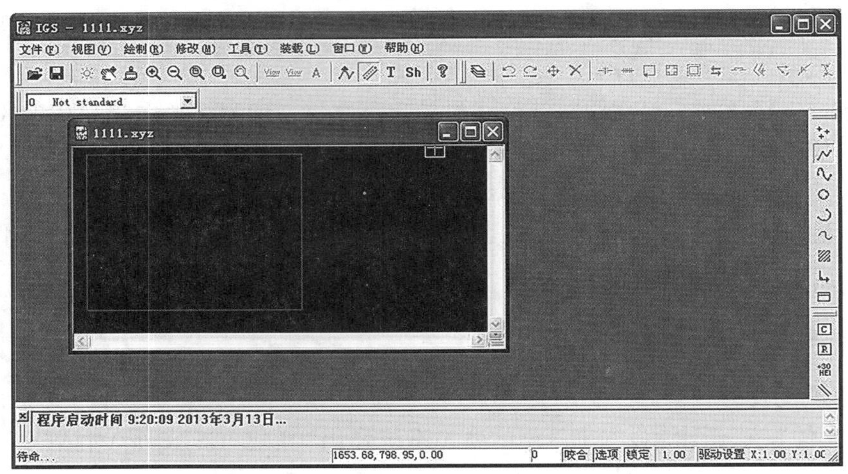

图 6-23　测图矢量显示

⑤引自地图图号：引入地图图幅编号，从而确定坐标范围。

说明　IGS 测图中新建 Xyz 文件，装载相邻的矢量文件，进行矢量裁切时，系统将自动关闭模型边界外的未被引入的矢量。

2. 打开已有测图文件

选择“文件”→“打开”菜单项，系统弹出“打开”对话框，选择一个“＊.xyz”文件，选择“打开”按钮，系统打开一个矢量窗口显示该矢量文件，如图 6-24 所示。

3. 装载立体模型

在 IGS 主界面中选择“装载”→“立体模型”菜单项，在系统弹出的对话框中选择一个模型文件(“＊.mdl”或“＊.ste”)，选择“打开”按钮，系统弹出影像窗口，显示立体影像(分屏显示或立体显示)，如图 6-25 所示。注意：只有当打开了测图文件后，方可装载立体模型或正射影像。

如果要装载正射影像，可选择“装载”→“正射影像”菜单项，在弹出的对话框中选择“＊.orl”“＊.orm”或“＊.orr”文件，选择“打开”按钮，系统弹出影像窗口显示正射影像。

图 6-24 读入已有矢量

图 6-25 立体测图界面

选择“窗口”菜单中的菜单项(如：层叠、纵向排列、横向排列和平铺等)，IGS 界面中的各子窗口将自动进行排列。如：选择“窗口”→“横向排列”菜单项，其结果如图 6-26 所示。

选择“模式”→“立体模式”菜单项，可打开或关闭显示立体影像选项，打开时为立体显示，关闭时为分屏显示。分屏显示方式下的影像如图 6-27(a)中左图所示，立体显示方式下的影像如图 6-27(b)中右图所示。

图 6-26　立体影像与矢量同时显示

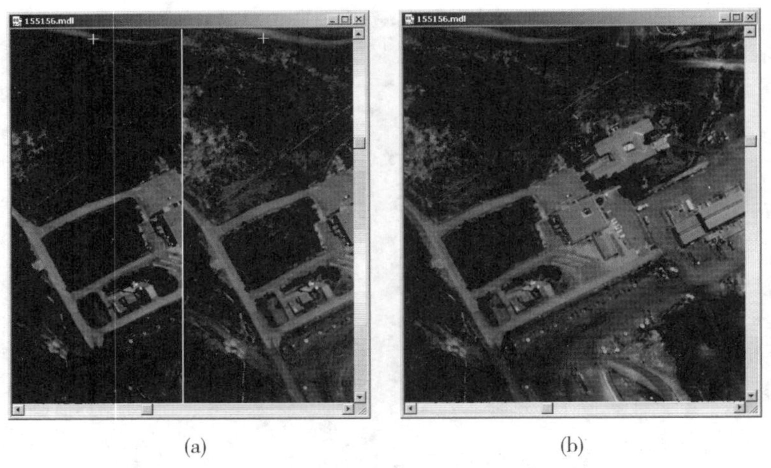

(a)　　　　(b)

图 6-27　分屏与立体对比

6.2.3　作业环境设置

进入了测图界面后，用户通常会对界面布局进行适当的调整，对工作环境进行一些设置，使其更符合自己的作业习惯，便于更方便、快捷地进行测图作业。

1. 设置当前工作窗口

当前工作窗口是指用户可以在该窗口中进行作业操作的窗口，它是针对 IGS 界面中的影像窗口和矢量图形窗口而言的。其标志为：窗口顶端的标题条显示为蓝色。在某工作窗内(最好在窗口顶上的标题栏上)选择，则该窗口将被激活，成为当前工作窗口。

2. 设置界面布局

使用下面两种方式，用户可改变各窗口的大小和位置，形成使用方便的界面布局。

①在当前窗口的标题栏中按下鼠标左键，移动鼠标，可拖动该窗口；在当前窗口的边框上按下鼠标左键，移动鼠标，可改变其大小。

②选择窗口菜单中的菜单项(如层叠、纵向排列、横向排列和平铺等)，IGS 界面中的各子窗口将自动进行排列。如选择“窗口”→“横向排列”菜单项，其结果如图 6-28 所示。

图 6-28　横向排列窗口

3. 影像与矢量图形的移动和缩放

可通过拖动工作窗口的滚动条，上下或左右移动该窗口中的影像或矢量图形。也可使用下面的图标移动或缩放窗口中的影像或矢量图形。

选择此图标，在影像窗口中移动光标，可移动窗口中的立体影像。

选择一次此图标，可将当前工作窗口中的影像或矢量图形缩小二分之一。

选择一次此图标，可将当前工作窗口中的影像或矢量图形放大一倍。

选择此图标，全图显示矢量图形。

选择此图标，并在矢量窗口按住鼠标左键拖动，拉出一个矩形框，然后释放鼠标左键，将在当前工作窗中放大显示框内图形。

选择此图标，可恢复前一视图。

4. 选项设置

选择“工具”→“选项”菜单项，系统弹出“测图选项”对话框，它包括咬合设置、测标选项、影像设置、界面风格和警报选项等五个属性页，选择其中任一属性页，将显示相应的功能设置页面。

(1)咬合设置

请阅读 6.2.1 节的选项菜单。

(2)测标选项

每个工作窗口中都有一个测标，用户可自行定义测标形状和颜色。每次的设置都只对当前工作窗口有效，因此，不同的工作窗口中的测标可分别设置为不同的形状和颜色。测标选项页面如图 6-29 所示。

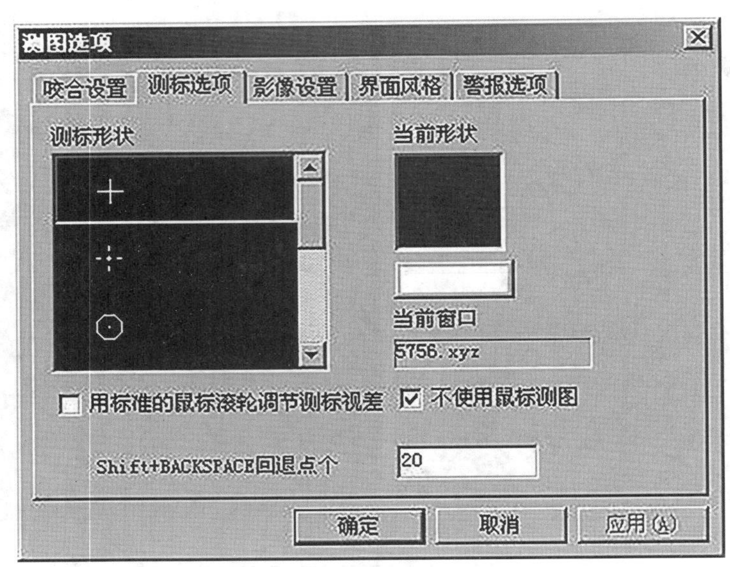

图 6-29　测标选项

①测标形状：拉动列表的滚动条，在列出的各种测标中选择合适的形状。选择颜色块按钮，在弹出的选择窗中选择测标的颜色。

②当前窗口：说明当前定义的是哪个窗口中的测标。

③用标准的鼠标滚轮调节测标视差：选中该项并选择“确定”按钮，退出对话框后，可同时按住鼠标中键和 Shift 键调整视差。

④不使用鼠标测图：选中该项并选择“确定”按钮，退出对话框后，将只能使用手轮和脚盘测图，可避免测图时误动鼠标带来的影响。

⑤Shift+BackSpace 回退点个数：设置一次回退点的个数，如在文本框中输入 20，则当按下该组合键时可一次回退 20 个数据点，如果量测过程中数据点少于 20 个，则测标直接回退到起始量测点。

(3)影像设置

IGS 在影像设置页面中提供了设置影像显示的选项。可以根据不同的硬件配置来设置影像显示的参数，达到快速显示的目的，如图 6-30 所示。在此可对影像层缓冲区大小、矢量叠加层缓冲区大小进行设置。

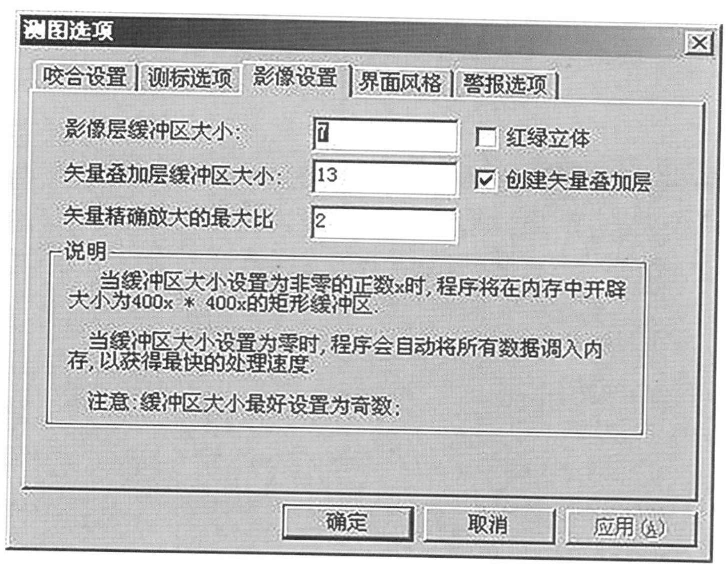

图 6-30　影像设置

①缓冲区设置：立体影像是分块显示的，理论上缓冲区越大，影像浏览速度越快。但是，缓冲区的总容量不应大于调入影像前系统的剩余内存。

当内存较小时，用户可以设定一个非负数，如“7”，则程序在系统内存中开辟一个 7×7=49 的缓冲区。

如果内存足够，则可设为“0”，此时程序会将所有数据调入内存，从而获得最快的处理速度。内存是否足够取决于当前影像的大小。

建议用户在使用时，如果内存不够就分别采用缺省值 7(影像层)和 13(矢量叠加层)，如果内存足够就采用 0，0。

说明　一般而言，我们建议用户根据自己的情况使用以下配置：

若是处理黑白影像，内存为 256 MB，则可将影像层、矢量叠加层缓冲区均设为“0”。若是处理彩色影像，内存为 512 MB，则可将影像层、矢量叠加层缓冲区均设为“0”。

缓冲区大小的计算公式(以系统缺省设置的参数为例)：

彩色影像　缓冲区大小＝7×7×400×400×3＝22.4MB

黑白影像　缓冲区大小＝7×7×400×400×1＝7.5MB

除此之外，用户还可通过其他方式加速立体影像的显示及矢量图形的刷新。

②矢量精确放大的最大比：在矢量精确放大的最大比右边的文本框中键入一个整数值，设置影像放大显示与矢量放大显示之间的对应关系。

③红绿立体：采用红绿立体的方式来显示当前模型。

④创建矢量叠加层：建议用户选中此项，以进行矢量和影像的快速实时叠加。

(4)界面风格

界面风格页面如图 6-31 所示。

注意　在界面风格页面中改动了界面风格选项后，应退出 IGS，再次进入后，其改动方可生效。

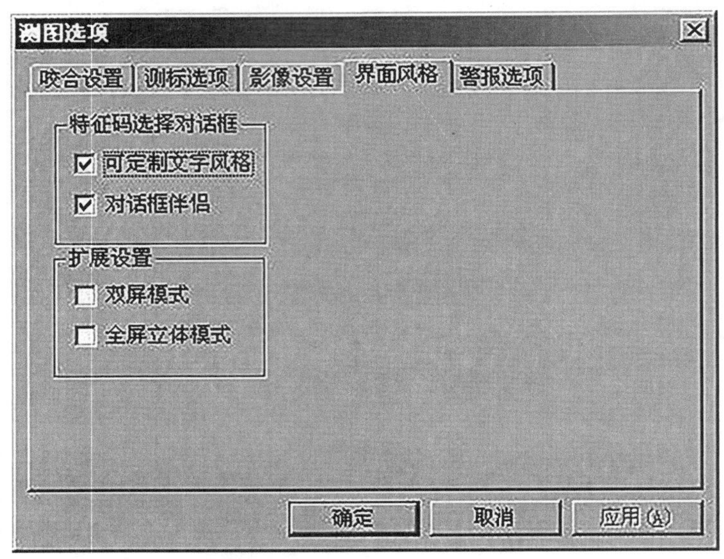

图 6-31　界面风格

可定制文字风格：该选项是系统默认选项。

在系统默认情况下，选择工具栏图标 Sh，系统会弹出特征码选择对话框，如图 6-32 所示。

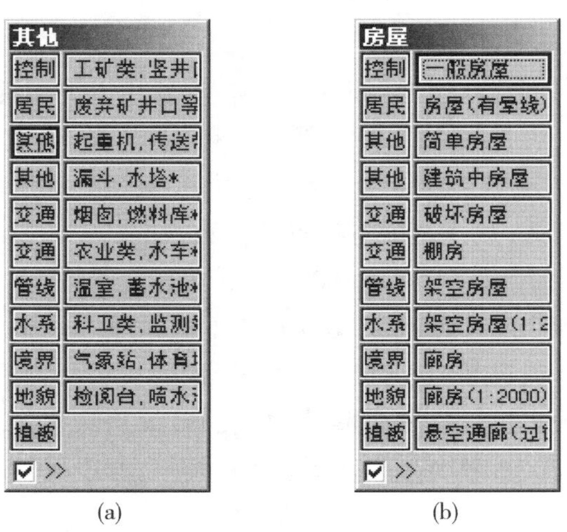

(a)　　　　(b)

图 6-32　地物属性类别文字界面

其中，右边的部分是最近使用过的符号列表，选择对话框底部的复选框，可隐藏该列表，此时，特征码选择对话框变为图 6-32(b)。下面，举例说明选择符号的具体方法：

在图 6-32(b)中选择对话框左边的居民选项，则对话框右边变为图 6-33(a)。

在图 6-33(a)中选择对话框右边的房屋选项，则对话框右边变为图 6-33(b)。

在图 6-33(b)中选择对话框右边的一般房屋选项，即从符号库中选择了与“一般房屋”对应的符号。此时，用户可进行量测，所量测的地物即用“一般房屋”的符号表示。

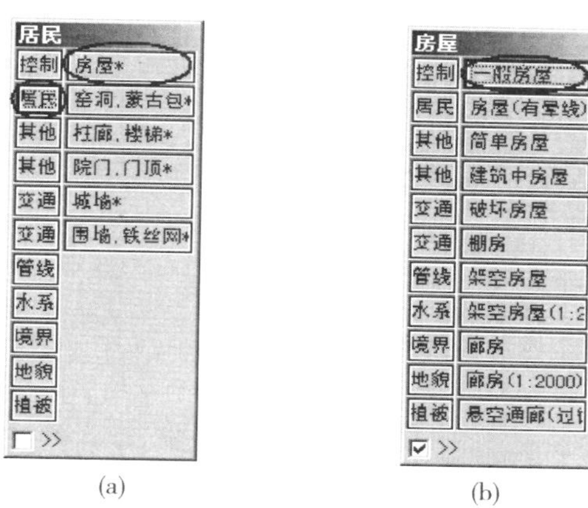

(a)　　　　(b)

图 6-33　地物属性类别文字界面

若不选择可定制文字风格选项，退出 IGS，然后再次进入 IGS，选择工具栏图标 Sh，系统会弹出如图 6-34 所示的特征码选择对话框。

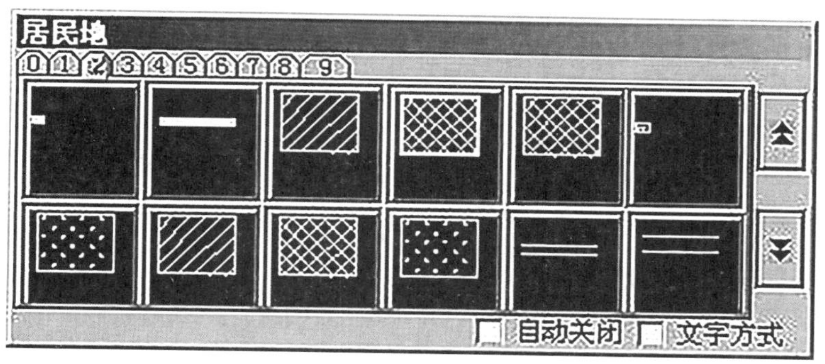

图 6-34　地物属性类别图形界面

用户可在量测过程中一直显示该对话框。默认情况下，系统使用最近一次选择的特征码作为当前将要测的地物的特征码。

自动关闭：选择该选项，则选中某一测图符号后，系统将自动关闭此对话框。

文字方式：选择该选项，则系统在对话框中的符号下面显示相应的文字说明。

该对话框包括 9 个属性页面，一个页面代表一大类测图符号，其标题为该页面中地物特征码的首位，如：地物特征码“3010”，就在第三页。具体使用方法如下：

选择合适的属性页。

选择右边的翻页按钮，找到合适的测图符号。

在该符号上选择，此时，该符号的特征码将显示在 IGS 主窗口的状态条中。

①对话框伴侣：该选项是系统默认选项。选中该选项，则在特征码选择对话框的右边显示最近使用过的符号列表，若未选中该选项，则隐藏最近使用过的符号列表。

说明：自定义符号库。若用户使用的是自己定制的符号库，也可通过编辑文件的方式建立该符号库的特征码表，以便于 IGS 用文字将其显示出来。在 VirtuoZo 安装目录中的 symlib 文件夹的子文件夹 2000、5000 或 50000 中分别存有一个文本文件“subindex. txt”，用户可编辑该文件，为自定义的符号库建立特征码表，但必须按下面的规则定义该特征码表的结构。

大类序号　大类名

第一级子类个数

第一级子类序号　第一级子类名

(

第二级子类个数

第二级子类序号　第二级子类名

第二级子类序号　第二级子类名

)

第一级子类序号　第一级子类名

……　　　　　　……

大类序号　大类名

其中：

特征码必须被分为 9 个大类。

第一级和第二级的子类个数最多为 9 个。

如果第一级子类中有第二级子类，其子类序号为 0。

②双屏模式

若用户使用双屏测图，可选中扩展设置栏中的双屏模式复选框，再次进入 IGS 时，程序能自动将窗口扩展到两个屏幕。

③全屏立体模式

若用户使用全屏测图，可选中扩展设置栏中的全屏立体模式复选框，再次进入 IGS 时，程序能自动将窗口扩展为两个屏幕。

(5)警报选项

警报选项页面如图 6-35 所示。

启动警报：该选项是系统默认选项，只有选中该选项，才能选择下面的警报选项，如果不选择该选项，则不能选择以下 6 种警报选项。

咬合警报：系统在使用咬合功能时发出的提示信息。

图幅边界警报：系统在图幅进行接边过程中发出的提示信息。

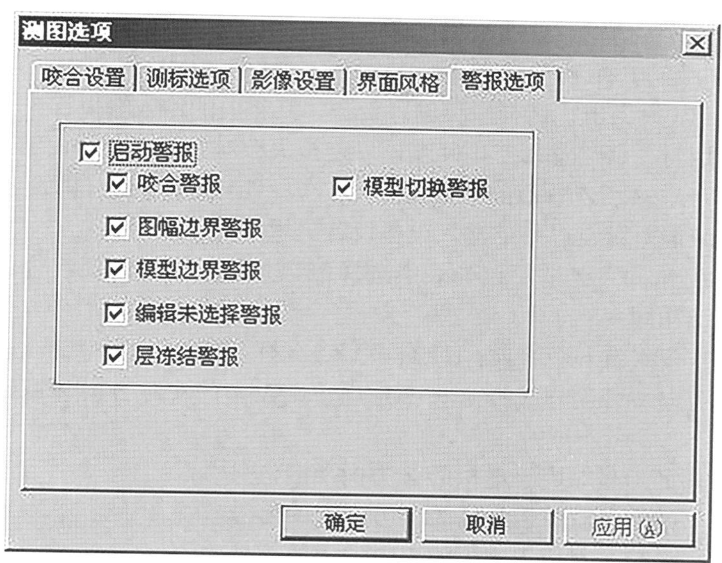

图 6-35　警报选项

模型边界警报：系统在模型进行接边过程中发出的提示信息。

编辑未选择警报：在没有选择编辑对象时发出的提示信息。

层冻结警报：在某一层被锁定时系统发出的提示信息。

模型切换警报：在两个模型切换时发出的提示信息。

5. 设备设置

选择“设备设置”按钮，系统弹出如图 6-36 所示对话框。在此对手轮/脚盘、3D 鼠标等外部设备进行功能设置。

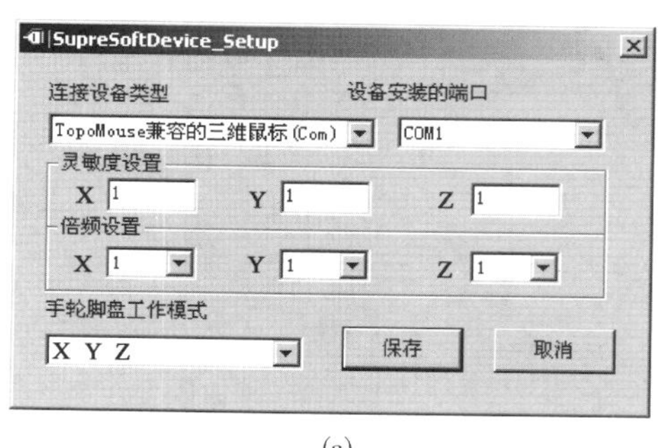

(a)

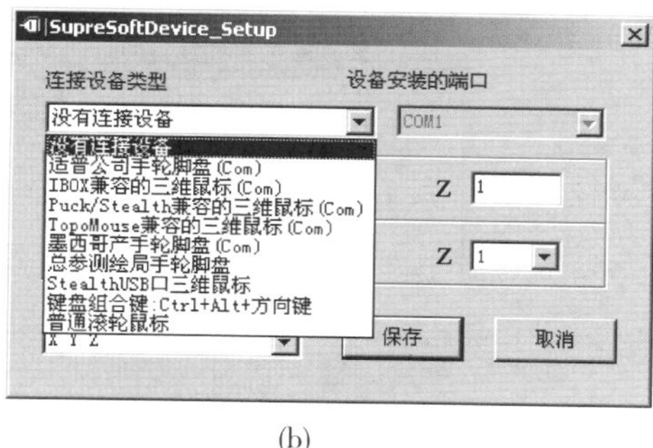

(b)

图 6-36　设备选项

连接设备类型下拉列表中包括 9 种外部输入设备：适普公司手轮脚盘(Com)、IBOX 兼容的三维鼠标(Com)、Puck/Stealth 兼容的三维鼠标(Com)、TopoMouse 兼容的三维鼠标(Com)、墨西哥产手轮脚盘(Com)、总参测绘局手轮脚盘、StealthUSB 口三维鼠标、键盘组合键：Ctrl+Alt+方向键、普通滚轮鼠标。

设备安装的端口有 9 个选项：COM1、COM2、COM3、COM4、COM5、COM6、COM7、COM8、PCI 设备卡。选择一种输入设备，其相应的输入端口、灵敏度设置等设置都会有改动。使用时，请注意选择正确端口。连接失败时，系统会弹出错误提示。

灵敏度设置：*X*、*Y*、*Z* 数值的绝对值越小，表示灵敏度越高，即设备信号产生的效果越大。注意：只能对键盘以外的输入设备设置灵敏度。

倍频设置：在 *X*、*Y*、*Z* 的下拉列表中选择倍频系数，选择不同组合的倍频系数，地物的显示宽度也不相同。

手轮脚盘工作模式有 6 个选项：*XYZ*、*YXZ*、*XZY*、*YZX*、*ZXY*、*ZYX*。*X*、*Y*、*Z* 分别对应于三个虚拟方向。若用户选择 *Z X Y* 选项，则设备的实际方向和逻辑方向的对应关系为：

实际的 *X* 方向的信号对应于虚拟的 *Z* 方向上的信号。

实际的 *Y* 方向的信号对应于虚拟的 *X* 方向上的信号。

实际的 *Z* 方向的信号对应于虚拟的 *Y* 方向上的信号。

选择“保存”按钮保存当前的设定并退出。

6. 影像叠加与矢量图形的层控制

(1)矢量层叠图

按下图标View，可以将量测的矢量层，快速地显示在立体影像上。

(2)层控制

在 IGS 中，不同的地物分别属于不同的层，每一层都有一个特征码(或层号)。用户可通过层控制对话框分层管理量测所得的地物。选择“工具”→“层控制”菜单项或选择工具栏图标，系统弹出“层控制”对话框，如图 6-37 所示。

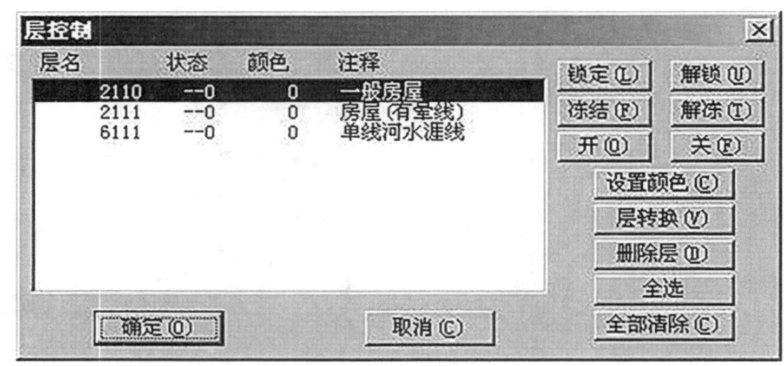

图 6-37　层控制界面

选择层控制对话框中左边列表中的某一行，电脑屏幕中该行将显示为蓝色，即该地物层被选中，然后选择对话框右边的层操作按钮，可对该地物层进行层控制。层控制方式有以下 5 种：

①锁定和解锁：选择“锁定”按钮，则列表中选中层的状态栏中文字的第一位变为“L”，确定后，将不能对选定层中的地物进行编辑，但可显示、新增该类地物。选择“解锁”按钮，状态栏中文字的第一位变为“-”，确定后，可解除地物层的锁定状态。

②冻结和解冻：选择“冻结”按钮，则列表中选中层的状态栏中文字的第二位变为“F”，确定后，不能对选定层中的地物作任何操作(既不能显示，也不能编辑或新增该类地物)。选择“解冻”按钮，状态栏中文字的第二位变为“-”，确定后，可解除地物层的冻结状态。

③开和关：选择“开”按钮，则列表中选中层的状态栏中文字的第三位变为“O”，确定后，可在矢量窗口中显示该层中的地物。选择“关”按钮，状态栏中文字的第三位变为“-”，确定后，矢量窗口中将隐藏该层中的地物。

④设置颜色：可设置选定层中的地物叠加显示在影像上的颜色。

⑤删除层：可删除一个或多个层的全部地物。

注意　层的删除是不可恢复的操作。

选择“全部清除”按钮，将撤销对任何层的选择(并非删除所有选中的层)。

7. 模式设置

请阅读 6.2.1 节的模式菜单。

8. 鼠标与手轮脚盘

在 IGS 中进行量测时，可按如下方式使用鼠标或手轮脚盘(鼠标与手轮脚盘可由系统自动切换，不需人工干预)：

①鼠标左键：在量测过程中，用于确认点位。选择鼠标左键，即记录了某点的坐标数据。

②鼠标中键：在量测过程中，用于调整测标的高程(或称测标的左右视差)。

③鼠标右键：在量测过程中，用于结束当前操作。在量测状态下，鼠标右键用于量测和编辑两种状态的切换(即 和 两图标)。

④手轮脚盘：两个手轮用于控制 X、Y 方向的影像移动，可在设备设置对话框中设置移动步距。脚盘相当于鼠标的中键，用来调整测标的高程。

⑤脚踏开关：左右开关分别相当于鼠标左右键(左开关为开始，右开关为结束)。

6.2.4 选择地物特征码

每种地物都有各自的标准测图符号，而每种测图符号都对应一个地物特征码。数字化量测地物时，首先要输入待测地物的特征码。

方法一：直接输入其数字号码。若用户已熟记了特征码，可在状态栏的特征码显示框中输入待测地物的特征码。

方法二：选择图标 Sh，在弹出的对话框中选择地物特征码，如图 6-38 所示。

6.2.5 进入量测状态

有两种方式可进入量测状态：

方式一：按下图标，可进入量测状态。

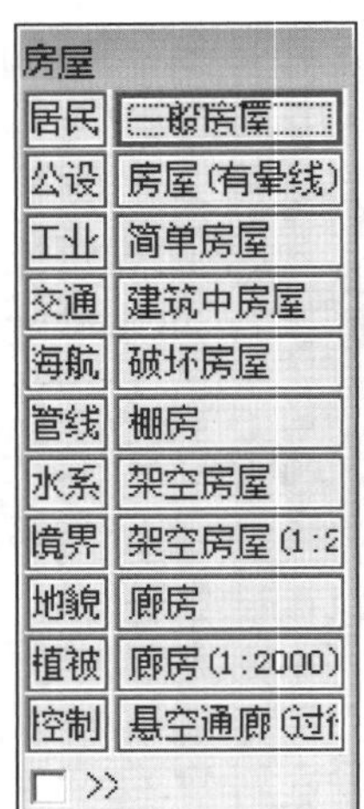

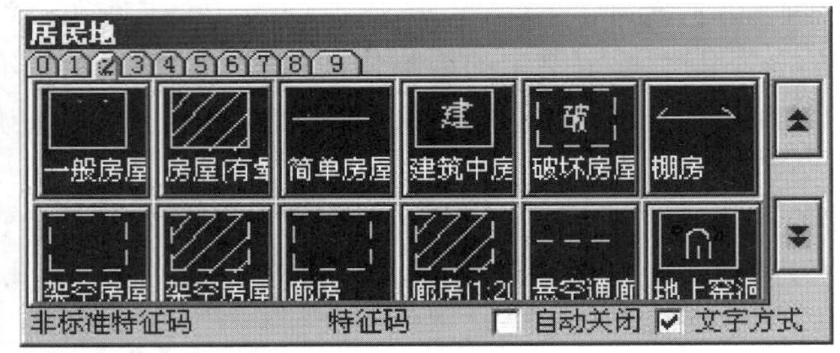

图 6-38　地物符号与特征码

方式二：选择鼠标右键，在编辑状态和量测状态之间切换。

6.2.6　选择线型和辅助测图功能

地物特征码选定后，可进行线型选择和辅助测图功能的选择。

1. 选择线型

IGS 根据符号的形状，将之分为 10 种类型(统称为线型)。在绘制工具栏中有这 10 种类型的图标，其含义说明如下：

点：用于点状地物，即只需单点定位的地物，只记录一个点。

折线：用于折线状地物，如多边形、矩形状地物等，记录多个节点。

曲线：用于曲线状地物，如道路等，记录多个节点。

圆：用于圆形状地物，记录三个点。

圆弧：用于圆弧状地物，记录三个点。

手绘线：用于小路、河流等曲线地物，可加快量测速度，按数据流模式记录，这种模式下记录的是测标的轨迹。

隐藏线：只记录数据不显示图形，用于绘制斜坡的坡度线等。

直角化：用于绘制直角化折线地物。

自动绘制一个地物的平行物。

方向捕捉：用于绘制一个地物的平行或垂直线。

选择了一种地物特征码以后，系统会自动将该特征码所对应符号的线型设置为缺省线型(定义符号时已确定)，表现为绘制工具栏中相应的线型图标处于按下状态，同时该符号可以采用的线型的图标被激活(定义符号时已确定)。在量测前，用户可选择其中任意一种线型开始量测，在量测过程中用户还可以通过使用快捷键切换来改变线型，以便使用各种线型的符号来表示一个地物。

2. 选择辅助测图功能

系统提供的辅助测图功能，可使地物量测更加方便。可通过绘制菜单、快捷键或绘制工具栏图标来启动或关闭辅助测图功能。具体说明如下：

矩形：绘制一个矩形地物。

自动闭合：启动该功能，系统将自动在所测地物的起点与终点之间连线，自动闭合该地物。

自动直角化与补点：对于房屋等拐角为直角的地物，启动直角化功能，可对所测点的平面坐标按直角化条件进行平差，得到标准的直角图形。对于满足直角化条件的地物，启动自动补点功能，可不量测最后一点，而由系统自动按正交条件进行增补。举例说明：如图 6-39 所示，用户量测了地物的边 1 和边 n 后，系统将自动补测最后一个点，并绘制出边 $n+1$ 和边 $n+2$。

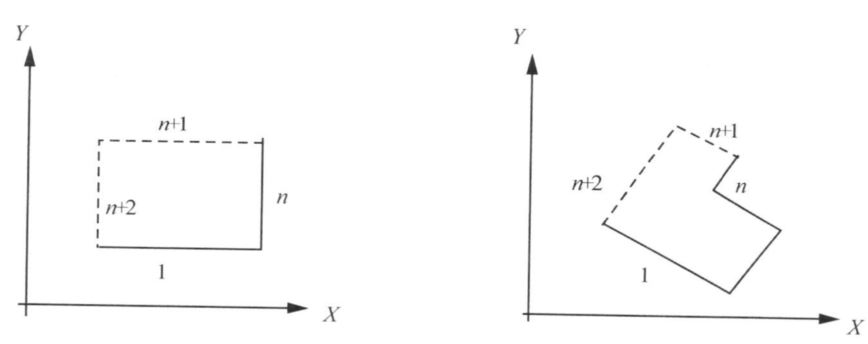

图 6-39　自动直角化补点

自动高程注记：启动该功能，系统将自动注记高程碎部点的高程。

6.2.7　进入编辑状态

有两种方式可进入编辑状态：

方式一：按下图标，可进入编辑状态。

方式二：选择鼠标右键，可在量测状态和编辑状态之间切换。

6.2.8　选择地物或其节点

进入编辑状态后，可选择将要编辑的地物或该地物上的某个节点。

选择地物：将光标置于要选择的地物上，选择该地物。地物被选中后，电脑屏幕上该地物上的所有节点都将显示为蓝色小方框。

选择节点：选中地物后，在其某个节点的蓝色小方框上选择，则该点被选中，该点上的小方框变为红色(此处“蓝色”“红色”均是在电脑屏幕上显示的，后文同。)。

说明　在选择节点时，若打开了咬合功能，则所设置的咬合半径不能过大，以免当节点过密时，选错点位。

选择多个地物：在编辑状态下，可用鼠标左键拉框，选择框内的所有地物。

取消当前选择：在没有选择节点的情况下，选择鼠标右键，可取消当前选择的地物，蓝色小方框将消失。

6.2.9 编辑命令的使用

所有编辑命令，都是基于当前地物(用蓝色小方框显示)或当前点(用红色小方框显示)的。因此，在对某个地物进行编辑之前，必须选中它，才能调用编辑命令。用户可使用以下三种方式调用编辑命令：

使用编辑工具条图标或修改菜单：用于编辑当前地物。

右键菜单：选中节点后，选择鼠标右键，系统弹出该菜单，用于编辑当前点。

快捷键：直接按键盘上某些键和鼠标左键等即可对当前地物或当前节点进行编辑。

1. 当前地物的编辑

对当前地物的编辑操作，有以下几种：

(1)移动地物：选择图标，在窗口中选择以确定移动的参考点，再拖动当前地物移动至某处后，再次选择，则当前地物被移动。

(2)删除地物：选择图标，选择需要删除的地物，则该地物被删除。

(3)打断地物：选择图标，选择地物上需要断开的地方，则当前地物在该点断开为两个地物。

(4)地物反向：选择图标，则反转当前地物的方向。主要用于陡坎、土堆等。

(5)地物闭合：选择图标，将当前未闭合的地物变成闭合，或将当前的闭合地物断开。

(6)地物直角化：选择图标，修正当前地物的相邻边，使之相互垂直。

(7)房檐修正：选择图标，系统弹出“房檐修正”对话框，在其中选择需要修正的边，输入修正值(单位与控制点单位相同)，选择“确定”按钮，则当前房檐被修正。

(8)改变特征码：选择图标，系统弹出“输入新的特征码”对话框，在对话框中输入新的特征码，选择“确定”按钮，则当前地物的特征码被改变，窗口中显示的图形符号也随之改变。

(9)平行拷贝：选中一个地物，选择图标，系统弹出“设置宽度”对话框，在宽度文本框中输入间距(单位为米)，选择“确定”按钮，则系统依此间距生成选中地物的平行地物。

说明　以上的地物编辑命令，还可使用绘制菜单或快捷键执行，此外，工具栏中还有一些其他的编辑工具按钮，具体参考常用的测图方法。

2. 当前点的编辑

对当前点的编辑，可直接进行，也可通过系统弹出的右键菜单完成。

移动点：在当前地物的某蓝色标识框上拾取到某点后，可直接拖动测标至某位置，再选择鼠标左键，则当前点被移动。

插入点：在当前地物的两蓝色标识框之间拾取到某点后(关闭咬合功能)，可直接拖动测标至某位置，再选择鼠标左键，则在这两点之间插入了一点。

在当前地物的某点上选择，选中某点后，选择鼠标右键，系统弹出右键菜单，如图6-40(a)左图所示。

放弃：选择该菜单项后，取消编辑操作，并隐藏该右键菜单。

移动：选择该菜单项后，拖动测标移至某位置，然后选择鼠标左键，则当前点被移动。

删除：选择该菜单项后，则当前点被删除。

坐标：选择该菜单项后，系统弹出设置曲线坐标对话框，显示当前点的坐标信息。用户也可直接在此修改当前点坐标，选择“确定”按钮后，相应的图形将随之更新。

在当前地物的两点之间选中某点后，选择鼠标右键，系统弹出右键菜单，如图6-40(b)所示。

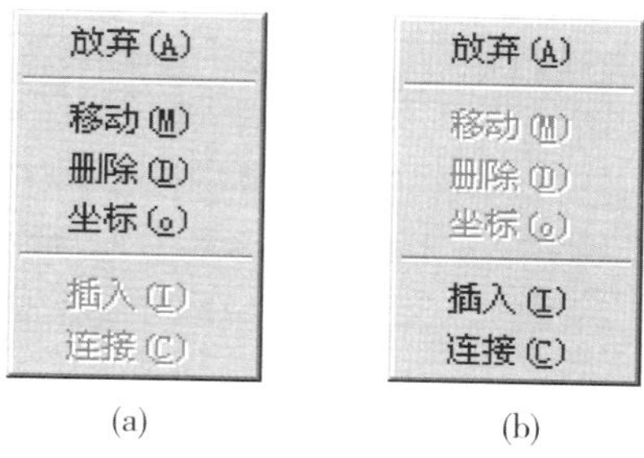

图6-40 右键编辑功能

插入：选择该菜单项后，拖动测标移至某位置，然后选择鼠标左键，则插入一点。

连接：选择该菜单项后，在弹出的工具条(如图6-41所示)上选择某项，即可改变当前点与后一点的连接形式。

图6-41 节点连接属性

说明：点的移动与插入操作也可使用相应的快捷键来执行。

3. 编辑的撤销功能

选择图标或按快捷键“Ctrl+Z”，可撤销一步编程操作，恢复到该编辑操作前的状态。当多个地物一起删除时，一次只能恢复一个地物，最多可撤销50步。

4. 改变线型

选中某个矢量地物后，选择图标，系统弹出“选择线型”工具栏，选择其中某图标，则可将当前地物的线型改为该线型。

6.2.10　输入文字注记

按下主工具条上的图标 T 进入注记状态，系统弹出“注记”对话框，用户可在其中输入注记的文本内容和相关参数，然后在影像或图形工作窗口内选择，即可在当前位置插入所定义的文本注记，并显示在图形或影像中。

选择“视图”→“文本对话框”菜单项或按下主工具条上的图标 T，系统弹出“注记”对话框，如图 6-42 所示，用户可根据需要定义注记参数。

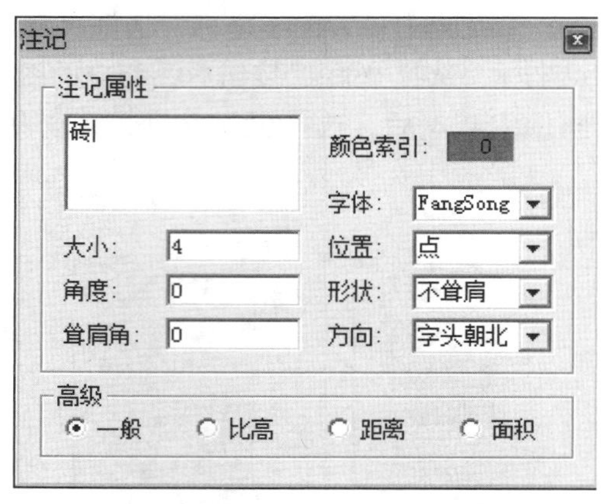

图 6-42　文字注记界面

注记属性：即注记文本字符串，包括汉字、英文字母和数字等。用户可使用快捷键或选择任务栏上的图标自由切换到汉字或英文输入状态。

(1)大小：注记字符串的字高，单位为毫米(输出图件上)。

(2)角度：注记与正北方向的角度，单位为度。

(3)耸肩角：设定文字是否耸肩，一般有左耸、右耸、上耸、下耸四种表现形式，主要用于表示山脉注记。

(4)颜色索引：定义注记的颜色。用户可任意选择 16 种 VGA 颜色之一。选择颜色索引右边的彩色块，系统弹出颜色面板，如图 6-43 所示，在其中选择需要的颜色即可。

图 6-43　文字注记的颜色

(5)字体：定义注记字体。系统提供两种字体选项：FangSong(仿宋)和 Song(宋体)。

(6)位置：定义注记的分布方式。

①点：单点方式。该方式只需确定一个点位和一个角度，系统即沿给定的方向和点位添加注记。

②多点：多点方式。该方式下需给每一个字符定义一个点位，字头朝向只能是正北。

③线：直线方式。该方式下需定义两个点位，注记沿这两个点所定义的直线的方向分布，字间距由两点间线段的长度决定，每个字的朝向则是根据直线的角度来确定。

④曲线：任意线方式。该方式利用若干个点位来确定一个样条曲线，注记沿该曲线分布，每个字的朝向由样条上该点的切线来确定。

(7)形状：定义注记字体的变形情况。包括不耸肩、左耸、右耸、上耸和下耸等五种选项。通常用于对河流、山脉等不规则地物的注记。

(8)方向：定义注记文字的朝向。

①字头朝北：字头朝正北。

②平行方式：字头与定位线平行。

③垂直方式：字头与定位线垂直。

(9)高级：对话框中有四个高级选项：

①一般：该选项为系统默认选项。系统将按用户的定义添加注记。

②比高：选中该选项，系统将自动添加比高注记。

③距离：选中该选项，在量测两点间距离时，系统将自动为其添加距离注记。

④面积：选中该选项，在量测地物的面积时，系统将自动为其添加面积注记。

6.2.11 常用测图方法

1. 基本量测方法

①在影像窗口中进行地物量测。

②用户通过立体观测设备对需量测的地物进行观测，用鼠标或手轮脚盘移动影像并调整测标。

③切准某点后，选择鼠标左键或踩左脚踏开关记录当前点。

④选择鼠标右键或踩下右脚踏开关结束量测。

⑤在量测过程中，可随时选择其他的线型或辅助测图功能。

⑥在量测过程中，可随时按 Esc 键取消当前的测图命令等。

⑦如果量错了某点，可以按键盘上的 BackSpace 键，删除该点，并将前一点作为当前点。

2. 不同线型的量测

①单点，选择点图标或踩下左脚踏开关记录单点。如图 6-44 所示，以下符号可采用单点量测方式。

图 6-44 点状地物例子

②单线，折线，选择折线图标或踩下左脚踏开关，可依次记录每个节点，选择鼠标右键或右脚踏开关，结束当前折线的量测。当折线符号一侧有短齿线等附加线划时，应注意量测方向，一般附加线划沿量测前进方向绘于折线的右侧。如图 6-45 所示，这些符号为使用折线线型进行的量测。

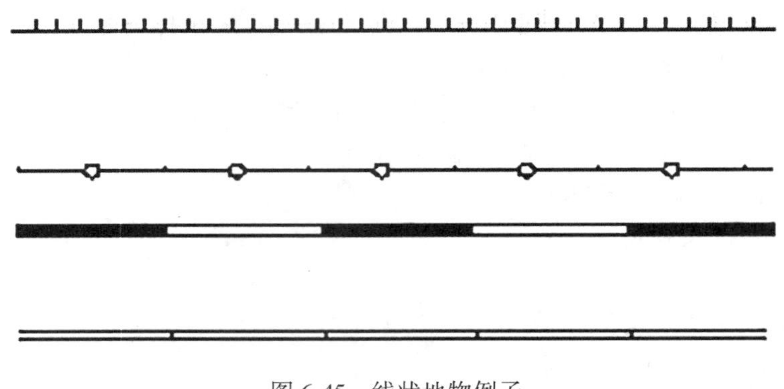

图 6-45　线状地物例子

③曲线，选择曲线图标或踩下左脚踏开关，可依次记录每个曲率变化点，选择鼠标右键或踩下右脚踏开关，结束当前曲线的量测。

④手绘线(流线)，选择手绘线图标或踩下左脚踏开关记录起点，用手轮脚盘跟踪地物量测，最后踩下右脚踏开关记录终点。以该方式采集数据时，系统使用数据流模式记录量测的数据，即操作者跟踪地物进行量测，系统连续不断记录流式数据。流式数据的数据量是很大的，必须对采集的数据进行压缩预处理，以减少数据量。典型的压缩方法是，根据一个容许的误差，对采集的数据进行压缩处理，如图 6-46 所示。其中，D_{max} 为设置的容差，P_m 到 P_1P_n 的距离大于该容差，其他节点均未超出容差，因此，系统将采集 P_m 点，而压缩其他节点数据。

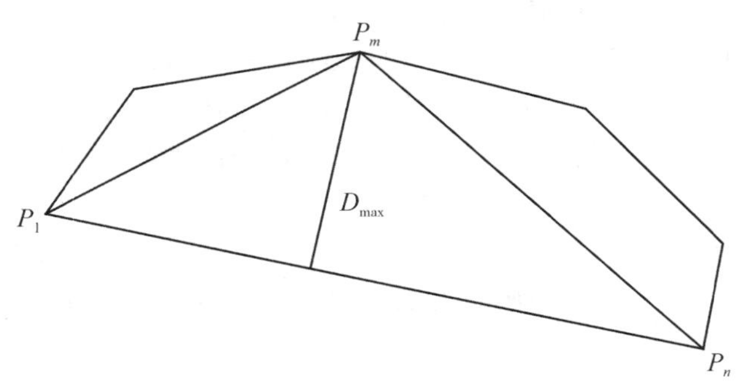

图 6-46　流线压缩原理

压缩的容差在测图参数中输入，压缩的容差在图上以毫米为单位，乘以成图比例尺后为以地面坐标为单位的容差。所以，正确的成图比例尺是取得良好压缩效果的关键。

⑤固定宽度平行线，对于具有固定宽度的地物，量测完地物一侧的基线(单线)，然后选择右键，系统根据该符号的固有宽度，自动完成另一侧的量测，如图 6-47 所示。

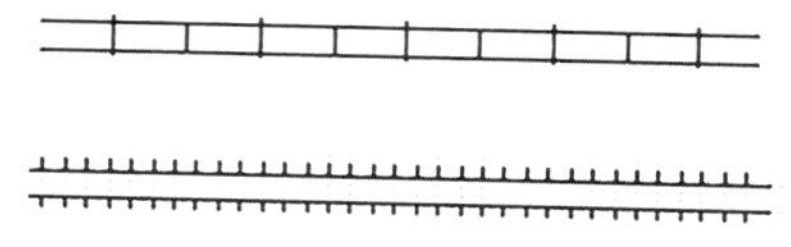

图 6-47　平行线的采集

需定义宽度平行线，有的符号需要人工量测地物的平行宽度，即首先量测地物一侧的基线(单线量测)，然后在地物另一侧上任意量测一点(单点量测)，即可确定平行线宽度，系统根据此宽度自动绘出平行线。

⑥底线，对于有底线的地物(如：斜坡)，需要量测底线来确定地物的范围。首先量测基线，然后量测底线(一般绘于基线量测方向的左侧)，如图 6-48 所示。在量测底线前，可选隐藏线型量测，底线将不会显示出来。

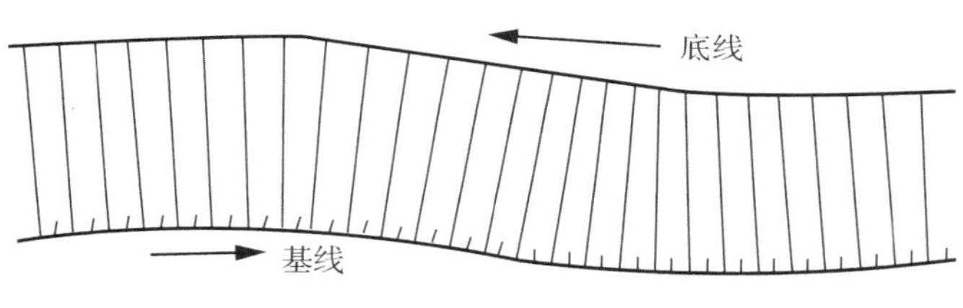

图 6-48　基线加底线的采集

⑦圆，选择圆图标，然后在圆上量测三个单点，选择鼠标右键结束。如图 6-49 所示，量测 P_0、P_1和 P_2三个点，即可确定圆 O。

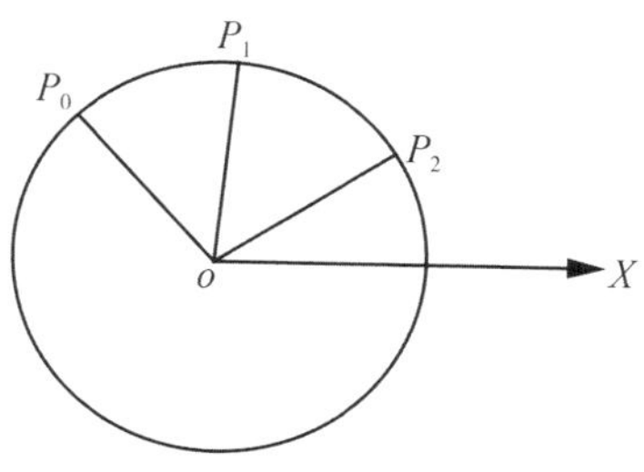

图 6-49　圆状地物采集

⑧圆弧，选择圆弧图标，然后按顺序量测圆弧的起点、圆弧上的一点和圆弧的终点，选择鼠标右键结束。

3. 多种线型组合量测

对于多线型组合而成的地物图形，在量测过程中应根据地物形状的变化，分别选择合适的线型进行量测。下面举例说明如何进行多线型组合量测地物，图 6-50 就是一个圆弧与折线组合的例子。

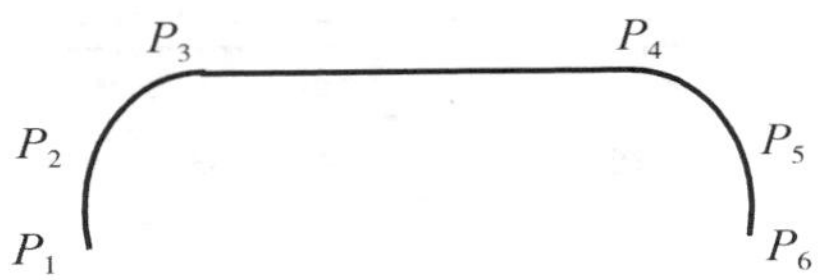

图 6-50　组合采集

该图形是由弧线段 P_1P_3、折线段 P_3P_4和弧线段 P_4P_6组成的，其中，点 P_1、P_2、P_3、P_4、P_5和 P_6需要进行量测。具体量测步骤如下：

①首先在工具栏上选择圆弧图标，量测点 P_1、P_2和 P_3。

②再到工具栏上选择折线图标，量测点 P_4。

③再到工具栏上选择圆弧图标，量测点 P_5和 P_6。

④最后选择鼠标右键结束，完成整个地物的量测。

说明　在量测过程中，可能会不断需要改变矢量的线型，为了便于使用，IGS 提供了各种线型的快捷键，以方便用户随时调用各种不同的线型。

4. 高程锁定量测

有些地物的量测，需要在同一高程面上进行(如等高线等)，可启用物方测图模式并选择高程锁定功能，将高程锁定在某一固定 Z 值上，即测标只在同一高程的平面上移动。具体操作如下：

①确定某一高程值：选择状态栏上的坐标显示文本框，系统弹出设置曲线坐标对话框，如图 6-51 所示，在 Z 文本框中输入某一高程值，选择"确定"按钮。

图 6-51　指定高程

②启动高程锁定功能：按下状态栏上锁定按钮。

③开始量测目标。

注意 只有当测标调整模式为高程调整模式(选择“模式”→“人工调整高程”菜单项，使之处于选中状态)时，方可启动高程锁定功能。

5. 道路量测

选择图标Sh，在弹出的对话框中选择道路的特征码。选择图标，进入量测状态，用户可根据实际情况选择线型，如：样条曲线和手绘线等，即可进行道路的量测。

①双线道路的半自动量测，沿着道路的某一边量测完后，选择鼠标右键或脚踏右开关结束，系统弹出对话框提示输入道路宽度，用户可直接在对话框中输入相应的路宽，也可直接将测标移动到道路的另一边上，然后选择鼠标左键或脚踏左开关，系统会自动计算路宽，并在路的另一边显示出平行线。

②单线道路的量测，沿着道路中线测完后，选择鼠标右键或踩下右脚踏开关结束，即可显示该道路。

6. 等高线采集

(1)中小比例尺的等高线采集量测

高山地形，此类地形数据的匹配效果比较好，可以使用 VirtuoZo 的自动生成等高线功能，直接生成等高线矢量文件，然后在 IGS 中进行测图时引入该文件，进行等高线修测方式进行等高线采集工作。具体操作如下：

激活矢量显示窗口，选择“文件”→“引入”→“等高线”菜单项，系统会弹出如图 6-52 所示的对话框。

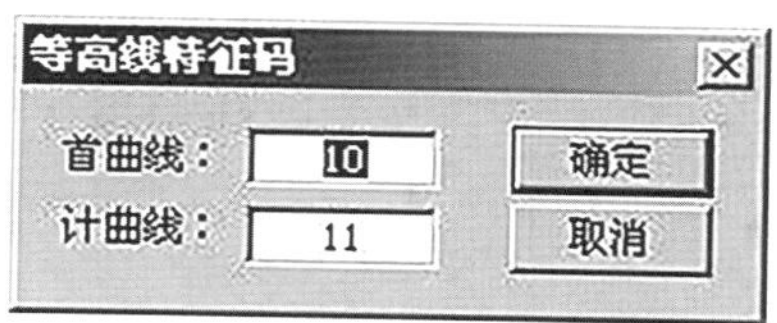

图 6-52 等高线引入

分别填入首曲线和计曲线在符号库中对应的特征码，然后选择“确定”按钮，系统弹出打开一个等高线矢量文件对话框。在对话框中选择该区域的等高线矢量文件“.cvf”，确认后，系统即自动引入该文件中的等高线数据并显示其影像。引入等高线数据后，可移动影像，检查等高线是否叠合正常。

城区地形或混合地形，此类地形数据比山区数据的匹配结果稍差，可使用 VirtuoZo 的 DemEdit 模块，编辑并生成高精度的 DEM，然后再使用 VirtuoZo 的自动生成等高线功能，生成等高线矢量文件，最后将该文件引入测图文件，进行少量的修测处理，即可完成此类地区等高线的测绘。具体操作步骤可参见上文中有关山区数据处理的说明。

(2)大比例尺的等高线采集

大比例尺测图时，一般对采集等高线的精度要求较高，且一个模型范围内的等高线数量，比小比例尺影像数据要少一些。对于大比例尺测图，特别是城区和平坦地区，等高线的测绘可直接在立体测图中全手工采集。具体采集方法如下：

①选择等高线特征码。选择图标Sh，在弹出的对话框中选择等高线符号。

②激活立体模型显示窗。选择“模式”→“人工调整高程”菜单项。

③设定高程步距。选择“修改”→“高程步距”菜单项，在弹出的对话框中输入相应的高程步距(单位：米)，按下键盘的 Enter 键确认。

④输入等高线高程值。选择 IGS 窗口状态栏中的坐标显示文本框，在弹出的对话框中输入需要编辑的等高线高程值，按 Enter 键确认。

⑤启动高程锁定功能。按下状态栏中的“锁定”按钮。

⑥进入量测状态。按下图标(也可踩下右脚踏开关在编辑状态和量测状态之间切换)。

⑦切准模型点。在立体显示方式下，驱动手轮至某一点处，并使测标切准立体模型表面(即该点高程与设定值相等)，踩下左脚踏开关，沿着该高程值移动手轮，开始人工跟踪描绘等高线，直至将一根连续的等高线采集结束，此时，踩下右脚踏开关结束量测。注意：该过程中应一直保持测标切准立体模型的表面。

⑧如果要量测另一条等高线，可按下键盘上的“Ctrl+”“↑”键或“Ctrl+”“↓”键，可以看到状态栏中坐标显示文本框中的高程值，会随之增加或减少一个步距。

⑨重复上述步骤可依次量测所有的等高线。

(3)等高线的高程注记

等高线上的高程注记，一般是注记在计曲线上，注记的方向和位置均有规定标准，并且要求等高线在注记处自动断开。为了解决此问题，系统提供一个半自动添加等高线注记的功能。具体操作如下：

①激活矢量显示窗口，选择“视图”→“等高线注记设置”菜单项，系统弹出等高线注记设置对话框，如图 6-53 所示。

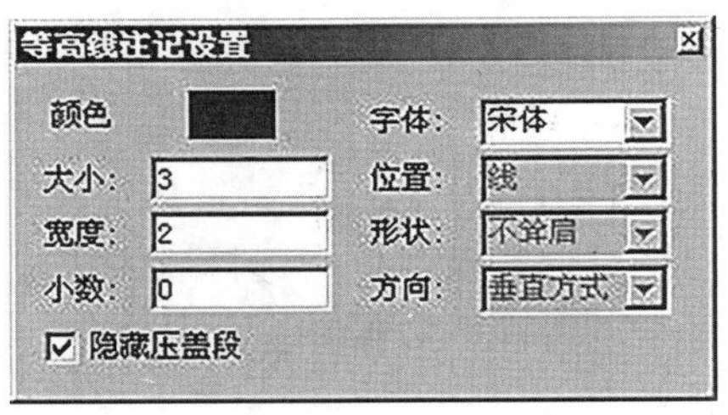

图 6-53　等高线注记

用户可在该对话框中设置等高线高程注记的字体、颜色、高度、宽度、小数位数及是否隐藏压盖段等，设置完成后，选择对话框右上角的“关闭”按钮，即可关闭该窗口。

②按下载入 DEM 图标，在弹出的对话框中选择与该模型对应的 DEM 文件并确认。

③激活矢量显示窗口，按下一般编辑图标，选中需要添加注记的等高线。

④按下半自动添加等高线注记图标，在需要添加等高线注记的地方选择，则系统会自动添加等高线注记，并隐藏与注记重叠的等高线影像(必须在等高线注记设置对话框

中选中隐藏压盖段选项)，且该处的等高线注记字头的朝向自动朝向高处。

7. 房屋量测

选择图标Sh，在弹出的对话框中选择房屋的特征码，缺省情况下系统会自动激活折线图标、自动直角化图标及自动闭合图标。用户可根据实际情况选择不同的线型来测量不同形状的房屋(可选线型主要有：折线、弧线、样条曲线、手绘线、圆和隐藏线)。一次只能选择一种线型(按下其中一种线型图标后，其他的线型图标将自动弹起)。用户也可根据实际情况选择是否启动自动直角化功能和自动闭合功能(按下图标为启动，否则为关闭)。激活立体影像显示窗口，按下图标，即可开始测量房屋。

(1)平顶直角房屋的量测

鼠标测图，移动鼠标至房屋某顶点处，按住键盘上的 Shift 键不放，左右移动鼠标，切准该点高程，松开 Shift 键。选择鼠标左键，即采集了第一点。沿房屋的某边移动鼠标至第二、第三两个顶点，选择鼠标左键采集第二、第三点。选择鼠标右键结束该房屋的量测，程序会自动作直角化和闭合处理。

手轮脚盘测图，移动手轮脚盘至房屋某顶点处，旋转脚盘切准该点高程，然后踩左脚踏开关，即记录下第一点。沿房屋的某边移动手轮至第二、第三两个顶点，踩左脚踏开关采集第二、第三点。踩右脚踏开关，结束该房屋的量测，程序会自动作直角化和闭合处理。

(2)“人”字形房屋的量测

鼠标测图，移动鼠标至该房屋某顶点处，按住键盘 Shift 键不放，左右移动鼠标，切准该点的高程，然后松开 Shift 键。选择鼠标左键，即采集第一个点。沿着屋脊方向移动测标使之对准第二个顶点，选择鼠标左键采集第二点。沿着垂直屋脊方向移动测标使之对准第三个顶点，选择鼠标左键采集第三点。然后选择鼠标右键结束，程序会自动匹配当前房屋的其他角点及屋脊线上的点。

手轮脚盘测图，移动手轮脚盘至房屋某顶点处，旋转脚盘切准该点高程，然后踩下左脚踏开关，即记录下第一个点。沿着屋脊方向移动测标使之对准第二个顶点，踩下左脚踏开关，记录下第二个点。沿着垂直屋脊方向移动测标使之对准第三个顶点，踩下左脚踏开关，记录下第三个点。然后踩下右脚踏开关结束，程序会自动匹配当前房屋的其他角点及屋脊线上的点。

(3)有天井的特殊房屋的量测

①量测有天井的特殊房屋的具体操作步骤如下(以手轮脚盘量测为例进行说明，使用鼠标的操作与之类似：

②根据房屋的形状选择合适的线型，包括折线、曲线或手绘线。

③关闭自动闭合功能。用鼠标选择自动闭合图标，使之处于弹起状态。

④移动手轮脚盘至房屋的某个顶点处，切准该点高程，然后踩下左脚踏开关采集第一个顶点。

⑤沿着房屋的外边缘依次采集相应的顶点。

⑥最后回到第一个顶点处，踩下左脚踏开关。按下键盘上的 Shift 键和数字键“7”，然后松开(即选择隐藏线型。在使用鼠标时，用鼠标选择图标可达到同样的效果)。

⑦移动手轮脚盘至房屋内边缘的第一个顶点处，踩下左脚踏开关，然后同时按住键盘上的 Shift 键和数字键“2”，然后松开(即选择折线线型，在使用鼠标时，用鼠标选择图标 可达到同样效果)。

⑧移动手轮脚盘沿房屋的内边缘依次采集下所有的点，回到内边缘的第一点后，踩下左脚踏开关。

⑨踩下右脚踏开关，结束该地物的量测。

(4)共墙面但高度不同的房屋的量测

①使用手轮脚盘或鼠标量测出较高的房屋。

②选择“工具”→“选项”菜单项，在弹出的对话框中选择咬合设置属性页，选择“二维咬合”选项，在选中的设置栏中选择最近选项，还可根据需要设置咬合的范围及是否显示咬合的范围边框，如图 6-54 所示，各选项的功能如下：

咬合自身节点：选中此复选框后，在量测时系统可自动实现自身的咬合。如在绘制等高线时可以很方便地做到首尾闭合。

端点：选中此复选框后，在量测时测标可自动捕捉到最近的节点。

头尾：选中此复选框后，在量测时测标可自动捕捉到地物的最前或最后一个节点。

最近：选中此复选框后，在量测时测标可自动捕捉到相邻地物的最近节点。

正交：选中此复选框后，在量测时测标可自动捕捉到相邻地物边的垂足点。

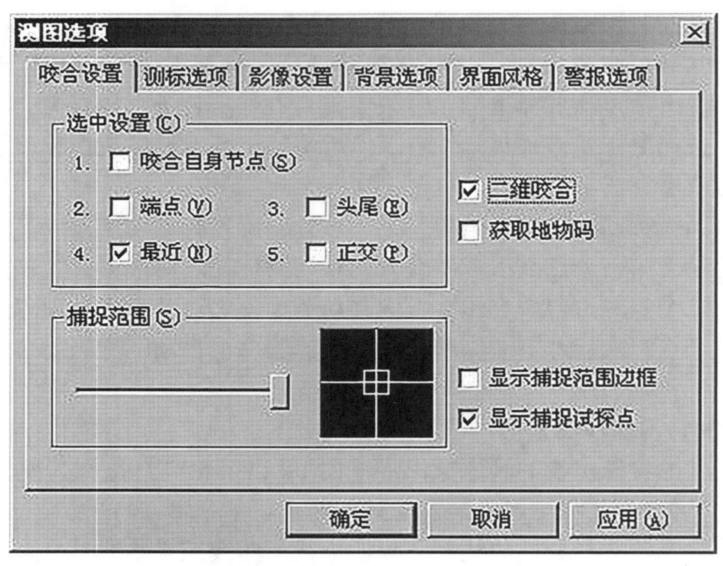

图 6-54　咬合设置

二维咬合：主要用于咬合公共墙面但高度不同的房屋。在量测这种房屋时，用户可以先量测比较高的房屋，然后量测较低房屋的可见边，最后通过二维咬合的方式咬合到公共墙面的量测边上，此时获取的高程则不会咬合到高层房屋的高程了。

获取地物码：选中一个地物，系统自动显示当前地物的特征码，不用手动输入。

设置捕捉范围：捕捉只能在一定范围内进行。可通过左右拉动滑杆来设置捕捉范围的大小。

显示捕捉试探点：选中此复选框，捕捉到的点将以红色方框显示。

显示捕捉范围边框：选中此复选框后，窗口中显示的测标光标将带有一个方框，该方框的大小代表所定义的咬合的捕捉范围，落在方框内的地物节点方可被咬合。

③当量测比较矮房屋的过程中，测标移至共墙的顶点处，采集点位后，若计算机的喇叭发出蜂鸣声，则表示咬合成功。若咬合不成功，则不会发出蜂鸣声，此时需重新测量该点(可按键盘上的 BackSpace 键，回到上一个量测过的点)。如图 6-55 所示，矢量窗口中显示两房屋共边的情况。

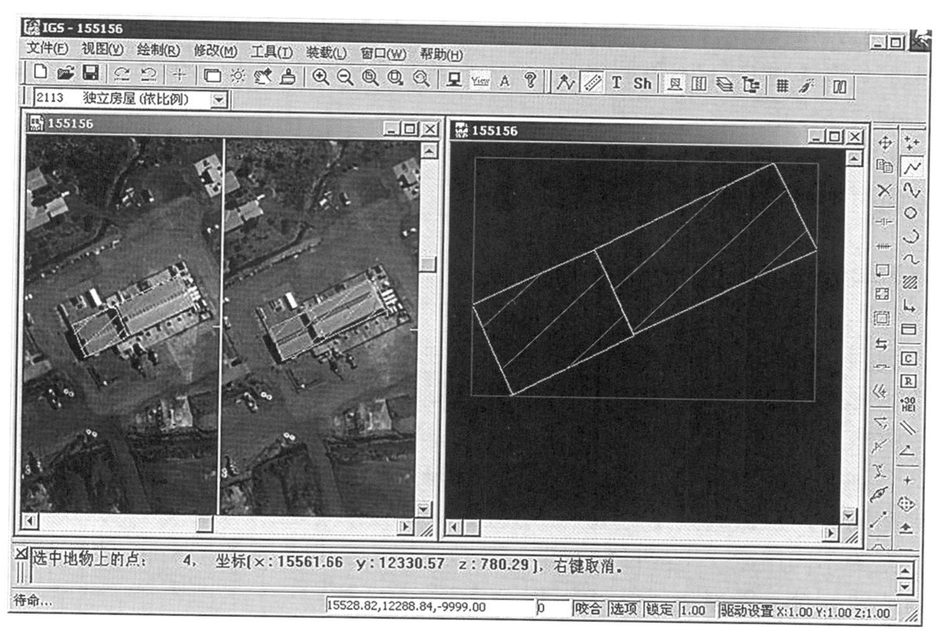

图 6-55 共用边情况处理

④带屋檐修正的测量。

按下一般编辑图标，选中需要改正房檐的房屋，选择工具条中屋檐改正图标，系统弹出屋檐改正对话框，如图 6-56 所示。选择需要进行修正的房屋边，输入修正值(单位与控制点单位相同)，选择“确定”按钮，则测图窗口中当前地物的房檐被修正。

房屋边列表：对话框左上角的列表中列出了当前房屋的所有边。

房屋略图：对话框右上角显示了当前选中房屋的略图。其中，

蓝线：原房屋边。

红线：在左边的列表中选中的房屋边。

绿线：改正后的房屋边。

修改值：键入房檐修正的数值。房檐修正的方向与房屋量测的方向和修正值的正负有

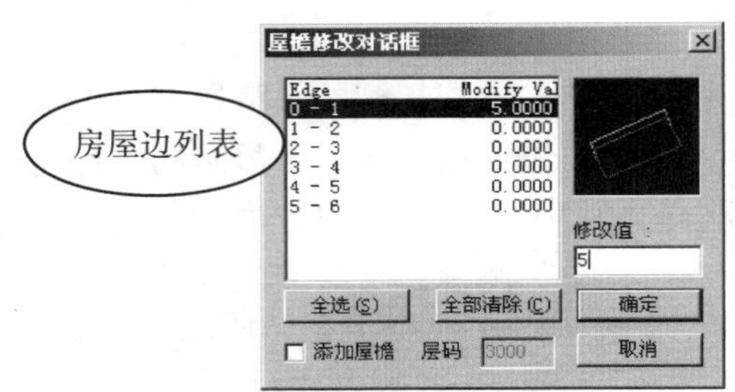

图 6-56　房檐改正

关：当量测的方向为顺时针时，输入修正值为正，房檐向外修正。输入修正值为负，则房檐向内修正；当量测方向为逆时针时，输入修正值为正，房檐向内修正。输入修正值为负，则房檐向外修正。

添加屋檐：选中该选项，并在后面的层码文本框中定义房屋屋檐的特征码，则确定后，矢量窗口中将用该符号显示该房屋的屋檐。

6.3　数字线划地图的入库

目前我国已经建立了基础地理信息系统，而建立基础地理信息系统的重要数据源就是现有数字地形图，这些数字地形图的存储管理主要还是以文件的形式进行管理。由于数字地形图数据模型与 GIS 数据模型存在差异性，目前的 GIS 软件还无法直接对单独的 DLG 文件进行各种操作，如空间查询、分析等。这种方式的管理将大大降低空间数据的利用效率，同时阻碍空间数据的共享进展。产生这种状况的原因主要是两者模型之间存在差异性，各自是为不同用途、不同目的而设计的数据模型，为将采集的 DLG 放入到基础地理信息系统中进行统一管理和利用需要进行 DLG 数据入库。

采用 VirtuoZo 测图所获得的数据要入库需要通过格式转换才能完成，目前有两种方法进行入库，一种是在 VirtuoZo 中将数据转换为 Shapefile 格式，然后在 ArcGIS 中导入数据。这种模式中，数据属性字段是默认的几个，无法修改。另一种方法是在 VirtuoZo 中将数据转为 CAD 的 DXF 格式，然后利用 ArcGIS 在转换工具中将数据引入到 ArcGIS 中，这种转换模式中，数据属性字段是在 ArcGIS 转换工具中指定，由于 ArcGIS 中提供了多种选择，可以按要求建立需要的数据属性字段，因此是比较实用的方法，本次实习将采用这种方法，其作业流程如图 6-57 所示。

①在 VirtuoZo 中将采集结果输出为 DXF 格式，然后利用 ArcGIS 的 ArcToolBox 模块的转换工具 ArcToolBox-Conversion-Tools-To Geodatabase-Import From CAD 将 DXF 文件转换为 Coverage，其中包含有 Points、Lines、Area 和 CadDoc 四个图层以及 XtrProp、XData、TxtProp、MSLink、Entity、CAD-Layer、Attrib 七张属性表，可以在 ArcGIS 中直接浏览空间图形以及转换后的相应的属性表。这些属性表和空间图形要素是由 EntID 字段关联的。经过转换后数据中每个要素通过 EntID 字段可以在对应的属性表中找到对应的所有属性。其

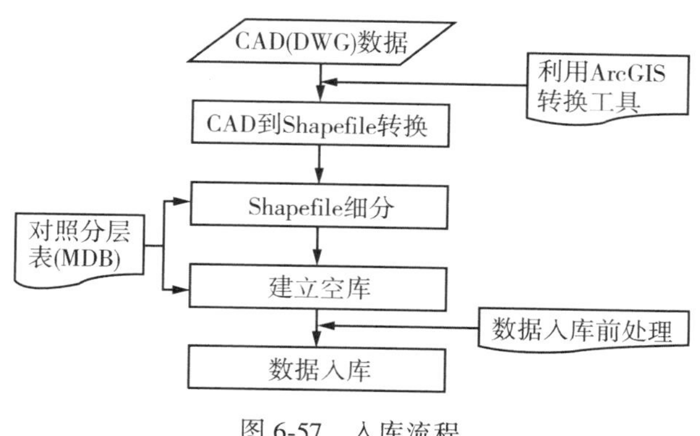

图 6-57 入库流程

中在 DXF 数据中的地类符号、高程点注记等转换过后在 ArcGIS 中以点的形式存在，字段值 text 即为注记的文本值。

②建立空数据库，主要是利用 Personal Geodatabase 创建数据集(Dataset)，并在数据集中创建空的 FeatureClass，其命名以分层对照表中的相应层名来确定。各层细分过后，需要进行数据处理，由 DXF 格式的数据转成 Shapefile 格式的数据和 Shapefile 数据继续细分层之后，数据还不能入库，由于两种数据格式之间有着较大的差异，加上 DXF 数据在作图时产生的一些错误，需要进行一系列的检查处理，使数据更统一规范地入库。

③数据入库。入库原理主要是依据 Dataset 中 Feature2Class 的名称与所有 Shapefile 层名是否相同来判断逐一添加入库。在入库后还需要在 ArcGIS 中进行一下数据处理，常见的数据处理方法：

a. 删除重复高程点。打开点图层，搜索到所有的点，对每个点做很小阈值的缓冲面，用此面和点层作空间包含，如果搜到的点大于 1 个，则删掉点，依次循环。

b. 给高程点赋值。打开高程点层、高层注记点层，搜索到所有的高层点，然后从每个高层点先做一定阈值(数据不同阈值不同)的缓冲面，用此面和高程注记点层作空间包含，如果搜到 1 个注记点，则把注记点的 text 字段赋给高层点的 text；如果搜到 2 个注记点，比较一下 2 个注记点到高程点的距离，把距离小的那个注记点的 text 赋给高层点；如果未搜索到注记点，重新调整阈值，重复上面的工作。

c. 删除已构面的房屋线。打开房屋面和房屋线层，搜索到所有的房屋面，给每个面做很小阈值的缓冲面，用此面和房屋线层做空间包含，循环全部的房屋面，如果搜到线就删掉这条线。

d. 房屋加楼层属性。打开房屋面和居民地注记，搜到每个房屋面，用面和注记层作空间包含，如果搜索到 1 个点，则将此点的 text 字段属性赋给房屋的 text 字段；如果搜索到 2 个点，比较一下 2 个注记点的 text，把汉字放在前面，数字放到后面。

e. 一般地物赋值。打开独立地物层和独立地物注记层，搜索到每个独立地物注记，如果这个独立地物注记的 text 不是球场，就以这个注记点做相应阈值的缓冲面，再以此面和独立地物层作空间相交，如果搜到独立地物要素，就把注记的 text 属性赋给独立地物要素；如果这个独立地物注记的 text 是球场，就以这个注记点做更大阈值的缓冲面，再以此面和独立地物层作空间相交，如果搜到独立地物要素，就把注记的 text 给独立地物要素。

f. 点选构面。在未构面层要素内部用鼠标点击，将该点作适当缓冲后与线要素作空间关系查询，搜索到线要素，并利用一个距离阈值来判断其两端点与相邻线要素端点是否连接，若连接，则加入到容器(GeometryCollection)中，逐一进行判断。判断完后将容器内的要素重新生成面。

g. 等高线赋值。首先人工赋值最高点、最低点处等高线，并在最高与最低等高线处画一条线，确保这条线与这两条等高线间的所有等高线都相交，找出所有交点，生成节点；其次确定节点顺序和最高等高线的节点位置，从这点开始，依次按顺序以节点做很小的阈值缓冲，找到相应的等高线，并以相应等高距依次递减赋值。在赋值最高与最低等高线时，赋值后的等高线高亮显示，画线赋值后的等高线全部复制到另外一层，且在原图层中赋值后的等高线都会删除，方便操作。

h. 道路中心线的生成。道路中心线可以利用 ArcGIS 中的编辑工具来半自动生成。

④拓扑检查。在 ArcGIS 中有关 Topolopy 的操作有两个，一个是在 ArcCatalog 中，一个是在 ArcMap 中。通常我们将在 ArcCatalog 中建立拓扑称为建立的拓扑规则，而在 ArcMap 中建立的拓扑称为拓扑处理。ArcCatalog 中所提供的创建拓扑规则，主要是用于进行拓扑错误的检查，其中部分规则可以在溶限内对数据进行一些修改调整。建立好拓扑规则后，就可以在 ArcMap 中打开拓扑规则，根据错误提示进行修改。ArcMap 中的 Topolopy 工具条的主要功能有对线拓扑(删除重复线、相交线断点等，Topolopy 中的 Planarize Lines)、根据线拓扑生成面(Topolopy 中的 Construct Features)、拓扑编辑(如共享边编辑等)、拓扑错误显示(用于显示在 ArcCatalog 中创建的拓扑规则错误，Topolopy 中的 Error Inspector)，拓扑错误重新验证。

在 ArcCatalog 中创建拓扑规则的具体步骤：要在 ArcCatalog 中创建拓扑规则，必须保证数据为 GeoDatabase 格式，且满足要进行拓扑规则检查的要素类在同一要素集下。因此，首先创建一个要素集，然后要创建要素类或将其他数据作为要素类导入到该要素集下。进入到该要素集下，在窗口右边空白处选择右键，在弹出的右键菜单中有“New”→“Topolopy”，然后按提示操作，添加一些规则，就完成了对拓扑规则的检查。最后在 ArcMap 中打开由拓扑规则产生的文件，利用 Topolopy 工具条中的错误记录信息进行修改。

⑤属性检查。在 ArcGIS 中打开属性表，选择你检查到的字段，右击选择汇总或统计，根据所得结果进行分析。或者利用二次开发的一些工具进行属性检查。

6.4 数字线划地图的出版

地图是自然环境和社会经济与文化的图形表达，它是真实有形的。除了地图形式外，地图的另外一个重要特征是功用。地图要实用，就必须能将信息有效地传递给读者。读者能从地图的信息提示中区分新的或不同的信息。在地图生产时，制图者必须从大量冗余信息中提炼和组织信息。基于这一点，可以认为地图是对现实环境的制图抽象。这个抽象过程包括对地图信息的选取、分类、化简和符号化。信息的选取取决于地图的用途，分类是按照地图目标属性的一致性或相似性进行归类，化简用来剔除不必要的细节，符号化是用地图符号呈现真实的地理事物。计算机技术给地图数据模型带来的一个重大影响就是将地理底图进一步抽象成作为符号模型的数字图像。地图作为表达客观世界的一种数据模型，在数据库中表现为有序的空间数据，这就是数字地图(高俊，1999)。数字地图是在一定的坐标系统内具有确定坐标和属性标志的制图要素和离散数据在计算机可识别的存储介质上概括而有序的集合。

1. 启动 DPPlot 界面

在 VirtuoZo 界面上选择“DLG 生产”→“地图制作”菜单项，系统弹出 DPPlot 界面，选择“文件”→“打开”菜单项，在系统弹出的打开对话框中选择需要进行出版的 DLG 数据文件，然后选择“打开”按钮，系统即显示数字线划地图 DLG，如图 6-58 所示。

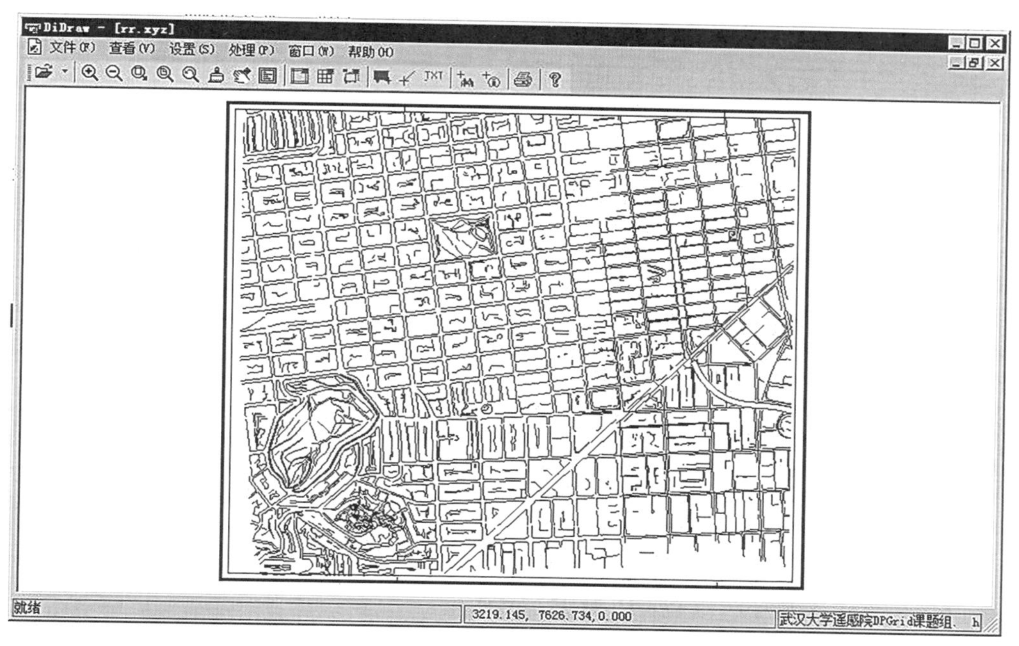

图 6-58 输出矢量图

2. 引入数据

在“DPPlot”界面，使用“处理”菜单中的“引入设计数据”“引入调绘数据”“引入测图数据”“引入 CAD 数据”可分别引入对应格式的矢量数据；使用“处理”菜单中的“删除矢量数据”，可删除引入的矢量；使用“处理”菜单中的“添加路线、添加直线、添加文本”菜单项，可直接在地图上绘制路线、直线和文本注记。

3. 设置参数

在“DPPlot”界面，使用“设置”菜单中的各个菜单项，可以设置影像图的各个参数。

设置图廓参数：在“DPPlot”窗口，选择“设置”→“设置图廓参数”菜单项，进入图框设置对话框，如图 6-59 所示。

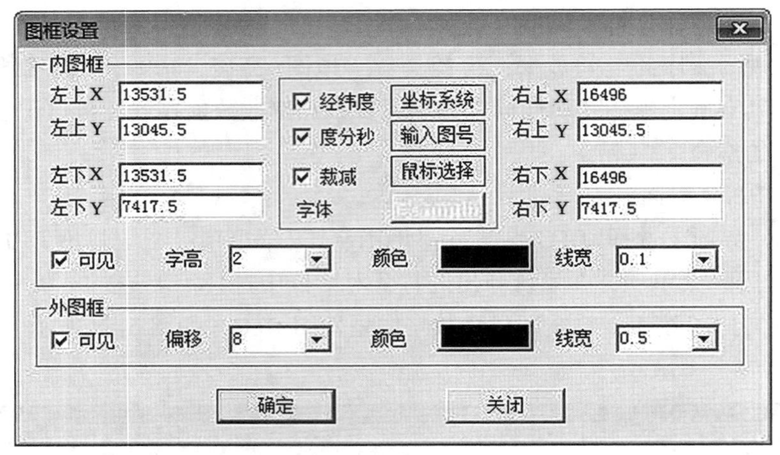

图 6-59　图框参数设置

表 6-2 是说明内图框 8 个坐标代表的意义，其他按钮意义如下：

表 6-2　**坐标代表的意义**

左上 X	左上角图廓 X 地面坐标	右上 X	右上角图廓 X 地面坐标
左上 Y	左上角图廓 Y 地面坐标	右上 Y	右上角图廓 Y 地面坐标
左下 X	左下角图廓 X 地面坐标	右下 X	右下角图廓 X 地面坐标
左下 Y	左下角图廓 Y 地面坐标	右下 Y	右下角图廓 Y 地面坐标

经纬度：输入值是否为经纬度坐标。

度分秒：经纬度坐标是否为 DD. MMSS 格式。

裁剪：是否进行裁剪处理。

坐标系：设置影像的坐标投影系统。

输入图号：输入影像所在的标准图幅号。

鼠标选择：使用鼠标选择，在图像上自左上至右下拖框。

字体：设置坐标值在图上显示的字体。

可见(内图框)：内图框是否可见。

字高：坐标值文字的高度大小。

颜色(内图框)：设置内图框的颜色。

线宽(内图框)：设置内图框的线宽。
可见(外图框)：外图框是否可见。
偏移：外图框相对内图框的偏移。
颜色(外图框)：设置外图框的颜色。
线宽(外图框)：设置外图框的颜色。
确定：保存设定并返回 DPPlot 界面。
取消：取消设定并返回 DPPlot 界面。

设置格网参数：在“DPPlot”界面，选择“设置”→“设置格网参数”菜单项，进入方里格网设置对话框，如图 6-60 所示。

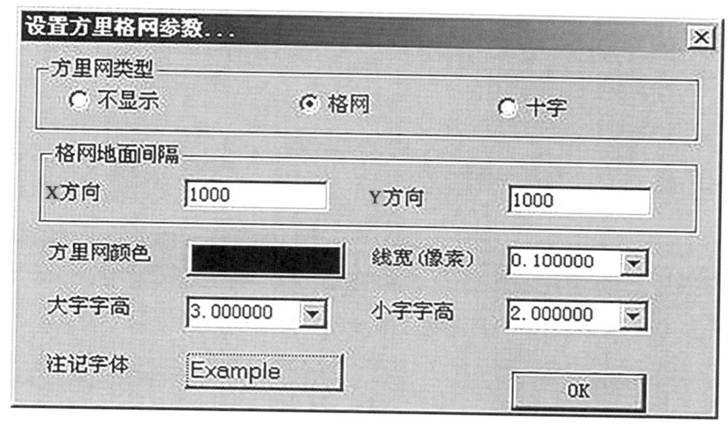

图 6-60　方里格网设置

方里网类型：设置方里格网的类显示类型，分为不显示、格网显示、十字显示三种。
格网地面间隔：设置方里格网在 X 方向和 Y 方向上的间隔，单位为米。
方里网颜色：设置方里格网的显示颜色。
线宽：设置方里格网线的宽度。
注记字体：设置注记文字的字体。
大字字高：坐标注记字百公里以下的部分的字高，单位为毫米。
小字字高：坐标注记字百公里以上的部分的字高，单位为毫米。
OK：保存设置并返回 DiDraw 界面。

设置图幅信息：在“DPPlot”界面，选择“设置”→“设置图幅信息”菜单项，进入图幅信息设置对话框，如图 6-61 所示。

4. 输出成果

完成设置和编辑后，选择“编辑”→“输出成果图”，弹出输出设置如图 6-62 所示。设置成果文件路径和名称，以及保留边界，然后选择“确定”按钮即可。图 6-63 是输出完毕后的成果展示。

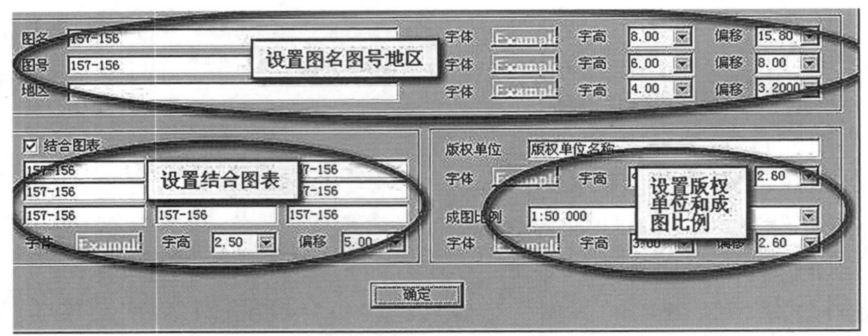

图 6-61　图幅信息设置

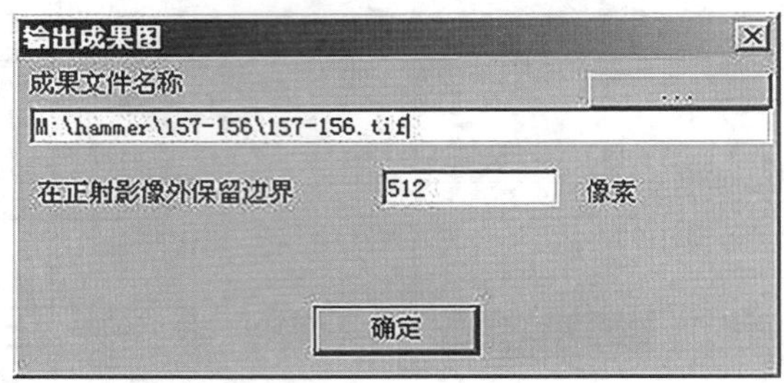

图 6-62　输出结果文件

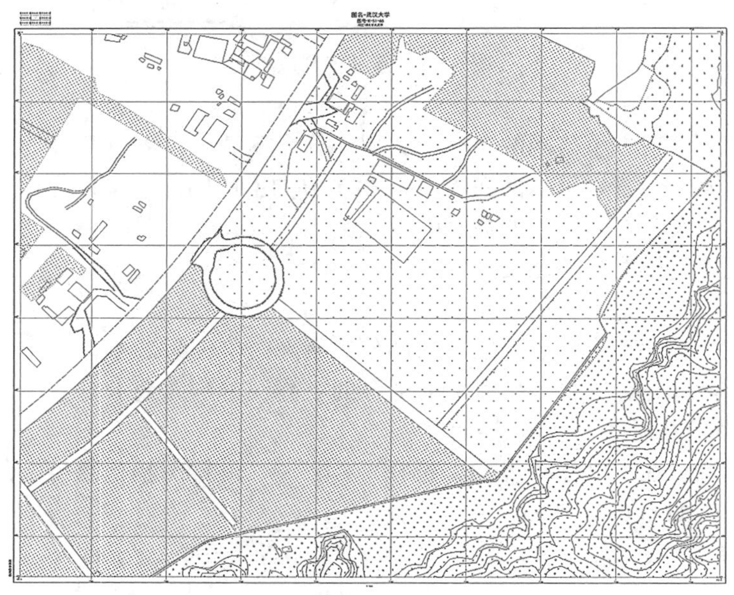

图 6-63　输出成果图

第7章　数字栅格地图(DRG)生产

7.1　基础知识

数字栅格地图(Digital Raster Graphic，DRG)是根据现有纸质、胶片等地形图经扫描、几何纠正及色彩校正后，形成在内容、几何精度和色彩上与地形图保持一致的栅格数据集。

地图经扫描、几何纠正、图像处理及数据压缩处理，彩色地图应经色彩校正，使各幅图像的色彩基本一致。数字栅格地图(DRG)在内容、几何精度和色彩上与同等比例尺的地形图一致。DRG是模拟产品向数字产品过渡的产品，可作为背景参照图像与其他空间信息进行相关参考与分析，可用于数字线划地图的数据采集、评价和更新，还可与数字正射影像图、数字高程模型等数据集成，派生出新的信息，制作新的地图。

数字栅格地图(DRG)的技术特征为：地图地理内容、外观视觉式样与同比例的尺地形图一样；平面坐标系统采用1980西安坐标系大地基准；地图投影采用高斯-克吕格投影；高程系统采用1985国家高程基准。图像分辨率为输入大于400dpi，输出大于250dpi。

DRG的应用范围包括：

①将它作为背景，用于数据参照或修测其他与地理相关的信息，适用于数字线划图(DLG)的数据采集、评价和更新；

②可与数字正射影像图(DOM)、数字高程模型(DEM)等数据信息集成使用，派生新的可视信息，从而提取、更新地图要素；

③可以绘制纸质地图，改变地图存储和印刷的传统方式；

④提供其他地理信息的定位基准。

DRG的制作技术流程如图7-1所示，整个技术流程主要包括以下几个部分：

(1)地形图扫描

为了保证DRG的质量，扫描分辨率应不低于500dpi。对于分版黑白或单色地形图，采用256级灰度模式存储。对于彩色地图，采用256色索引彩色模式存储。为了得到最佳的扫描效果，按图件情况调整域值和亮度值。

(2)几何纠正

由于地形图存在纸张变形或在印制过程中会带来偏差，以及由于扫描设备精度的限制，必须对影像进行几何纠正以消除上述各种变形误差。本文将几何纠正分为两种形式：整体纠正、逐格网几何纠正。整体纠正用来将栅格图像由扫描仪坐标转换为高斯投影平面直角坐标，实现对图幅的定向并消除系统误差。逐格网精纠正用来消除整体纠正遗留的局

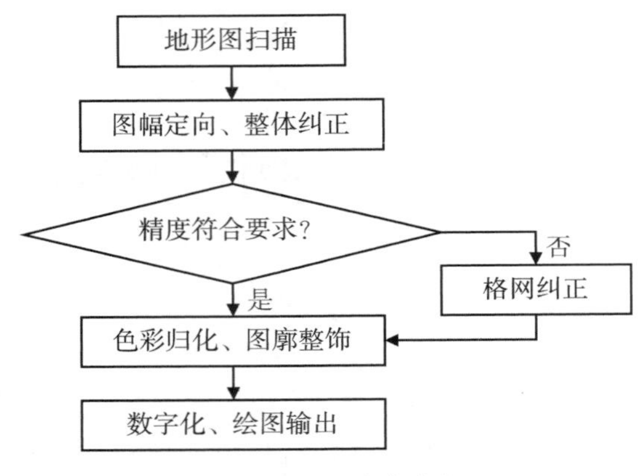

图 7-1　DRG 生产流程

部误差。

(3)色彩归化

色彩归化用来将经过几何纠正的地图颜色按照 RGB 色彩系统从印刷的纸质地图色彩出发，将其归化为规定的标准色彩模式。

(4)图幅定向

图幅定向就是将扫描坐标系转换为高斯平面坐标系，使得数字栅格地图和纸质地图一样，具有大地坐标可量测性。在具体实现过程中，4 个内图廓点成为图幅定向点。这 4 个点的影像坐标直接可从影像上获得，大地坐标可由具体的图幅号推算出 4 个角点的理论经纬度，再由 4 个角点的经纬度按公式计算出来。在图纸扫描误差不大、图纸变形很小的情况下，可直接运用图幅定向将扫描后的数字影像转换成数字栅格地图。在上述误差较大的情况下，由于通过图幅定向已经建立起高斯平面坐标和影像坐标这二者之间的几何位置关系，所以可用来自动确定某点的概略坐标，通过半自动逐公里格网纠正获得精确几何关系的 DRG。

(5)整体几何纠正

数字化栅格地图的变形误差主要来源于两类情况：一是图纸由于温度、湿度、外部压力等因素所引起的扭曲、扩张、收缩等材料变形，二是扫描时扫描仪本身所存在的系统误差以及图纸未压平所引起的局部畸变。数字图像纠正的目的，是改正原始图像的几何变形，产生一幅符合具有几何位置的某种地图投影或图形表达要求的新图像，如图 7-2 所示。图像的几何纠正一般分两步进行，首先是对被纠正图像像素正确几何位置的计算，即找出被纠正图 7-2 几何纠正示意图图像中每一像素的正确位置，这就需要通过一定的数学模型，把像素坐标转换为大地坐标。其次是在正确位置上放上灰度或彩色值，即色彩/灰度的重采样。

(6)格网纠正

地形图扫描成数字影像后，如果影像是系统性变形，可以通过选择 4 个图廓点及图内若干点，采用二次多项式进行一次性整体纠正，以消除误差。一般情况下，受图纸变形和

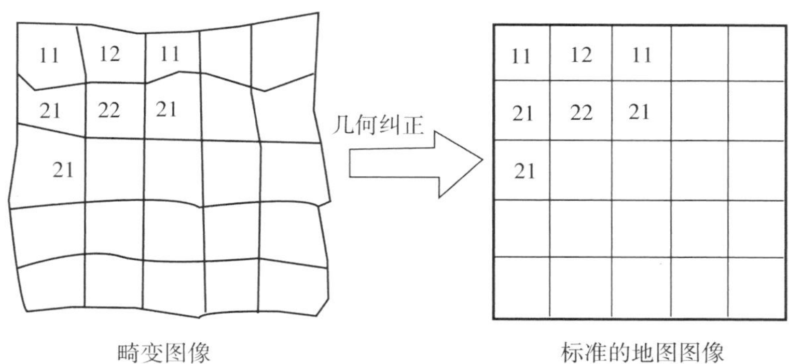

图 7-2 格网纠正

扫描仪误差的影响，扫描后的地形图除系统性变形外，还存在局部非均匀变形。这时，通过多选控制点来纠正整幅影像很难达到上述精度，但可在图幅定向的基础上通过局部纠正来消除局部变形和误差。在地形图上，利用逐格网纠正，能很好地消除局部误差。它是以每个公里格网为单位，选择 4 个格网点理论坐标作为控制点，采用双线性函数进行纠正。

(7) 色彩归一化

色彩归一化是按照 RGB 色彩系统，从印刷的纸质地图色彩出发，将经几何纠正过的地图颜色归化为规定的标准色彩模式。包括色彩归一化和噪音去除两个方面。对于分版扫描图或单色地形图，按情况采用二值化或经亮度、对比度和清晰度等处理，去除图像底色并使图像清晰无噪音，以规定的标准色代替文件中所有相应像素灰度值。为进一步改进色彩归化的质量，可采用分块或分区域进行色彩归一化。

7.2 DRG 地理信息恢复

在 VirtuoZo 系统界面，选择“DRG 生产”→“DRG 地理校正”菜单项，即进入 DRG 制作界面，选择“文件”→“打开”菜单，在系统弹出的打开对话框中选择需要进行编辑的扫描地图，然后选择“打开”按钮，系统即可显示地形图，如图 7-3 所示。

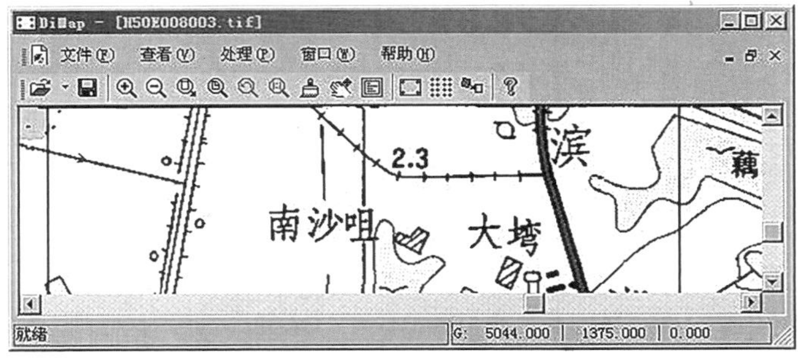

图 7-3 DiMap 地理校正界面

在 DRG 制作界面，选择“处理”→“四角配准”菜单，进入四角配准对话框。

首先，使用“选择像点”按钮，在地图上分别找准地图的左上，右上，左下和右下 4 个内图廓角点，如图 7-4 所示。可使用左，右，上，下按钮对各个点位进行微调，使点位精确落在地图的内图廓角点上。

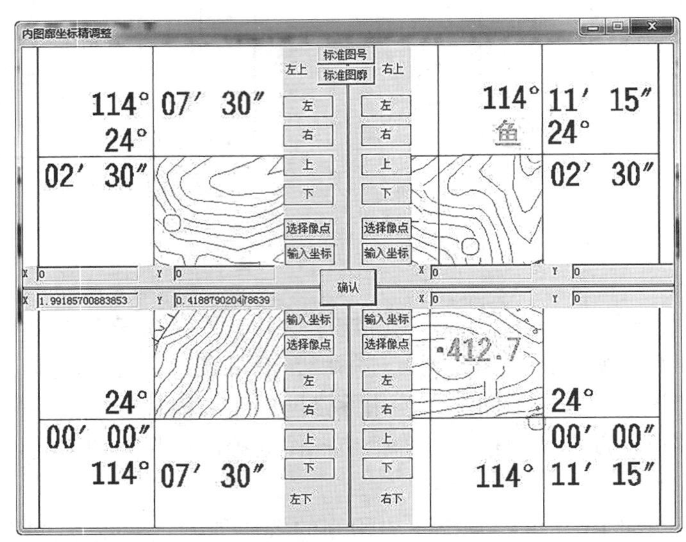

图 7-4　四角坐标指定

接着，点击“标准图号”按钮输入地图的标准图幅号(参考地图名字和注记)，如“G50 G 096003”；点击“标准图廓”按钮，设置投影坐标系和地图左下角和右上角的坐标(X，Y 为左下角坐标，X_2，Y_2 为右上角坐标)。左下角坐标为地图左下方内图廓角点的经纬度坐标，右上角坐标为地图右上方内图廓角点的经纬度坐标，投影坐标系参见地图左下角的文字说明，如图 7-5 所示。样例设置如图 7-6 所示。设置完后，点击“OK”按钮即可。

1999年9月航摄。2000年11月调绘。
1993年版图式。2001年航测数字化成图。
1980西安坐标系。
1985国家高程基准，等高距为5m。

横　江
G50 G 096003

图 7-5　坐标系信息

在 DRG 制作界面，选择“处理”→“格网配准”菜单，进入格网配准对话框。选择“提取格网”按钮，在弹出的对话框中设置格网的 x 和 y 方向的间距(单位：米)，提取完毕如

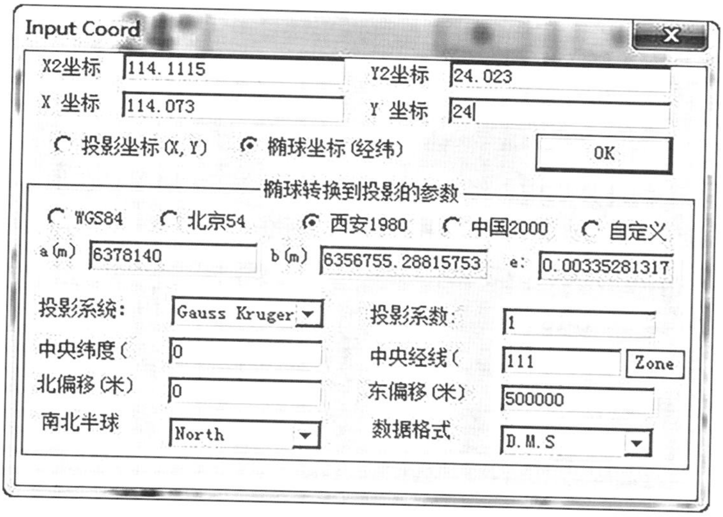

图 7-6 指定坐标系参数

图 7-7 所示，最后点击“确定”即可。

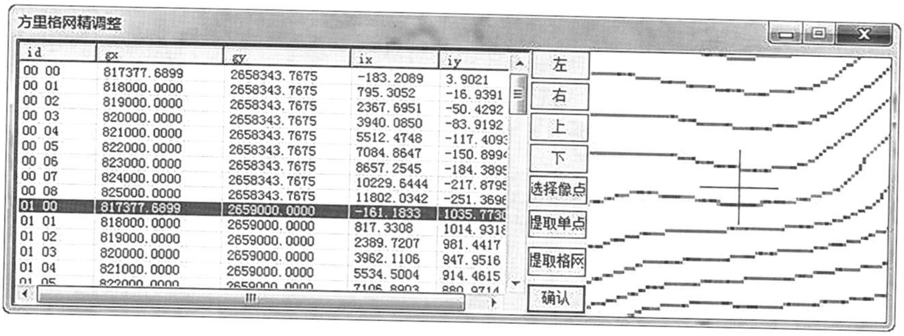

图 7-7 格网精调整

在 DRG 制作界面，选择“处理”→“纠正影像”菜单，进入纠正影像参数设置对话框，设置成果输出路径和分辨率如图 7-8 所示。再选择“确认”按钮即进行纠正，纠正完毕后退出程序。纠正结果为带地理坐标文件的 tif 格式地图。

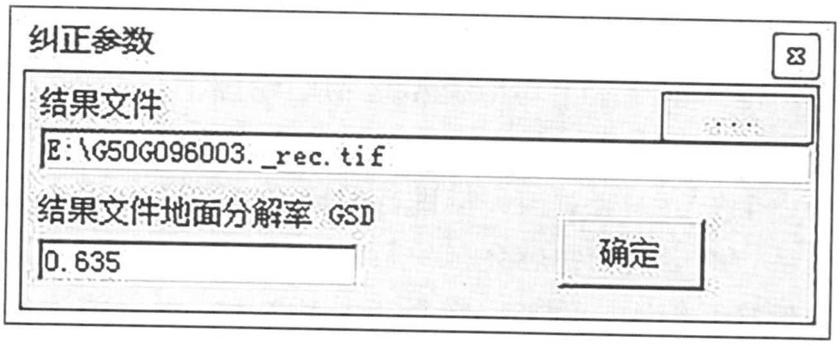

图 7-8 输出结果文件

7.3　DRG 数字矢量化

采用 DRG 矢量化生产是一种经济而又便捷的建立数字化地图的方法。核心工作是把已有图纸的信息采集到计算机中，经计算机处理形成数字化地图。在地形图矢量化前，需要对 DRG 进行公里格网点单点配准，并用相对较远的公里格网点检查，然后才可以利用人机交互的方法，对 DRG 进行数字化。

选择“DRG 生产”→“DRG 矢量化”菜单项，进入 DRG 矢量化界面，选择“文件”→“打开”菜单，在系统弹出的打开对话框中选择一幅 DRG，然后选择“打开”按钮，系统即可显示地形图，如图 7-9 所示。

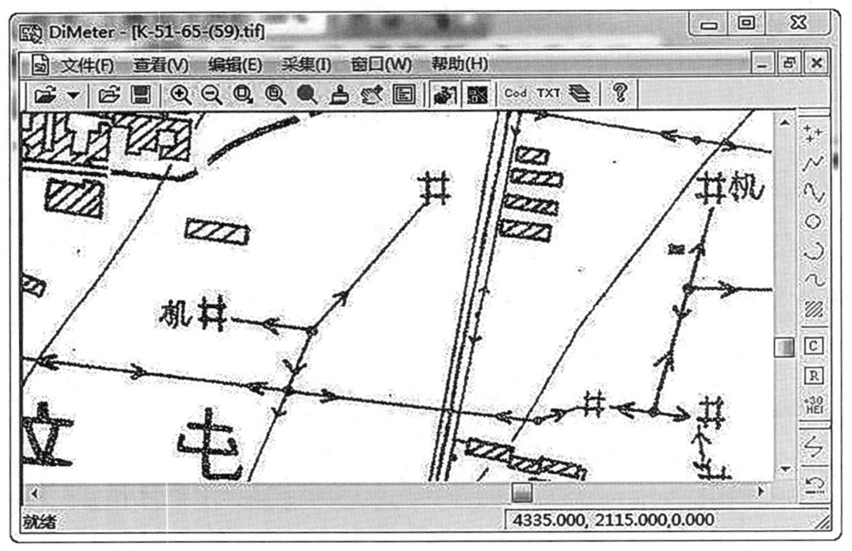

图 7-9　DRG 矢量化界面

选择“文件”→“打开矢量文件”菜单项，在系统弹出的打开对话框中选择一个矢量文件，或者输入一个矢量名字新建一个矢量文件，然后选择“打开”按钮，即可加入矢量。

首先，在“采集”菜单中，选取要绘制的矢量类型：点、直线、曲线、圆弧、流线等。

然后，利用鼠标左键，在地图上对应类型地物的轮廓上描绘点、线、面，如图 7-10 所示，中间红色小框连起来选中的部分描绘的是一条线状地物。

接着，采集完毕一个矢量，要对该矢量进行编辑。选择鼠标右键，进入编辑状态。鼠标左键选中绘制的矢量，矢量被选中后会有一系列红色小框。使用编辑菜单项以及工具栏中的各项功能对该矢量进行编辑，例如：选择工具栏 Cod，可以输入矢量的属性特征码，选择工具栏 TXT，在弹出的对话框中输入文字，即可为矢量添加文字注记。采集完所有需

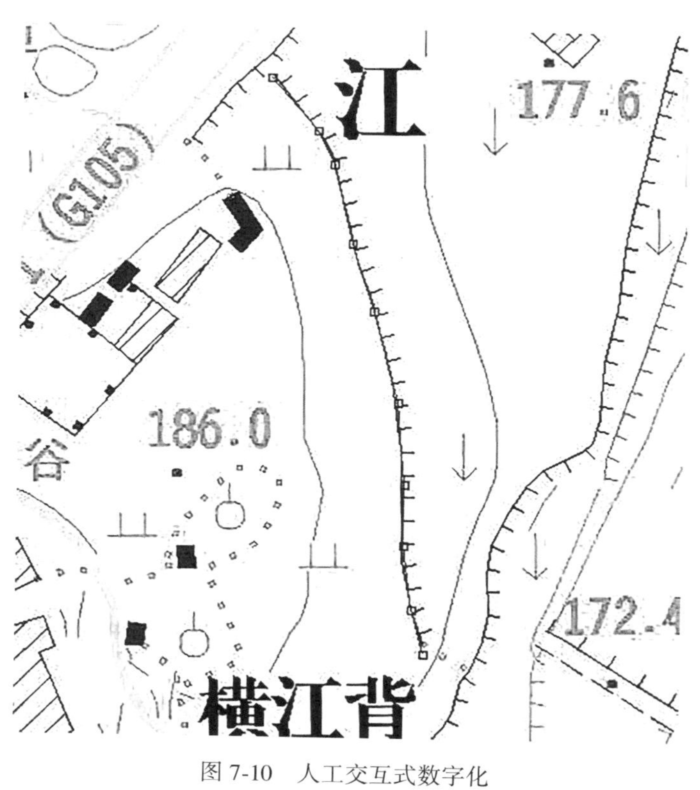

图 7-10 人工交互式数字化

要的矢量后，保存退出即可，矢量的详细采集和编辑方法，请参考第 6 章 DLG 数据的采集。

第 8 章　综合生产案例

8.1　综合生产概述

由模拟、解析到数字的发展，使摄影测量生产也从传统的测绘产业发展为新兴的信息产业，它极大地拓宽了摄影测量的应用领域。对“影像信息”进行加工、处理的结果，除了传统的各种比例尺的线划地形图外，它将为与地学有关的产业、计算机信息产业以及直接为建立数字地球提供各种地学或非地学的空间三维信息，即数字高程模型(DEM)、正射影像(DOM)、GIS 矢量数字线划图(DLG)与栅格数据、三维景观、城市三维建模与纹理信息以及非地学的三维信息，它们可直接应用于国民经济的各项工程建设、交通、通信、城市规划、国防军事建设等领域。除上述的 DEM、DOM、DLG 等数据信息外，影像的内、外方位元素、数字表面模型(DSM)等，均是十分重要与有用的信息。

数字摄影测量给传统摄影测量内、外业生产带来的最大变革是生产组织和流程的高度集成、生产效率的提高以及服务领域的扩充。过去，摄影测量内业生产通常划分为摄影处理(包括纠正、镶嵌)、空中三角测量(加密)、立体测图、编图、正射纠正等工序，所用的仪器有转点仪、坐标仪、解析测图仪。数字摄影测量则可以直接利用航空摄影的底片，扫描数字化成数字影像(正片)，其他的摄影测量所有工序都可以在计算机上实现。例如，自动化空中三角测量分为以下几个步骤：①区域网的建立；②加密点自动选点、转点、量测；③编辑；④区域网平差。这些可全部在计算机上自动(或半自动)地实现。空中三角测量、区域网平差的结果(内方位元素、相对定向元素、加密点的坐标)可以直接应用于后续工序，而后续工序就无需进行内定向、相对定向、绝对定向。这样，不仅可以提高生产效率，而且可以避免对加密点的两次观测，提高了精度。这种生产工序之间的高度集成对作业人员的培养显得尤为重要。同时，我们也必须清楚地认识到，数字摄影测量的发展不仅给传统的摄影测量生产带来了新的发展机遇，而且也带来了挑战。传统的摄影测量仪器品种繁多、价格昂贵、作业环境要求高、不易组织。它通常只能由省级测绘局、国家部委的专业测绘院等来组织进行摄影测量的生产，但是数字摄影测量的发展很快打破了这一格局。数字摄影测量的发展也给摄影测量教学带来了极大的发展，数字摄影测量的通用性使摄影测量教学变得可行。

摄影测量学是多种技术相结合的一个学科，多学科的交叉融合带领摄影测量进入新的高速发展期，社会对创新型和实践型摄影测量人才的需求日益增大。但是，摄影测量课程理论基础要求高，理论性和实践性强，为让学生全面掌握摄影测量的内容，将理论知识与实际生产相结合，特意设计了综合生产环节。

综合生产是对所学专业知识的一次综合应用。综合生产基于全数字摄影测量系统

VirtuoZo平台，制作数字高程模型、数字正射影像、数字线划图等数字产品。通过对VirtuoZo的应用实习，熟悉摄影测量系统的基本功能及操作特点，掌握摄影测量产品的制作过程，切实提高同学们的实践技能，将所学的各章节知识融会贯通，最终能综合运用已学知识，解决一些实际问题。

综合生产要求每位同学在实习老师的指导下独立完成各项内容，尤其要熟练操作各种摄影测量仪器，掌握解析摄影测量的全过程，了解数字摄影测量的主要内容及发展趋势。

为使学生明确本次综合生产的总体任务及每一个实习项目具体的作业程序、作业方法，指导教师在各项实习内容开展之前可进行集中讲解，做到任务明确、过程清晰；实习过程中，分组指导和定期集中讨论相结合，启发学生解决作业中出现的实际问题。

为加强综合生产的学习效果，本案例选择了两套数据，一套用于DEM和DOM的生产，另一套用于DLG的生产。在DEM和DOM的生产环节，为了练习专业立体观测能力，本案例特意设计了单模型立体匹配编辑和DEM拼接检查的环节，所用的数据包含了一个非常特殊的陡峭断崖，在4个立体模型中都可以观测到这个位置，让学生在4个角度对同一个目标进行立体观测和编辑，锻炼和提高学生的立体观测能力。通过这个特例的锻炼，大多数学生的立体观测能力将会有本质的提高。

综合生产以全数字摄影测量系统VirtuoZo为基本平台，具体生产流程如图8-1、图8-2所示。

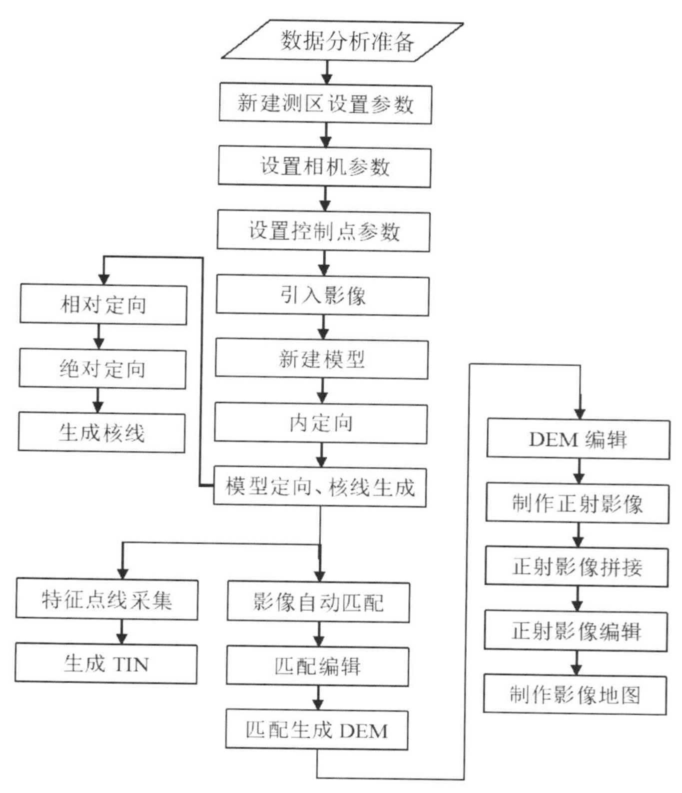

图8-1 综合生产流程DEM、DOM

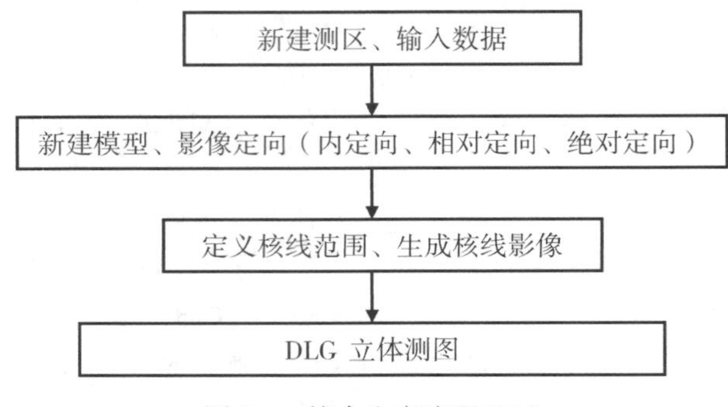

图 8-2　综合生产流程 DLG

8.2　综合生产过程

8.2.1　数据分析与准备

本次综合生产 DEM/DOM 部分使用数据是 Hammer，Hammer 测区飞行时有 2 条航带，每条航带有 3 张航片，总共有 6 张航片，航高为 3000m，摄影比例尺为 1∶5000，影像扫描影像像素大小为 0.0445mm，航带及影像详细情况如图 8-3 所示。

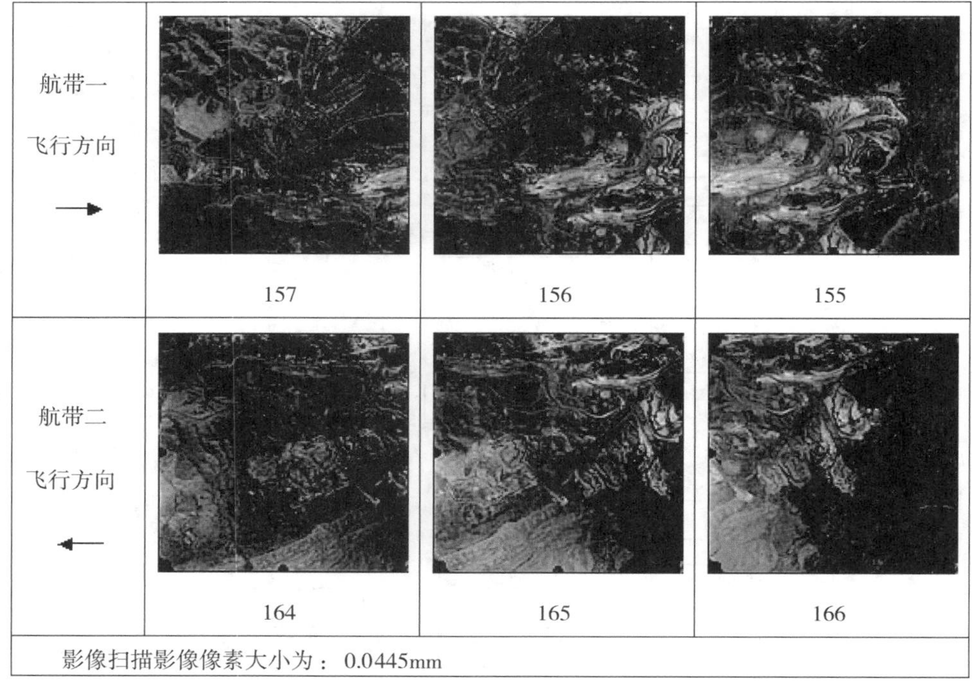

图 8-3　DEM/DOM 综合生产使用的数据

测区内部地形起伏较大，测区北部较为平坦，分布着工业区以及少量居民地，部分地区为海拔不高的山坡，植被丰富；测区中部地形起伏很大，分布着环形山地、矿坑以及大量裸露山地，植被覆盖较少，山体上交通道路清晰且复杂；测区南部地形平缓，多为覆盖植被的丘陵以及分布着稀疏植被的平地，测区中部有个特殊的断崖，地形起伏非常剧烈，在 4 个模型中都可以观测到这个断崖。

本次 DEM/DOM 数据拍摄的相机是 WILD，相机主距为 152.72mm，相机有主点偏移量分别是 -0.004mm 和 -0.008mm，相机包含 8 个标准框标，分别位于四角和四边，8 个框标的分布和坐标值如图 8-4 所示。

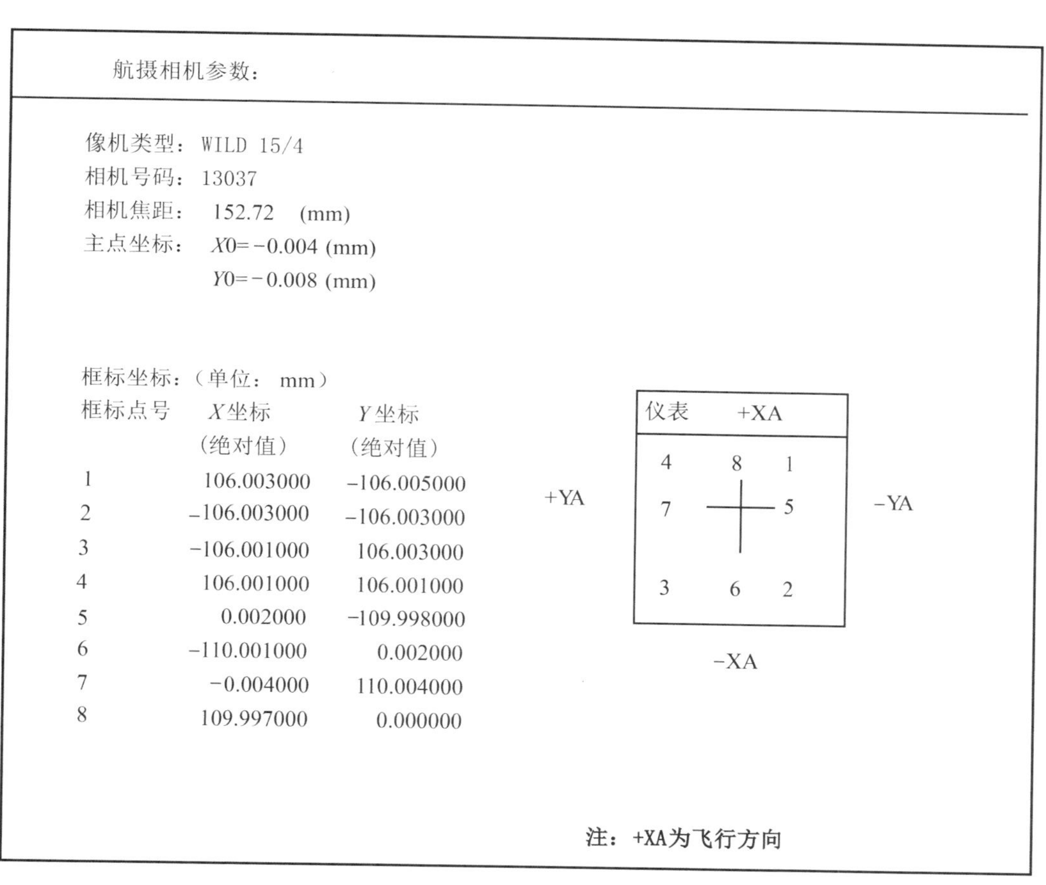

航摄相机参数：

像机类型：WILD 15/4
相机号码：13037
相机焦距：152.72 (mm)
主点坐标：$X0$=−0.004 (mm)
$Y0$=−0.008 (mm)

框标坐标：（单位：mm）

框标点号	X坐标（绝对值）	Y坐标（绝对值）
1	106.003000	−106.005000
2	−106.003000	−106.003000
3	−106.001000	106.003000
4	106.001000	106.001000
5	0.002000	−109.998000
6	−110.001000	0.002000
7	−0.004000	110.004000
8	109.997000	0.000000

注：+XA为飞行方向

图 8-4 DEM/DOM 综合生产用的相机参数

本次 DEM/DOM 生产使用数据一共有 15 个控制点，坐标值采用大地坐标系（左手系），具体坐标见表 8-1。

表 8-1　　**15 个控制点的坐标**

点号	X	Y	Z
1155	12631.929	16311.749	770.666
1156	12482.769	14936.858	762.349
1157	12644.357	13561.393	791.479
2155	11481.730	16246.429	811.794
2156	11308.226	14885.665	1016.443
2157	11444.393	13535.400	895.774
2264	9190.630	13503.396	839.260
2265	9101.982	14787.371	786.751
2266	9002.483	16327.646	748.470
3264	7700.217	13491.930	755.624
6155	10314.228	16340.235	751.178
6156	10435.860	14947.986	765.182
6157	10360.523	13515.624	944.991
6265	7769.835	14888.312	707.615
6266	7741.696	16232.309	703.121

本次 DEM/DOM 生产使用数据的 15 个控制点均匀分布在测区中，如图 8-5 所示，相邻模型共用 3 个控制点，相邻航带共用 6 个控制点，因此每个模型都有 6 个控制点。

每个控制点的点位上设置了地标，地标是交叉的两块黑色条板，控制点位于黑色条板交叉点的中心，如图 8-6 所示。

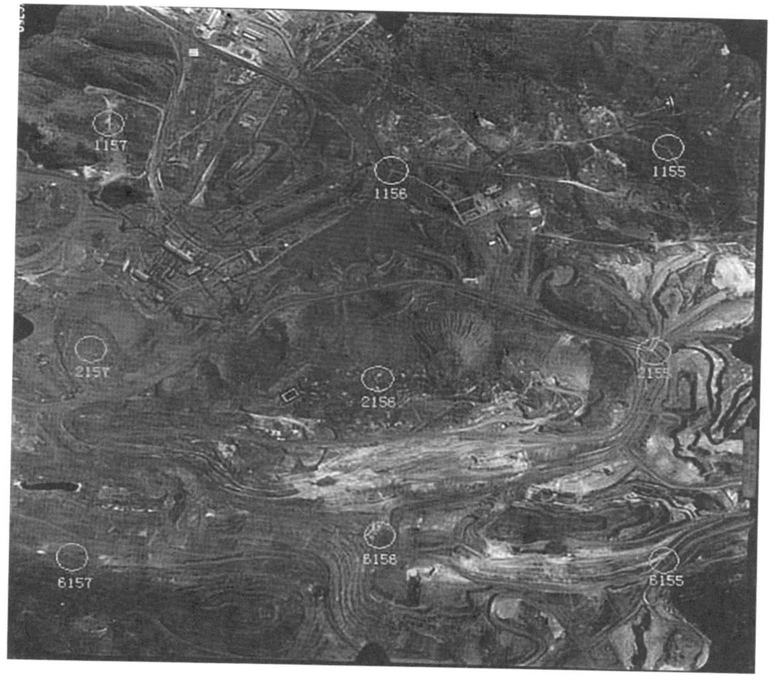
1157
1156
1155
6157
6156
6155

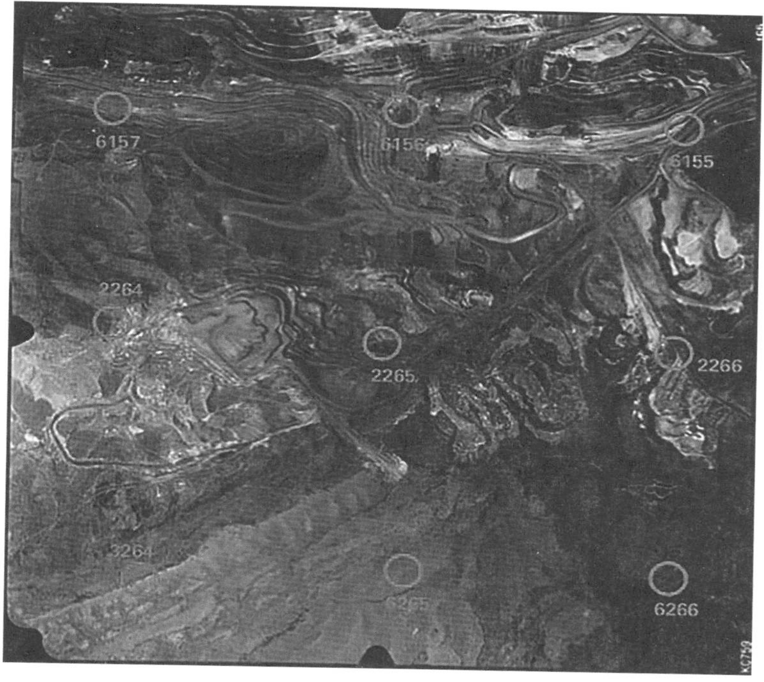
6157
6156
6155
2264
2265
2266
6266

图 8-5 控制点分布图

1157
1156
1155
2155
2156
2157
2264
2265
2266
3264
6155
6156
6157
6265
6266

图 8-6　控制点点位图

本次 DEM/DOM 综合生产过程精度以及成果精度要求如图 8-7 所示。

1. 内定向精度：中误差 0.005mm；
2. 相对定向精度：每点残差 0.02mm ；中误差 0.01mm；
3. 绝对定向精度：所有点平面及高程中误差小于 0.3m；
4. 匹配窗口及间隔为 9；
5. DEM 格网间隔为 5m，质量检查精度是：所有点 0.5m 以下。
6. 正射影像分辨率 0.5m，质量检查精度是：中误差 DXY1.0m 以下；
7. 模型拼接精度：中误差小于 2.0m；大于三倍中误差的点不超过百分之一；
8. 成图比例尺 1：5000；
9. 每人在 E：盘上按自己的学号创建工作目录，然后再建测区生产。

图 8-7 生产要求

对本次 DEM/DOM 综合生产使用数据进行数据分析，分析过程如下：

(1)影像与航带分析

第一航带是从左往右飞，与摄影测量理论一致，包含两个模型，第一个模型是 175-156，第二个模型是 156-155。第二航带是从右往左飞，不符合摄影测量理论，需要旋转相机(包括旋转影像)，旋转后航带就变为从左往右，符合摄影测量原理了。选择相机原理如图 8-8 所示。

图 8-8 旋转影像和相机后航向改变

(2)相机分析

相机有主点偏移，偏移量为 $X0=-0.004$(mm)，$Y0=-0.008$(mm)，因此如果存在旋转相机，则必须认真指定旋转的影像，否则内定向结果将不正确，其原理如图 8-9 所示。

此外相机有 8 个框标，框标坐标已经给出，值得注意的是需要了解清楚相机如何放到飞机上，根据相机参数中的相机框标示意图中资料可知，相机+XA 为飞行方向，因此相机应该是顺时针旋转了 90°放到飞机上的，如图 8-10 所示。

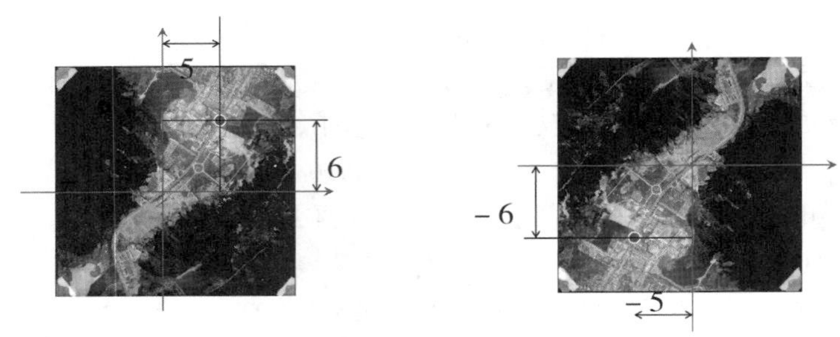

图 8-9　旋转相机后相机主点的变化

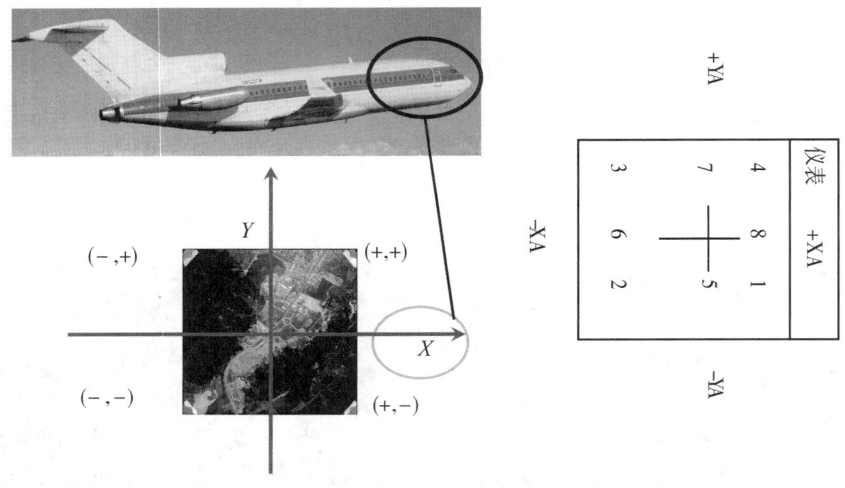

图 8-10　摄影测量中相机坐标系和本例的相机安装方法

(3)控制点分析

本例中控制点是左手坐标系统，需要交换 *X*、*Y*。一共 15 个控制点，相邻模型共用 3 个控制点，相邻航带共用 6 个控制点，因此每个模型都有 6 个控制点。

本节操作步骤的难点和要点：

①理解摄影测量比例尺的意义和计算方式。

②理解成图比例尺的意义和计算方法，以及与摄影比例尺的区别。

③理解相机主点的意义和相机主点在生产处理中的影响和作用。

④理解生产厂家给定的相机框标坐标的意义，理解相机在实际飞行中安装位置的含义

以及对应的实际相机框标坐标值的设置方式。

⑤理解影像扫描分辨率的意义。

⑥理解飞行航带的含义，正飞、反飞的定义及对处理过程的影响和作用。

⑦理解控制点坐标的坐标系定义，理解控制点分布图的含义，控制点点位图的作用。

8.2.2 新建测区录入数据

新建测区操作主要包括新建工作目录、启动 VirtuoZo、输入测区参数、输入相机参数、输入影像数据、输入控制点信息 6 个步骤。

①在计算机硬盘分区 E：(也可以用其他分区，本例用 E)中建立一个目录作为测区目录，目录名称取学号+HM，如 E：\ 2011031001HM，特别注意：路径中不能含有空格，整个路径名称长度不能超过 256 个字符，测区名(也就是目录名称)不能超过 32 个字符，如图 8-11 所示。

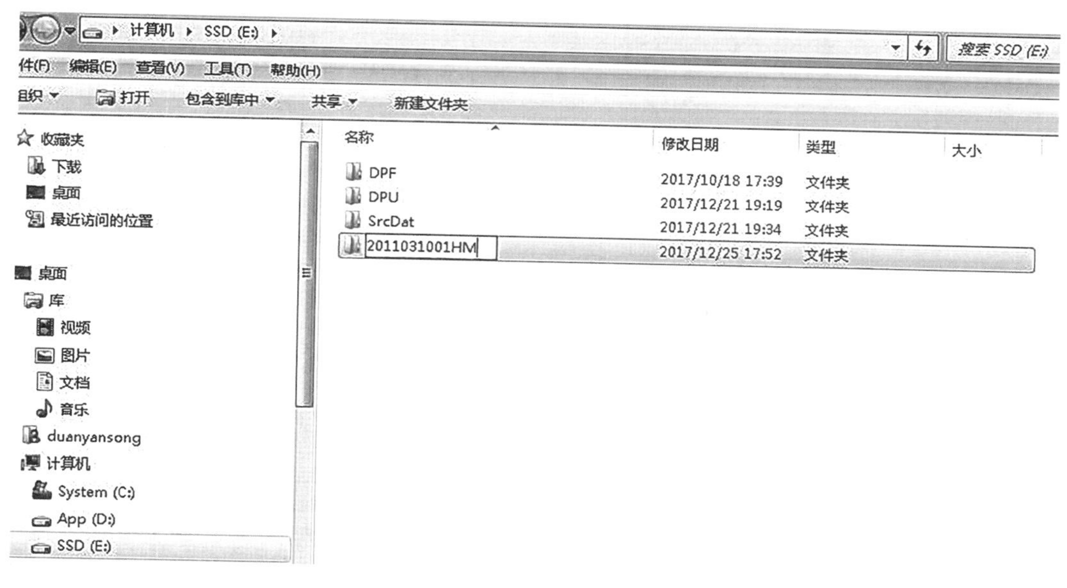

图 8-11 建立目录

②运行 VirtuoZoEdu. exe，结果如图 8-12 所示。

③选择文件菜单中的“打开/新建测区”，选择测区目录“E：\ 2011031001HM”，输入测区名称“2011031001HM”，输入测区相关参数，如图 8-13 所示，本例中无需修改任何参数，注意：测区名称必须与目录名称一致，且长度不超过 32 字符。

④选择设置菜单中的“相机参数…”，在弹出的对话框中双击相机名称“2011031001HM. cmr”或者选择按钮“修改参数”，如图 8-14 所示，然后在相机参数对话框中录入相机参数，如图 8-15 所示。

VirtuoZo Edu
文件(F) 设置(S) 空三(A) 模型定向(O) DEM生产(E) DOM生产(R) DLG生产(G) DRG生产(D) 显示(V) 工具(T) 帮助(H)
就绪

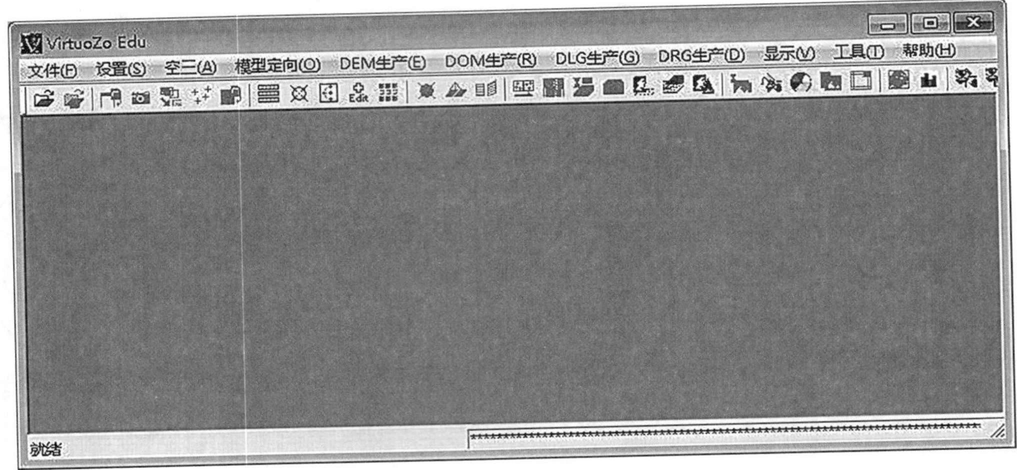

图 8-12　VirtuoZo 运行界面

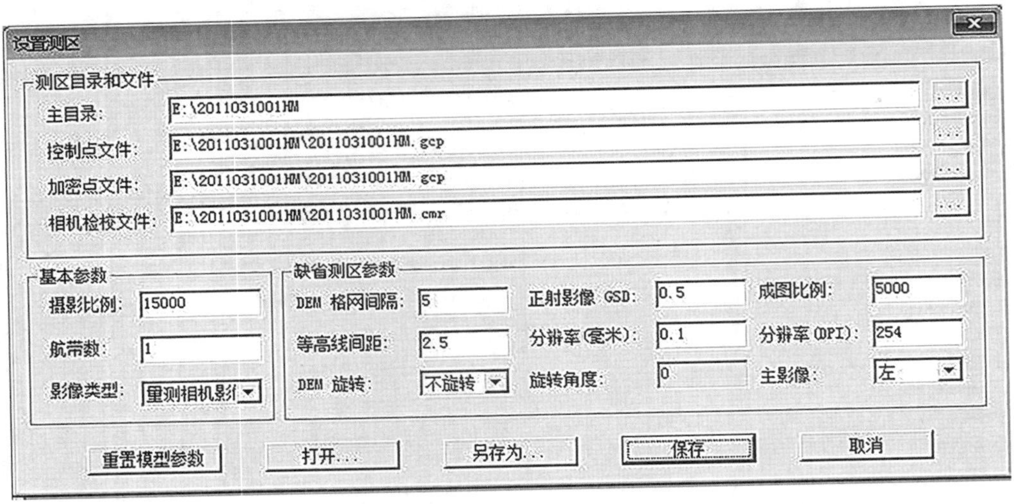

设置测区
测区目录和文件
主目录: E:\2011031001HM
控制点文件: E:\2011031001HM\2011031001HM.gcp
加密点文件: E:\2011031001HM\2011031001HM.gcp
相机检校文件: E:\2011031001HM\2011031001HM.cmr
基本参数
摄影比例: 15000
航带数: 1
影像类型: 量测相机影
缺省测区参数
DEM 格网间隔: 5
等高线间距: 2.5
DEM 旋转: 不旋转
正射影像 GSD: 0.5
分辨率(毫米): 0.1
旋转角度: 0
成图比例: 5000
分辨率(DPI): 254
主影像: 左
重置模型参数
打开...
另存为...
保存
取消

图 8-13　测区参数设置

⑤选择设置菜单中的“引入影像...”，通过添加按钮或者直接在 Windows 资源管理器中将 6 张原始影像文件拖入到界面中，并将影像像素大小修改为 0.0445mm，如图 8-16 所示。

然后选中 02 开头的三张反向飞行的影像文件，选择“选项”按钮，在弹出的界面中，将选择相机的下拉框选择为“是”，如图 8-17 所示。

选择“确定”后可见到标有相机反转标记的引入影像界面如图 8-18 所示，然后点击“处理”按钮开始引入影像，完成后可见到如图 8-19 所示界面。

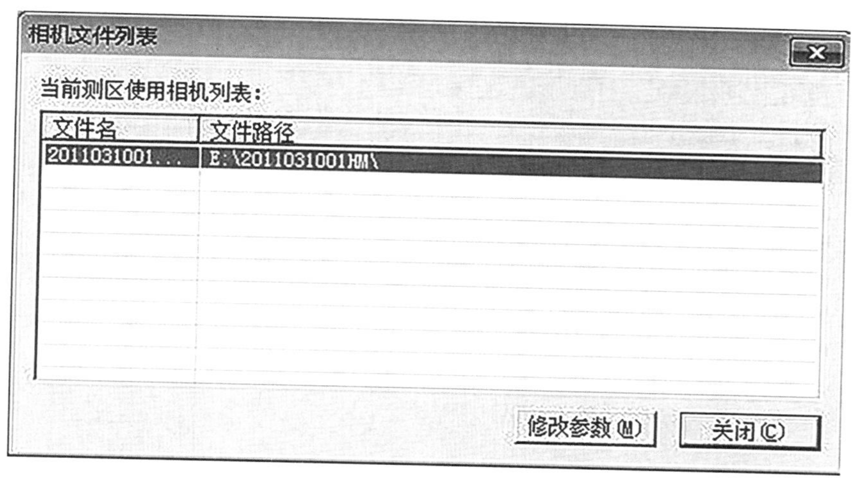

图 8-14 相机列表

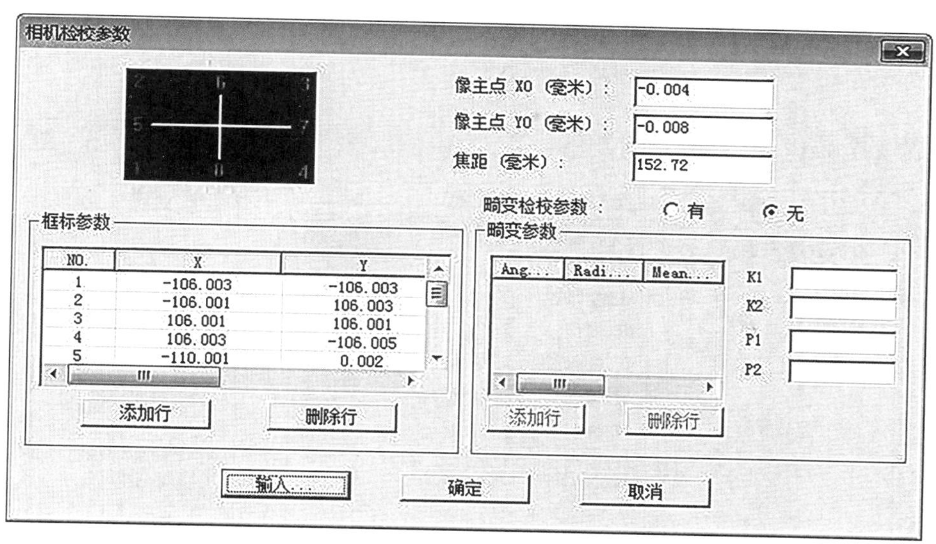

图 8-15 相机参数输入界面

⑥选择设置菜单中的“地面控制点…”，系统弹出如图 8-20 所示界面，在界面中可逐点输入控制点信息包含点名、坐标 X、坐标 Y、坐标 Z，也可以选择“输入”按钮直接通过文件输入，这里输入的控制点文件格式是文本格式，具体内容为，第一行为总点数，第二行开始就是控制点数据，每行包括 4 个数据项，分别是点号、坐标 X、坐标 Y、坐标 Z，每项数据间用空格隔开即可。

本节操作步骤的难点和要点：

①理解生产厂家给定的相机框标坐标的意义，理解相机在实际飞行中安装位置的含义

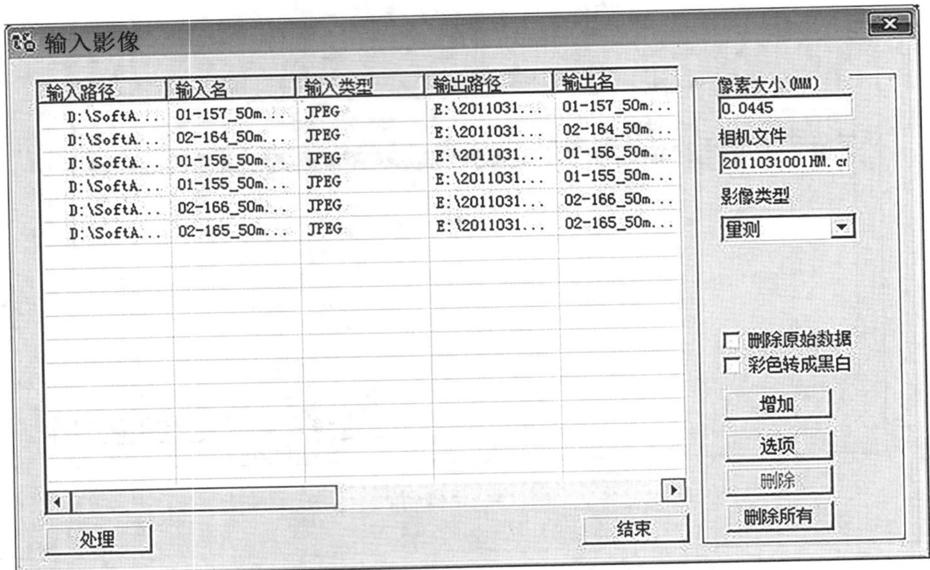

图 8-16　引入影像界面

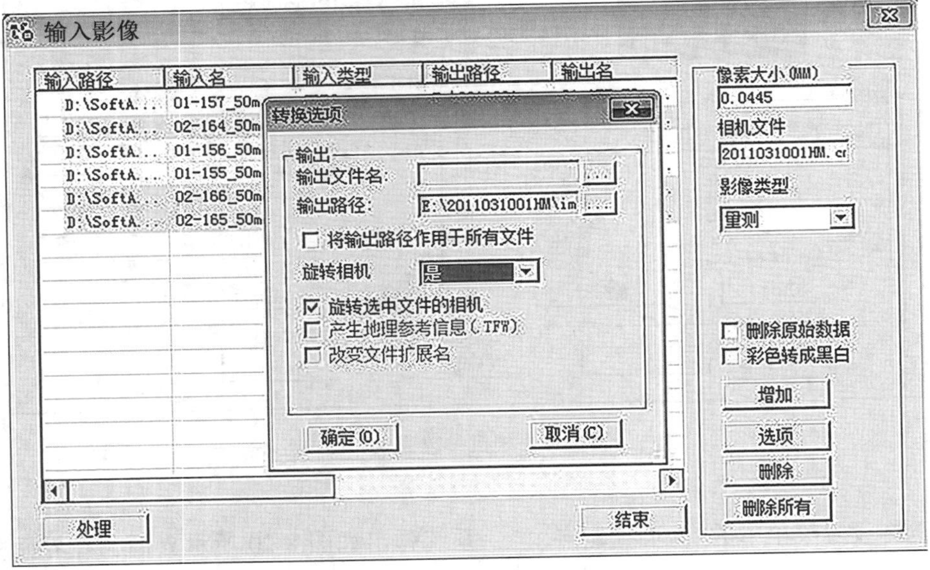

图 8-17　设置旋转相机界面

以及对应的实际相机框标坐标值的设置方式，正确输入框标坐标值。

②理解影像扫描分辨率的含义，正确输入原始影像文件、正确指定原始影像扫描分辨率(本例为 0.0445mm)。

③正确选择反飞航带的相机旋转参数。

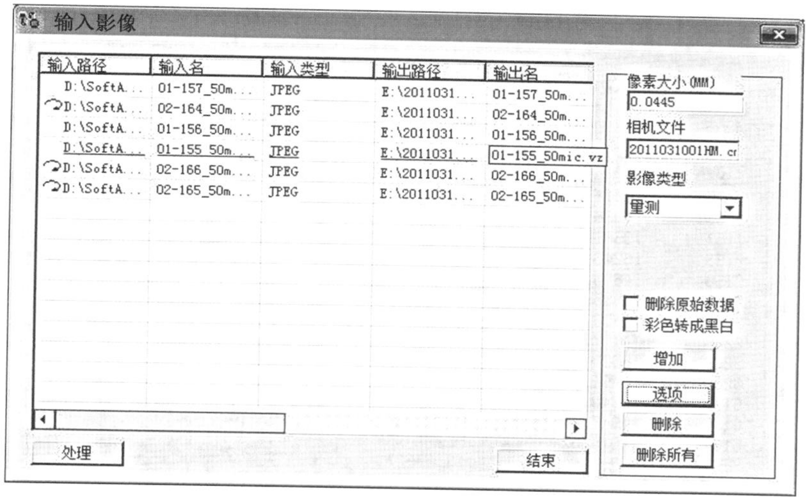

图 8-18 设置了旋转相机后界面

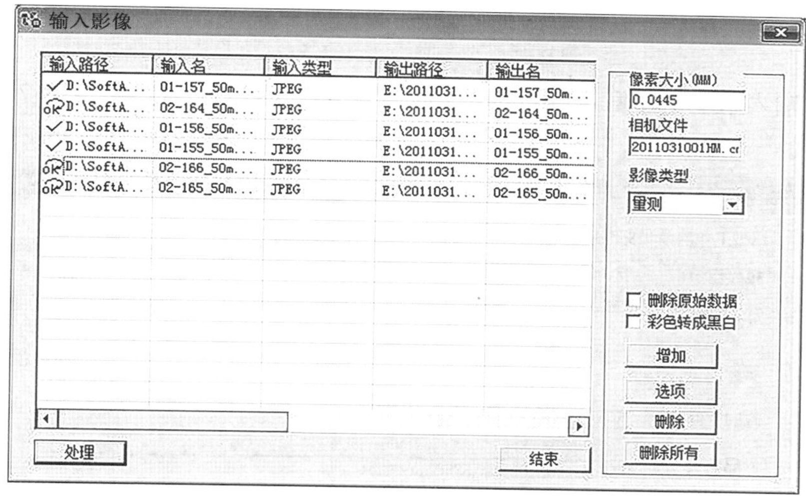

图 8-19 引入影像成功后界面

④正确输入控制点坐标。

8.2.3 影像定向

影像定向包括新建立体模型、内定向、相对定向、添加控制点、绝对定向 5 个部分，在按模型生产方式中这是标准的生产步骤。

(1)新建立体模型

运行 VirtuoZo，打开测区“E：\ 2011031001HM”。在文件菜单中点击“打开/新建模

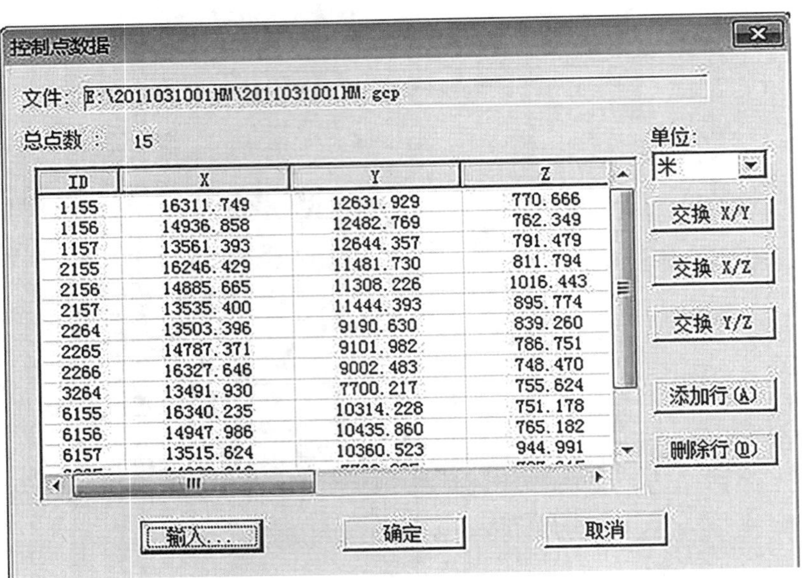

图 8-20　控制点设置界面

型…”，然后输入第一个模型名称“5756”，选择“打开…”，系统弹出如图 8-21 所示界面。

设置模型参数
模型工作目录和文件
模型目录: E:\2011031001HM\5756
左影像:
右影像:
临时文件目录: E:\2011031001HM\5756\tmp
产品目录: E:\2011031001HM\5756\product
影像匹配参数
匹配窗口宽度: 9　列间距: 9　航向重叠度: 68
匹配窗口高度: 9　行间距: 9　高级>>
打开...　另存为...　保存　取消

图 8-21　新建模型界面

在界面上分别选择左影像和右影像(这里不推荐手动输入，手动输入不能保证文件一定存在)，然后修改匹配窗口和间隔为9，得到如图8-22所示结果。

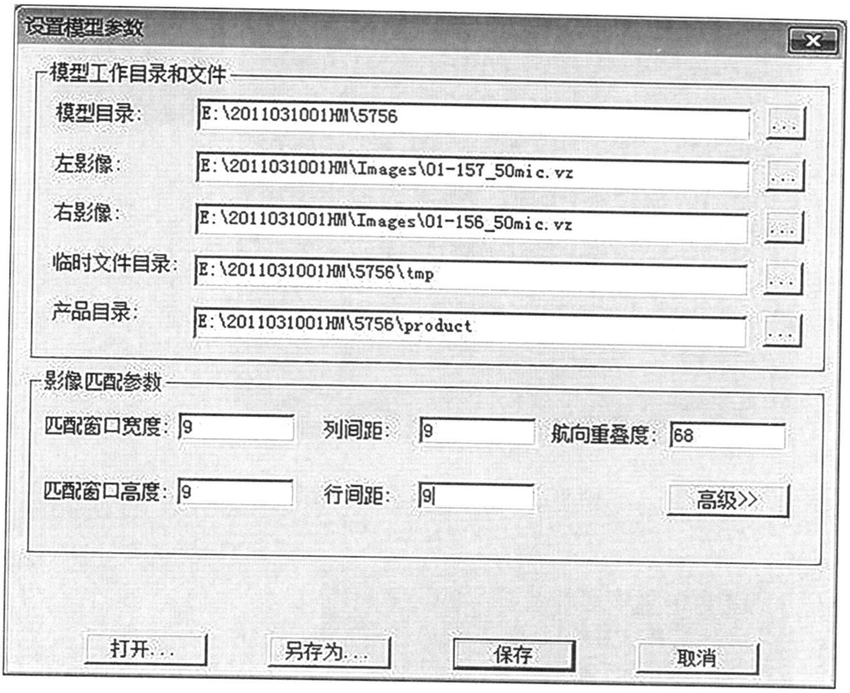

图8-22　选择了左右影像界面

在界面中选择“保存”，完成第一个模型5756的新建过程。

(2)影像内定向

打开或者新建模型后，在模型定向菜单上选择“影像内定向”得到如图8-23所示界面，如果没有打开或新建模型，“影像内定向”菜单是灰的，无法选择。

此界面功能是指定相机框标的模板，只有每个测区第一次被处理时才出现，相机模板指定后，软件就将模板记录在软件执行目录Bin里面，保存框标的目录名称是“Mask.dir”，以后如果用相同的相机，系统将直接选用此模板。在相机框标模板的指定界面中，如果相机参数输入了错误或者影像扫描分辨率输入了错误值(不是0.0445)则相机框标的概略位置就不对，界面中的灰色正方形没有显示在影像中框标位置，此时应该选择接受然后退出内定义，重新输入相机参数或者影像扫描分辨率。若一切参数正常无误，则选择接受后开始内定向操作，操作界面如图8-24所示。

在内定向操作界面中，左边窗口中心按钮分别写着1、2、3、4、5、6、7、8，代表的是8个相机框标，选择哪个按钮就意味着调整对应框标的位置，右边窗口显示的是当前正在调整框标的精确显示(放大后显示)，调整的诀窍是用窗口上的“左”“右”“上”“下”4

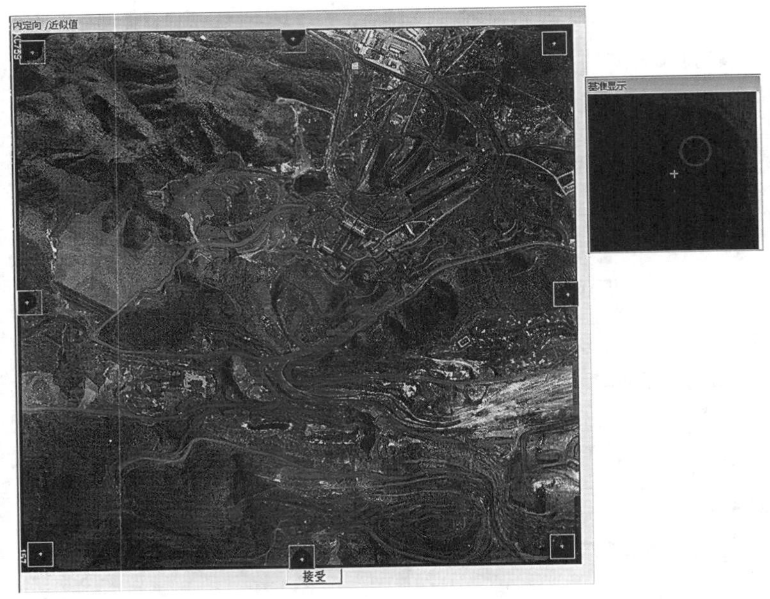

图 8-23　相机框标模板的指定界面

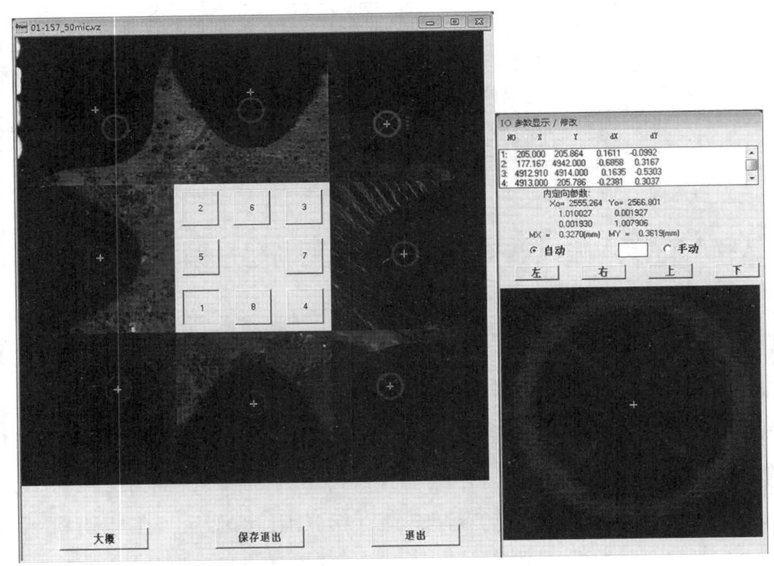

图 8-24　左影像内定向操作界面

个按钮将中间白色十字调整到框标图像的中心，8 个框标都调整完后再观测定向中误差 M_X 和 M_Y，本例数据 M_X 和 M_Y 应该是小于 0.005 的，如果大于 0.005 请通过右窗口上方的列表，认真观测哪个框标残差较大，然后核实此框标的位置，发现不准确就继续调整，直到 M_X 和 M_Y 都小于 0.005。特别注意，每个相机以及对应的扫描影像由于生产各环节引入了误差，M_X 和 M_Y 都有自己的特点，定向精度也有很大差异，不是越小越好。

完成5756模型左影像的内定义后，系统将自动弹出右影像的内定义操作面，如图8-25所示，右影像的操作与左影像完全一样。

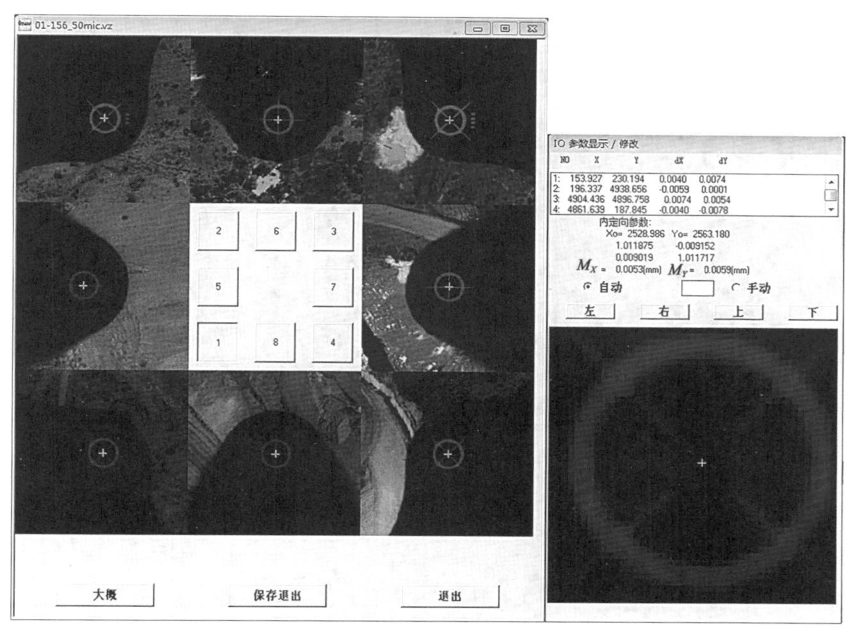

图8-25 右影像内定向界面

(3)模型定向

完成模型影像内定义后，在模型定向菜单上选择“模型定向”即可见到如图8-26所示界面，如果内定向没有完成，系统提示“找不到文件 E：\ 2011031001HM \ Images \ 01-157_50mic. vz. iop”对话框，此时应该先完成影像内定向后重新选择“模型定向”。

模型定向的界面没有菜单，全部通过按鼠标右键来选择，先在鼠标右键的菜单中选择“全局显示”，使模型重叠部分的影像自动缩放到窗口中，然后选择自动相对定向，完成模型的相对定向，定向结果在右边窗口中显示，本例数据一次自动相对定向的结果就已经很好，无需任何调整(也不要重复做，重复做会形成很多点叠合在一起，反而会导致相对定向结果错误，如果不小心重复选择了相对定向，可以先选择菜单中的“删除全部点”，然后重新进行相对定向)，如图8-27所示。

(4)添加控制点

相对定向完成后就可以添加控制点，添加控制点的操作过程为：首先参考控制点点位分布图(参见数据分析与准备中图8-5)，在左影像上(或者右影像上)用鼠标点击控制点附件的图像位置，此时系统弹出左影像控制点附近的图片窗口如图8-28所示。

在左影像控制点附件图像中，应该可以看到控制点地标，然后用鼠标点击控制点地标

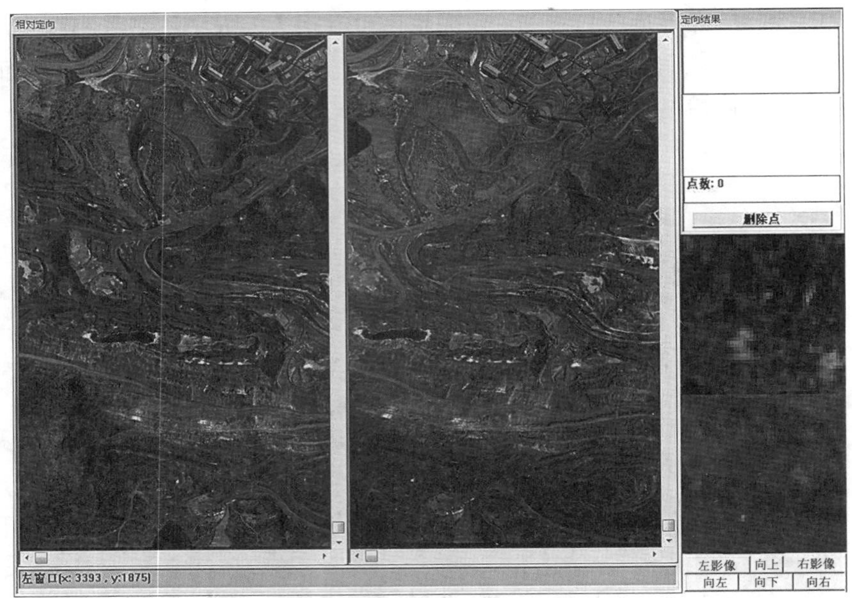

图 8-26　模型定向初始界面

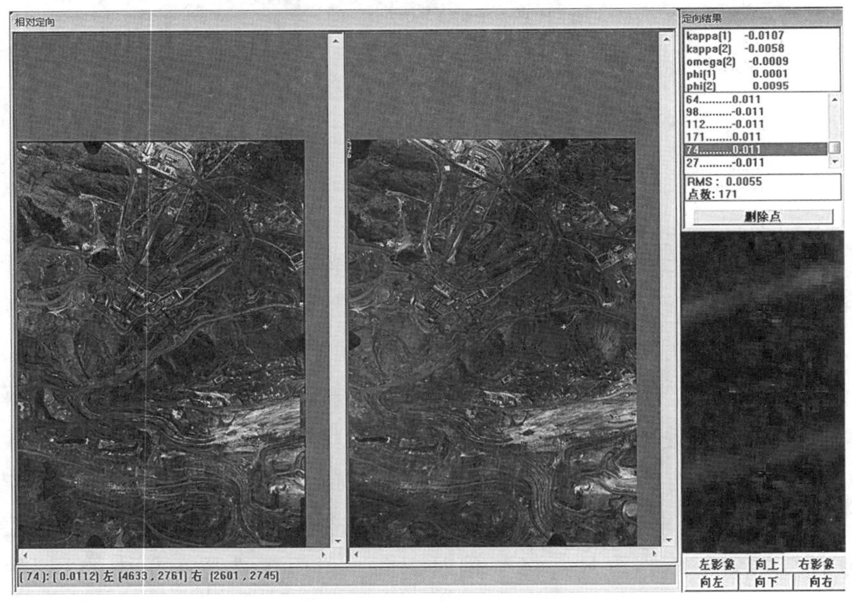

图 8-27　完成相对定向的模型定向界面

的中心，此时系统将自动匹配控制点地标到右影像，并将匹配到的右影像显示到右片控制点图像窗口中，如图 8-29 所示。

接着，在弹出的加点对话框中修改点号为控制点的点号，选择确认即可加入一个控制

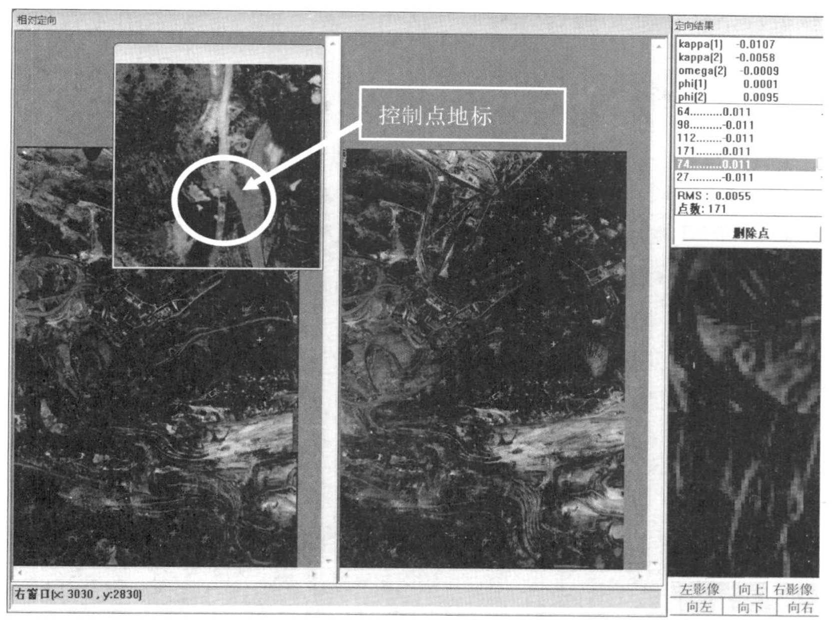

图 8-28　选择控制点附件图像

图 8-29　添加控制点界面

点。如果在选择了控制点附件位置后弹出的左影像控制点窗口中没有看到控制点地标的位置，仍然需要在左影像控制点窗口中点击一下鼠标，然后在弹出的加点对话框中选择“取消”，就可以重新选择控制点附件位置。

如此反复操作就可以加入剩余控制点，值得注意的是，加入不构成直线的三个点后，系统将可以预测剩余的控制点，并用白色圆圈显示，如图 8-30 所示。因此开始加入的三个控制点最好呈三角形分布，如 1157、1156、2157 三个点。

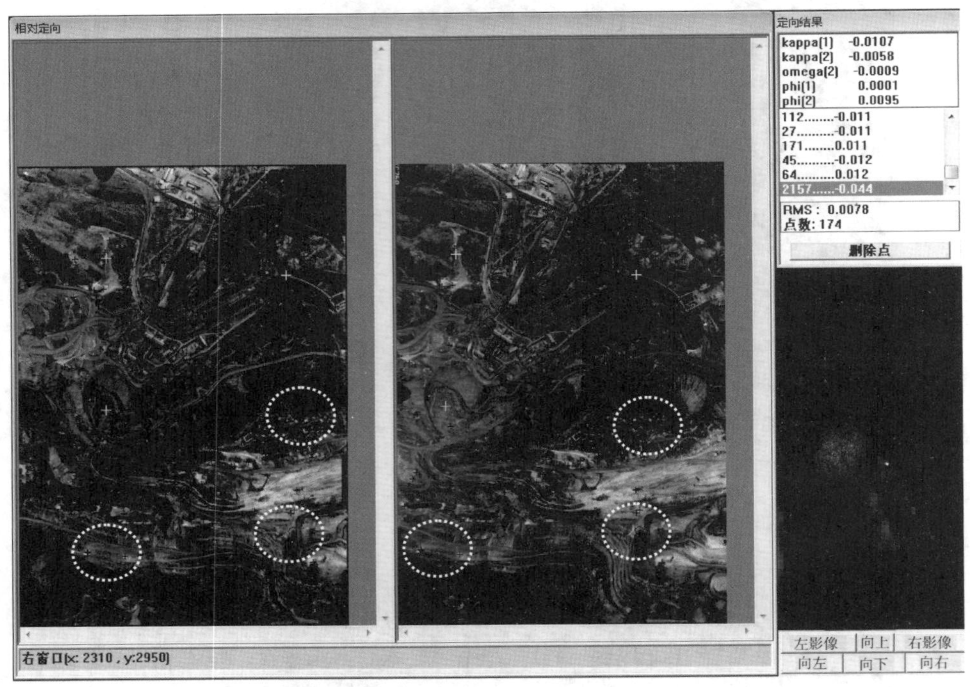

图 8-30　预测控制点位置

如已经预测了控制点，那么在继续加控制点时只需要点击蓝色圆圈位置，就可以在控制点附件位置窗口中看到控制点地标，点击地标中心位置完成右影像的自动匹配，此时加点对话框中控制点的点号就已经自动填入，只需要选择“确认”就可以加入控制点。在加入控制点过程中，有时会提示“同名点质量太差”，这种情况下，只需重新选择控制点位置，确认控制点位置在左右影像中是同一个位置，就可以加入控制点。

(5)绝对定向

所有控制点加入完后，就可以开始绝对定向，在鼠标右键的菜单选择开始绝对定向，弹出如图 8-31 的操作界面。

绝对定向的主要操作是精确调整每一个控制点的位置，绝对定向界面弹出了一个调准控制的对话框，这个对话框中显示了当前要调整的控制点的大地坐标，此外对话框中还有一些按钮，如“GX -1.00”等，特别注意，没有必要在这个对话框中调整控制点，控制点的坐标已经确定了，控制点的位置也已经选择好了，只需要在控制对话框右侧的两个放大的控制点位置的窗口中调整控制点位置。右侧窗口上方是定向结果，中间是控制点列表，列表中列出了控制点的残余误差，下方是两个控制点的放大图片，分别是控制点左影像的

图 8-31　绝对定向界面

精确位置和控制点右影像的精确位置，最下方是六个按钮，分别是“左影像”“向上”“右影像”“向左”“向下”“向右”。“左影像”“右影像”是选择调整的影像，四个方向是调整的方向，作业中需要认真地调整每一个控制点，使控制点位置精确地指向地标中心。本例数据中，所有控制点都指向地标中心后，可以观测到所有控制点的 X、Y、Z 三个方向的残余误差 DX、DY、DZ 都小于 0.3m。

完成 5756 模型的影像定向后，用相同的操作过程对 5655 模型、6464 模型、6566 模型三个立体模型数据进行模型定向。

本节操作步骤的难点和要点：

①正确选择模型对应的左右影像，特别是反向飞行的 164、165、166 三张影像，经过旋转后，三张影像也变为从左往右飞行。

②理解内定向的含义和作用，正确地选择框标中心位置。

③理解绝对定向的含义和作用，正确地选择控制点地标中心位置，千万不能为了使精度数值小于 0.3m，而将控制点点位放在非中心位置。

8.2.4　DEM 生产

DEM 的生产是基于测区中的立体模型进行的，前面一节讲述了模型定向，在 DEM 生产中需要定义每个模型的有效区域。有效区域将用于影像自动匹配和立体观测，本例中包含了 4 个模型，因此需要对每个模型进行有效区域的指定。立体模型中两张影像由于存在拍摄位置的差异(不是绝对水平)、姿态差异(不是绝对平行)，这样无法直接用两眼观测两张影像达到立体观测的效果，需要对两张影像进行处理，按两张影像拍摄的位置和姿态重新求解理想像对，使两张影像只存在水平方向的视差，即核线影像，指定核线影像范围的操作界面如图 8-32 所示，特别提醒 4 个模型都需要指定核线范围。

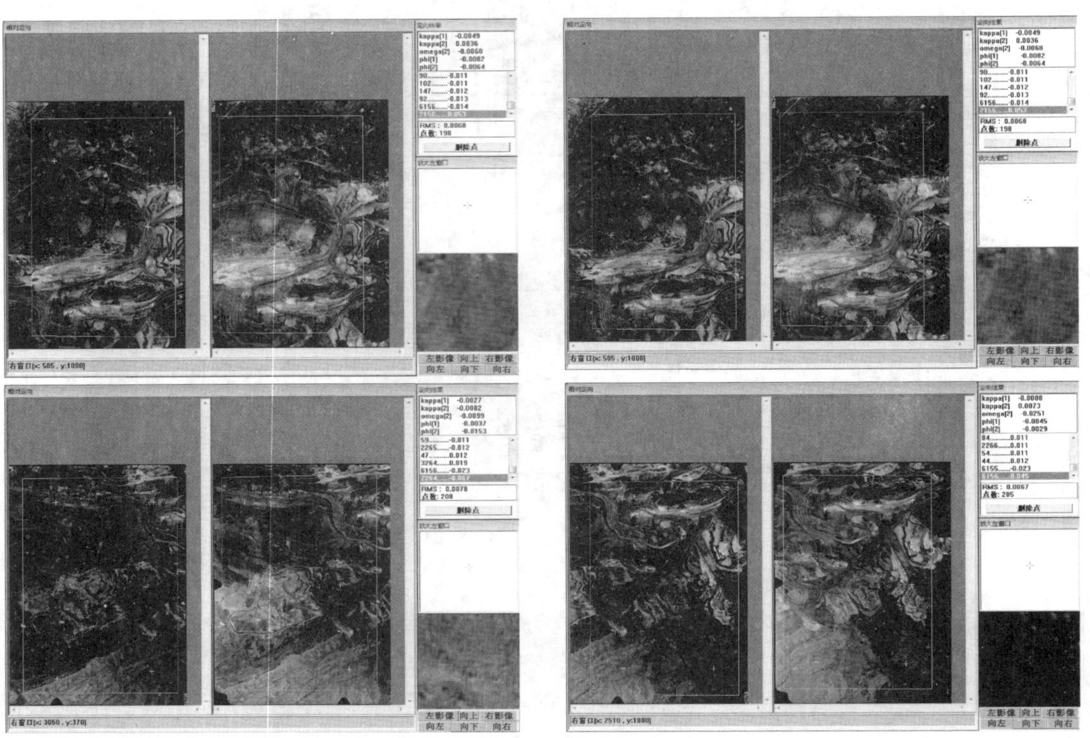

图 8-32　指定核线范围

核线范围指定后，就可以生成核线影像，核线影像生成可以在定向界面中处理，也可以通过 VirtuoZo 主界面的“模型定向”菜单下的“生产核线影像”来完成，最方便的是通过 VirtuoZo 主界面的“工具”菜单中的“批处理”进行，“批处理”界面如图 8-33 所示。

进入“批处理”界面后，若列表中没有模型，可以选择“添加所有模型”按钮将测区内所有模型添加进来，也可以单个添加或移除不处理的模型。模型按行列出，每个列方向就是是否进行本列功能处理的开关，双击鼠标可以改变开关状态。在“批处理”界面，将核线开关设置为“是”，其他所有开关设置为“否”，就可以进行多模型的核线影像生产。

DEM 有两种表达方式，一种是用等间隔的格网来表达，另一种是用不规则的三角网来表达，因此对应的也有两类生产方式，本例综合生产包含这两类生产。下面将分开讨论这两种生产。

1. 等间隔格网 DEM 的生产

格网 DEM 的生产过程是：先对 4 个模型进行影像自动匹配产生大量同名点，然后用匹配结果编辑对同名点进行编辑修改，修改完成后用同名点生产每个模型的格网 DEM，

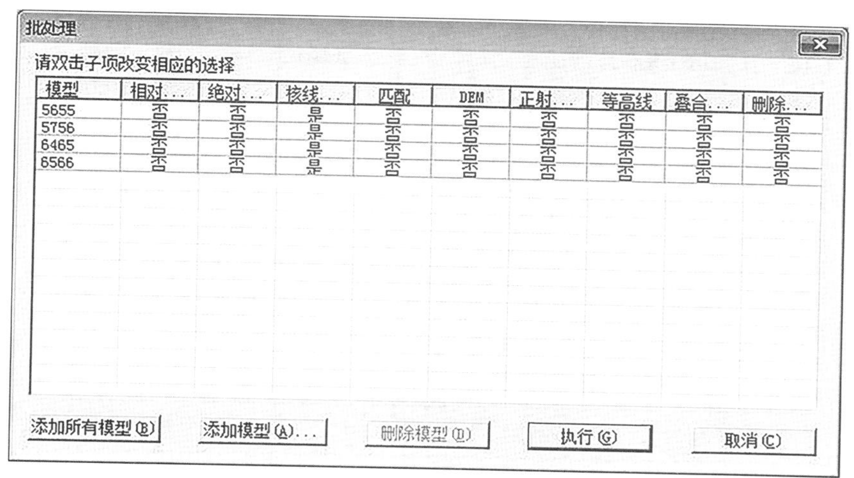

图 8-33 批处理生成核线

之后将 4 个模型的 DEM 进行拼接检查，如果拼接检查的精度达不到要求(拼接中误差为 2 时，三倍中误差点大于 1%)，则继续使用匹配结果编辑对同名点进行编辑修改，然后重新产生每个模型的格网 DEM，重新拼接检查直到拼接检查的精度达到要求。特别注意这个过程与实际生产不符，但是作为学习，这个过程非常有效，可以锻炼和提高学习者的立体观测能力，也方便学习者自己检查编辑效果。拼接精度达到要求后，就可以执行 DEM 拼接，产生整个测区的格网 DEM。有了整个测区的格网 DEM 后，可以使用 DEM 编辑模块对整个测区的 DEM 进行立体编辑和核查，最后用 DEM 质量检查工具对最终结果进行精度评定，如果精度达不到要求，继续返回到 DEM 编辑模块中修改和核查，直到精度满足要求为止。在实际生产中，由于作业人员已经具备良好的立体观测能力，可以直接使用 DEM 编辑修改整个测区 DEM，因此作业流程中一般不进行模型的匹配结果编辑，而直接对所有模型进行影像匹配、匹配点生成 DEM、拼接出整个测区的 DEM，然后编辑整个测区的 DEM，最后提交成果。

4 个模型进行影像自动匹配和匹配点生成 DEM 可以使用“批处理”功能，将列表中每个模型的“匹配”和“DEM”开关设置为“是”，如图 8-34 所示，就可以完成自动匹配和匹配点生成 DEM。

匹配和 DEM 完成后，就可以进行匹配结果编辑和 DEM 拼接检查，注意匹配执行一次就可以，再次执行匹配将会覆盖人工编辑的所有结果。但匹配点生成 DEM 却需要执行多次，每次匹配编辑完成后都需要生产 DEM 进行 DEM 拼接检查，界面如图 8-35 所示，在界面中选择预览就可以看到拼接精度报告，如图 8-36 所示。

在拼接精度报告界面中可以看到拼接中误差，左边的中误差是数据拼接产生的中误差值，右边的中误差限差用于指定中误差，在指定中误差限差情况下可以重新计算误差点分布，本例要求在指定中误差限差为 2 时，误差分布中大于三倍中误差的百分比应该小于 1%，达不到此要求则需要继续进行匹配编辑。特别提醒：首次定向、核线、匹配和 DEM

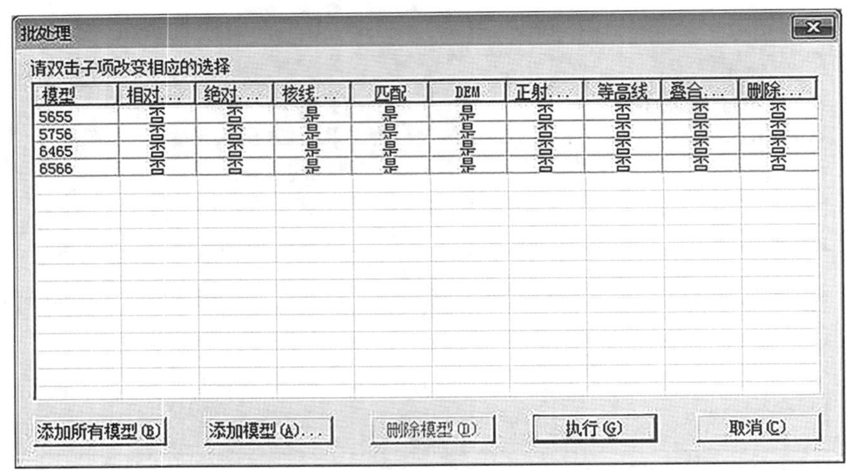

图 8-34　批处理核线、匹配和 DEM

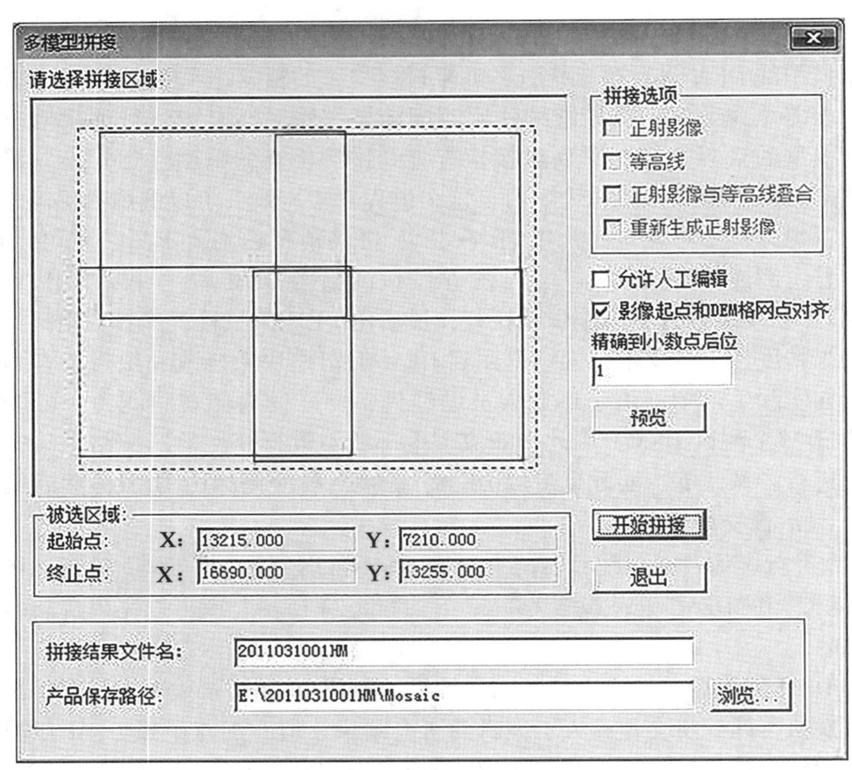

图 8-35　多模型 DEM 拼接检查

完成后可以直接查看 DEM 拼接精度，如果此时拼接数据的中误差大于 4，一般是数据定向部分(内定向或相对定向)有问题，无需继续编辑，应该重新定向、重新选择核线范围、重新匹配。

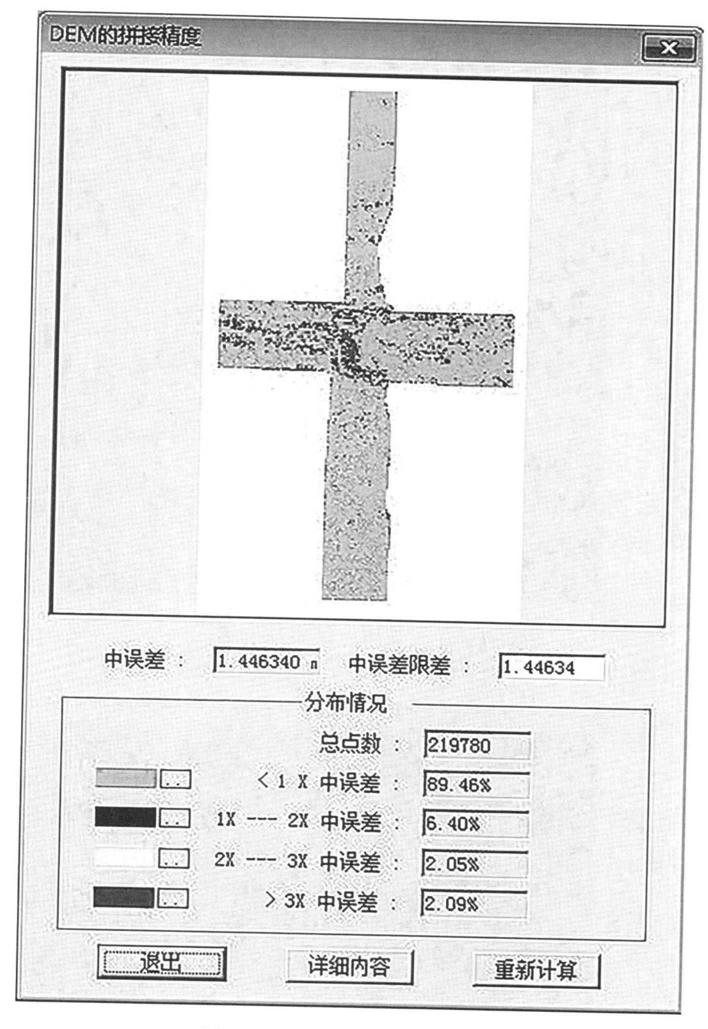

图 8-36 DEM 拼接精度报告

通过查看 DEM 拼接精度核实了定向结果后，就可以进行匹配结果编辑。匹配结果编辑的目的是要将所有不合理的匹配点修改为合理的匹配点。通常不合理的匹配点包括人工地物上的点(建筑、桥梁、工事等)、树木植被上的点以及所有误匹配的点，误匹配点一般位于道路中央、陡峭的悬崖上、水体中央以及茂密的植被上，匹配结果编辑的操作如图 8-37 到图 8-40 所示。匹配编辑中，编辑的数据是匹配点，但是长时间观测大量匹配点会导致人眼疲劳，因此可以通过显示等视差线的方式减轻操作者的人眼疲劳，但是一定要牢记我们编辑的是匹配点，等视差线仅仅是匹配点显示的一种表现形式。

匹配编辑是交互进行的过程，可用的方法非常多，具体操作请参考第 4 章的 4.2.2 节“匹配结果编辑”。

通过匹配结果编辑生成合格的模型 DEM 后，就可以将 4 个模型的 DEM 进行拼接形成整个测区的 DEM。拼接 DEM 操作界面就是拼接检查的界面，如图 8-41 所示，只是此时需

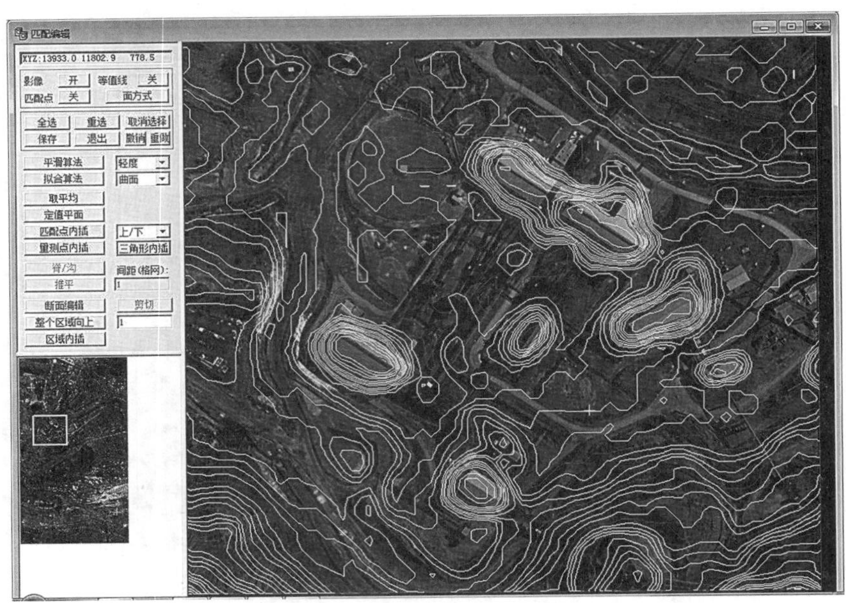

图 8-37　匹配编辑中编辑前的居民区

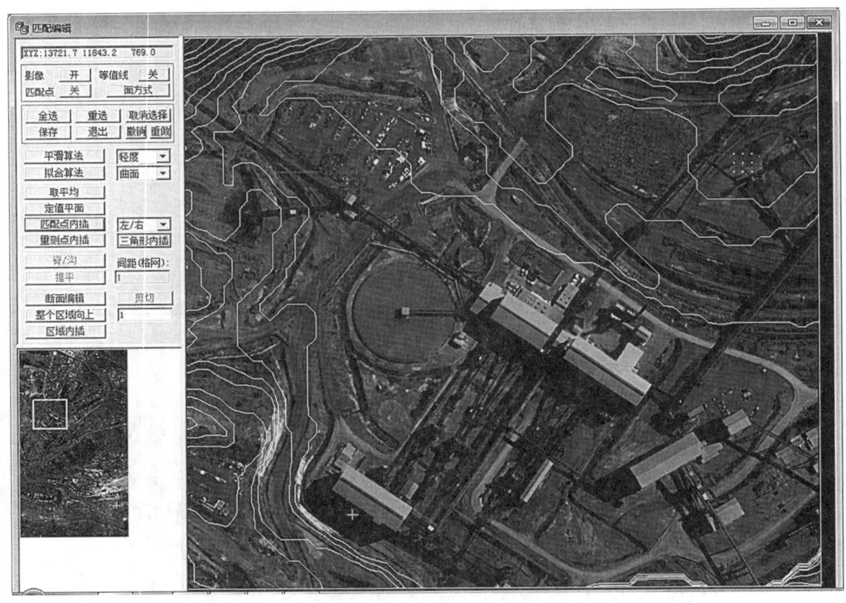

图 8-38　匹配编辑中编辑后的居民区

要先在拼接结果文件名输入框中输入拼接结果文件以及拼接结果存放路径，VirtuoZo 系统默认的存放路径是存放在测区下的 Mosaic 目录中，本例为“E：\ 2011031001HM \ Mosaic”，拼接结果文件为测区名称“2011031001HM”，然后选择“开始拼接”按钮，执行 DEM 拼接生成整个测区的 DEM。

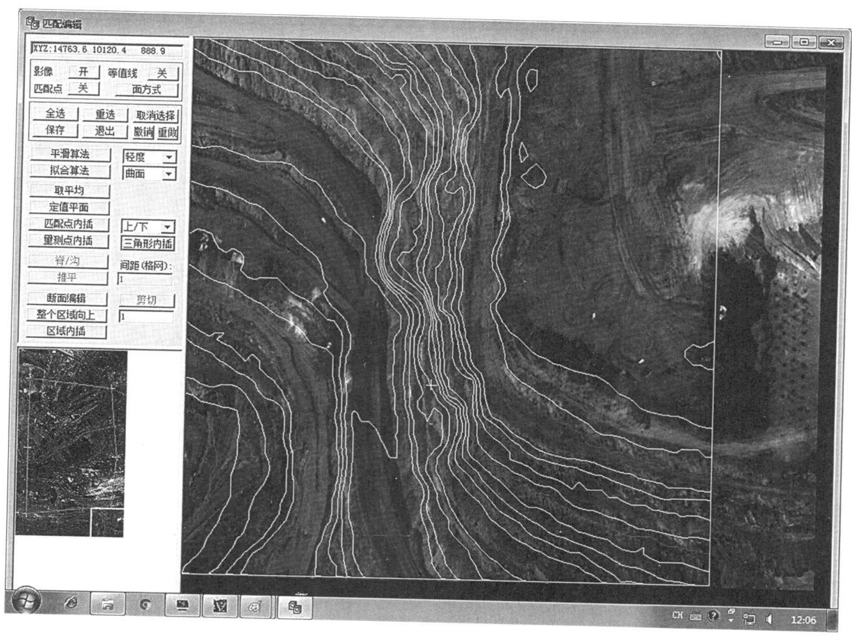

图 8-39 编辑前的陡崖

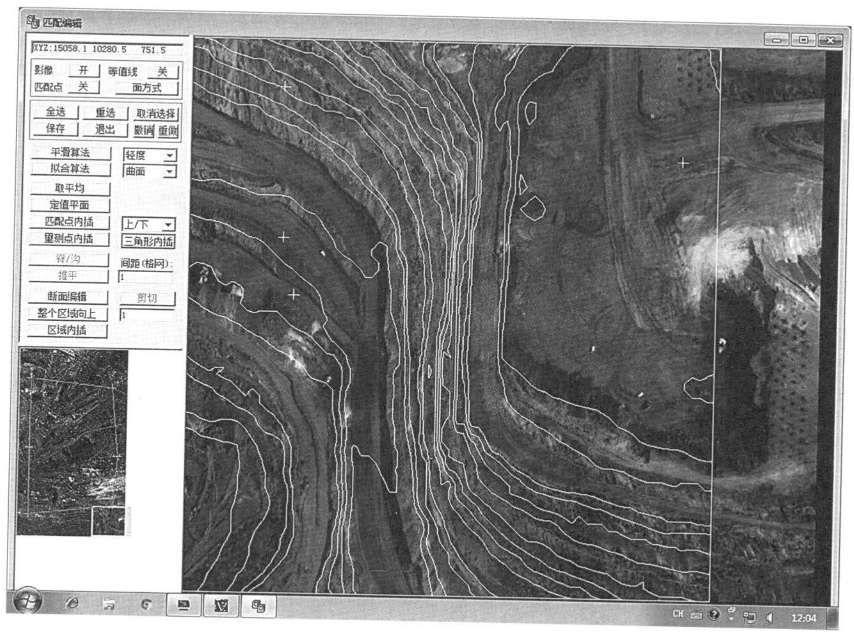

图 8-40 编辑后的陡崖

生成整个测区的 DEM 后就可以用 DEM 编辑模块对 DEM 进行最后的修改和核查，选择 VirtuoZo 系统的 DEM 生产菜单下的“DEM 编辑”就可启动 DEM 编辑模块，其操作界面如图 8-41 所示。

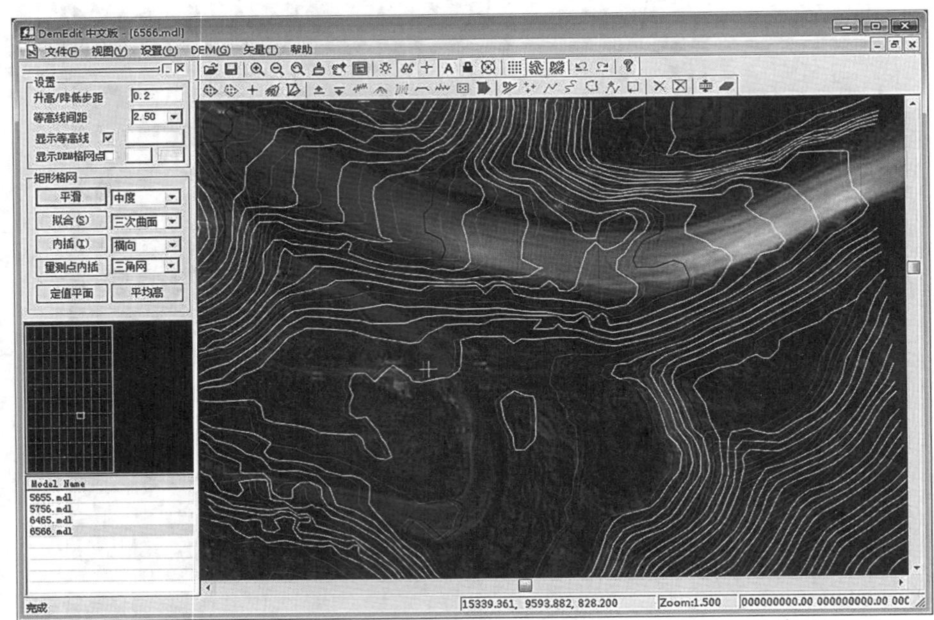

图 8-41　整体 DEM 编辑

DEM 编辑的操作与匹配结果编辑非常类似，也是交互进行的过程，可用的方法非常多，具体操作请参考第 4 章的 4.4 节“DEM 编辑”。DEM 编辑的目的是核查修改 DEM 中的那些在匹配结果中没有修改好的错误数据以及在拼接过程中拼接边界上相互不一致导致的错误点。拼接检查的时候大于 3 倍中误差的点还有 1%左右，这些点也需要在 DEM 编辑中全部编辑好，最终提交的 DEM 必须是所有位置都是合理的格网点，图 8-42 就是编辑前后的结果比较。

除在立体环境下逐个区域检查 DEM 与地面贴合外，还可以用晕渲图的方式查看所编辑 DEM 的整体平滑程度和存在的较大粗差的位置，其操作方法为，在 VirtuoZo 系统的“显示”菜单中选择“DEM 晕渲显示”，然后打开待检查的 DEM 文件，然后在菜单项“显示”中选择彩色晕渲模式(或工具条倒数第二个按钮)就可以产生如图 8-43 所示的晕渲显示效果，通过按鼠标左键前后左右移动和按鼠标右键前后左右移动可旋转、缩放和翻转 DEM 模型，从不同角度进行观测。

DEM 编辑完成后就可以使用 DEM 质量检查对生产的 DEM 数据进行质量评估。按国家测绘规范，DEM 数据质量评估方法是在一幅 DEM 图范围内随机选择 28 个外业保密点，用 28 个点的平面坐标 X、Y 在 DEM 数据中插值出 Z 坐标，然后与外业坐标 Z' 进行比较，统计误差产生最终质量报告。本例中，我们可以直接使用 15 个地面控制点对 DEM 进行质量评估，评估的质量要求是所有点精度(dz)必须小于 0.5m，如图 8-44 和图 8-45 所示。评估质量不合格就要求学生继续对 DEM 进行编辑，直到满足质量要求。由于控制点位置是

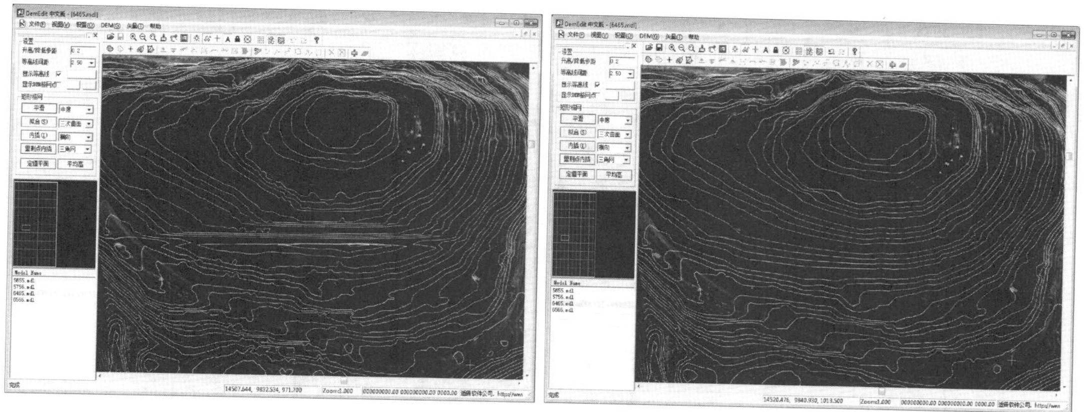

图 8-42 DEM 编辑前后结果比较

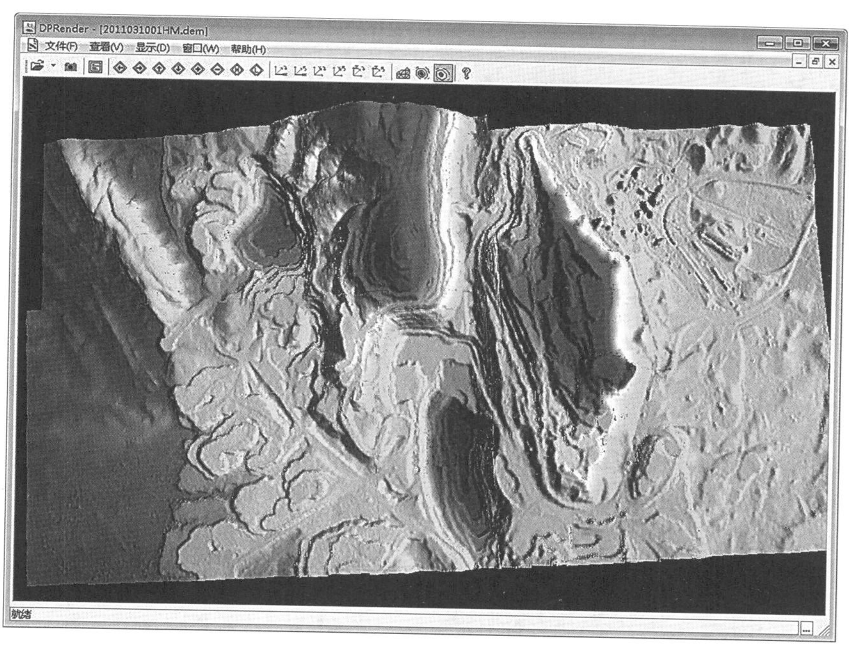

图 8-43 DEM 晕渲显示检查

已知的，这样评估其实是非常不严密的，有条件的话，我们希望老师可以预先做一些保密点再进行质量评估，保密点始终不提供给学生，学生只能看到结果，这样做才算较为严密。

DEM 评估输出的 DEM 质量评估报告是此次综合生产的重要成果之一，因此需要保留好，在生产完成后需要提交给老师，以便对生产情况进行考核。

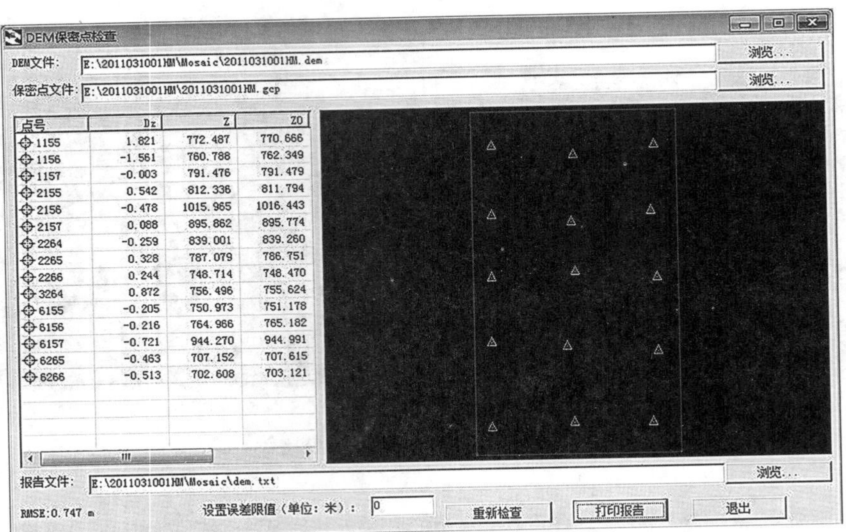

图 8-44　DEM 质量评定

```
dem.txt - 记事本
文件(F) 编辑(E) 格式(O) 查看(V) 帮助(H)
VirtuoZo  质检记录
/* 每项记录包含以下信息:
 * (1)点名;
 * (2)点的X坐标;
 * (3)点的Y坐标;
 * (4)点的Z坐标;
 * (5)从DEM内插得到的Z坐标;
 * (6)Z的误差值;
 */
质检类型:DEM保密点检查
点数=15
```

ID	X0	Y0	Z0	Z	Z
1155	16311.749	12631.929	770.666	772.487	1.821
1156	14936.858	12482.769	762.349	760.788	-1.561
3264	13491.930	7700.217	755.624	756.496	0.872
6157	13515.624	10360.523	944.991	944.270	-0.721
2155	16246.429	11481.730	811.794	812.336	0.542
6266	16232.309	7741.696	703.121	702.608	-0.513
2156	14885.665	11308.226	1016.443	1015.965	-0.478
6265	14888.312	7769.835	707.615	707.152	-0.463
2265	14787.371	9101.982	786.751	787.079	0.328
2264	13503.396	9190.630	839.260	839.001	-0.259
2266	16327.646	9002.483	748.470	748.714	0.244
6156	14947.986	10435.860	765.182	764.966	-0.216
6155	16340.235	10314.228	751.178	750.973	-0.205
2157	13535.400	11444.393	895.774	895.862	0.088
1157	13561.393	12644.357	791.479	791.476	-0.003

RMS: 0.747 米

图 8-45　DEM 质量评估报告

2. 不规则三角网 TIN 的生产

不规则三角网 TIN 一直是三维领域中对实体目标进行有限元描述的基本方法，理论上只要三角形足够小，三角网可以描述任何复杂的实体。地形本身就是一种较为简单的三维实体，因此完全可以用不规则三角网来描述。特别是近年来随着计算机的高速发展，计算机处理能力已经有了翻天覆地的变化，对地形描述的精度要求也越来越高，特别是三维GIS系统的建立和发展，不规则三角网描述地形已经变得非常普遍。近年来对不规则三角网描述的模型又多了一个名称Mesh，Mesh其实就是不规则三角网描述的三维目标，除地形外还包括地面的三维实体，在三维GIS、数字城市等系统中有非常重要的位置。

不规则三角网TIN的生产在VirtuoZo系统中称为TIN编辑，启动方式是在系统的DEM生产菜单下选择"TIN编辑"，启动后打开一个立体模型就可看到如图8-46所示操作界面，界面中若不是立体方式显示，请选择工具条中的眼镜按钮。

图8-46 TIN编辑操作界面

不规则三角网TIN的生产是DEM生产的一个重要方法，基本操作是通过立体采集地形的特征点、特征线，实时产生不规则三角网来描述地形，学生可通过采集特征点、特征线进一步提高立体观测和采集目标的能力。根据具体时间安排一般要求每位学生至少采集半个立体模型的特征点、特征线，成果如图8-47所示。

"TIN编辑"是人机交互的操作过程，可用方法非常多，需要的操作流程也非常灵活，这里不再详细描述，具体操作请参考第4章4.3节"特征点线生产DEM"。

本节操作步骤的难点和要点如下：

①理解核线范围的含义，正确选择核线范围，既不能太小形成测区漏洞，也不能太大形成无影像区域，影响立体观测和生产。

②理解立体观测的原理，掌握立体观测的技巧，双眼凝视目标慢慢感受，然后再逐步

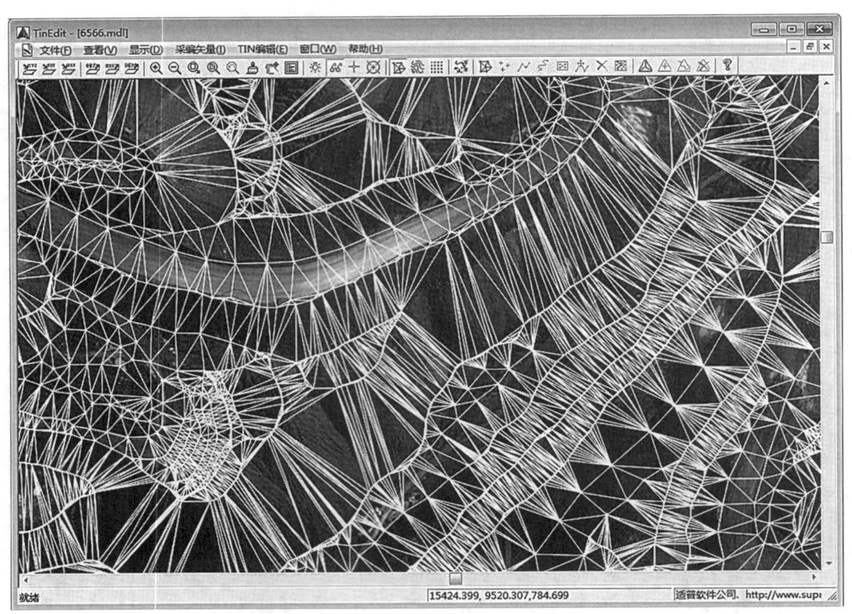

图 8-47　特征点线组成的 TIN 模型

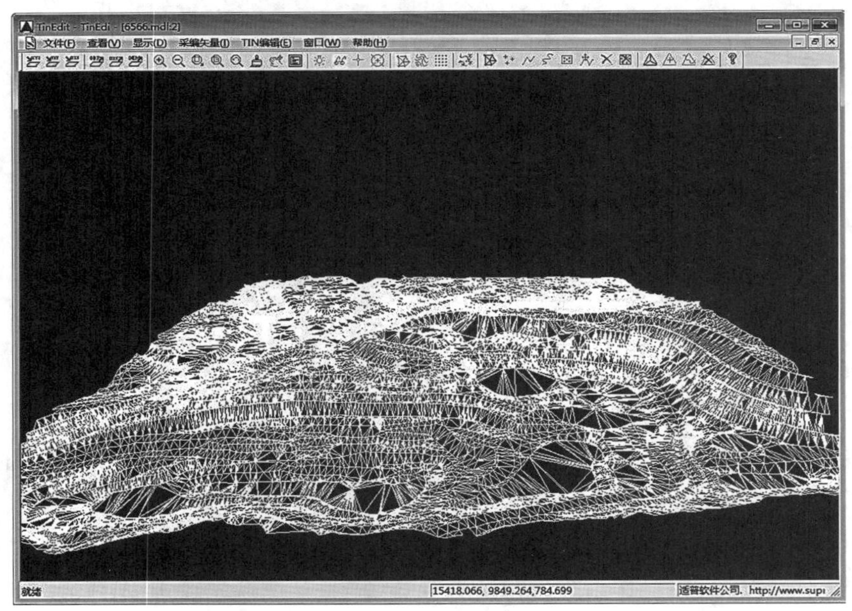

图 8-48　TIN 模型的透视显示

扩大视差，对于视差变化大的区域，通过调整视差改善立体观测舒适度。

③理解匹配点与等视差线(对应 DEM 点与等高线)的关系，掌握立体环境下等高线与

地形是否贴合的观测技术，掌握立体环境下编辑修改匹配点的方法。

④理解 DEM 拼接的原理，掌握如何发现并修改拼接不好位置的方法和操作技能，掌握 DEM 编辑的各种操作。

⑤理解 TIN 模式描述地形的原理，掌握特征点、线的立体采集方法。

8.2.5 DOM 生产

DEM 生产完成后就可以进行对应的正射影像(DOM)生产。正射影像生产包括两种途径，可以按模型生产每个模型的正射影像，也可以直接按每张原始影像生产正射影像。近年来生产单位更倾向于使用按原始影像生产的生产流程。无论是按模型还是按原始影像生产，最终都要进行正射影像拼接生产出测区的整张正射影像，然后通过正射影像编辑工具对正射影像进行核查和修补，核查合格后就可以按图幅对整张正射影像进行分割和整饰。整饰过程通常包括添加图廓、公里格网、图名、图号、地名、生产单位、生产时间、生产人员、基准坐标系、比例尺等信息，最终形成一张一张的图片用于印刷、存档以及提供给用户。

按模型进行生产每个模型的正射影像是一种传统生产流程，其操作过程为，在 VirtuoZo 系统中，打开测区，打开模型，然后在“DOM 生产”菜单项里选择“生成正射影像”即可，只是这样生成的正射影像范围相对于原始影像要小，仅仅包含右半部分(用左影像为基准)或者左半部分(用右影像为基准)，因此大多数生产单位都改用按原始影像生产。

按原始影像生产的操作流程为，在 VirtuoZo 系统中，打开测区，打开模型，然后在“DOM 生产”菜单项里选择“正射影像制作”，得到如图 8-49 所示的操作界面。

在“正射影像制作”操作界面中，选择已经编辑修改好的整个测区 DEM 文件，然后添加原始影像，将 6 张原始影像都添加进来，之后选择相机文件，特别注意系统默认的相机参数肯定不是用户生产用的，必须选择测区的相机参数，最后选择输出的结果文件。特别注意的是生成的正射影像与原始影像个数一样，因此这个结果文件仅仅是结果文件名称的前面部分，结果文件后面部分是原始影像文件名称，此外一定要勾选“产生每个原始影像的正射影像”选项，否则将自动对结果进行拼接并生成一个拼好的正射影像(这种情况下，拼接线无法编辑)，本例中选择好参数的“正射影像制作”界面如图 8-50 所示。

每张原始影像的正射影像生产好后，就可以进行交互式正射影像拼接，这个工序中主要的任务是选择、编辑拼接线，理想的拼接线是在两张正射影像完全重叠的位置，或者说差异最小的位置，例如草地、灌木、平坦位置，而道路、高架桥、高楼、悬崖等地形起伏大的位置肯定是不能有拼接线的。正射影像拼接的操作流程为，在 VirtuoZo 系统中，打开测区，打开模型，然后在“DOM 生产”菜单项里选择“正射影像拼接”，界面如图 8-51 所示。

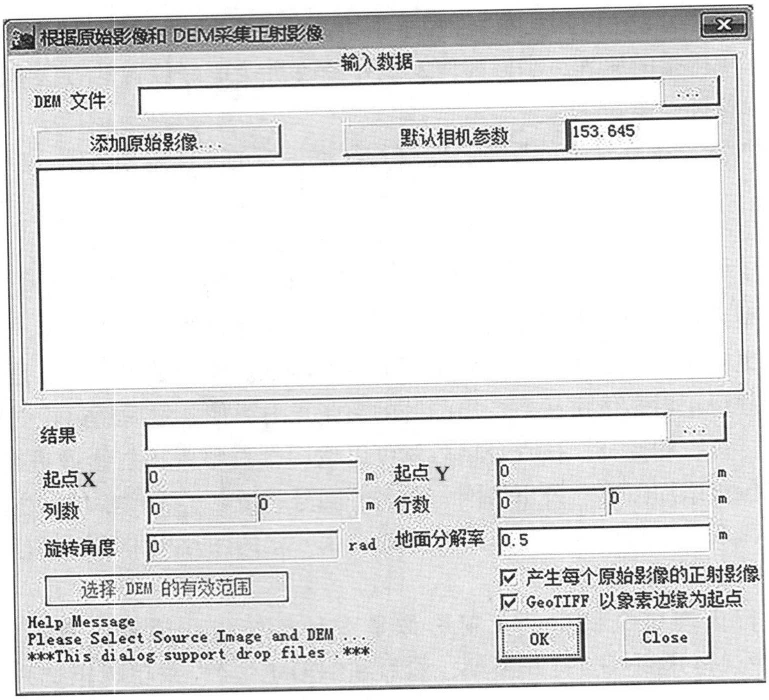

图 8-49　正射影像制作界面

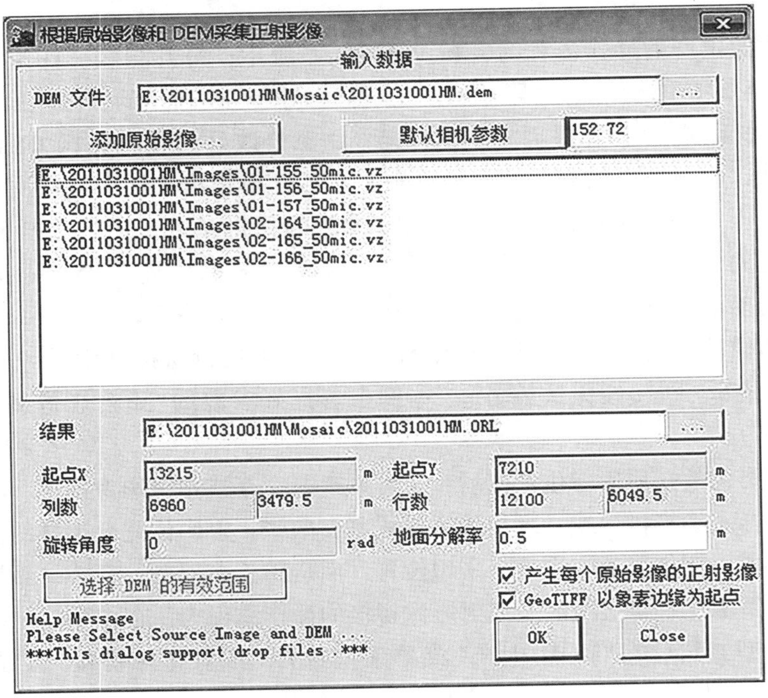

图 8-50　选择好参数的正射影像制作

图 8-51 正射影像拼接界面

在“正射影像拼接”操作界面中，首先需要新建一个拼接工程，主要是选择工程存放位置，其他参数可以忽略，然后将待拼接的正射影像添加到工程里面。这里支持直接用鼠标将 Windows 资源管理器里看到的正射影像文件拖入窗口。添加完正射影像(本例中有 6 张正射影像)后，可以看到正射影像按地理位置叠放在一起，如果相互不能叠放在一起，需要核实待拼接的正射影像数据是否正确。正射影像添加完，叠合正确就可以生成和编辑拼接线了。在“正射影像拼接”的“处理”菜单中选择“生成拼接线”可以看到系统产生的拼接线，系统产生拼接线的算法是“Voronoi”图，关于“Voronoi”图生成拼接线的相关理论请参考本书作者的硕士论文《基于网格的正射影像整体制作方法》(段延松)，本例数据自动产生的拼接线如图 8-52 所示。

自动产生的拼接线仅仅是理论上最合理的位置，处理过程中并没有考虑地形、纹理等信息，因此还需要手动对拼接线进行检查和编辑修改。修改编辑的方法主要包括移动拼接线、重新定义拼接线的某一段等，具体操作请参考第 5 章 5.3 节“正射影像拼接”，修改拼接线效果如图 8-53 所示，完成拼接线编辑后，就可以选择“处理”菜单的“拼接影像”执行拼接，并输出拼接好的整张正射影像，本例中输出的整张正射影像如图 8-54 所示。

拼接好的整体正射影像理论上是完美的，但事实上影像中有可能还有小的瑕疵或者为了特定目标需要在最终的正射影像中移除或替换一些区域的内容(如移除敏感位置的影像)，因此还需要对正射影像进行必要的编辑处理。正射影像编辑的具体操作为：在 VirtuoZo 系统的“DOM 生产”菜单项里选择“正射影像编辑”就可以进入编辑界面，在编辑界面打开待编辑的正射影像，如图 8-55 所示。

在“正射影像编辑”操作界面中，打开待编辑的正射影像后，还需要通过文件菜单中的“载入 DEM”和“载入 VZ 测区”将正射影像对应的 DEM 和原始测区数据读入系统，载入

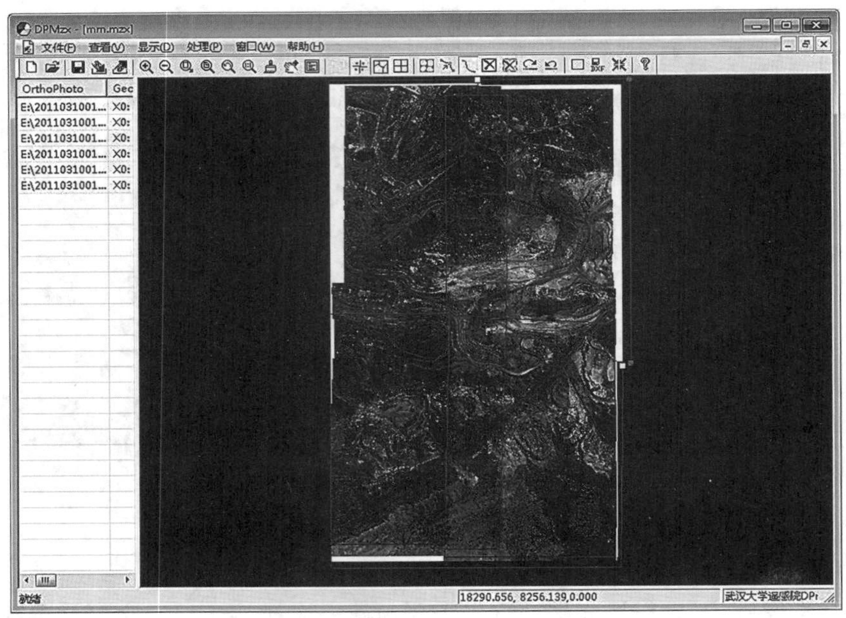

图 8-52　自动产生的拼接线

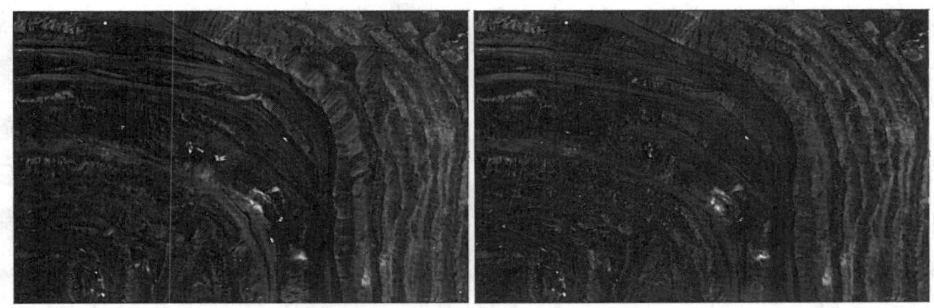

图 8-53　拼接线修改前后效果对比

后 DEM 将会通过显示等高线的方式表示出来，显示相关参数可以修改设置，如图 8-56 所示。

载入相关数据后就可以进行编辑操作了，编辑操作是个交互操作的过程，其基本原理是修改正射影像对应区域的 DEM 值，然后对局部进行重新生成正射影像，或者用图像处理工具(主要是 PhotoShop)对局部数据进行修改。选择一个区域，先选用“DEM 拟合”，再选用“用 DEM 重纠影像”，编辑前后效果对比如图 8-57 所示，具体操作可参考第 5 章 5.4 节“正射影像编辑”。

正射影像编辑完成后就可以使用正射影像质量检查对生产的正射影像数据进行质量评估。按国家测绘规范，正射影像质量检查方法包含两个部分，第一是目视检查，检查影像

图 8-54 本例的正射影像结果

中色调是否一致、影像中是否存在拼接错位、局部是否存在影像扭曲、影像拉花等现象。第二是用一些外业保密点对正射影像进行精度评定，外业保密点评定方法中需要在正射影像上测量出保密点的坐标平面，然后与外业坐标进行比对，统计中误差并形成报告输出。本例中，可以直接使用 15 个地面控制点对正射影像进行质量评估，质量评估的精度要求

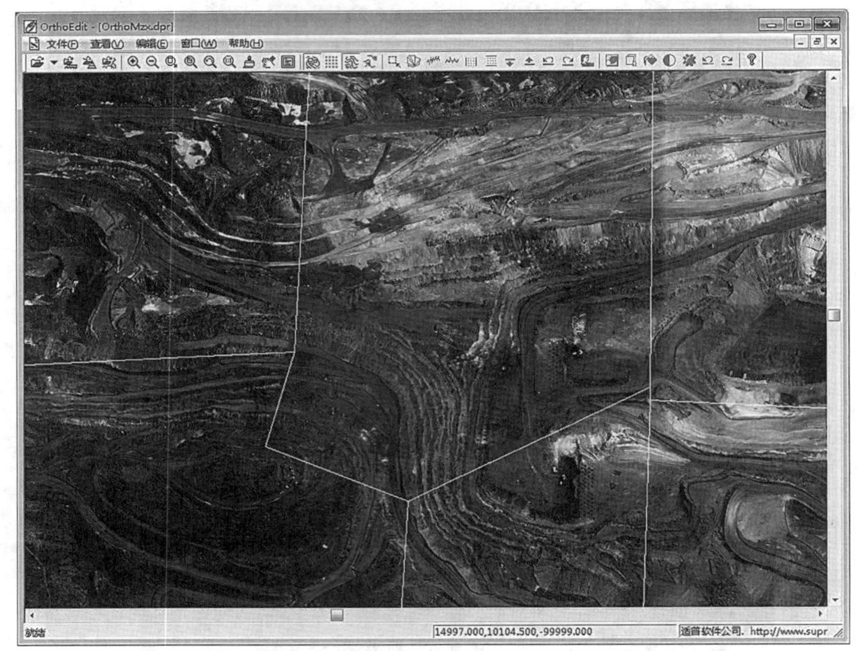

图 8-55　正射影像编辑

是所有点的平面精度中误差(DXY)小于 1m，如图 8-58 所示。评估质量不合格需要学生继续对正射影像进行编辑(主要是修改对应区域的 DEM)，直到满足质量要求，由于控制点位置是已知的，这样评估其实是非常不严密的，有条件的话，老师可以预先做一些保密点再进行质量评估，保密点始终不提供给学生，学生只能看到结果，这样做才算较为严密。

正射影像质量检查的具体操作为，在 VirtuoZo 系统的“DOM 生产”菜单项里选择“正射影像质量检查”，弹出操作界面，在操作界面中，首先打开编辑好的正射影像，然后选择控制点文件作为检查点(用控制点无需选择点位图)。检查过程是，在左侧的检查点(本例中就是控制点)列表中用鼠标双击一个检查点，右侧的界面中就有放大的检查点点位图，在点位图中选择检查点的正确位置，特别注意一定要用鼠标点击一下点位，然后在鼠标右键的菜单中选择“确认”，否则系统不做精度分析，如图 8-59 所示，这样选中的检查点的精度就更新了。

正射影像质量检查输出的正射影像质量检查报告是此次综合生产的重要成果之一，因此需要保留好，在生产完成后需要提交给老师，由老师对学生的生产情况进行考核。

正射影像质量检查合格后，就可以生产本测区的影像地图了。生产影像地图的操作为，在 VirtuoZo 系统的“DOM 生产”菜单项里选择“影像地图制作”就可以进入影像地图制作界面，然后打开质量合格的正射影像，缩放到适合窗口显示即可看到如图 8-60 所示界面。

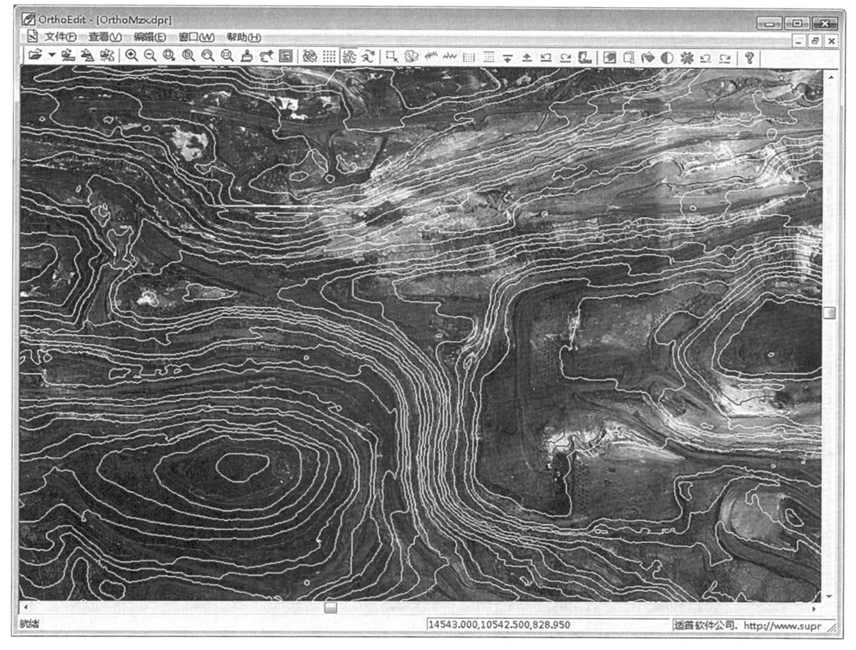

图 8-56　载入正射影像对应参数后界面

图 8-57　通过“DEM 拟合”和“用 DEM 重纠影像”处理前后效果比较

用“影像地图制作”模块生产影像地图，主要操作过程是，在设置菜单上，逐个执行“设置图廓参数”“设置格网参数”“设置图幅信息”，图廓参数中本例数据不是国家测绘标准数据，无法获得图廓坐标，可以通过“鼠标选择”按钮，直接在正射影像上选择一个区域作为成果图幅输出，本例中要求学生自己选择一个矩形区域，矩形区域的宽大于等于高，区域中必须包含本例数据中部的陡崖。格网设置作用是设置地图上的公里格网，本例可以用默认的公里格网。图幅信息参数主要是指定地图的图名、图号、地区、结合图表、版权单位、比例尺等信息，本例数据中，要求学生图名必须用自己的姓名，图号用自己的

正射影像质量报告检查.rep - Notepad

File Edit Format View Help

VirtuoZo 质检报告
/* 每项记录包含以下信息:
 * (1)点名;
 * (2)点的X坐标;
 * (3)点的Y坐标;
 * (4)点的Z坐标;
 * (5)X误差值;
 * (6)Y误差值;
 * (7)Z误差值;
 * (8)点属性, -1表示点不在影像范围内;
 */
质检类型:正射影像保密点检查
点数=15
影像路径:G:\2015302590163\hammer2015302590163\Mosaic

ID	X0	Y0	Z0	DX	DY	DZ	Flag
1155	16311.749	12631.929	770.666	0.667	0.334	0.000	0
1156	14936.858	12482.769	762.349	0.000	0.501	0.000	0
1157	13561.393	12644.357	791.479	0.167	0.666	0.000	0
2155	16246.429	11481.730	811.794	0.167	0.166	0.000	0
2156	14885.665	11308.226	1016.443	-0.333	0.667	0.000	0
2157	13535.400	11444.393	895.774	-0.000	0.000	0.000	0
2264	13503.396	9190.630	839.260	0.500	-0.333	0.000	0
2265	14787.371	9101.982	786.751	0.167	0.000	0.000	0
2266	16327.646	9002.483	748.470	0.333	0.000	0.000	0
3264	13491.930	7700.217	755.624	0.333	0.667	0.000	0
6155	16340.235	10314.228	751.178	0.833	-0.167	0.000	0
6156	14947.986	10435.860	765.182	-0.167	0.000	0.000	0
6157	13515.624	10360.523	944.991	-0.167	0.500	0.000	0
6265	14888.312	7769.835	707.615	0.500	-0.167	0.000	0
6266	16232.309	7741.696	703.121	0.000	0.333	0.000	0

RMS (单位:米): DX=0.375 DY=0.387 DXY=0.539

图 8-58　正射影像精度报告

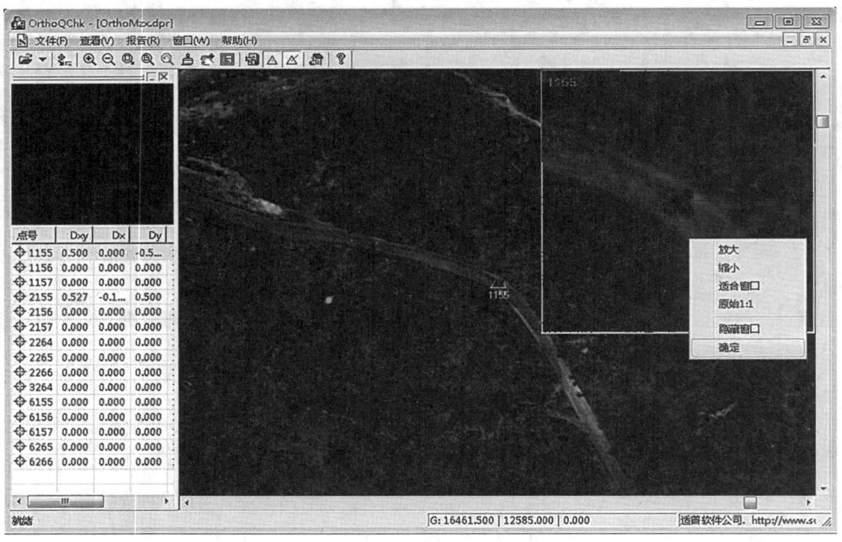

图 8-59　正射影像质量检查单个点操作

学号，版权单位用自己的班级，结合图表，自己理解含义后自定义输入，比例尺按实际比例尺 1 : 5000 输入，本例设置正确后输出的影像地图如图 8-61 所示。

图 8-60 影像地图制作界面

图 8-61 影像地图成果数据

制作好的影像地图是此次综合生产的重要成果之一，因此需要保留好，在生产完成后需要提交给老师，由老师对学生的生产情况进行考核。

本节操作步骤的难点和要点：

①理解正射影像与 DEM 的关系，掌握正射影像生产的操作方法。

②理解正射影像拼接的意义，掌握选择接线位置的原则，掌握编辑修改拼接线的操作。

③理解正射影像编辑的作业和意义，理解修改 DEM 编辑正射影像的原理，掌握编辑正射影像的生产操作方法。

④理解正射影像质量评定的原理，掌握正射影像质量评定的操作方法。

⑤理解地图各个参数的含义(图名、图号、比例尺、图廓坐标等)，掌握影像地图的制作方法。

8.2.6　DLG 生产

本次综合生产 DLG 部分使用数据是 GD0605，总共有 2 张航片，航高为 3000 米，摄影比例尺为 1∶25000，影像扫描影像像素大小为 0.06mm，影像详细情况如图 8-62 所示。

图 8-62　DLG 生产使用的数据

测区左影像是 K1006，右影像是 K1005，重叠区域内包含居民区、道路、水库、高山、梯田、密林植被、裸露地等各种地形，是非常理想的多地貌数据，非常适合用于 DLG 生产学习。

数据拍摄的相机是 RC30，相机主距为 153.645mm，相机没有主点偏移，相机包含 4 个标准框标，分别位于四角，框标分布和坐标值如图 8-63 所示。

本次综合生产 DLG 部分使用数据一共有 6 个控制点，所给出的坐标值采用局部坐标系(右手系)，具体坐标见表 8-2。

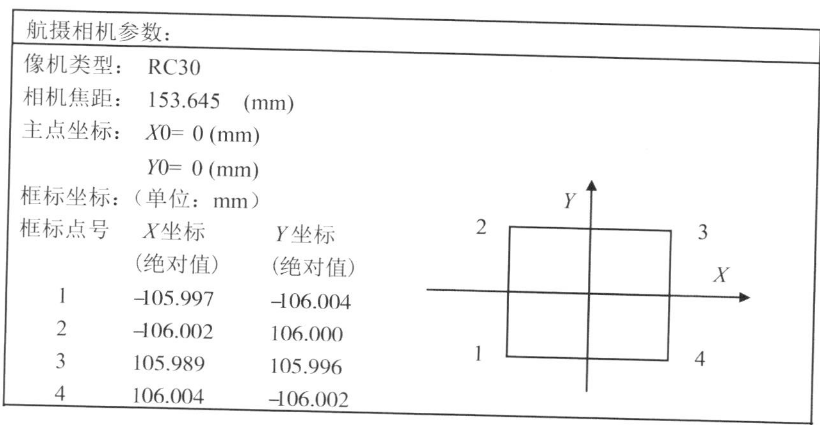

航摄相机参数：

像机类型： RC30

相机焦距： 153.645 (mm)

主点坐标： X0= 0 (mm)

Y0= 0 (mm)

框标坐标：（单位：mm）

框标点号	X坐标（绝对值）	Y坐标（绝对值）
1	-105.997	-106.004
2	-106.002	106.000
3	105.989	105.996
4	106.004	-106.002

图 8-63 综合生产 DLG 部分相机参数

表 8-2 局部坐标系

点号	X	Y	Z
R33	2762. 990000	7841. 701000	38. 095000
R34	1805. 710000	7858. 549000	56. 066000
R58	1609. 910000	6719. 873000	15. 669000
R59	1854. 530000	6044. 483000	21. 47600
R60	2472. 690000	6412. 310000	17. 212000
R61	2855. 420000	6620. 183000	47. 685000

本次综合生产 DLG 部分使用数据的 6 个控制点均匀分布在立体模型中，其分布位置如图 8-64 所示，每个控制点位置在原始影像上已经进行了标注，选择在附件的位置就能看到方框或者圆形标记的控制点，控制点位于方框或者圆形标记内的一个标记点上（注意不一定是外框的中心点）。

DLG 生产首先需要恢复测图区域的立体模型，也就是进行测区建立和模型定向，这部分内容在 DEM/DOM 生产中已经有详细的介绍，这里不再重复讨论，只给出操作过程中比较重要的节点。如图 8-65～图 8-72 所示。

立体模型定向完成并产生核线影像后就可以进行 DLG 生产，也就是内业立体测图。内业立体测图在全球范围内仍然是非常艰巨的任务，目前还没有自动化的方法，必须全人工进行描绘。

通常在内业立体测图开始前需要进行外业调绘，外业调绘的目的是给内业提供一些必要的属性数据，例如房屋的材质是砖房还是混凝土、地块是菜地还是草地等。外业调绘的结果一般是调绘片，就是在一张影像上标注了相关信息，如图 8-73 所示，调绘片中标明房屋属于“砖 2”即砖结构 2 层，“混 3”即混凝土结构 3 层等。

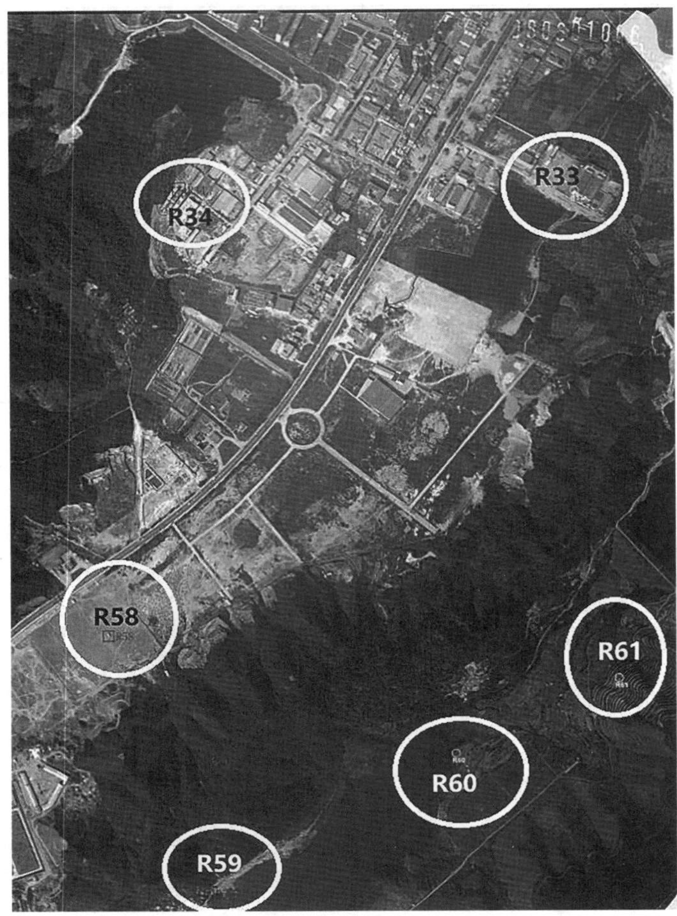

图 8-64　控制点分布

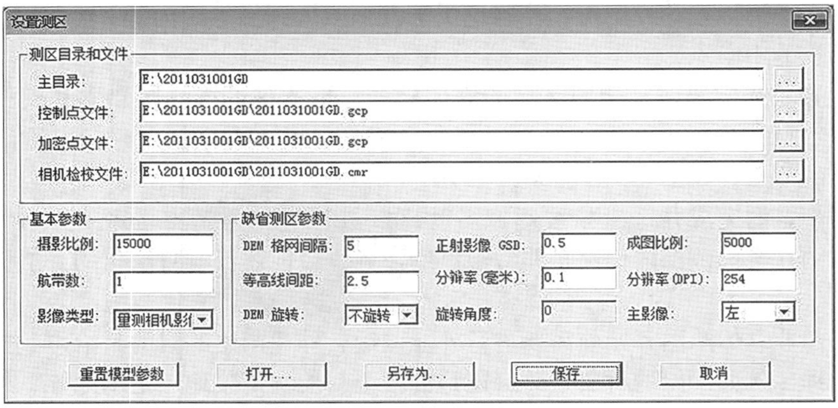

设置测区

测区目录和文件

主目录: E:\2011031001GD

控制点文件: E:\2011031001GD\2011031001GD.gcp

加密点文件: E:\2011031001GD\2011031001GD.gcp

相机检校文件: E:\2011031001GD\2011031001GD.cmr

基本参数

摄影比例: 15000

航带数: 1

影像类型: 量测相机影

缺省测区参数

DEM 格网间隔: 5　正射影像 GSD: 0.5　成图比例: 5000

等高线间距: 2.5　分辨率(毫米): 0.1　分辨率(DPI): 254

DEM 旋转: 不旋转　旋转角度: 0　主影像: 左

重置模型参数　打开...　另存为...　保存　取消

图 8-65　新建测区

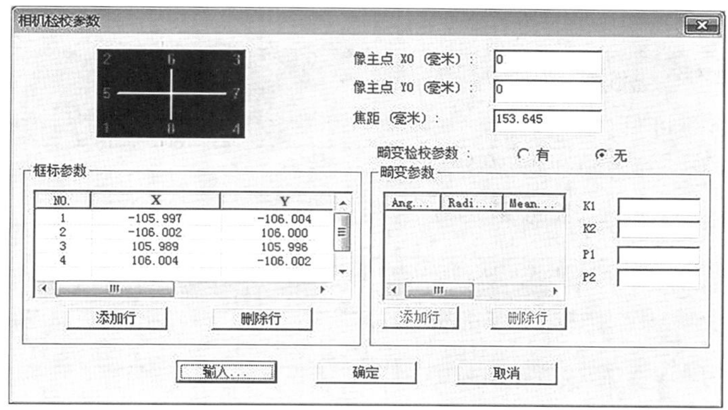

图 8-66 设置相机参数

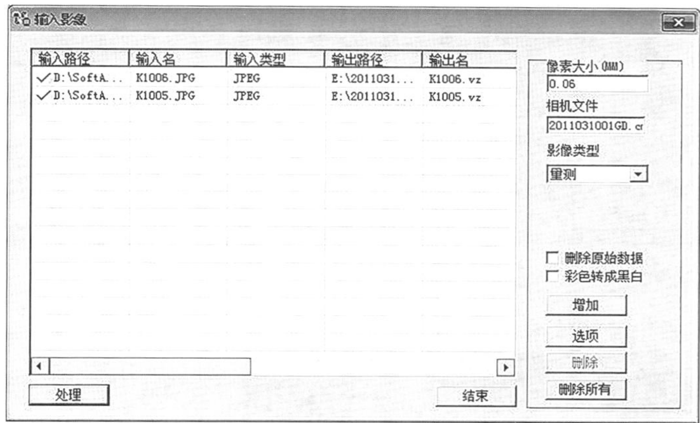

图 8-67 引入影像

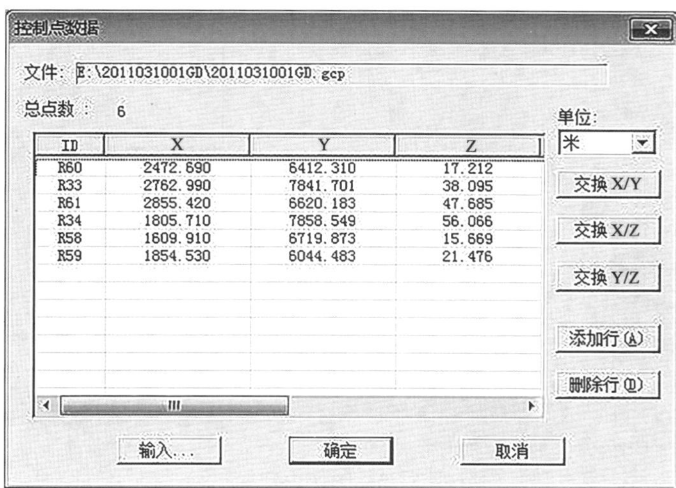

图 8-68 设置控制点

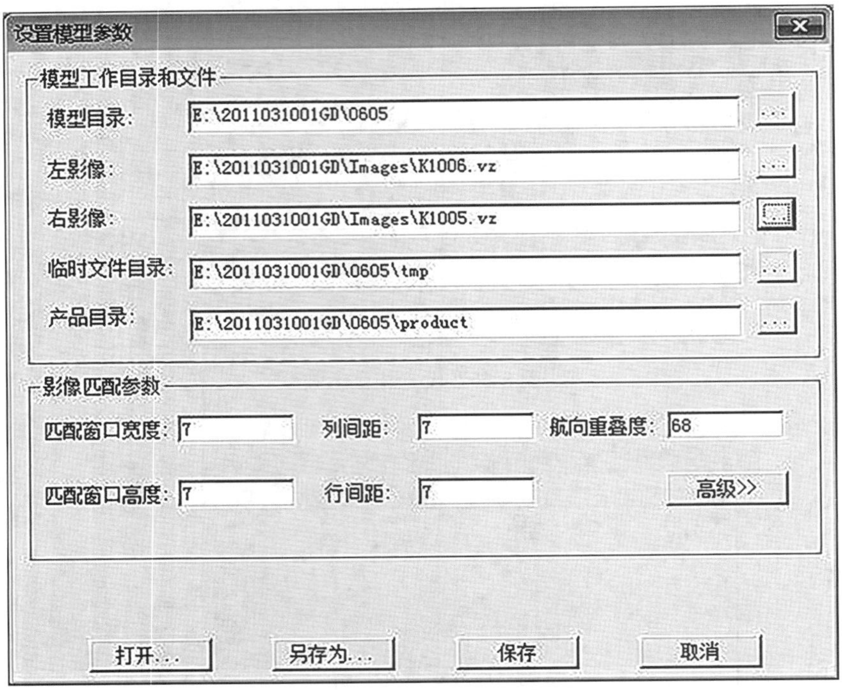

设置模型参数
模型工作目录和文件
模型目录:
E:\2011031001GD\0605
左影像:
E:\2011031001GD\Images\K1006.vz
右影像:
E:\2011031001GD\Images\K1005.vz
临时文件目录:
E:\2011031001GD\0605\tmp
产品目录:
E:\2011031001GD\0605\product
影像匹配参数
匹配窗口宽度: 7
列间距: 7
航向重叠度: 68
匹配窗口高度: 7
行间距: 7
高级>>
打开...
另存为...
保存
取消

图 8-69　新建模型

K1006.vz
2
3
1
4
大概
保存退出
退出
IO 参数显示 / 修改
NO X Y dX dY
1: 161.833 123.750 -0.0196 -0.0376
2: 156.300 3659.357 0.0196 0.0376
3: 3689.000 3664.000 -0.0196 -0.0376
4: 3696.000 131.000 0.0196 0.0375
内定向参数:
Xo= 1925.808 Yo= 1894.569
0.999950 0.001726
-0.001687 0.999727
MX = 0.0196(mm) MY = 0.0376(mm)
自动
手动
左
右
上
下

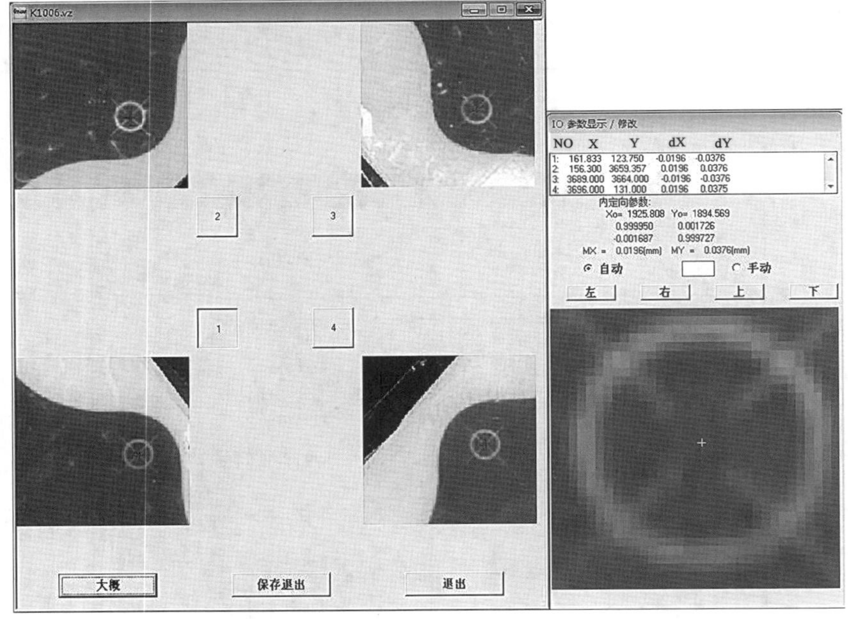

图 8-70　影像内定向

图 8-71 相对定向和绝对定向

图 8-72 核线范围及生成核线影像

图 8-73　调绘片

内业测图时需要参考调绘片对目标分类属性进行判别，测图过程中通常将所测的目标分为两大类：一类是地物采集，也就是所有人为目标的采集，如道路、房屋、电线、各种田地、树木等，另一类是地貌采集，主要是等高线、地形断裂区、高程点、江、河、湖、海等。

除地物和地貌分类外，测绘界将所有测量对象进行了分类编码，每一类对象都有唯一的编码，这样只要输入编码就可以将测量的目标类别定下来，在绘制、出版、入库等工序中都可以用分类编码来区分测量对象。在我国，分类码经过了好几个版本，早期(大概在2000 年前)用的是 4 位码，一共分 9 大类，分类码范围就是 1000～9999，4 位码的首位就是大类码，然后是子类码，直到编完 4 位码。典型 4 位码举例如下：一般房屋是 2110，首曲线是 8110，大车路 4110 等。随着测绘精细化程度的提高，4 位码已经明显不够用，国家测绘局标准化中心将编码升级到 5 位码，后来又升级为 6 位，最近使用的是 7 位码，估计以后还会升级。

地貌测量中，等高线的测量是非常有专业特点的一种测量方式。普通地物测量就是简单地看到什么跟着描就可以，但是等高线不能跟着描，因为等高线上所有点必须高程一致，靠眼睛观测通过手绘相同高程几乎是不可能的。为此，我们测量界的先驱们总结了一个非常巧妙的方法，那就是物方测图。物方测图的本质是测图的视点(当前目标点)在物方空间移动，而立体显示出来的仅仅是视点移动的投影。这种情况下，左右移动鼠标，立体环境中的测标有可能不是在左右移动而是在上下移动，例如我们定义左右移动鼠标在物方是减增 X 坐标，往左移动一格鼠标 X 坐标减小一个单位，往右移动一格鼠标 X 坐标增大一个单位，假设一个单位预定义为 1m，则左右移动鼠标，物方测标的 X 就移动，而此时若影像水平方向不与地面位置 X 一致，那么左右移动鼠标测标就不会左右移动，而是按实际地面位置显示在立体中。此外由于鼠标移动一个单位的距离也不一定刚好是一个像素，因此也有可能出现测标移动与鼠标移动不匹配的问题。为改善鼠标与测标的移动不一致等问题，软件也做了一下改善，如根据影像为地理位置对移动方向做了反射变化调整，这样尽量让鼠标移动与立体中测标移动接近。物方测图的最大优势在于可以独立控制某个方向的移动量，例如我们限制 X 方向移动，则测量结果就是只有 Y 和 Z 方向的投影数据(如电力线的平断面图)，如果限制 Z 方向移动，则测量结果就是高程完全相等的等高数据，也就是等高线，因此物方测图是等高线测量的关键。

为更准确和更方便地独立移动 X、Y、Z 三个坐标值，专业测图时需要用手轮脚盘设备或者三维鼠标设备，如图 8-74 所示。手轮脚盘设备或者三维鼠标设备将输入的三个独立数据量与 X、Y、Z 坐标对应，手轮脚盘的三个轮子就对应 X、Y、Z，三维鼠标比普通鼠标要大，左右移动对应 X，上下移动对应 Y，而中间滑轮轮子对应 Z。用手轮脚盘设备或者三维鼠标设备测图时，X、Y、Z 三个分量是独立输入的，更方便于控制。此外他们的三个分量的分辨率也很高，例如手轮脚盘设备旋转一周时输入的坐标阶数为 2000 个，这样每个阶数可以对应很小的数字，也就是 X、Y、Z 的增减量都非常小，作业精度就会提高。

VirtuoZo 的立体测图模块启动方式有两种，一种是在 VirtuoZo 的“DLG 生产”菜单中选择“IGS 立体测图”，另外一种是直接在 VirtuoZo 安装目录下(默认安装目录是 C:\VirtuoZoEdu\Bin\)运行“Igs1.exe”。进入 Igs 立体测图模块后，首先是新建一个矢量文件(.xyz 文件)，这个文件是保存测量结果的。在新建 xyz 测图文件时，系统会提示要求输入图幅坐标，如图 8-75 所示。在生产单位，每一幅图都有已知的四角坐标，按已知坐标输入即可，如果不知道坐标可以不输入，在打开模型后设置立体模型的边界作为本次测图的图幅坐标就可以，这里需要特别提醒，如果没有设置图幅坐标，在立体模型中无法对测量的结果进行编辑处理(删除、选择等操作)。

新建了测图矢量文件后，就可以在 Igs 菜单中选择加载立体模型，打开定好向并生成核线的立体模型开始测量了。立体测图的基本操作是：鼠标左键输入(或称确认)，鼠标右键结束(或称放弃)，在空状态按鼠标右键是在编辑和输入间交换状态，鼠标滑轮是调整测标高程(如果在菜单中取消了鼠标滚轮调高程则鼠标滑轮调高程失效)。航空摄影测量是在空中对目标进行测量，因此立体测图中主要测量顶部，不测量底部，采集目标的外轮廓，例如房屋要测量的是外框，人字形房屋测量 4 个角点即可，中间的屋脊一般不测量。碰到多个房屋挨在一起，一般需要一栋一栋的测量。碰到房上有房即有裙楼和主楼，通常测量外围的裙楼。地物采集通常是不能进行压盖测量的，就是一个目标压住另一个目标或者一个目标包含了另一个目标，压盖测量的结果有歧义，会导致 GIS 分析时无法正确

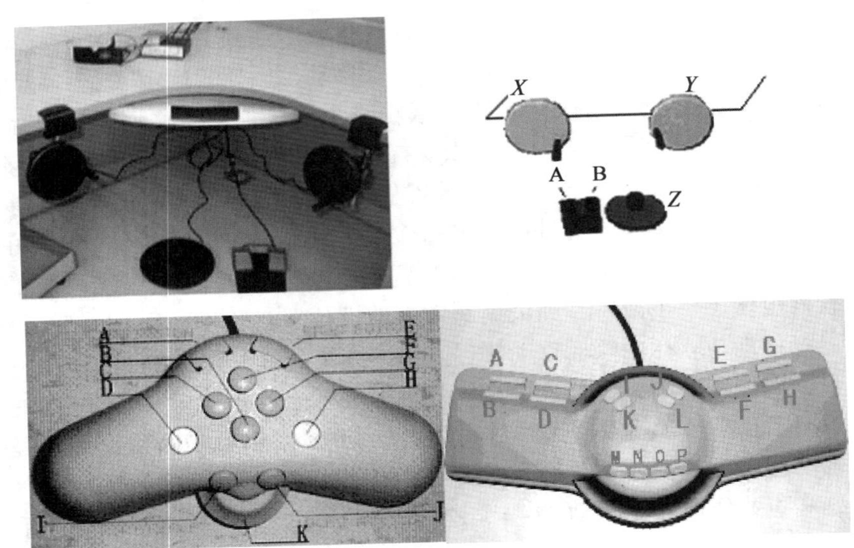

图 8-74　手轮脚盘和三维鼠标设备

地图参数

地图比例尺：1000

高度的十进制小数位数：1

徒手操作容差：0.1

地图坐标框：

Xtl	0.000	Ytl	768.000	Xtr	1024.000	Ytr	768.000
Xbl	0.000	Ybl	0.000	Xbr	1024.000	Ybr	0.000

引入地图参数　引自地图图号　保存　取消

图 8-75　图幅坐标输入

判断这个位置到底是什么地物。立体采集界面如图 8-76 所示。线状地面可以分段测量，无需整个目标一个地物，例如等高线可以是一段一段组成的，现在的编图软件可实现线状地物自动合并，有的甚至可以实现面状地物的自动合并，这个给测图工作带来了极大的便利。

采集与编辑是立体测图的两个大状态，在空状态按鼠标右键可以在编辑和采集间交换状态。在编辑状态下可以通过鼠标左键拉矩形选择目标，选中了多个目标只支持删除，若要编辑目标上的点，必须先选择一个目标，然后再选择编辑的点，移动鼠标进行修改目标上的单点。

图 8-76 立体采集界面

通常情况下，用单线就可以测量出目标，但对于由平行双线组成的目标例如等级公路，此时可以用单线加宽度的方式测量。测量操作为先测量任意一条边然后按右键结束，此时系统会弹出对话框要求输入宽度，如图 8-77 所示，如果知道宽度直接用键盘输入，如果不清楚宽度则可以用鼠标点击平行地物的对面边上一个点，系统会自动计算出宽度。

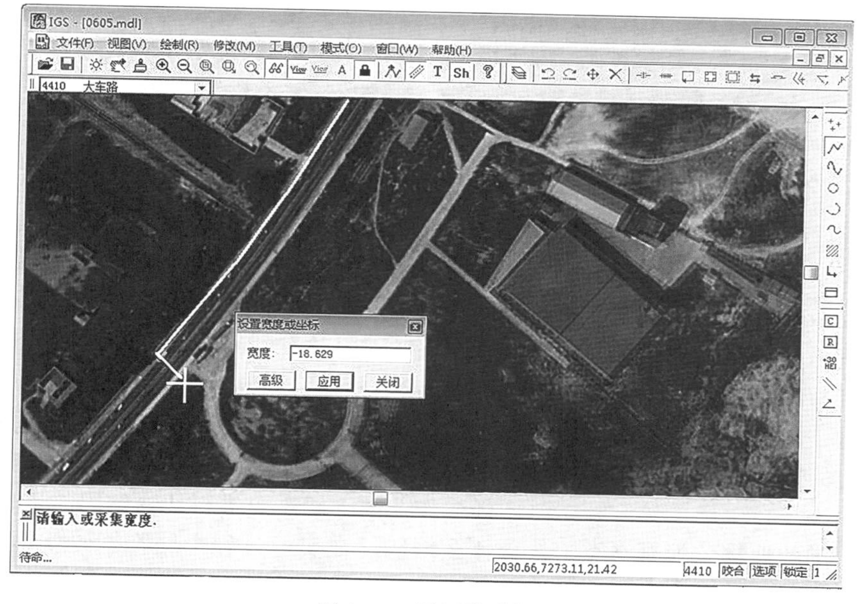

图 8-77 平行线采集

除平行双线目标外，还有一类目标也是双线(或多线)组成，但是不相互平行，例如边坡，边坡由两条线构成，一条是基线，另一条是范围线，测量时需要先测量基线，然后按鼠标右键，此时测量过程不会结束，因此需要继续测量另外一条范围线，范围线测量完成后，再点击鼠标右键，此时测量过程结束。

除普通线状地物外还有面状地物，面状地物一般需要闭合功能，即最后一点与开始点连接形成闭合区域。常见的面状地物包括房子、田块、街区、各种地块等，其实在测量中大多地物是面状地物，因此闭合功能也是比较常用的功能，对于面状地物，采集过程中没有闭合，可以使用编辑的闭合功能进行闭合，同样如果将线状地物采集为面状，只需在编辑中再次选择闭合就会解除闭合。

一些非常有规则的目标，立体直角房屋，就需要自动直角化功能，自动直角化就是在测量完目标后对数据进行微小的更正，使相互垂直的边强制改为数学意义上的垂直，相互垂直的边角度是 90°。这里特别提醒，自动直角化是做微小调整，如果测量中输入的边相互差异很大，如夹角是 80°，系统不会做任何修改，只有接近 90°(如 85~95°)才会自动修正，如图 8-78 所示。

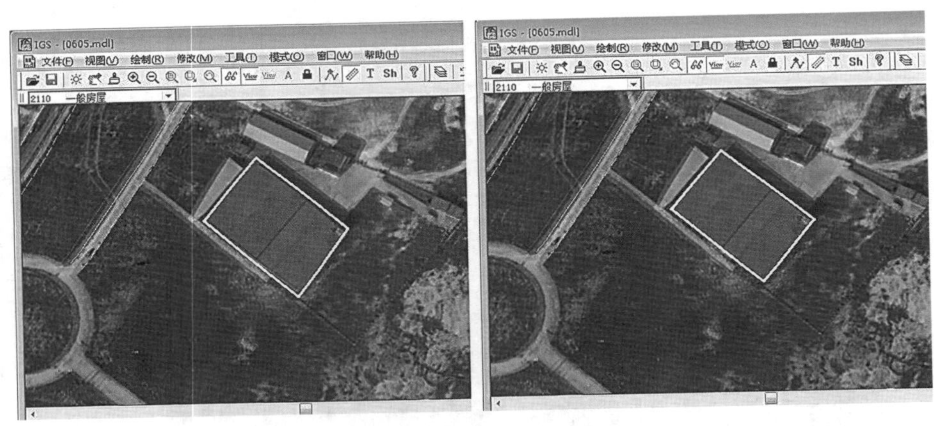

图 8-78　自动直角化修改效果对比

在测量过程中，精度永远是第一位的。因此在测图作业过程中，每测量一个点都需要认真地在立体环境中切准目标，千万不能想当然地作业，例如一栋房子切准了一个点后就不再调整视差或高程而直接测量剩下的点，这个是绝对不允许的，也是完全错误的作业方法。每测量一个点都需要认真观测，以立体环境下眼睛看到的为准，仔细调整测标位置丝毫不差地测量出目标。

每测量一个地物都需要先指定地物类别，地物类别的选择在 VirtuoZo 立体测图中是选择工具条上的“SH”按钮，系统弹出地物类别选择对话框，如图 8-79 所示，在对话框中寻找目标的编码。在生产单位，开始测图任务作业前一般需要进行地物编码的培训，主要告诉大家什么样的地物分为哪一类，选择什么编码。在实习过程中地物编码就不那么严格，只要选择了相似的编码都会判为正确，例如一栋房子选择了一般房屋还是带晕线的房屋都判为正确，一条公路无论选择一级公路还是二级公路都判为正确。如果正在采集过程中分错了地物类别，在编辑中也可以通过修改地面编码实现重新分类。每次量测地面目标都需要选择正确的分类码，VirtuoZo 立体测图中，选择了分类码后测量的所有地物都属于这个分类码，直到选择新的分类码。

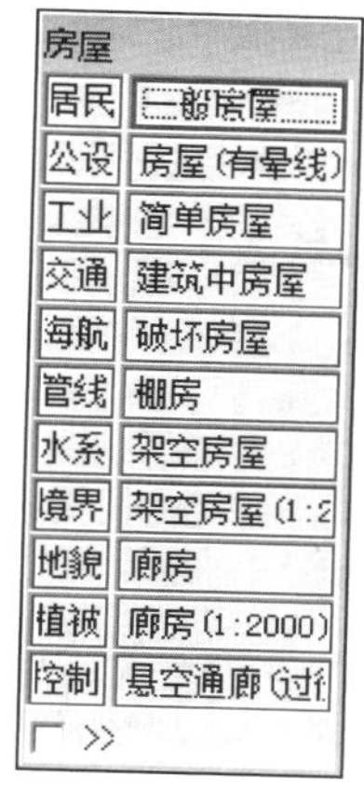

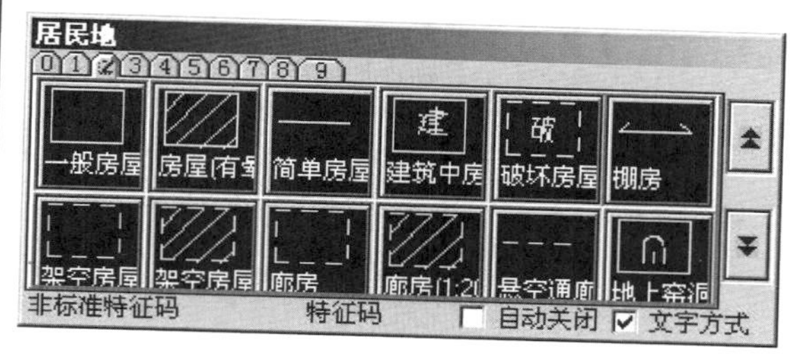

图 8-79　分类码选择界面

地貌测量主要是等高线和高程点。等高线是非常有挑战性的一类测量，因为测绘中的等高线不仅仅是高度相等点的连线，等高线还是一个能表现地貌特点的曲线，例如云贵高原的等高线要反映出喀斯特地貌的特点，等高线需要有棱有角。而黄土高原的等高线需要表现出风化地面的特点，需要平缓光滑。此外等高线还需要表现出一定的艺术效果，使等高线的阅读者感觉非常漂亮，为此等高线需要做适当的夸张，因此等高线的测绘是相当有挑战性的工作。目前 1 : 10000 比例尺的等高线合格作业人员需要 3 年左右的培养期，而 1 : 50000 比例尺的合格作业人员的培养期至少也要 5 年。等高线的绘制一般不能用鼠标作业，需要手轮脚盘或者三维鼠标才可以进行。绘制等高线时，首先需要启动物方测图模式，指定一个高程并锁定高程(按工具条上的小锁按钮)使测标在这个高程面上移动，然后在立体环境中观测测标与地形的交点，找到第一个交点后就沿着交点并保持与地形相交不断地移动测标，最终回到这个起点(或者影像边缘)，完成一根等高线的绘制。其实与其说是绘制等高线，还不如说是寻找等高线，因为等高线不是绘制才有，它一直在那里，我们只是将其找出来而已。等高线有一些特点可以帮助我们判断所绘制的等高线是否正确。所有等高线是闭合曲线，不存在不闭合的等高线，也不存在相互交叉的等高线。等高线是等高距的整数倍，例如，5 米等高线只可能是 5 的整数倍如 20 米、25 米、30 米等，而不会出现 2 米、2.1 米之类的等高线。实际作业中有些情况下会有半个等高距的辅助等高线，这是因为这些区域地形复杂，按正常等高距绘制等高线太疏，就加了辅助等高线，如图 8-80 所示。因此对于同一个地形，所有作业人员绘制的等高线应该非常类似、非常接近，不会出现张三绘制的等高线和李四绘制的等高线完全不一样的现象。也正因为如此，全国的等高线图是自然拼合的，也就是说任意两幅等高线图放到一起都是可以相互拼合的，拼接的地方只会出现微小且在精度范围内的差异。

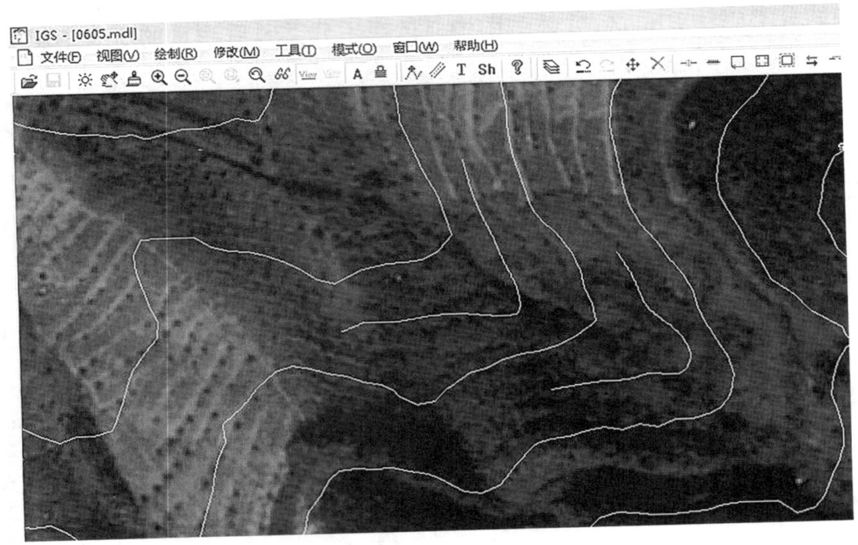

图 8-80 辅助等高线

绘制等高线时，还有一个非常重要的特点，等高线永远出现在不平坦的地方(或者说不等高的地方)，一个足球场上是不可能有等高线的，等高线的两侧肯定不等高，因此等高线的绘制肯定是在山坡面上进行，在平坦的地面上是不可能有等高线的。有的等高线位于茂密森林(或植被)覆盖的山上，此时需要估算树林或植被的高度，然后适当地将等高线下压树高才能绘制正确高度。

高程点的测量就比等高线简单很多，测量时选择分类码为一般高程点，然后在立体模型中按一定的间隔，呈梅花状随机测量一些高程点，高程点的高度会自动标注出来。

立体测图的目标和任务是测量全要素图。全要素图就是将看到的立体影像中所有目标都要描绘出来，如房屋、道路、地块、树木、森林，而且地物间要相互完全接上，如房屋与道路间有街区接上。绝不允许出现两个类别中间没有测量，存在地图空洞，这种情况就是漏测，需要补测，当然也不能无中生有或有地物却不测量。总之 DLG 的测量是非常艰苦的，需要作业人员非常认真和仔细。

测量完几何坐标形状后，还需要在一些位置添加文字标注，例如在房屋上标注“砖 2”“混 3”，道路上也要标注道路名称如“北京路”，江、河、湖中也要标注名称如“长江”“黄河”“洞庭湖”等。文字标注的添加在 VirtuoZo 立体测图中通过添加注记功能进行。在工具条上选择“T”按钮，系统弹出输入文字的对话框，如图 8-81 所示，在对话框中输入文件名，然后在目标位置点鼠标即可加入文字。

立体测图完成后，一般还要进行外业补绘，也就是对在内业中不能确认的地方进行实地考察，然后在图上补充完整，例如有些地块分不清到底是什么类型、有些房屋分不清楚是属于一栋还是两栋。补绘完成后就可以正式提交出版和入库，自此 DLG 的生产就全部结束，本例数据做的 DLG 成果如图 8-82 所示。

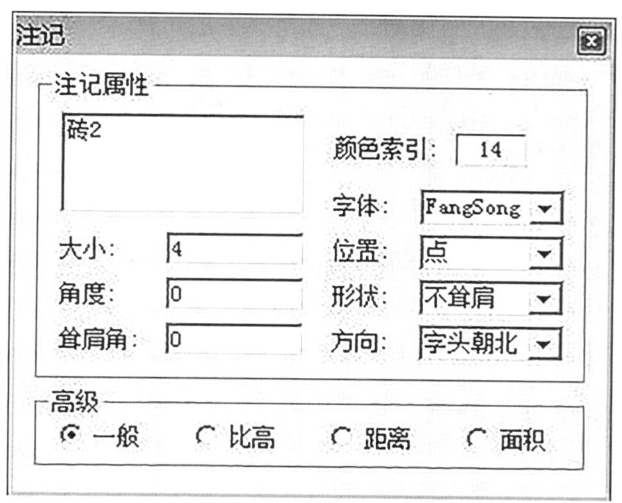

图 8-81 文字注记输入

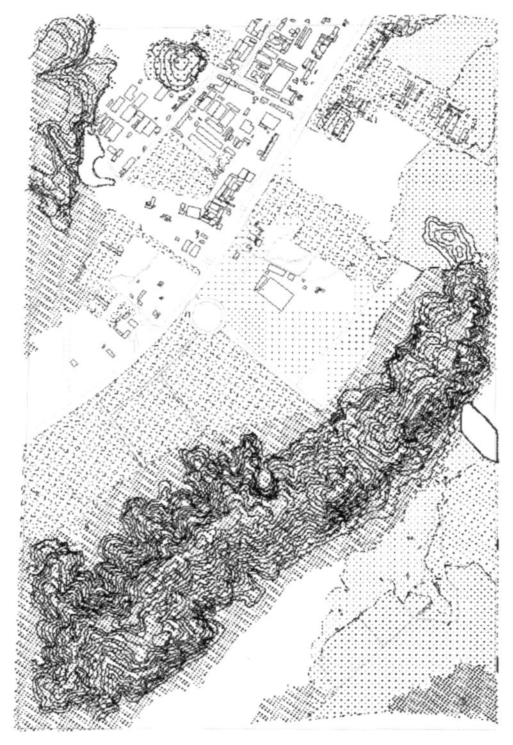

图 8-82 本例数据 DLG 成果图

本节操作步骤的难点和要点:

①理解恢复立体模型的意义和操作方法。

②理解调绘片的作用，掌握解读调绘片的基本方法。

③理解立体观测的原理，掌握立体观测的技巧，双眼凝视目标慢慢感受，然后再逐步扩大视差，对于视差变化大的区域，通过调整视差改善立体观测舒适度。

④理解地物分类原理和编码基本规则，掌握常用地物分类码。

⑤理解各类地物立体采集原理，掌握基本立体采集方法，点、线、面采集、平行线采集、直角化采集、闭合操作等。

⑥理解物方测图原理，掌握等高线采集的原理和操作方法。

⑦掌握文字注记的采集方法、一般高程点采集方法。

⑧理解全要素图的意义、掌握判断 DLG 是否完整的方法。

8.2.7　综合生产总结报告样例

《摄影测量综合生产》

实 习 报 告

学　　院：________________

班　　级：________________

学　　号：________________

姓　　名：________________

实习地点：________________

指导教师：________________

年　月　日

目　　录

一、实习目的

本次实习是对所学专业知识的一次综合应用，是将理论知识与实际生产相结合的过程。通过实习全面了解 4D 产品的生产规范，实际上机动手实践操作，并生产出符合规范要求的 4D 产品成果。

本次实习基于全数字摄影测量系统 VirtuoZo 软件平台，制作数字高程模型 DEM、数字正射影像 DOM、数字线划图 DLG 等数字产品。通过对 VirtuoZo 的应用实习，熟悉摄影测量系统的基本功能及操作特点，最终掌握 4D 产品制作过程。

二、实习内容

1. 生产概述

- **4D 的定义**[1][2][3]

4D 产品为四种数字测绘产品（DEM、DOM、DRG、DLG）的统称，是我国空间数据基础设施的框架数据。具体分别为数字高程模型 DEM（Digital Elevation Model）、数字正射影像图 DOM（Digital Orthophoto Map）、数字线划地图 DLG（Digital Elevation Model）和数字栅格地图 DRG（Digital Raster Graphic）。

数字高程模型 DEM 是描述地表起伏形态特征的空间数据模型，由地面规则格网点的高程值构成的矩阵，形成栅格结构数据集。DEM 是区域地形的数字表示，为数字地形模型 DTM（Digital Terrain Model）的一个分支。DEM 有多种表现形式，主要分为规则格网 GRID 和不规则三角网 TIN 两种。

数字正射影像图 DOM 是利用 DEM 对扫描处理的数字化的航空航天像片，经数字微分纠正、影像镶嵌，根据图幅范围剪裁生成的数字正射影像数据集。它是同时具有地图几何精度和影像特征的图像，精度高、信息丰富、直观逼真、获取快捷等优点。

数字线划地图 DLG 是地形图上现有核心要素信息的矢量格式数据集。其内容包括行政界线、地名、水系及水利设施工程、交通网和地图数学基础。分别采用点、线、面描述各要素几何特征和空间关系，并保存相关的属性信息以全面地描述地表目标，分成若干数据层，能满足地理信息分析要求。

数字栅格地图 DRG 是对现有纸质地形图由计算机经过扫描和处理形成的栅格数据集，是模拟产品向数字产品过渡的中间产品。每幅扫描图像经几何纠正、色彩校正，使其色彩基本一致；并进行了数据压缩处理，有效使用存储空间。数字栅格地图在内容上、几何精度和色彩上与国家基本比例尺地形图保持一致，一般用作背景参照图像，与其他空间信息相关。

- **4D 产品生产**[4]

数字高程模型 DEM 的生产方法主要有地面测量法、现有地图数字化法、GPS 采集法和摄影测量方法等。其中主要是用数字摄影测量方法，这是目前 DEM 数据采集最常用最有效的方法之一。数字摄影测量方法利用附有的自动记录装置的立体测图仪或立体坐标仪、解析测图仪及数字摄影测量系统，进行人工、半自动或全自动的量测来获取数据。

数字正射影像图 DOM 的制作可按影像类型进行划分，对于航空像片，利用全数字摄影测量系统，恢复航摄时的摄影姿态，建立立体模型，在系统中对 DEM 进行检测、编辑和生成，最后制作出精度较高的 DOM；对于卫星影像数据，则可利用已有 DEM 数据，通过单片数字微分纠正生成 DOM 数据。

数字线划地图 DLG 的生产方法有平板仪测量、全野外数字测量、GPS 测量、地图数字化和摄影测量，目前应用较多的为摄影测量采集方式，摄影测量经历了模拟摄影测量和解析摄影测量阶段，现已进入数字摄影测量阶段。

数字栅格地图 DRG 通过一张纸质或其他质地的模拟地形图，由扫描仪扫描生成二维阵列影像，同时对每一系统的灰度或分色进行量化，再经二值化处理、图形定向、几何校正即形成一幅数字栅格地图，需做图形扫描、图幅定向、几何校正、色彩纠正等四个步骤。

长期以来，摄影测量在基本比例尺测图生产中占据着非常重要的位置，特别是发展到今天的数字摄影测量阶段，摄影测量以其高效快速、生成数据产品齐全而发挥着其他测量手段无法比拟的作用。

- **4D 产品应用**[1][4]

4D 产品作为国家基础地理空间框架数据的主产品形式，已经被相关行业所确认，并制定了相应的国家空间数据交换标准。该产品将逐步替换传统的纸质线划地形图，可广泛应用于农业发展和耕地保护、精细农业、防灾减灾、城乡建设和环境保护、重大基本建设工程、林业防护、交通指挥、土地规划利用和国土资源勘察等领域。

数字高程模型 DEM 的应用十分广泛，在测绘上可用于绘制等高线、坡度坡向图、立体透视图等图解产品，生成正射影像、立体景观图、立体地图修测和地图的修测等地图产品；在工程项目中，可用于计算面积、体积，制作各种剖面图和进行线路的设计；在军事上，可用于飞行体的导航、通信、战略计划等；在环境与规划方面，可用于土地利用现状分析、规划设计和水灾险情预测等。

数字正射影像 DOM 可作为背景控制信息，评价其他数据的精度、现势性和完整性。在城市规划管理中广泛应用于城市规划设计、交通规划设计、城市绿化覆盖率调查、城市建成区发展调查、风景名胜区规划、城市发展与生态环境调查与可持续发展研究等诸多方面，取得了显著的社会与经济效益。

数字栅格地图 DRG 可作为背景用于数据参照或修测其他地理相关信息，应用于数字线划图的数据采集、评价和更新，还可与 DOM、DEM 等数据集成使用，派生出新的可视信息，从而提取、更新地图数据，绘制纸质地图和作新的地图归档形式。

数字线划地图 DLG 作为矢量数据集，能满足各种空间分析要求，可随机地进行数据选取和显示，与其他信息叠加，主要供地理信息系统作空间检索、空间分析之用。其中部分地形核心要素可作为数字正射影像地形图中的线划地形要素。

- **主要参考文献**

[1]钟美，徐德军，杨国东. 4D 产品质量的模糊综合评价[J]. 四川测绘，2005，28(3)：

109-113.
[2]周航宇，刘杰锋，朱道璋．鄱阳湖数字 4D 产品生产与应用[J]．江西水利科技，2008，34(002)：108-111.
[3]张琳．浅谈 4D 的生产及质量控制[J]．内蒙古电大学刊，2008(008)：61-62.
[4]殷年．4D 产品与 GIS 应用[J]．安徽地质，2002，3：012.

2. 参观实习

- **主要内容**

参观实习主要是了解实际生产过程中 4D 产品的制作流程，可分为两部分，一是了解湖北省测绘局航测院的基本情况，二是实践操作 DLG 产品的作业实习，进行数据采集和编辑。

第一次实习为集体实习，我们首先在会议室聆听了相关的介绍，工作人员从航测院业务介绍，到 4D 产品生产流程，再到目前项目状况，都详细地讲解了一番，并认真回答了我们的问题；随后参观了航测院的精测室，试用了立体眼镜和手轮、脚轮，并初步认识了他们的工作环境。

第二次实习是分组实习，各小组自行去测绘局进行 DLG 采集和编辑实习。首先由指导老师对作业区域、作业要求和有关注意事项进行了细致的讲解，并进行了操作示范；然后是个人上机操作，采集完特定区域的地物类别后，由指导老师进行检查，并提出提高建议。

- **实习感想**

(1)参观实习

通过测绘局有关工作人员的介绍和基本讲解，我们对航测生产应用和行业项目有了一定的了解和认识，拓宽了我们对行业的认知，也更贴近了行业实际现状。而经过实地体验和介绍说明，我们对各部门实际工作和职责范围有了更明确的认识，同时与工作人员的交流，也让我们对未来的测绘行业工作，有了一个更为具体而清晰的印象。

在参观过程中，令我吃惊的是手轮和脚轮的广泛使用。一直以来我就认定它们是很古老的仪器设备，老师们也提及过它们被淘汰的事实。但在一番演示之后，我们也明显感受到了手轮和脚轮在采集数据时的明显优越性。工作人员也将其和鼠标进行多方面比较，令我们深深认识到实际生产过程中，仪器操作对于精度的重要影响。

当然，我们也感觉到了这类工作十分繁琐和困难，要达到精度必然要有熟练准确的操作。当我们问及工作经验和技巧时，工作人员直言要多训练多锻炼，一切熟能生巧，大家最后都能做到的。

(2)采集实践

这次实际操作采集 DLG 数据的经验，加之同学的实时纠正参考和指导老师的详细指导，让我对自己的立体观测有了很大的修正，并学得了很多操作技巧，收获超过了我的预期。指导老师的耐心和负责，也给我们留下了很好的印象。

测绘局的仪器设备较好，立体感更强，软件更人性化，功能十分完善，操作得心应手。手轮和脚轮的操作，虽然比较古老，但却是目前实际生产中经常采用的作业方式，据说其精度最高。之前觉得难以理解的事，经过这一实际操作实习，更觉得很明显了。不过人工工作量实在太大了，在精度要求高的时候，其工作强度就更大了，一想到测绘行业的很多产品，都是这样一点一点生产出来的，不由得对测绘工作者肃然起敬了。

同时相较于他们的熟练，我真的是很理解熟能生巧这句话了。确实是需要不断的练习和修正，才能真的完全掌握作业过程。虽然未来我们可能不会都从事这方面的工作，但是为得到对行业生产的全局理解，这些基础的作业还是很有必要了解的。

工作人员对我们的问题回答得十分有耐心，工作心态都很平和也很端正，这是我预先没有料想到的。对比着在我们为一点的返工重做抱怨时，如果能设想下他们的处境，可能就不会有这样大的怨言了。有时候我们真的要平心静气，经得住各种过程，耐得住各种考验，不断提高自己的专业技能，才能真的学有所成。

3. 生产流程

- **总体流程图**

本次实习使用全数字摄影测量工作站生产，基于 VirtuoZo 软件平台程序，其总体生产流程如图 1 所示：

- **具体操作**

建立测区：输入测区的相应参数(给出测区路径及测区名称、控制点文件路径及文件名、加密点文件路径及文件名、相机参数文件路径及文件名等)；

引入扫描影像：将扫描后的影像转化为 VZ 格式的影像数据；

建立控制点文件：将该测区已知的地面控制点坐标输入相应的控制点文件中；

建立相机参数文件：将相机参数输入相应的文件中保存；

单模型处理：新建模型，左右影像内定向、模型相对定向、绝对定向、生成核线影像；

影像匹配及匹配结果的编辑；

生成 DEM、单模型正射影像(DOM)、等高线影像及叠合影像；

数字测图，采集 DLG 数据；

多模型拼接及成果输出；

按图幅范围拼接 DEM、输出拼接(或裁切)后的成果；

按图幅范围拼接正射影像(DOM)、输出拼接(或裁切)后的成果；

采集矢量数据(DLG)、检查 DLG、输出 DLG 地图。

4. DEM&DOM 生产

- **实习操作**

DEM 生产

模型定向：创建新测区和模型→内定向→自动相对定向→绝对定向；

匹配编辑：生成核线影像→影像匹配→匹配结果编辑→单模型 DEM→DEM 编辑；

DEM 拼接：设置拼接参数→DEM 拼接→拼接精度检查。

DOM 生产

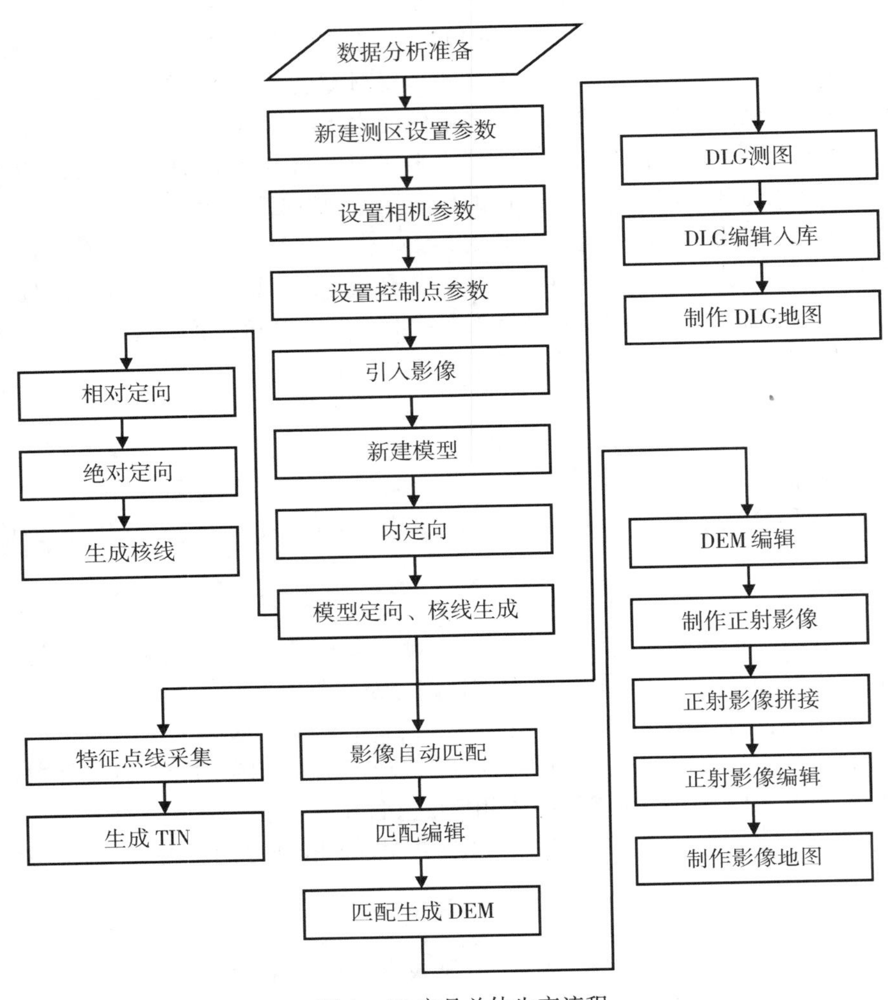

图 1　4D 产品总体生产流程

DOM 拼接：生成单模型正射影像→编辑拼接线→影像拼接→影像编辑；

影像地图：设置图幅图廓参数→生成正射影像地图→地图显示。

● **测区数据**

Hammer 数据

测区分析：Hammer 测区为一矿区，一半较平缓，分布着工业区和居民区，覆盖着一定的植被；一半是环形山地，植被较少，有明显的盘山公路，山势较陡。

资料分析：扫描影像像素大小为 0.0445mm，摄影比例尺为 1∶15000，有 2 条航带，每条航带 3 张航片，总共 6 张航片，重叠度为 65%，航片的清晰度较好。

Color 数据

测区分析：Color 测区为丘陵山区，覆盖植被较多，山体比较平缓。

资料分析：扫描影像像素大小为 0.1mm，摄影比例尺为 1∶15000，有 1 条航带，共 2

张像片组成单模型，重叠度为60%，航片的清晰度较好。

● 生产分析

精度，对两个测区生产的DEM&DOM产品精度表格如表1、表2所示：

表1 **Hammer 数据具体定向精度**

精度项目＼模型名称		156155	157156	164165	165166
内定向	左 M_x, M_y	0.001,0.002	0.002,0.001	0.002,0.001	0.001,0.001
	右 M_x, M_y	0.001,0.001	0.001,0.002	0.001,0.001	0.001,0.001
相对定向 M_q		0.006	0.006	0.007	0.006
绝对定向 M_{xy}, M_z		0.164,0.184	0.276,0.165	0.182,0.136	0.216,0.166

表2 **DEM&DOM 生产数据精度**

项目＼数据	生产要求	Hammer 数据	Color 数
内定向	M_{xy}<0.005mm	0.002,0.001	0.003,0.003
相对定向	各点 M_{xy}<0.020mm； 总体 M_{xy}<0.010mm；	0.006	0.01
绝对定向	各点 M_{xyz}<0.3m； 总体 M_{xyz}<0.3mm；	0.210 0.162	0.352 0.188
DEM 检查	RMS<0.5m	0.518	2.701
DEM 拼接	RMS<2.0m， 3σ<1%	1.73 0.918%	无
DOM 精度	RMS<1m	$D_X=0.686, D_Y=0.467$, $D_{XY}=0.830$	无

Hammer 数据处理是此次实习的重点内容，也实现了比较完整的作业流程，并得到了多样化的产品，如DEM、TIN、DOM等产品。Hammer 测区影像清晰，定向实现容易，但由于测区部分地形变化较大，DEM 编辑还是存在一定的难度。

而通过以上表格可知，Hammer 数据总体精度很好，各项精度皆符合要求。只有 DEM 检查没能达到0.5m的要求，可能是在拼接的陡坎区域，还是存在不一致。DEM 拼接精度也还有待提高，要对主要影响区域再作修正。

Color 数据为练习数据，单模型数据处理较为简单，但是由于影像本身质量原因，相较于 Hammer 数据，影像处理较为困难，各项精度相对较低。

定向过程中，因测标不够清晰且比对不好，内定向对准困难，难以达到精度要求，部分十字未完全对合其中心；直接相对定向过程，也存在很多误差较大的匹配点；绝对定向更是难以调整，已知标定点难定位和配对，只能上下微调。

DEM 编辑，对明显错误区域进行了平滑等简单处理，因高程变化不明显，未经过特征线编辑，结果导致检查精度不高，有待提升。

- **生产成果**

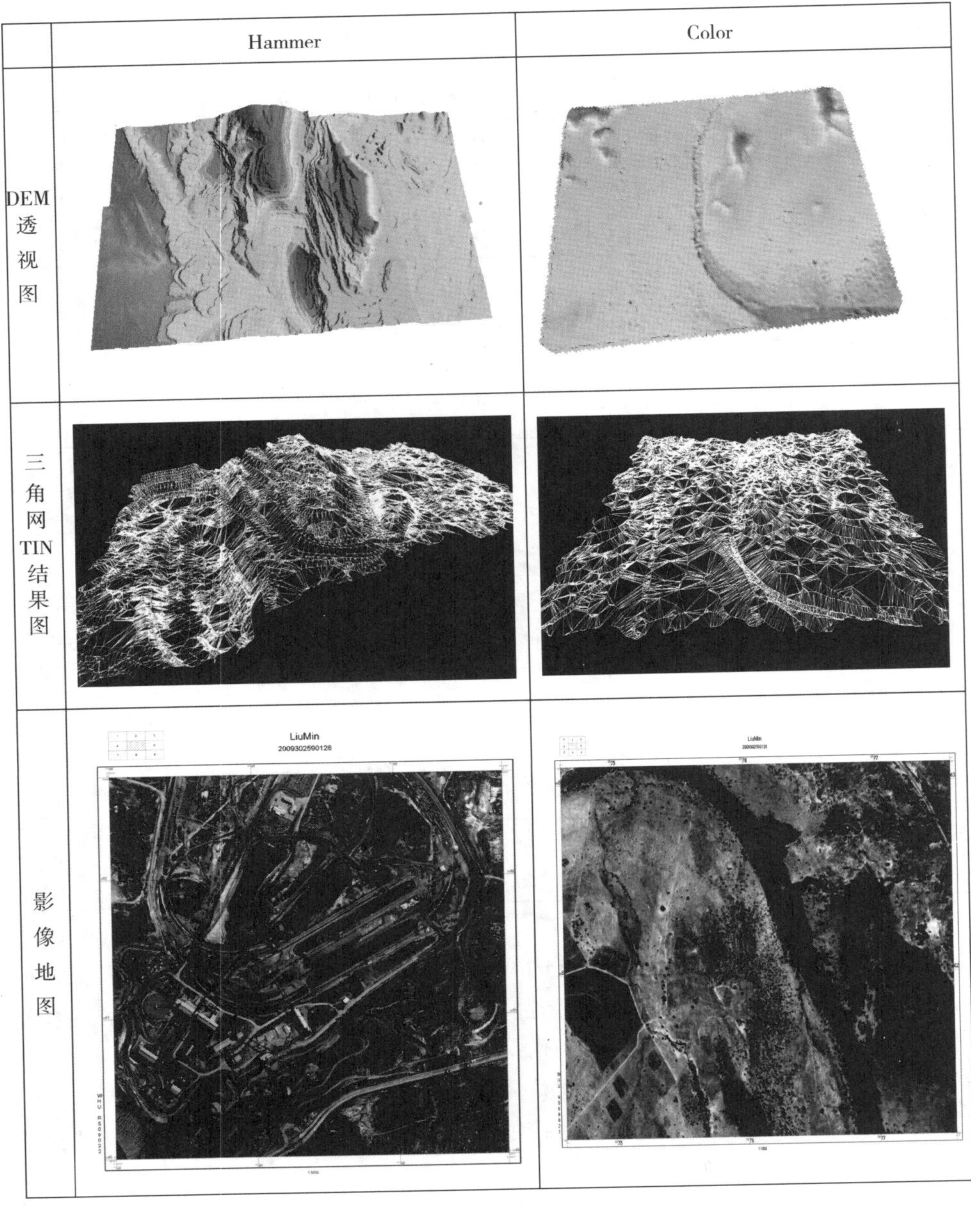

图 2　DEM&DOM 成果图

5. DLG 生产

- **实习操作**

新建测图文件，加载相关立体模型；

确定采集地物，进行立体观测，分层编辑地物；

滚轮调高程模式，采集各类地物；物方测图模式，采集等高线。

0506 练习作业：0506 数据为城市边郊地带，地物类型丰富，对此进行数据初步采集练习。通过对不同地物的采集，初步掌握了各种绘制工具、采集编辑和图层控制等，并绘制了一定范围内的典型地物。但是立体观测还是不确定，对地物鼠标贴合程度还是没有比较好的把握，只好反复上下试探。但房屋咬合部分没有完全实现，存在重叠错位现象。

咸宁测区生产：咸宁测区的影像数据为 jpg 格式直接导入，已经完成定向成果，可直接建立模型和测区，比较简便。我们班所分得测区内地物类型众多，有山体起伏，需绘制较多等高线；且房屋分布密集，形式较为多样化，林地耕地类型也要标以边界。测区内主要采集地物包括房屋、交通、植被、耕地、水域等，以及其他独立地物，而地貌则包含等高线、陡坎等的采集，其中等高线采集最消耗精力。咸宁测区采集比较完善，大致地物类别都进行了采集和标注，就是角落部分有些观测不到，只好空下了。

- **生产成果**

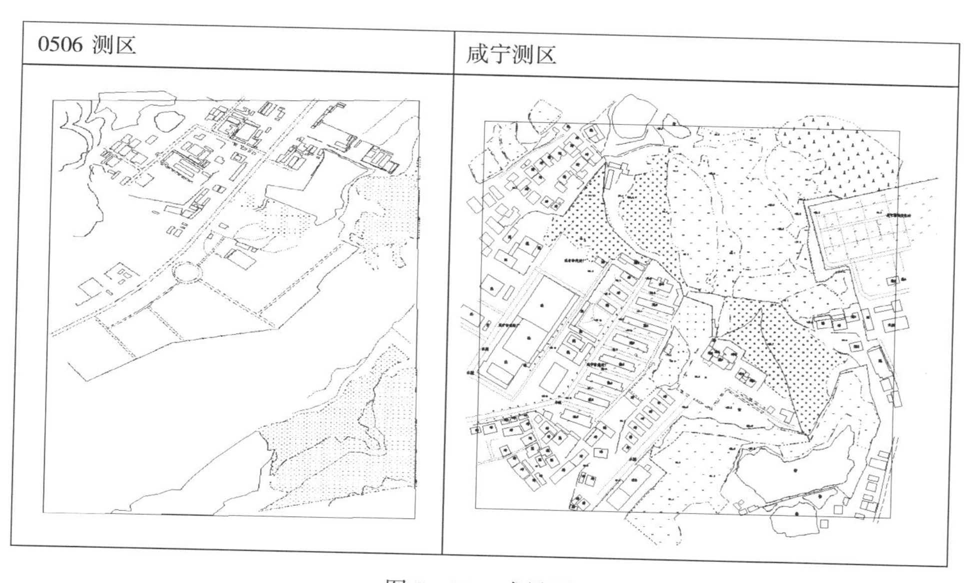

图 3 DLG 成果图

三、实习体会

1. 收获与提高

这次 4D 生产实习，历时三周，通过参观实习和实践操作，无论是从操作技能还是行业理解上，我都是有很多收获的。

• **操作技能**

本次实习，最大的收获就是了解了 4D 生产流程，并实践了有关具体操作。

各种定向操作，之前摄影测量课程实习已经训练过，还算轻车熟路，只是要注意精度限制，反复调整直至实现精度目标。咸宁测区的影像数据直接建立模型和测区，不必进行定向，但我不太知道其原理，大概是用已经写好的定向文件进行替换，但相对定向过程还是需要干预一下，删减误差过大的点。

DEM 编辑的确是花费了大量心力，却总是达不到精度要求，只好慢慢修改，先把明显区域逐一修改。最后按照老师的提示，着力修改陡坎部分，并绘制特征线进行拟合替换。在同学的指导下，总算符合要求了。通过学习各种编辑方法，从初步进阶，逐渐掌握编辑的要点，发现了最有效的方法——绘制特征线，整个过程虽然有很多插曲，但是能一点点进步，看着精度慢慢提高，已经是很有成就感了。DOM 制作稍显简略，只是简单地编辑了下拼接线，并进行了部分影像替换和匀光匀色，影像地图的制作设置下参数就好了。

DLG 编辑过程更是一点点的摸索，从开始学会地物采集，到地物编辑，再到物方测图，每一步都有自己独特的体验。虽然总体采集过程也有磕绊，但和大家交流较多，也没有走太多的弯路。就是软件使用不太熟悉，很多功能没有掌握好，比如房子边缘很难完全咬合。而绘制等高线的过程，更是考验眼力和心力，要不断修测和调整，以得到更好的数据。

在实习过程中，我个人的实习进度稍微有点落后，当然也补了很多次课。有时候明显感觉自己真的太过于纠结一些小细节了，非得较劲儿不可。以后还是要多注意，尽量跟上老师的进度，提高学习效率。

• **行业理解**

“实践出真知”，通过实际操作实践，使我对专业知识有了更为准确的理解。以前对自动化十分推崇，总觉得人工编辑耗时耗力。但在编辑过程时，还是很容易发现人工编辑的优点和不可替代性的，自动化总是照不到某些角落。这种原始的方法，包含了人的先验知识和思维判断，真的自有其重要性。

同时，这次实习也提升了我对测绘行业的认知。精度的确是测绘行业的生命线。虽然以前的实习也有很多精度方面的限制，但是像这样完全按照生产要求，严格进行操作实践，并全面分析其精度，还是比较少的。我更认识到，测绘产品的生产极为繁琐细致，作为一名测绘工作者，不仅要有娴熟的操作技能，更要有端正平和的心态。

2. 体会与建议

• **软件硬件**

设备的先进程度，还是会在很大程度上影响工作效率，无论是软件还是硬件上的。很显然的是，鼠标完全不如手轮和脚轮灵活，操作较为费劲。

VirtuoZo 软件平台反应速度比较快，但可能是因为操作系统问题，存在一些不足，偶尔出现不知名的错误。此外 VZ 软件在前期处理比较好，在 DLG 编辑方面，尤其是工具应用方面，还是存在一定的改进空间。

- **指导交流**

其实我们对软件还不是太熟悉，很多操作没有真的弄清楚原理，尤其是在刚开始的时候，就不可避免地走了很多弯路。而即使到最后，我们也只是达到了一个可操作的状态，并不足以应对各种突发状况，还是不够扎实。

而老师对软件的运行机制和原理的理解更为深入，在出现问题的时候，能更好地解决问题。跟上老师的节奏，按照老师的指导，不仅能学到操作过程等必要知识，还能获得很多实用性的经验技巧。记得当时我错过了第一次实习，没有完全记下操作，很多参数就有些错置了，在后续的操作中，发生了很多不知名错误，导致后来完全重做。

而且老师们都很平易近人，极为认真负责，尽力帮我们解决问题。只有在万不得已的情况下，才让你重做一次。就算有的问题一时难以解决，老师还是会一直惦念着，时不时就想出新的方法，过来帮我尝试一下，让人十分感动。

同时我也注意和同学交流经验，实习中也学得了很多小技巧，极大地提高了操作效率，和大家一起交流共同进步的感觉很好。

作为本科期间的最后一次实习，我一直怀着珍惜的态度，就算我们都会踏入新的人生阶段，这次实习的很多体验和经历，也是我大学里珍贵的记忆。谢谢一路走来的各位指导老师的殷切教导，以及各位同学的交流讨论，相信大家都会越来越好！

综合评语：

平时成绩		所占比例	10%
报告成绩		所占比例	30%
考核成绩		所占比例	60%
总评成绩			

指导教师：

年　月　日

参考文献

[1]王之卓．摄影测量原理[M]．北京：测绘出版社，1979.
[2]张剑清，潘励，王树根．摄影测量学[M]．武汉：武汉大学出版社，2003.
[3]张祖勋，张剑清．数字摄影测量学[M]．武汉：武汉大学出版社，2012.
[4]段延松．数字摄影测量 4D 生产综合实习教程[M]．武汉：武汉大学出版社，2012.
[5]段延松．基于网格的正射影像整体制作方法[D]．武汉：武汉大学，2009.
[6]张祖勋，张剑清，张力．数字摄影测量发展的机遇与挑战[J]．武汉大学学报(信息科学版)，2000，25(1)：7-11.
[7]王树根．摄影测量原理及应用[M]．武汉：武汉大学出版社，2009.
[8]贾永红．数字图像处理[M]．武汉：武汉大学出版社，2003.
[9]孔毅，张志强，赵崇亮．基于 ArcGIS 的 CAD 数据入库研究[J]．测绘通报，2010(5)：54-56.
[10]王孟杰．数字测绘产品的质量控制策略浅析[J]．科技资讯，2006(28)：59-60.
[11]Ir Chung San，Han L A. Digital Photogrammetry on the Move[J]．GIM，1993，7(8).
[12]A Stewart Walker，Gordon Petrie. Digital Photogramatric Workstations 1992-96 [J]. International Archives of Photogrammetry and Remote Sensing 18th Congress Vienna，Austria，1996，19(B2)：384-395.
[13]何国金，李克鲁，胡德永，从柏林，张雯华．多卫星遥感数据的信息融合：理论、方法与实践[J]．中国图象图形学报，1999，4(9)：744-750.
[14]周邦义. 基于测绘产品生产现状的检验措施研究[J]．科技资讯，2011(15)：96-97.
[15]张晓东，吴正鹏．全数字空中三角测量精度影响因素分析[J]．天津测绘，2013(1)：1-5.
[16]王宗权. 利用 Geoway-Checker 软件设计 1∶5 千缩编 1∶1 万 DLG 数据检查程序[J]．数字技术与应用，2012(9)：56.
[17]赵向方. 关于 DLG 数据整理及建库质量控制的探讨[J]．北京测绘，2011(2)：21-23.